普通高等院校“十三五”规划教材

普通高等教育“十三五”应用型人才培养规划教材

西安交通工程学院校本教材

电气控制与PLC技术及其应用

——西门子S7-200系列

主　编　郑　凯

副主编　谢国坤

参　编　贾亚娟　王亚亚

　　　　肖蕾蕾

西南交通大学出版社

·成　都·

内容简介

本书以 S7-200 系列为对象从工程实际出发列举了大量的应用实例，详细介绍了电气控制与 PLC 应用技术。全书共分 12 章，内容包括：低压电器、电气控制线路基础、PLC 基础知识、PLC 的基本指令及应用、PLC 的功能指令及应用、PLC 的程序设计基础、STEP 7 软件使用、PLC 的常用扩展模块、PLC 的安装接线与维修、PLC 的通信技术基础、三菱 PLC 的介绍、PLC 的实验部分。

本书可供高等院校自动化类、机电类、电子信息科学类、电气信息类、轨道控制类、仪器仪表类等专业作为 PLC 技术课程教材使用，对现场工程科技人员也有一定的参考价值。

图书在版编目（CIP）数据

电气控制与 PLC 技术及其应用：西门子 S7-200 系列 / 郑凯主编. —成都：西南交通大学出版社，2020.1（2023.8 重印）
ISBN 978-7-5643-7247-7

Ⅰ. ①电… Ⅱ. ①郑… Ⅲ. ①电气控制－高等学校－教材②PLC 技术－高等学校－教材 Ⅳ. ①TM571.2 ②TM571.6

中国版本图书馆 CIP 数据核字（2019）第 272241 号

Dianqi Kongzhi yu PLC Jishu ji Qi Yingyong
——Ximenzi S7-200 Xilie

电气控制与 PLC 技术及其应用
——西门子 S7-200 系列

主　编 / 郑　凯

责任编辑 / 穆　丰
封面设计 / 何东琳设计工作室

西南交通大学出版社出版发行
（四川省成都市金牛区二环路北一段 111 号西南交通大学创新大厦 21 楼　610031）
发行部电话：028-87600564　　028-87600533
网址：http://www.xnjdcbs.com
印刷：成都蜀通印务有限责任公司

成品尺寸　185 mm × 260 mm
印张　19.5　　字数　487 千
版次　2020 年 1 月第 1 版　　印次　2023 年 8 月第 3 次

书号　ISBN 978-7-5643-7247-7
定价　48.00 元

课件咨询电话：028-81435775
图书如有印装质量问题　本社负责退换

前言

本书是为适应应用型本科自动化类、机电类、电子信息科学类、电气信息类、仪器仪表类专业的教学需要而编写的。

西门子 S7-200 系列 PLC 作为现代化的自动控制装置，已广泛应用于冶金、化工、机械、电力、矿业等有控制需要的各个行业，可以用于开关量控制、模拟量控制、数字控制、闭环控制、过程控制、运动控制、机器人控制、模糊控制、智能控制以及分布式控制等各种控制领域，是生产过程自动化必不可少的智能控制设备。

PLC 技术是自动化及相关专业的专业课，到目前为止，西门子 S7-200 系列 PLC 是市场占有率最高的 PLC 产品，掌握西门子 S7-200 系列 PLC 的组成原理、编程方法和应用技巧，是每一位自动化及相关专业技术人员必须具备的基本能力之一。

本书的主要特点如下。

（1）突出实用性。从常用电气控制线路到西门子 STEP7 基本指令及编程方法的基础例题，所讲解的内容有较强的针对性和实用性。

（2）注重创新思维。在注重基础性的同时，注重创新思维。在 STEP7 指令系统和 STEP7 编程的章节，同一例题，使用不同的编程指令和编程方式，可让读者从中感受到编程的灵活性，掌握更多编程技巧。

（3）本书中的实验部分与市面主流的 PLC 综合实验室设备匹配度较高，有利于实践（实训）教学的有效开展。

本书由西安交通工程学院郑凯担任主编，西安交通工程学院谢国坤担任副主编，西安交通工程学院贾亚娟，王亚亚，肖蕾蕾参与编写。全书编写分工为：第 1、2、9、12 章由西安交通工程学院郑凯编写；第 3、11 章由西安交通工程学院贾亚娟编写；第 4、5 章由西安交通工程学院王亚亚编写；第 6、7 章由西安交通工程学院谢国坤编写；第 8、10 章由西安交通工程学院肖蕾蕾编写。全书由郑凯工程师进行统稿。宝鸡文理学院李银兴教授对书稿提出了许多宝贵的意见和建议，同时本书还得到了西安交通工程学院电气教研室各位老师的帮助，在此深表谢意！

本书在编写过程中参考了大量西门子网站资料、教材和文献，在此，本书的编者向有关作者致以衷心的感谢！

对于教材中仍可能存在的一些疏漏和不足之处，恳请读者批评指正。

编　者

2019 年 7 月

目　录

第 1 章　低压电器

目前，电力拖动系统已向无触点、连续控制、弱电化、微机控制等方向发展。但由于继电器-接触器控制系统所用的控制电器结构简单、价格低廉，且能满足生产机械通常的生产要求，目前仍然获得了广泛的应用。低压电器是继电器-接触器控制系统的基本组成元件，其性能直接影响着系统的可靠性、先进性以及经济性，是电气控制技术的基础。本章主要介绍常用低压电器的结构、工作原理以及使用方法等相关知识，并根据当前电器发展状况简要介绍新型电器元器件。

1.1　概　述

1.1.1　电器的基本知识

电器是接通、断开、调节、控制和保护电路及电气设备的电工器具。完全由控制电器组成的自动控制系统，称为继电器-接触器控制系统，简称电器控制系统。

电器的用途广泛，功能多样，种类繁多，结构各异。下面是几种常用的电器分类。

1. 按工作电压等级分类

（1）高压电器。用于交流电压 1 200 V、直流电压 1 500 V 及以上电路中的电器。例如高压断路器、高压隔离开关、高压熔断器等。

（2）低压电器。用于交流 50 Hz（或 60 Hz）、额定电压为 1 200 V 以下，直流额定电压 1 500 V 及以下的电路中的电器。例如接触器、继电器等。

2. 按动作原理分类

（1）手动电器。用手或依靠机械力进行操作的电器，如手动开关、控制按钮、行程开关等主令电器。

（2）自动电器。借助于电磁力或某个物理量的变化自动进行操作的电器，如接触器、各种类型的继电器、电磁阀等。

3. 按用途分类

（1）控制电器。用于各种控制电路和控制系统的电器，例如接触器、继电器、电动机启动器等。

（2）主令电器。用于自动控制系统中发送动作指令的电器，例如按钮、行程开关、万能转换开关等。

（3）保护电器。用于保护电路及用电设备的电器，如熔断器、热继电器、保护继电器、避雷器等。

（4）执行电器。用于完成某种动作或传动功能的电器，如电磁铁、电磁离合器等。

（5）配电电器。用于电能的输送和分配的电器，例如高压断路器、隔离开关、刀开关、自动空气开关等。

4. 按工作原理分类

（1）电磁式电器。依据电磁感应原理工作，如接触器、各种类型的电磁式继电器等。

（2）非电量控制电器。依靠外力或某种非电物理量的变化而动作的电器，如刀开关、行程开关、按钮、速度继电器、温度继电器等。

1.1.2 低压电器的概念和分类

低压电器是一种能根据外界的信号和要求手动或自动地接通、断开电路，以实现对电路或非电对象的切换、控制、保护、检测、变换和调节的元件或设备。根据我国现行低压电器基本标准的规定，将工作在交流 1 200 V（50 Hz）以下、直流 1 500 V 以下的电器称为低压控制电器。低压电器的种类繁多，按其用途可分为配电电器、保护电器、主令电器、控制电器和执行电器等。具体分类及用途如表 1-1 所示。

表 1-1 常用低压电器的分类及用途

<table>
<tr><th>类 别</th><th>电器名称</th><th>用 途</th></tr>
<tr><td rowspan="3">配电电器</td><td>刀开关</td><td rowspan="3">主要用于低压供电系统。对这类电器的主要技术要求是：分断能力强，限流效果好，动稳定性和热稳定性好</td></tr>
<tr><td>熔断器</td></tr>
<tr><td>断路器</td></tr>
<tr><td rowspan="4">保护电器</td><td>热继电器</td><td rowspan="4">主要用于对电路和电气设备进行安全保护。对这类电器的主要技术要求是：具有一定的通断能力，反应灵敏度高、可靠性高</td></tr>
<tr><td>电流继电器</td></tr>
<tr><td>电压继电器</td></tr>
<tr><td>漏电保护断路器</td></tr>
<tr><td rowspan="5">主令电器</td><td>按钮</td><td rowspan="5">主要用于发送控制指令。对这类电器的技术要求是：操作频率高，抗冲击能力强，电气和机械寿命长</td></tr>
<tr><td>行程开关</td></tr>
<tr><td>万能转换开关</td></tr>
<tr><td>主令控制器</td></tr>
<tr><td>接近开关</td></tr>
<tr><td rowspan="5">控制电器</td><td>接触器</td><td rowspan="5">主要用于电力拖动系统的控制。对这类电器的主要技术要求是：有一定的通断能力，操作频率高，电气和机械寿命长</td></tr>
<tr><td>时间继电器</td></tr>
<tr><td>速度继电器</td></tr>
<tr><td>压力继电器</td></tr>
<tr><td>中间继电器</td></tr>
<tr><td rowspan="3">执行电器</td><td>电磁铁</td><td rowspan="3">主要用于执行某种动作和实现传动功能</td></tr>
<tr><td>电磁阀</td></tr>
<tr><td>电磁离合器</td></tr>
</table>

1.1.3 电磁式低压电器的基本结构和工作原理

低压电器种类繁多，广泛应用于各种场合。电磁式低压电器是低压电器中最典型、应用最广泛的一种电器。控制系统中的接触器和继电器就是两种最常用的电磁式低压电器。虽然电磁式低压电器的类型很多，但它们的工作原理和构造基本相同，一般都由电磁机构、触头及灭弧装置三部分组成。

1. 电磁机构

电磁机构是低压电器的感测部件，主要由电磁线圈、铁芯以及衔铁三部分组成，其作用是将电磁能转换成机械能，带动触头动作，以控制电路的接通或断开。电磁线圈按接入电流的种类不同，可分为直流线圈和交流线圈，与之对应的电磁机构有直流电磁机构和交流电磁机构。

常用的交流电磁机构主要有三种形式，即衔铁沿棱角转动的拍合式铁芯，多用于直流电器中，如图 1-1（a）所示；沿轴转动的拍合式铁芯，多用于触头容量较大的交流电器中，如图 1-1（b）所示；直线运动的双 E 形直动式铁芯，多用于交流接触器、继电器中，如图 1-1（c）所示。

在交流电磁机构中，由于铁芯存在磁滞和涡流损耗，铁芯和线圈均易发热，因此在铁芯与线圈之间留有散热间隙；线圈做成有骨架的、短而厚的矮胖型，以便于散热；铁芯采用硅钢片叠成，以减小涡流。

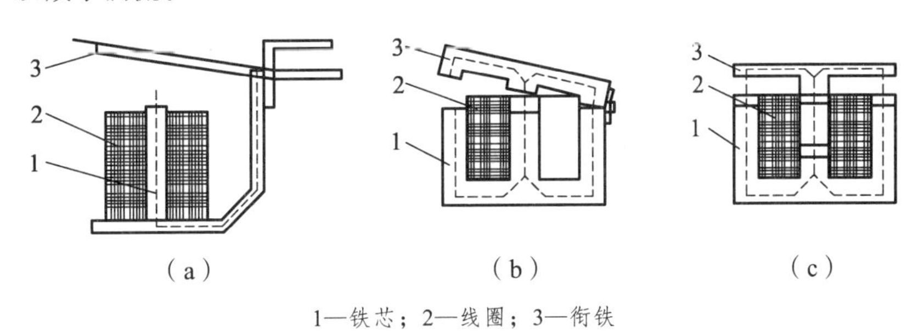

1—铁芯；2—线圈；3—衔铁

图 1-1 常用交流电磁结构形式

在直流电磁机构中，由于电流恒定，电磁机构中不存在涡流损失，铁芯不会发热，只有线圈发热。因此，铁芯和衔铁用软钢或工程纯铁制成，线圈做成无骨架、高而薄的瘦高型，以便于线圈自身散热。

2. 触 头

触头又称触点，是有触点电器的执行部分，用于控制电路的接通与断开。触头由动、静触点两部分组成。

触点的接触形式主要有点接触形式（如球面对球面、球面对平面）、面接触形式（如平面对平面）及线接触形式（如圆柱对平面、圆柱对圆柱）三种。其中，点接触形式的触点主要用于小电流的电器中，如接触器的辅助触点和继电器的触点；面接触形式的触点因接触面大，允许流过较大的电流，但接触表面一般镶有合金，以减小触点接触电阻，提高耐磨性，多用于较大容量接触器的主触点；线接触形式的触点的接触区域是一条直线，触点在通断过程中有滚动动作，多用于中等容量电器的触点，如直流接触器的主触点。在常用的继电器和接触器中，触头的结构形式主要有点接触桥式触头、面接触桥式触头和线接触指形触头三种，如图 1-2 所示。

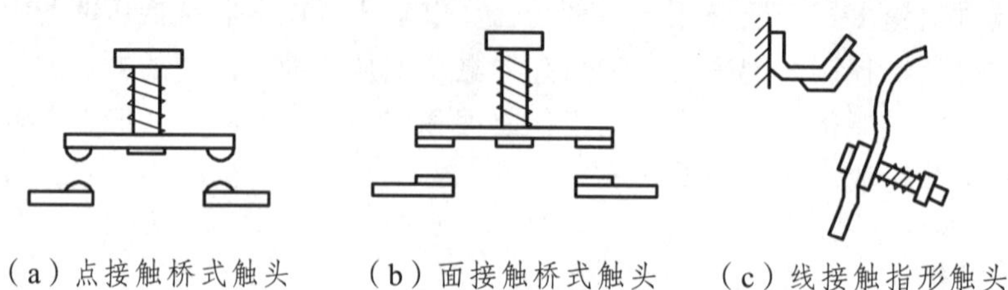

（a）点接触桥式触头　（b）面接触桥式触头　（c）线接触指形触头

图 1-2　触头的结构形式

3. 灭弧装置

当切断电路时，触点之间由于电场的存在易产生电弧。电弧实际上是触点间气体在强电场作用下产生的放电现象。电弧的发生易烧灼触点的金属表面，缩短电器的使用寿命，且电弧易造成电源短路事故，因此切断电路时需要迅速将电弧熄灭。常用的灭弧方法主要有多断点灭弧、磁吹灭弧、灭弧栅以及灭弧罩。

1.2　开关电器

开关电器广泛应用于配电系统和电力拖动控制系统，主要用于电气线路的电源隔离及电气设备的保护和控制。常用的开关电器主要有刀开关、低压断路器、隔离开关、转换开关（组合开关）、自动空气开关（空气断路器）等。

1.2.1　刀开关

刀开关主要用于电源隔离，用于切断非频繁地接通和断开的、容量较小的低压配电线路，如不经常启动及制动、容量小于 7.5 kW 的异步电动机。刀开关是一种结构最简单、应用最广泛的手动电器，主要由操作手柄、触刀、静触头、绝缘底板等组成。刀开关按刀数可分为单极、双极、三极等三种样式。图 1-3 所示为刀开关的图形符号以及实物图。

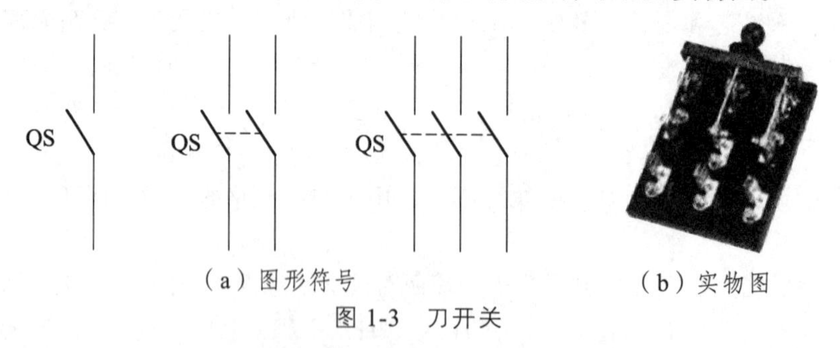

（a）图形符号　（b）实物图

图 1-3　刀开关

刀开关的主要技术参数如下：

（1）额定电压：刀开关在长期工作中能承受的最大电压。目前生产的刀开关的额定电压值，在交流电路中是 500 V 以下，在直流电路中是 440 V 以下。

（2）额定电流：刀开关在合闸位置允许长期通过的最大工作电流。目前，用于小电流电路的刀开关的额定电流一般有 10 A、15 A、20 A、30 A、60 A 五种。用于大电流电路的刀开关的额定电流一般有 100 A、200 A、400 A、600 A、1 000 A、1 500 A 六种。

（3）稳定性电流：发生短路事故时，刀开关不产生形变、损坏或触刀自动弹出现象的最大短路峰值电流。刀开关的稳定性电流一般为其对应的额定电流的数十倍。

（4）操作次数：刀开关的使用寿命分为机械寿命和电气寿命两种。机械寿命是指刀开关不带电时所能达到的操作次数；电气寿命是指在额定电压下刀开关能可靠地分断额定电流的总次数。

上面这些技术参数是刀开关选型的主要依据。选型时，刀开关的额定电压、额定电流应分别大于或等于分断电路中各负载额定电压、额定电流的总和。

1.2.2 低压断路器

低压断路器也称为自动空气开关，用于接通和分断负载电路，以及控制不频繁启动的电动机；当电路发生严重的过载、短路或欠电压等故障时能自动切断电路，是广泛应用于低压配电线路中的一种保护电器。低压断路器的分类：按极数可分为单极、双极、三极和四极低压断路器；按灭弧介质可分为空气式和真空式低压断路器。

1. 低压断路器的结构与工作原理

低压断路器由三个基本部分组成：主触头、灭弧装置和脱扣器。主触头是断路器的执行元件，用于接通和分断主电路；脱扣器是断路器的感受元件，主要有过电流脱扣器、热脱扣器、欠电压脱扣器、自由脱扣器等，如图 1-4 所示。

低压断路器的工作原理是：利用操作机构将电路中的开关手动或电动合闸，主触头闭合，自由脱扣器将触头锁定在合闸位置上。电路出现故障时，各脱扣器感测到故障信号后，经自由脱扣器使主触头分断，从而起到保护作用。

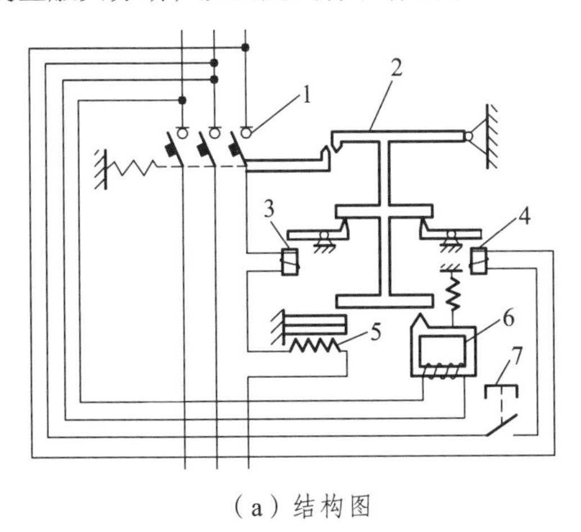

（a）结构图

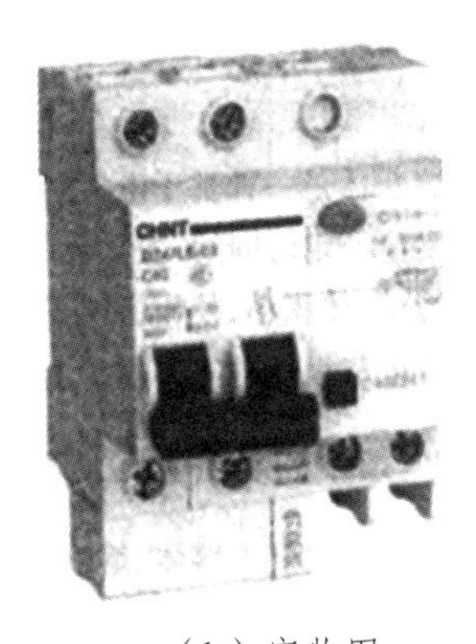

（b）实物图

1—主触头；2—自由脱扣器；3—过电流脱扣器；4—分励脱扣器；
5—热脱扣器；6—欠电压脱扣器；7—停止按钮

图 1-4 低压断路器

当电路发生短路或严重过载时，过电流脱扣器的衔铁吸合，使脱扣机构动作，主触点断开电路；当电路过载时，热脱扣器的热元件发热使双金属片向上弯曲，推动自由脱扣机构动作；当电路欠压时，欠电压脱扣器的衔铁释放，也使得自由脱扣机构动作；分励脱扣器主要用于远距离控制，在正常工作时，其线圈是断电的；在需要远距离控制时，按下按钮，使线圈通电，衔铁带动自由脱扣机构动作，使主触点断开。

2. 低压断路器的主要技术参数

（1）额定电压：断路器在长时间工作时所能允许的最大工作电压，通常不小于电路的额定电压。

（2）额定电流：断路器在长时间工作时所能允许的最大持续工作电流。

（3）通断能力：断路器在规定的电压、频率以及规定的线路参数下，所能接通和分断的短路电流值。

（4）分断时间：断路器切断故障电流所需的时间。

3. 低压断路器的选择

低压断路器的主要技术参数是选择低压断路器的主要依据，一般应遵循以下规则：

（1）额定电流、电压应不小于线路、设备的正常工作电压和工作电流。

（2）热脱扣器的整定电流与所控制负载的额定电流一致。

（3）欠电压脱扣器的额定电压等于线路的额定电压。

（4）过流脱扣器的额定电流不小于线路的最大负载电流。

1.3 熔断器

熔断器是一种基于电流热效应和发热元件热熔断原理设计的电器元件，当电流超过额定值一定时间后，发热元件产生的热量使熔体迅速熔化而切断电路。熔断器具有结构简单、体积小、使用方便、维护方便、分断能力较强、限流性能良好等特点，广泛地应用于电气设备的短路保护和过流保护中。

1.3.1 熔断器的结构与工作原理

熔断器主要由熔体、熔断管及导电部件三部分组成。其中，熔体是主要组成部分，它既是感测元件又是执行元件，一般由易熔金属材料（铅、锡、锌、银、铜及其合金）制成丝状、片状、带状或笼状，串联于被保护电路中。熔断管一般由硬质纤维或瓷质绝缘材料制成半封闭式或封闭式管状外壳，熔体装于其内，其作用是便于安装熔体和利于熔体熔断后熄灭电弧。熔断管中的填料一般使用石英砂，起分断电弧且吸收热量的作用，可使电弧迅速熄灭。

熔断器工作时熔体串联在被保护电路中，负载电流流过熔体，熔体发热。当电路正常工作时，熔体的最小熔化电流大于额定电流，熔体不会熔断；当电路发生短路或过电流时，熔体的最小熔化电流小于电路工作电流，熔体的温度升高并逐渐达到熔体金属熔化温度，熔体自行熔断，从而分断故障电路，起到保护作用。

1.3.2 熔断器的主要参数及选择

1. 额定电压

额定电压指熔断器长期工作时和分断后能够承受的电压，其值一般等于或大于电气设备的额定电压。熔断器的交流额定电压有 220 V、380 V、415 V、500 V、600 V、1140 V；直流额定电压有 110 V、220 V、440 V、800 V、1 000 V、1 500 V。

2. 额定电流

额定电流是指熔断器长期工作时，各部件温升不超过规定值时所能承受的电流。额定电流有两种：一种是熔断管的额定电流，也称熔断器额定电流；另一种是熔体的额定电流。生产厂家为了减少熔断管的规格，熔断管的额定电流等级比较少，熔体的额定电流等级比较多。也就是说，在一个额定电流等级的熔断管内可以分几个额定电流等级的熔体，但熔体的额定电流最大不能超过熔断管的额定电流。

3. 极限分断能力

极限分断能力是指在规定的额定电压和功率因数（或时间常数）的条件下，能可靠分断的最大短路电流值。

1.3.3 熔断器的型号和电气符号

熔断器的典型产品有 R16、R17、RL96、RLS2 系列螺旋式熔断器。熔断器的实物图及电气图形符号如图 1-5 所示。

（a）插入式 （b）螺旋式 （c）有填料封闭式 （d）无填料封闭式 （e）电气图形符号

图 1-5 熔断器分类与图形符号

1.3.4 常用熔断器

常用熔断器主要有插入式熔断器、螺旋式熔断器、封闭式熔断器、自复式熔断器及快速熔断器等几种类型，实物图如图 1-5 所示。

1. 插入式熔断器

常用的插入式熔断器有 RC1A 系列产品，常用于 380 V 及以下的低压线路的短路保护，由于其分断能力较小，一般多用于民用和照明电路中。

2. 封闭式熔断器

封闭式熔断器可分为无填料、有填料两种。无填料封闭式熔断器是将熔体装入密闭式圆筒中制成的，分断能力较小，如 RM10 系列，主要用于低压电力网络成套配电设备中（电压等级 500 V 及以下、电流等级 600 A 及以下的电力网或配电设备）的短路保护和连续过载保护。有填料封闭式熔断器一般用方形瓷管内装石英砂及熔体制成，具有较大的分断能力，如 RT12、RT14、RT15 系列，主要用于较大电流的电力输配电系统（电压等级 500 V 及以下、电流等级 1 kA 及以下的电路）中的短路保护和连续过载保护。

3. 螺旋式熔断器

螺旋式熔断器的熔管内装有石英砂或惰性气体，用于熄灭电弧，具有较高的分断能力，并带有熔断指示器，当熔体熔断时指示器自动弹出。螺旋式熔断器主要用于电压等级 500 V 及以下、电流等级 200 A 及以下的电路中，且由于有较好的抗震性能，常用于机床电气控制设备中。

4. 自复式熔断器

自复式熔断器是一种新型熔断器，如 RZ1 系列。它采用金属钠作为熔体，在常温下具有高电导率，允许通过正常的工作电流。当电路发生短路故障时，短路电流产生高温使 Na 迅速气化，气态 Na 呈现高阻态，从而限制了短路电流；当短路电流消失后，温度下降，金属 Na 重新固化，恢复原来的良好导电性能。因此，自复式熔断器的优点是不必更换熔体，能重复使用，但只能限制短路电流，不能真正切断故障电路，一般与断路器配合使用。

5. 快速熔断器

快速熔断器主要用于半导体整流元件或整流装置的短路保护，如 RS3 系列。半导体元件的过载能力很低，只能在极短时间内承担较大的过载电流，因此要求熔断器具有快速短路保护的能力。

1.4 接触器

接触器是用来频繁接通或分断大容量控制电路或其他交、直流负载电路的控制电器，其控制对象主要是电动机、电热设备、电焊机、电容器组等负载。接触器具有控制容量大、过载能力强、体积小、价格低、寿命长、维护方便等特点，可用于实现频繁的远距离自动控制，因此用途十分广泛。

1.4.1 接触器的用途及分类

接触器最主要的用途是控制电机的启动、反转、制动和调速等，因而它是电力拖动控制系统中最重要也是最常用的控制电器之一。它具有低电压释放保护功能，具有比工作电流大数倍乃至十几倍的接通和分断能力，但不能分断短路电流。它是一种执行电器，即使在先进的可编程控制器应用系统中，一般也不能被取代。

接触器种类很多，按驱动力不同可分为电磁式、气动式和液压式，其中电磁式应用最广泛；按接触器触点控制电路中电流的不同可分为交流接触器和直流接触器两种；按其主触点的极数（即主触点的个数）不同可分为单极、双极、三极、四极、五极等多种。本小节介绍电磁式接触器。

1.4.2 接触器的结构及工作原理

1. 接触器的结构

接触器的结构示意图与实物图如图 1-6 所示，它由以下五个部分组成。

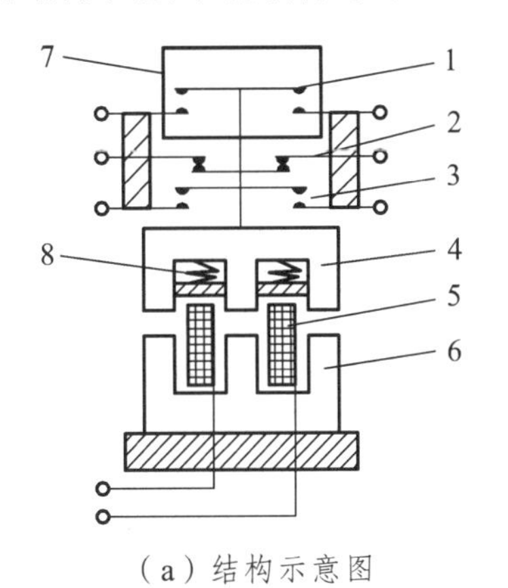

（a）结构示意图

（b）交流接触器 CJ20 系列实物图

1—主触头；2—常闭辅助触头；3—常开辅助触头；4—铁芯；
5—电磁线圈；6—静铁芯；7—灭弧罩；8—弹簧

图 1-6　交流接触器

1）电磁机构

电磁机构由线圈、铁芯和衔铁组成。直动式电磁机构的铁芯一般都是双 E 形衔铁，有的衔铁采用绕轴转动的拍合式电磁机构，其作用是将电磁能转换为机械能，产生电磁吸力带动触点动作。

2）主触点和灭弧系统

根据容量不同，主触点可分为桥式触点和指形触点两种结构形式。直流接触器和电流在 20 A 以上的交流接触器均装有灭弧罩，有的还带栅片或磁吹灭弧装置，主要用于通断主电路。

3）辅助触点

辅助触点有常开和常闭两种类型，在结构上它们均为桥式双断点，其容量较小。接触器安装辅助触点的目的是使其在控制电路中起联动作用，用于和接触器相关的逻辑控制。辅助触点允许通过的电流较小，不装灭弧装置，所以它不能用来分合主电路。

4）反力装置

反力装置由释放弹簧和触点弹簧组成，且它们均不能进行弹簧松紧的调节。

5）支架和底座

支架和底座用于接触器的固定和安装。

2. 接触器的工作原理

当线圈通电后，在铁芯中会产生磁通和电磁吸力。电磁吸力克服弹簧反作用力使衔铁产生闭合动作，在衔铁的带动下主触点闭合接通主电路；同时，衔铁还带动辅助触点动作，使得常闭辅助触点断开，常开辅助触点闭合。当线圈断电或电压显著降低时，电磁吸力消失或减弱，当电磁吸力小于弹簧的反作用力，衔铁释放使得主、辅触点复位。因此，接触器通过线圈的得电与失电带动触头的分与合，实现主电路与控制电路的接通与断开。

1.4.3 接触器的技术参数与选择

1. 接触器的主要技术参数

1）额定电压

接触器铭牌上标注的额定电压是指主触点之间额定工作电压值，也就是主触点所在电路的电源电压。直流接触器额定电压有 110 V、220 V、440 V、660 V 等几种，交流接触器额定电压有 110 V、220 V、380 V、500 V、660 V 等几种。

2）额定电流

接触器铭牌上标注的额定电流是指主触点在额定工作电压下的允许额定电流值。交、直流接触器的额定电流均有 5 A、10 A、20 A、40 A、60 A、100 A、150 A、250 A、400 A、600 A 等几种。

3）线圈的额定电压

线圈的额定电压是指接触器正常工作时，吸引线圈上所加的电压值。直流接触器线圈额定电压等级有 24 V、48 V、110 V、220 V、440 V，交流接触器线圈额定电压等级有 36 V、110 V、220 V、380 V。

注意：线圈额定电压一般标注于线包上，而不是接触器铭牌上。

4）通断能力

通断能力是指主触点在规定条件下能可靠地接通、分断的电流值，可分为最大接通电流和最大分断电流。最大接通电流是指主触点接通时不会造成触点熔焊的最大电流值；最大分断电流是指主触点断开时可靠灭弧的最大电流。

一般接通、分断电路的电流值为额定电流的 5 ~ 10 倍，且与通断电路的电压等级有关，电压越高，通断能力越弱。当然，接触器的使用类别不同，对主触点的接通和分断能力的要求也不一样，而不同类别的接触器是根据其不同控制对象的控制方式所规定的。

5）额定操作频率

额定操作频率是指每小时允许的最大操作次数。交流接触器最高为 600 次/小时，而直流接触器最高为 1 200 次/小时。操作频率直接影响接触器的寿命，其原因在于：接触器在吸合瞬间，线圈将产生较大的冲击电流，若操作频率过高，线圈频繁通断，线圈长时间通过大电流将造成严重发热，直接影响接触器的正常使用。

6）动作值

动作值可分为吸合电压和释放电压。吸合电压是指接触器吸合时，缓慢增加吸合线圈两端的电压，使接触器刚好可以吸合的最小电压；释放电压是指接触器吸合后，缓慢降低吸合线圈的电压，使接触器释放时的最大电压。一般规定，吸合电压不低于线圈额定电压的 85%，释放电压不高于线圈额定电压的 70%。

2. 接触器的选择及符号含义

1）接触器的选择

接触器广泛应用于各种控制系统中，应根据不同使用条件、负荷类型及工作参数正确选用，以保证接触器可靠运行。

选用接触器的主要依据有以下几个方面：

（1）交流负载选用交流接触器，直流负载选用直流接触器。若控制系统的主要部分是交流电动机，而直流电动机或直流负载的容量较小，则选用交流接触器，但触点的额定电流应大一些。

（2）接触器主触点的额定电压应不小于负载回路的额定电压。

（3）接触器主触点的额定电流应不小于负载额定电流，在实际使用中还需考虑环境因素的影响，如柜内安装或高温条件时应适当增大接触器的额定电流。

（4）接触器吸引线圈的电压在选择时应考虑人身和设备安全，该电压值一般应低一些，比如 36 V 等；但当控制电路比较简单且用电不多时，为了节省变压器，则选用 220 V、380 V。

此外，在选用接触器时还需考虑接触器的触点数量、种类等是否满足控制电路的要求。

2）接触器图形符号及其含义

接触器在电路图中的图形符号如图 1-7 所示，文字符号为 KM。

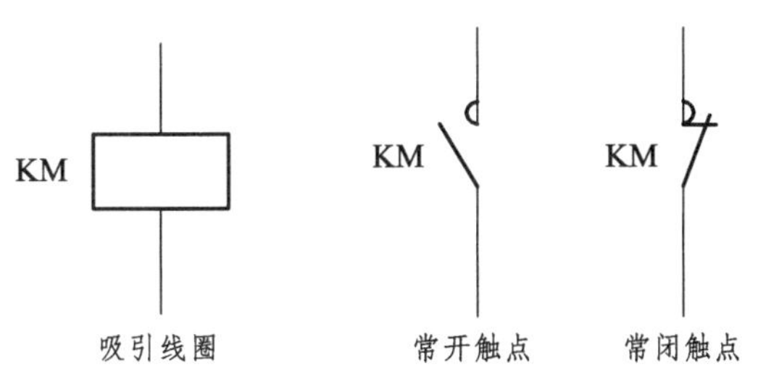

图 1-7　接触器图形符号

1.5 继电器

继电器是根据输入信号的变化来接通或断开小电流控制电路，实现远距离控制和保护的自动控制电器。继电器输入可以是电量或非电量信号，如电流、电压、温度、时间、速度、压力等；输出是触头的动作或者是电路参数的变化。

继电器的种类繁多，按工作原理不同，可分为电磁式继电器、热继电器、感应式继电器、电动式继电器、电子式继电器等；按输入信号的性质不同，可分为电压继电器、电流继电器、时间继电器、热继电器、速度继电器、压力继电器等；按输出形式不同，可分为有触点继电器和无触点继电器；按用途不同，可分为控制用继电器和保护用继电器等。本小节主要介绍几种常用的继电器。

1.5.1 电磁式继电器

电磁式继电器的结构和工作原理与电磁式接触器相似，也是由电磁机构和触点系统组成的。继电器与接触器的主要区别在于：继电器的输入信号是多种电量或非电量信号，而接触器的输入信号只能是一定的电压信号；继电器的功能是切换小电流的控制电路和保护电路，不能用来分断和接通负载电路，而接触器的功能是控制大电流的负载电路；继电器没有灭弧装置，也无主、辅触点之分。电磁式继电器结构简单，价格低廉，使用维护方便，因此广泛地应用于控制系统中。图 1-8 所示为几类常用电磁式继电器的实物图。

（a）电磁式电压继电器

（b）电磁式电流继电器

（c）中间继电器

图 1-8 几类继电器实物图

1. 电磁式电压继电器

电压继电器主要用于电力拖动系统的电压保护和控制，其触点的动作与线圈的电压大小有关。使用时继电器的线圈需并联接入主电路，触点则接于控制电路。为了防止并联在主电路的线圈分流过大，一般要求线圈的匝数多、导线细、阻抗大。按线圈电流的种类，电压继电器可分为交流电压继电器和直流电压继电器；按吸合电压大小，电压继电器可分为过电压继电器和欠电压继电器。

过电压继电器主要用于线路的过电压保护，其吸合整定值为被保护线路额定电压的

1.1 ~ 1.2 倍。当线圈为额定电压时，衔铁不产生吸合动作；只有当线圈电压高于其额定电压，达到线圈的吸合整定值时，衔铁才产生吸合动作。因为直流电路不会产生波动较大的过电压现象，所以在继电器产品中没有直流过电压继电器。交流过电压继电器在电路中用作过电压保护。

欠电压继电器主要用于线路的欠电压保护，其特点是释放电压很低，在电路中做低电压保护。一般释放整定值为被保护线路额定电压的 0.4 ~ 0.7 倍。当线圈为额定电压时，衔铁可靠吸合不动作；当线圈电压降低到线圈的释放整定值时，衔铁产生释放动作，触点复位，控制接触器及时分断被保护电路。

电压继电器的图形符号如图 1-9 所示，文字符号为 KV，其中图 1-9（a）所示为过电压继电器的线圈与常开、常闭触点的符号，图 1-9（b）所示为欠电压继电器的线圈与常开、常闭触点的符号。

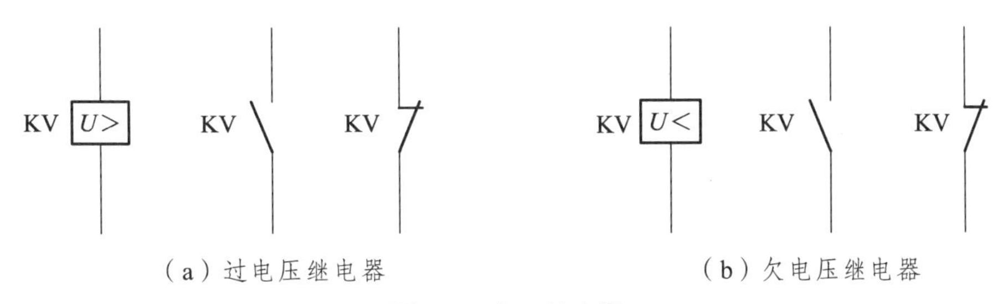

（a）过电压继电器　　（b）欠电压继电器

图 1-9　电压继电器

2. 电磁式电流继电器

电流继电器主要用于电力拖动系统的电流保护和控制，其触点的动作与线圈的电流大小有关。使用时继电器的线圈需串联接入主电路，触点则接于控制电路。为了减小串联在主电路的线圈分压的影响，一般要求线圈的匝数少、导线粗、阻抗小。按线圈电流的种类不同，电流继电器可分为交流电流继电器和直流电流继电器；按吸合电流大小不同，电流继电器可分为过电流继电器和欠电流继电器。

过电流继电器主要用于线路的过电流保护,其电流整定值为被保护线路额定电流的 1.1 ~ 3.5 倍。正常工作时，线圈中流有负载电流，当电路产生冲击性的、低于整定值的过电流时，衔铁不产生吸合动作；只有当电流高于其额定电流，且达到线圈的电流整定值时，衔铁才产生吸合动作，从而带动触点动作，控制电路失电，对电路起过电流保护作用。在电力拖动系统中，冲击性的过电流故障时有发生，常采用过电流继电器做电路的过电流保护。

欠电流继电器主要用于线路的欠电流保护，其特点是释放电流低，在电路中做低电流保护。一般吸引电流为额定电流的 0.3 ~ 0.65 倍，释放电流为额定电流的 0.1 ~ 0.2 倍。当电路正常工作时，衔铁可靠吸合不动作；只有当线圈电流降低到线圈的释放整定值时，衔铁产生释放动作，触点复位，控制电路失电，从而控制接触器及时分断被保护电路。在直流电路中，由于某种原因而引起负载电流的降低或消失往往会导致严重的后果（如直流电动机的励磁回路断线），因而在电流继电器产品中有直流低电流继电器，而没有交流低电流继电器。

电流继电器图形符号如图 1-10 所示，文字符号为 KI。其中图 1-10（a）所示为过电流继电器的线圈与常开、常闭触点的符号，图 1-10（b）所示为欠电流继电器的线圈与常开、常闭触点的符号。选用电流继电器时，首先要注意线圈电流的种类和等级应与负载电流一致，其次是根据对负载的保护作用（是过电流还是低电流）来选用电流继电器的类型，最后要根据控制系统的要求选择触点的类型（是常开还是常闭）和数量。

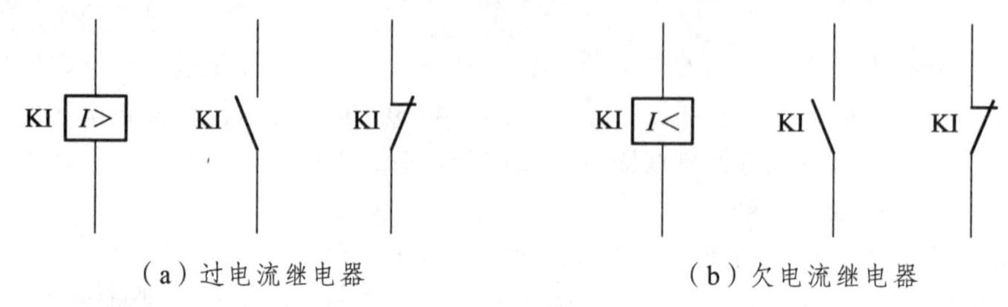

（a）过电流继电器　　（b）欠电流继电器

图 1-10　电流继电器

3. 中间继电器

中间继电器触点数量较多，其作用主要是将一个输入信号变成多个输出信号或将输入信号放大，属于电压继电器的一种。在电路中，中间继电器主要用于扩展触点的数量，实现逻辑控制。中间继电器的结构原理与接触器的相似，也有交、直流之分，分别对应用于交流控制电路和直流控制电路。

中间继电器的主要技术参数有额定电压、额定电流、触点对数以及线圈电压种类和规格等。选用时要注意线圈的电流种类和电压等级应与控制电路的一致。另外，要根据控制电路的需求来确定触点的形式和数量。当一个中间继电器的触点数量不够用时，也可以将两个中间继电器并联使用，以增加触点的数量。

中间继电器的图形符号如图 1-11 所示，字符号为 KA。

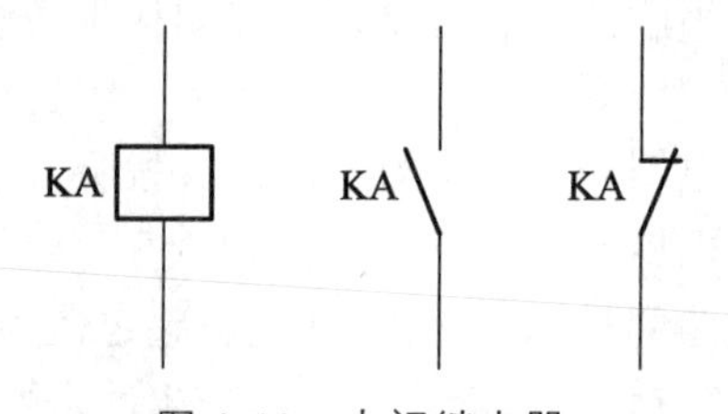

图 1-11　中间继电器

常用的中间继电器有 JZ7 系列。以 JZ7-62 为例，JZ 为中间继电器的代号，7 为设计序号，有 6 对常开触点，2 对常闭触点。表 1-2 所示为 JZ7 系列中间继电器的主要技术数据。

表 1-2　JZ7 系列中间继电器的技术数据

型号	触点额定电压/V	触点额定电流/A	触点对数		吸引线圈电压/V	额定操作频率/（次/小时）
			常开	常闭		
JZ7-44	500	5	4	4	交流 50 Hz 系列为 12、36、127、220、380	1 200
JZ7-62			6	2		
JZ7-80			8	0		

新型中间继电器触点在闭合过程中，其动、静触点间有一段滑、滚压过程，该过程可以有效地清除表面的各种生成膜及尘埃，减小了接触电阻，提高了接触可靠性，有的还装了防尘罩或采用了密封结构，这也是提高可靠性的措施之一。有些中间继电器安装在插座上，插座有多种型号可供选择；有些中间继电器可直接安装在导轨上，安装和拆卸均很方便。

4. 时间继电器

从得到输入信号（线圈的通电或断电）开始，经过一定的延时后才输出信号（触点的闭合或断开）的继电器，称为时间继电器。

时间继电器的延时方式有两种，即通电延时型和断电延时型。通电延时型时间继电器在接收输入信号后延迟一定的时间，输出信号才发生变化；当输入信号消失后，输出信号瞬时复原。也就是说，线圈通电吸合后触点延时动作，线圈失电，触点瞬时复位。断电延时型时间继电器在接收输入信号时瞬时产生相应的输出信号；当输入信号消失后，延时一定的时间，输出信号才发生变化。也就是说，线圈断电释放后触点延时动作，线圈得电，触点瞬时复位。时间继电器常开、常闭触点可以通电延时或断电延时，因此延时动作触点共有四类。时间继电器也有瞬时动作触点，其图形符号如图 1-12 所示，文字符号为 KT。

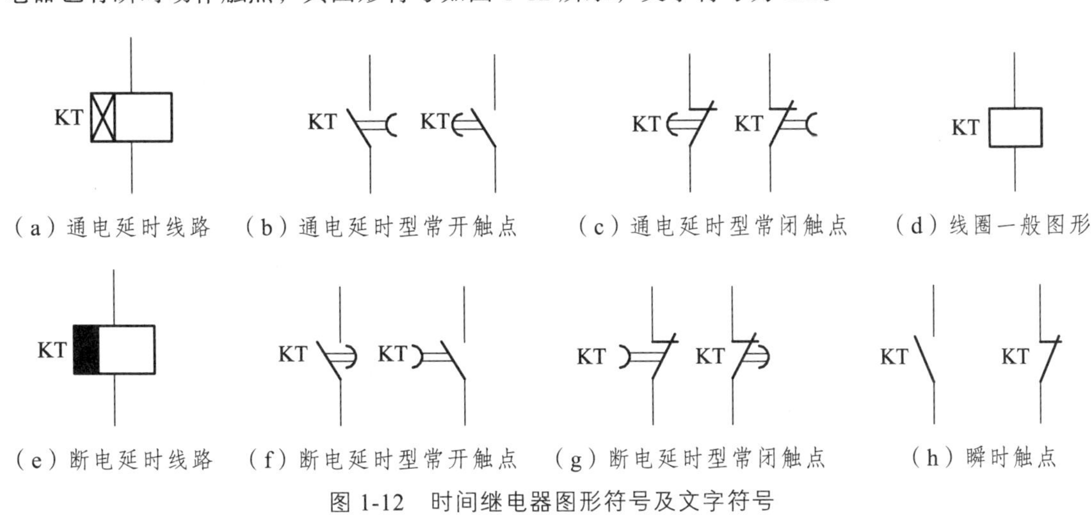

（a）通电延时线路　（b）通电延时型常开触点　（c）通电延时型常闭触点　（d）线圈一般图形

（e）断电延时线路　（f）断电延时型常开触点　（g）断电延时型常闭触点　（h）瞬时触点

图 1-12　时间继电器图形符号及文字符号

在区别触点符号类别时要注意两点：一是触点的动作类别，即是动合触点还是动断触点，它的区别方法与瞬动触点相同；二是触点的延时类别，即是通电延时还是断电延时，这一点可通过图形符号中类似于圆弧的图形要素来区分，从圆弧顶向圆心移动的方向就是触点延时动作的方向，如图 1-13 所示。

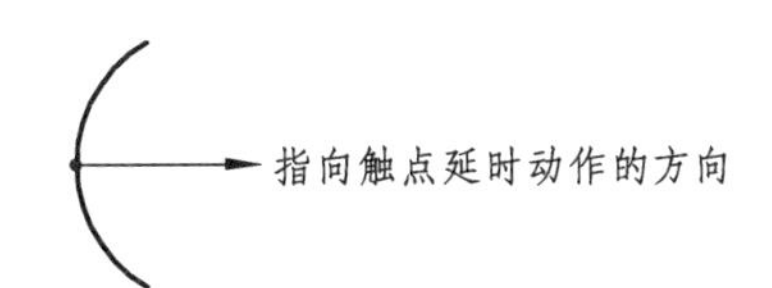

图 1-13　时间继电器触点的延时符号要素及含义

传统的时间继电器是利用电磁原理或机械动作原理实现触点延时接通或断开，其种类繁多，常用的有电磁式、电动式、空气阻尼式等时间继电器。传统的时间继电器普遍存在延时时间较短、准确度较低等缺点，一般用于延时精度要求不高的场合。

随着电子技术的发展，电子式时间继电器近几年发展十分迅速，这类时间继电器除执行器件外，均由电子元件组成，没有机械部件，因而具有寿命长、精度高、体积小、延时范围大，控制功率小等优点，已得到广泛应用。

目前一些厂家生产的 JS14P、JS14S 和 JS11S 系列电子式时间继电器均采用拨码开关整定延时时间，采用显示器件直接显示定时时间和工作状态，具有直观、准确、使用方便等特点，其具体技术参数可查阅产品说明书。几类时间继电器实物如图 1-14 所示。

图 1-14　时间继电器的实物图

此外，已有厂家引进了目前国际上最新式的 ST 系列超级时间继电器，其内部装有时间继电器专用的大规模集成电路，并使用高质量薄膜电容器和陶瓷可变电阻器，减少了元器件的数量，缩小了体积，增加了可靠性，提高了抗干扰能力。另外，该继电器还采用了高精度振荡电路和高频率分频电路，保证了高精度和长延时。因此，它是一种体积小、质量轻、可靠性极高的小型时间继电器。

1.5.2　热继电器

1. 热继电器功能与分类

在电力拖动控制系统中，当三相交流电动机出现长期带负荷欠电压运行、长期过载运行及长期单相运行等不正常情况时，电动机绕组会发生过热现象。该现象将加剧电动机绕组绝缘的老化，缩短电动机的使用年限，严重时会烧毁电动机。因此，为了充分发挥电动机的过载能力，保证电动机的正常启动和运转，必须对电动机进行过载保护。热继电器是一类用作电动机的过载保护及断相保护的电器元件，当电动机出现长时间过载或长期单相运行等不正常情况时，热继电器能自动切断电路，从而起到保护电动机的作用。

热继电器主要利用电流的热效应原理以及发热元件热膨胀原理设计而成，用于实现三相交流异步电动机的过载保护。但由于热继电器中发热元件有热惯性，在电路中不能做瞬时过载保护，更不能做短路保护，因此，它不能替代电路中的熔断器和过电流继电器。

按相数来分，热继电器有单相、两相以及三相式三种类型。其中，三相式热继电器常用于三相交流电动机做过载保护。按发热元件的额定电流的不同，每种类型又有不同的规格和型号；按功能来分，三相式热继电器又有不带断相保护和带断相保护两种类型。

2. 热继电器的保护特性

热继电器的触点动作时间与被保护的电动机过载程度有关。因此，在分析热继电器工作原理之前，必须先明确电动机的过载特性。电动机过载特性是指电动机的过载电流与电动机通电时间的关系，它反映了电动机过载程度。当电动机运行中出现过载电流时，绕组发热，根据热平衡关系，在允许温升条件下，电动机通电时间与其过载电流的平方成反比。因此，电动机的过载特性具有反时限特性，如图 1-15 中的曲线 1 所示。

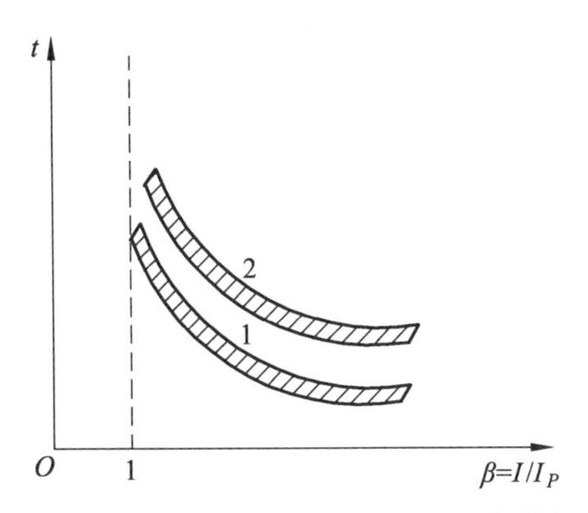

图 1-15　电动机的过载特性和热继电器的保护特性及其配合

为了适应电动机的过载特性且起到过载保护作用，热继电器也应具有类似电动机过载特性的反时限特性。热继电器的保护特性是指通过的过载电流与热继电器触点动作时间的关系，如图 1-15 中的曲线 2 所示。热继电器中含有电阻性发热元件，当过载电流通过热继电器时，发热电阻产生的热效应和热膨胀效应使感测元件动作，从而带动热继电器的触点动作，实现保护作用。

考虑到各种误差的影响，电动机的过载特性和继电器的保护特性都不可能是一条曲线，而是一条带子。当误差越大时，带子越宽；误差越小时，带子越窄。

由图 1-15 中的曲线 1 可知，电动机出现过载时，工作在曲线 1（电动机过载特性曲线）的下方是安全的。因此，热继电器的保护特性应在电动机过载特性的邻近下方。当发生过载时，热继电器就会在电动机未达到其允许过载极限之前动作，切断电动机电源，使之免遭损坏。

3. 热继电器工作原理

热继电器主要由热元件、双金属片、触头系统等组成。热元件是热继电器中产生热效应的部件，应串联于电动机电路中，从而直接反映电动机的过载电流。双金属片是热继电器的感测元件，它是由两种不同线膨胀系数的金属片通过机械碾压而成。线膨胀系数大的称为主动层，线膨胀系数小的称为被动层。双金属片受热后产生线膨胀，由于两层金属的线膨胀系数不同，且两层金属又紧密地贴合在一起，因此，发热后的双金属片向被动层一侧弯曲，由双金属片弯曲产生的机械力带动触头动作，如图 1-16 所示。

热继电器的工作原理：当电动机正常运行时，热元件产生的热量虽能使双金属片产生弯曲，但还不足以带动继电器的触点动作；当电动机过载时，热元件产生热量增大，使双金属片弯曲位移增大，经过一定时间后，双金属片弯曲到推动导板，并通过补偿双金属片与推杆使得常闭触点断开，致使接触器线圈失电，接触器的主触点断开电动机的电源以保护电动机。

热继电器动作后一般不能自动复位，需等到双金属片冷却后按下复位按钮才能复位，设置复位按钮的目的在于防止回路中故障还未排除时，热继电器自行恢复再次引起事故。热继电器动作电流可以通过旋转凸轮来调节。

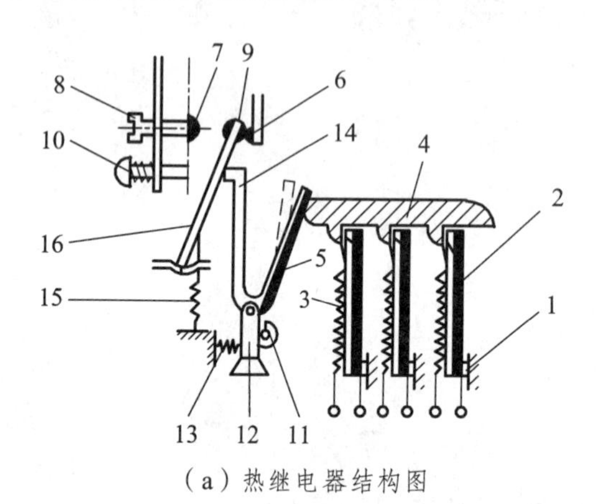

（a）热继电器结构图

（b）热继电器实物图

1—主双金属片固定端；2—主双金属片；3—加热元件；4 —导板；5—补偿双金属片；6—常闭触点；7—常开触点；8—复位螺钉；9—动触点；10—手动复位按钮；11—调节旋钮；12—支撑件；13—压簧；14—推杆；15—复位弹簧；16—动触点连杆

图 1-16 热继电器

在电气原理图中，热继电器的热元件、触点的图形符号和文字符号如图 1-17 所示。

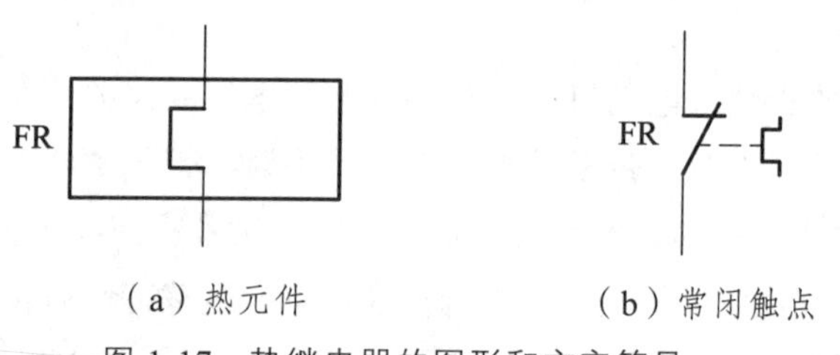

（a）热元件　　（b）常闭触点

图 1-17 热继电器的图形和文字符号

4. 热继电器的技术参数及常用产品

热继电器的主要技术参数有额定电压、额定电流、相数、热元件额定电流、整定电流及调节范围等。热继电器的整定电流是指热继电器的热元件允许长期工作而不致引起继电器动作的最大电流值。通常热继电器的整定电流是根据电动机的额定电流整定的。对于某一热元件可通过调节电流旋钮在一定范围内调节其整定电流。常用的热继电器有 JR16、JR20、JRS1 等系列，其中 JR20、JRS1 系列具有断相保护功能。

5. 热继电器的选用

热继电器选用是否得当，直接影响着电动机过载保护的可靠性。通常选用时应按电动机形式、工作环境、启动情况及负载情况等几方面综合考虑。

（1）原则上热继电器的额定电流应按电动机的额定电流选择。

（2）对于过载能力较差的电动机，其配合的热继电器（主要是发热元件）的额定电流可适当小些。通常，选取热继电器的额定电流（实际上是选取发热元件的额定电流）为电动机额定电流的 60%～80%。

（3）在不频繁启动的场合，要保证热继电器在电动机的启动过程中不产生误动作。通常，当电动机启动电流为其额定电流 6 倍以及启动时间不超过 6 s 且很少连续启动时，就可按电动机的额定电流选取热继电器。

（4）当电动机为重复且短时工作制时，要注意确定热继电器的允许操作频率。因为热继电器的操作频率是很有限的，如果用它保护操作频率较高的电动机，效果很不理想，有时甚至不能使用。

对于可逆运行和频繁通断的电动机，不宜采用热继电器保护，必要时可以选用装入电动机内部的温度继电器。

1.6 主令电器

主令电器是用来接通和分断控制电路，以发布命令或对生产过程做程序控制的开关电器，用以控制电力拖动系统中电动机的启停、制动及调速等。主令电器用于控制电路，不能直接分合主电路。主令电器种类繁多，应用十分广泛，主要包括控制按钮（简称按钮）、行程开关、接近开关、万能转换开关和主令控制器等。本节将介绍几种常用的主令电器。

1.6.1 按钮开关

1. 按钮开关的结构及工作原理

按钮开关简称按钮，是一种结构简单、应用十分广泛的手动主令电器。在电气自动控制电路中，按钮开关用于手动发出控制信号和接通或断开控制电路。

按钮开关一般由按钮帽、复位弹簧、桥式触点和外壳等部分组成，通常做成复合式，即具有常闭触点和常开触点，如图 1-18 所示。按钮中触点的形式和数量根据需要可以装配成 1 对常开常闭到 6 对常开常闭的形式。接线时，也可以只接常开或常闭触点。当按下按钮形状时，常闭触点先断开，常开触点后闭合。按钮释放时，在复位弹簧作用下，按钮开关触点按相反顺序自动复位。

2. 按钮开关的分类及型号含义

按钮开关的结构种类很多，有普通揿钮式、蘑菇头式、自锁式、自复位式、旋柄式、带指示灯式、带灯符号式及钥匙式等多种按钮。在组合形式上有单钮、双钮、三钮等组合形式，一般采用积木式结构。有的产品可通过多个元件的串联增加触头对数。还有一种按钮是自动式按钮，按下后即可自动保持闭合位置，断电后才能打开。用户可根据使用场合和具体用途来选用。

为了标明各个按钮的作用、避免误操作，通常将按钮帽做成不同的颜色，以示区别。按钮颜色有红、绿、黑、黄、蓝、白等，其中红色表示停止按钮，绿色表示启动按钮，如表 1-3 所示。按钮开关的主要参数（形式及安装孔尺寸），触头数量及触头的电流容量在产品说明书中都有详细说明。常用的国产产品有 LAY3、LAY6、LA20、LA25、LA38、LA101、LA115 等系列。

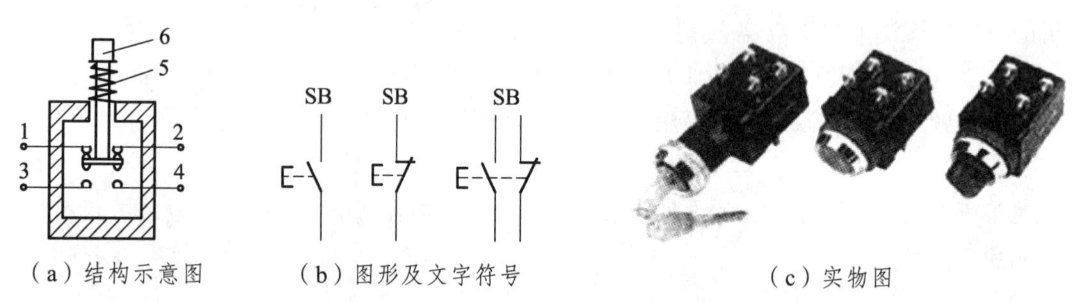

（a）结构示意图　（b）图形及文字符号　（c）实物图

1，2—常闭触点；3，4—常开触点；5—复位弹簧；6—按钮帽

图 1-18　按钮开关

按钮开关在选择使用时，一般主要考虑使用点数和按钮帽的颜色等因素。

表 1-3　控制按钮颜色及其含义

颜色	含义	典型应用
红色	危险情况下的操作	紧急停止
	停止或分断	停止一台或多台电动机，停止一台机器的一部分，使电器元件失电
黄色	应急或干预	抑制不正常情况或中断不理想的工作周期
绿色	启动或接通	启动一台或多台电动机，启动一台机器的一部分，使电器元件得电
蓝色	上述几种颜色未包括的任一种功能	—
黑色、灰色、白色	无专门指定功能	可用于停止和分断上述以外的任何情况

1.6.2　行程开关

根据行程位置来切换电路的电器称为行程开关，又称限位开关或位置开关。它是一种利用生产机械某些运动部件的碰撞来发出控制命令的主令电器，广泛用于各类机床、起重机械及轻工机械的行程控制，用以控制其运动方向、速度、行程或进行终端限位保护。当生产机械运动到某一预定位置时，行程开关通过机械可动部分的动作，将机械信号转换为电信号，以实现对生产机械的控制，限制它们的动作和位置，借此对生产机械给予必要的保护。

行程开关按其结构可分为直动式、滚轮式、微动式和组合式。

行程开关的主要参数有动作行程、工作电压及触头的电流容量等，在产品说明书中都有详细说明。一般用途行程开关，如 JW2、LXI9、LXK3、XCK、3SE3、LXZ1、DTH、DZ-31 等系列，主要用于机床及其他生产机械、自动生产线的限位和程序控制。起重设备用行程开关，如 LX22、LX33、LX36 系列，主要用于限制起重设备及各种冶金辅助机械的行程。

行程开关的图形和文字符号如图 1-19 所示。

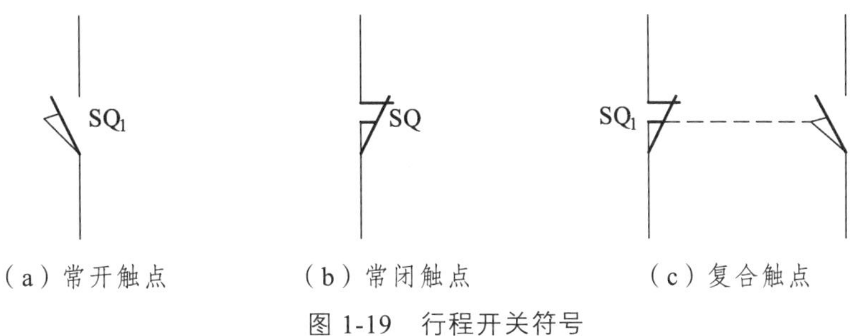

（a）常开触点　（b）常闭触点　（c）复合触点

图 1-19　行程开关符号

1. 直动式行程开关

直动式行程开关的结构原理与按钮开关的相似，如图 1-20（a）所示，其触点的分合速度取决于生产机械的运行速度，不宜用于速度低于 0.4 m/min 场合。当移动速度低于 0.4 m/min 时，触点分断太慢，开关易受电弧烧损。此时，应采用有盘形弹簧机构瞬时动作的滚轮式行程开关。当生产机械的行程比较小且作用力也很小时，可采用具有瞬时动作和微小行程的微动式行程开关。

2. 滚轮式行程开关

滚轮式行程开关的结构原理如图 1-21（a）所示。当运动机械的挡铁（撞块）撞击带有滚轮的撞杆时，传动杠连同转轴一同转动，使凸轮推动撞块，当撞块碰压到一定位置时，推动微动开关快速动作。当滚轮上的挡铁移开后，复位弹簧就使行程开关复位，这种是单轮自动恢复式行程开关。而双轮旋转式行程开关不能自动复原，它是依靠运动机械反向移动时，挡铁碰撞另一滚轮将其复原。

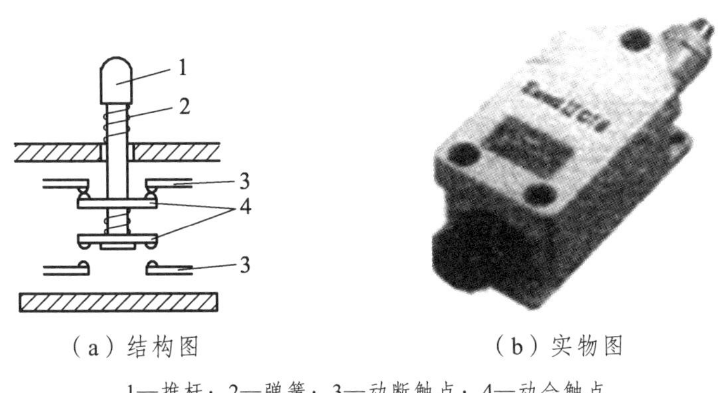

（a）结构图　（b）实物图

1—推杆；2—弹簧；3—动断触点；4—动合触点

图 1-20　直动式行程开关

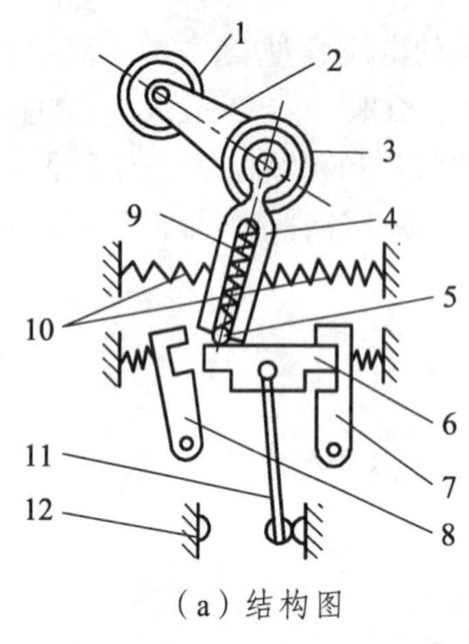

(a) 结构图

(b) 实物图

1—滚轮；2—上转臂；3—盘形弹簧；4—推杆；5—小滚轮；6—擒纵件；
7，8—压板；9，10—弹簧；11—动触头；12—静触头

图 1-21　滚轮式行程开关

滚轮式行程开关又分为单滚轮自动复位式和双滚轮（羊角式）非自动复位式，双滚轮非自动复位式行程开关具有两个稳态位置，有“记忆”作用，在某些情况下可以简化线路。

3. 微动式行程开关

微动式行程开关是一种施压促动的快速转换开关。由于开关的触点间距比较小，故又称微动开关或灵敏开关，如图 1-22 所示，常用的有 LXW-11 系列产品。微动式行程开关适用于生产机械的行程比较小且作用力也很小的场合。

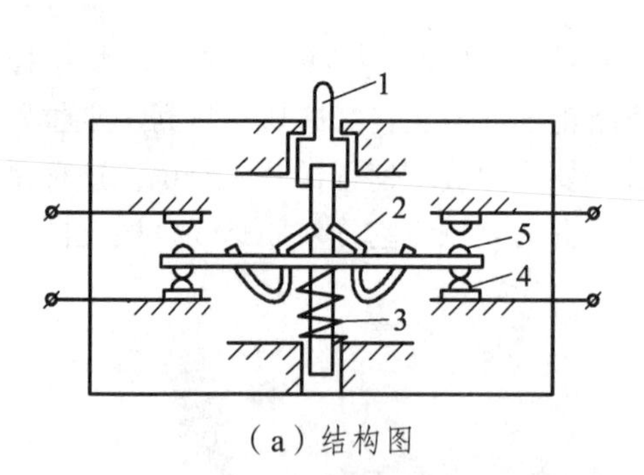

(a) 结构图

(b) 实物图

1—推杆；2—弹簧；3—压缩弹簧；4—常闭触点；5—常开触点

图 1-22　微动式行程开关

1.6.3　接近开关

随着电子技术的发展，出现了非接触式的行程开关，即接近开关。接近开关又称无触点行程开关，它由感应头、高频振荡器、放大器和外壳等组成。当某种物体与接近开关的感应头接近到一定距离，就使其输出一个电信号。它不像机械行程开关那样需要施加机械力，而

是通过其感应头与被测物体间介质能量的变化来获取信号。接近开关的应用已远超出一般行程控制和限位保护，它还是一种非接触型的检测装置，常用作检测零件尺寸、测速高速记数、变频脉冲发生器、液面控制、加工程序的自动衔接等。其优点有工作可靠、寿命长、功耗低、复定位精度高、操作频率高以及恶劣环境的适应能力强等。当用于一般行程控制时，其性能也明显优于一般机械式行程开关。

按工作原理，接近开关可分为高频振荡型、电容型、霍尔型等类型。

1. 高频振荡接近开关

高频振荡接近开关是以金属触发为原理的，主要由高频振荡器、集成电路或晶体管放大电路和输出电路等三部分组成。其基本工作原理是：振荡器的线圈在开关的表面作用产生一个交变磁场，当金属目标接近这一磁场并达到感应距离时，在金属目标内产生涡流，从而导致振荡衰减以至振荡停止。振荡器的振荡及停振的变化，经整形放大后转换成开关信号，触发驱动控制器件，从而达到非接触式检测目的。

2. 电容型接近开关

电容型接近开关主要由电容式振荡器及电子电路组成。它的电容位于传感器表面，当有导体或其他介质接近感应头时，电容值增大而使振荡器停振。振荡器的振荡及停振的变化，经整形放大后转换成开关信号，触发驱动控制器件。电容型接近开关能检测金属、非金属及液体等。

3. 霍尔型接近开关

霍尔型接近开关由霍尔元件组成，是将磁信号转换为电信号输出，其内部的磁敏元件仅对垂直于传感器端面磁场敏感，当磁极 S 正对接近开关时，接近开关的输出产生正跳变，输出为高电平；若磁极 N 正对接近开关，输出产生负跳变，输出为低电平。接近开关的图形与文字符号以及实物图如图 1-23 所示。

接近开关的工作电压有交流和直流两种，输出形式有两线、三线和四线三种，有一对常开、常闭触点，晶体管输出类型有 NPN、PNP 两种，外形有方形、圆形、槽形和分离型等多种。接近开关的主要参数有动作行程、工作电压、动作频率、响应时间、输出形式以及触点电流容量等，在产品说明书中有详细说明。

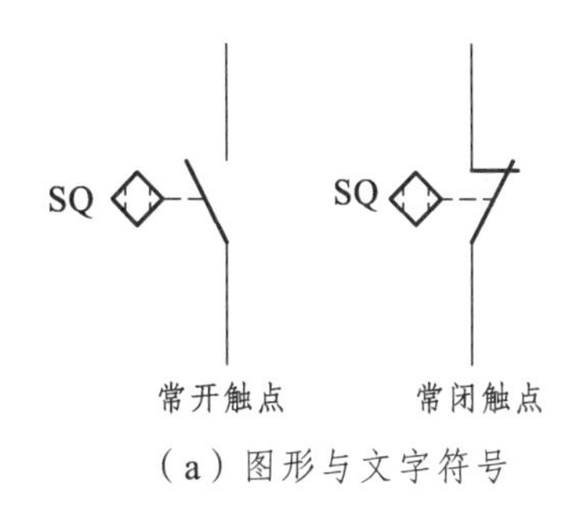

（a）图形与文字符号

（b）实物图

图 1-23　接近开关

1.6.4 主令控制器

主令控制器又称凸轮控制器，主令控制器向控制电路发出命令，通过接触器达到控制电动机的启动、制动、调速、反转、远距离控制等目的，同时也可实现控制线路的连锁作用。

主令控制器一般由触头系统、操作机构、转轴、齿轮减速机构、凸轮、外壳等组成，其结构如图 1-24（a）所示。主令控制器的工作原理是：当转动手柄时，方轴带动凸轮块转动，凸轮块的突出部位压动小轮 8，使动触头 2 离开静触头 3，从而分断电路；当转动手柄使小轮 8 位于凸轮块 7 的凹处时，在复位弹簧的作用下，动触头和静触头闭合，接通电路。触头的分合顺序由凸轮块的形状来决定。由此可见，主令控制器的工作原理及过程与万能转换开关的相类似，都是靠可转动的凸轮来控制触头系统的动作。而且，主令控制器触点也与操作手柄的位置有关，其图形符号及触点分合状态的表示也与万能转换开关的类似，其电气符号如图 1-24（b）所示。但与万能转换开关相比，主令控制器的触点容量较大，操纵挡位也较多。

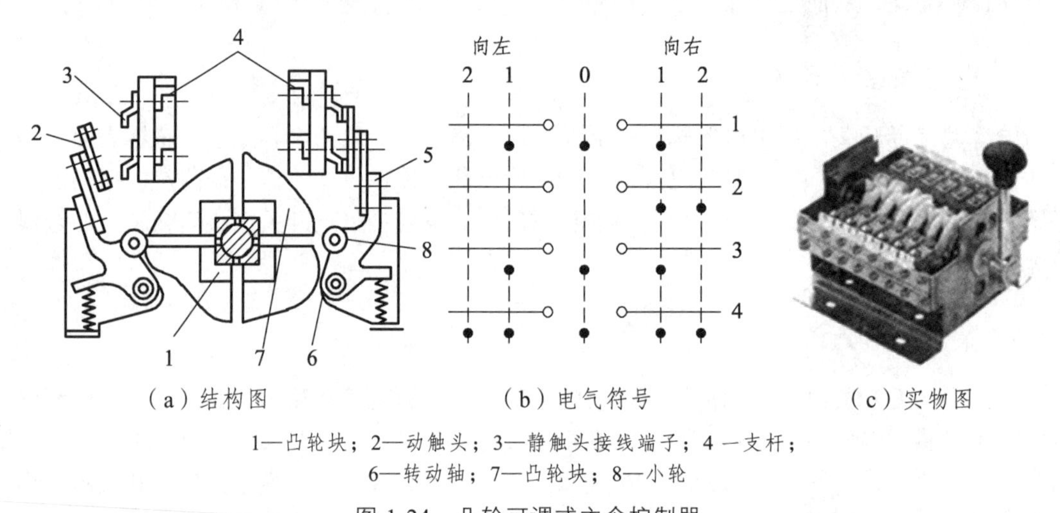

（a）结构图　　（b）电气符号　　（c）实物图

1—凸轮块；2—动触头；3—静触头接线端子；4 —支杆；
6—转动轴；7—凸轮块；8—小轮

图 1-24　凸轮可调式主令控制器

按结构来划分，主令控制器可分为两类：凸轮可调式主令控制器和凸轮固定式主令控制器。凸轮可调式主令控制器的触头系统分合程序可随时按控制系统的要求进行编制调整，不必更换凸轮片。凸轮固定式主令控制器的触头系统分合顺序只能按指定的触头分合表的要求进行，在使用中用户不能自行调整，若需调整必须更换凸轮片。

由于主令控制器是通过接触器达到控制目的，其控制对象为二次电路，所以其触头工作电流不大。成组的凸轮通过螺杆与对应的触头系统连成一个整体，其转轴既可直接与操作机构连接，也可经过减速器与之连接。如果被控制的电路数量很多，即触头系统挡位很多，则将它们分为 2～3 列，并通过齿轮啮合机构来联系，以免主令控制器过长。主令控制器还可组合成联动控制台，以实现多点多位控制。

配备万向轴承的主令控制器可将操纵手柄在纵横倾斜的任意方位上转动，以控制工作机械（如电动行车和起重工作机械）做上下、前后、左右等方向的运动，操作控制灵活方便。

习 题

1. 什么是低压电器，按其用途，可以分成哪几类，有哪些常用低压电器?

2. 什么是接触器? 简述电磁式接触器的工作原理，绘制其图形符号。

3. 什么是热继电器? 简述其工作原理，绘制其图形符号。

4. 什么是保护电器，常用的有哪些，分别起到什么保护作用?

5. 什么是继电器，电流继电器、电压继电器和中间继电器在电气控制线路中各有什么作用?

6. 什么是主令电器，在电气控制系统中起什么作用?

7. 时间继电器分哪几类? 分别说明它们的工作原理，绘制其图形符号。

8. 继电器与接触器有何异同?

第 2 章　电气控制基本线路介绍与设计

在各行各业广泛使用的电气设备和生产机械中，其自动控制电路大多以各类电动机或其他执行电器为被控对象，以继电器、接触器、按钮、行程开关、保护元件等器件组成的自动控制线路，通常称为电气控制线路。

各种生产机械的电气控制设备有着各种各样的电气控制电路。这些控制电路无论是简单还是复杂，一般是由一些基本控制环节组成，在分析电路原理和判断其故障时，都是从这些基本控制环节入手。因此，掌握基本电气控制线路，对生产机械整个电气控制电路的工作原理分析及电气设备维护有着重要的意义。

2.1　电气控制线路的绘制

电气控制线路是用导线将电动机、电器、仪表等电器元件按一定的要求和方式联系起来，并能实现某种功能的电气电路。为表达电气控制电路的组成、工作原理及安装、调试、维修等技术要求，需要用统一的工程语言即用图的形式来表示。在图上用不同的图形符号来表示各种电器元件，用不同的文字符号来进一步说明图形符号所代表的电器元件的基本名称、用途、主要特征及编号等。因此，电气控制线路应根据简学易懂的原则，采用统一规定的图形符号、文字符号和标准画法来进行绘制。

为了便于掌握引进的先进技术和先进设备，便于国际交流，国家颁布了 GB4728—2005《电气图用图形符号》、GB 6988—1987《电气制图》和 GB H59—1987《电气技术中的文字符号制订通则》。规定从 1990 年 1 月 1 日起，电气控制线路中的图形和文字符号必须符合新的国家标准。

电气工程图中的文字符号，分为基本文字符号和辅助文字符号。基本文字符号有单字母符号和双字母符号，单字母符号表示电气设备、装置和元件的大类，如 K 为继电器类元件这一大类；双字母符号由一个表示大类的单字母与另一个表示器件某些特性的字母组成，如 KT 表示继电器类器件中的时间继电器，KM 表示继电器类器件中的接触器。

辅助文字符号用来进一步表示电气设备、装置和元件的功能、状态和特征。

表 2-1 和表 2-2 中列出了部分常用的电气图形符号和基本文字符号，实际使用时如需要更详细的资料，请查阅有关国家标准。

表 2-1　常用电气图形、文字符号

名　称		图形符号	文字符号
一般三相电源开关		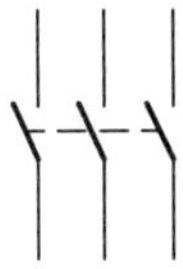	QS
低压断路器		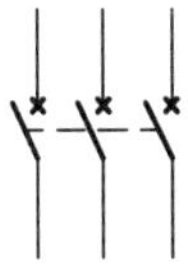	QF
位置开关	常开触点		SQ
	常闭触点		
	复合触点		
熔断器			FU
按钮	启动		SB
	停止		
	复合	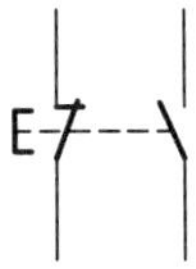	

续表

名称		图形符号	文字符号
接触器	线圈		KM
	主触点		
	常开辅助触点		
	常闭辅助触点		
速度继电器	常开触点		KS
	常闭触点		
时间继电器	线圈		KT
	常开延时闭合触点		
	常闭延时断开触点		
	常闭延时闭合触点		
	常开延时断开触点		

续表

名　称		图形符号	文字符号
热继电器	热元件		FR
	常闭触点		
继电器	中间继电器线圈		KA
	欠电压继电器线圈		KA
	欠电流继电器线圈		KI
	过电流继电器线圈		KI
	常开触点		相应继电器符号
	常闭触点		
转换开关			SA
制动电磁铁			YB

续表

名　称	图形符号	文字符号
电磁离合器	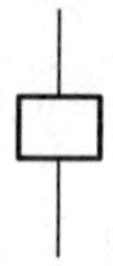	YC
电位器	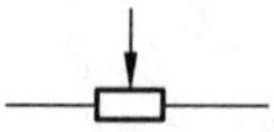	RP
桥式整流装置	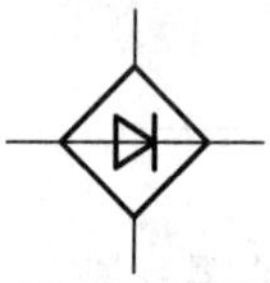	VC
照明灯	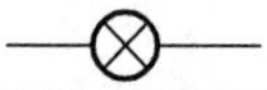	EL
信号灯		HL
电阻器	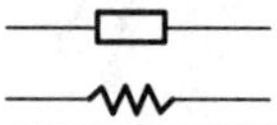	R
接插器	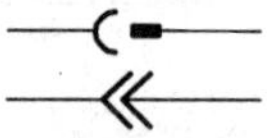	X
电磁铁	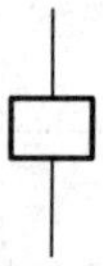	YA
电磁吸盘	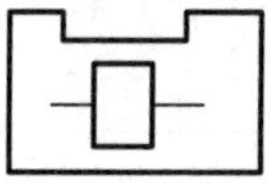	YH
串励直流电动机	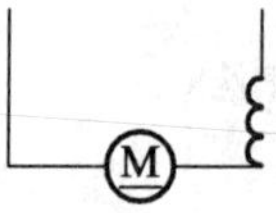 M	M
他励直流电动机	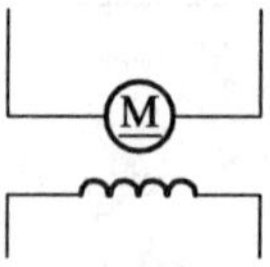 M	
并励直流电动机	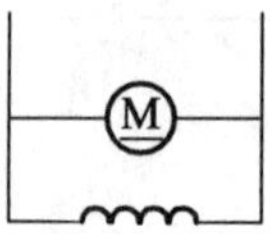 M	
复励直流电动机	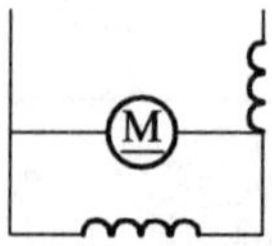 M	
直流发动机	G	G

续表

名　称	图形符号	文字符号
三相笼型异步电动机	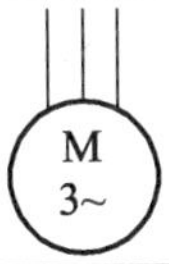 M 3~	M
三相绕线转子异步电动机	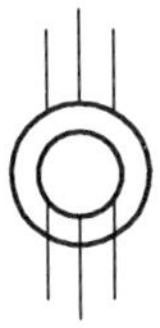	
单相变压器 整流变压器 照明变压器	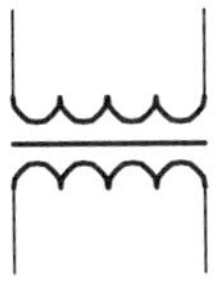	T
控制变压器		TC
三相自耦变压器	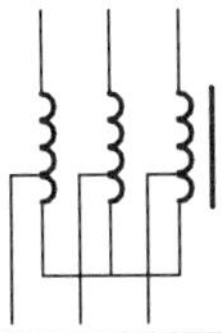	T
半导体二极管		V
PNP 型三极管	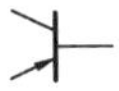	
NPN 型三极管	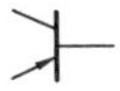	
晶闸管（阴极侧受控）	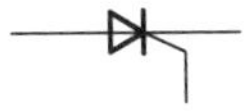	

表 2-2　电气技术中常用基本文字符号

基本文字符号		项目种类	设备、装置、元器件举例
单字母	双字母		
A	AT	组件部件	抽屉柜
B	BP	非电量到电量变换器或电量到非电量变换器	压力变换器
	BQ		位置变换器
	BT		温度变换器
	BV		速度变换器
F	FU	保护电器	熔断器
	FV		限压保护器
H	HA	信号器件	声响指示器
	HL		指示灯

续表

基本文字符号		项目种类	设备、装置、元器件举例
单字母	双字母		
K	KM	接触器、继电器	接触器
	KA		中间继电器
	KP		极化继电器
	KR		簧片继电器
	KT		时间继电器
P	PA	测量设备、试验设备	电流表
	PJ		电度表
	PS		记录仪器
	PV		电压表
	PT		时钟、操作时间表
Q	QF	开关器件	断路器
	QM		电动机保护开关
	QS		隔离开关
R	RP	电阻器	电位器
	RT		热敏电阻器
	RV		压敏电阻器
S	SA	控制、记忆、信号电路的开关器件选择器	控制开关
	SB		按钮开关
	SP		压力传感器
	SQ		位置传感器
	ST		温度传感器
T	TA	变压器	电流互感器
	TC		电源变压器
	TM		电力变压器
	TV		电压互感器
X	XP	端子、插头、插座	插头
	XS		插座
	XT		端子板
Y	YA	电气操作的机械器件	电磁铁
	YV		电磁阀
	YB		电磁离合器

2.1.1　电气原理图

电气原理图是根据工作原理而绘制的电路图，具有结构简单、层次分明、便于研究和分析电路的工作原理等优点。在各种生产机械的电气控制中，电气原理图都得到了广泛的应用。

1. 电路绘制

电气控制线路图中的支路、节点，一般都加上标号。

主电路标号由文字符号和数字组成。文字符号用以标明主电路中的元件或线路的主要特征，数字标号用以区别电路的不同线段。三相交流电源引入线采用 L_1、L_2、L_3 标号，电源开关之后的三相交流电源主电路分别标 U、V、W，如 U_{11} 表示电动机的第一相的第一个节点代号，U_{21} 为第一相的第二个节点代号，依次类推。

控制电路由 3 位或 3 位以下的数字组成，交流控制电路的标号一般以主要压降元件（如电气元件线圈）为分界，左侧用奇数标号，右侧用偶数标号。直流控制电路中，正极按奇数标号，负极按偶数标号。

绘制电气原理图应遵循以下原则：

（1）电气控制线路根据电路通过的电流大小可分为主电路和控制电路。主电路包括从电源到电动机的电路，是强电流通过的部分，用粗线条画在原理图的左边。控制电路是通过弱电流的电路，一般由按钮、电器元件的线圈、接触器的辅助触点、继电器的触点等组成，用细线条画在原理图的右边。

（2）电气原理图中，所有电气元件的图形、文字符号必须采用国家规定的统一标准。

（3）采用电气元件展开图的画法。同一电气元件的各部件可以不画在一起，但须用同一文字符号标出。若有多个同一种类的电气元件，可在文字符号下标加上数字序号，如 KM_1、KM_2 等。

（4）所有按钮、触点均按没有外力作用和没有通电时的原始状态画出。

（5）控制电路的分支线路，原则上按照动作先后顺序排列，两线交叉连接时的电气连接点须用黑点标出。

图 2-1 所示为笼型电动机正、反转控制线路的电气原理图。

2. 图上元器件位置表示法

在绘制和阅读电路时，往往需要确定元器件、连线等的图形符号在图上的位置。例如：

（1）当继电器、接触器在图上采用分开表示法（线圈与触点分开）绘制时，需要采用图或表格表明各部分在图上的位置。

（2）较长的连接线采用中断画法，或者连接线的另一端需要画到另一张图上去时，除了要在中断处标记中断标记外，还须标注另一端在图上的位置。

（3）在供使用、维修的技术文件（如说明书）中，有时需要对某一元件或器件作注释和说明，为了找到图中相应的元器件的图形符号，也需要注明这些符号在图上的位置。

（4）在更改电路设计时，也需要表明被更改部分在图上的位置。

图上位置表示法通常有 3 种：电路编号法、表格法和横坐标图示法。

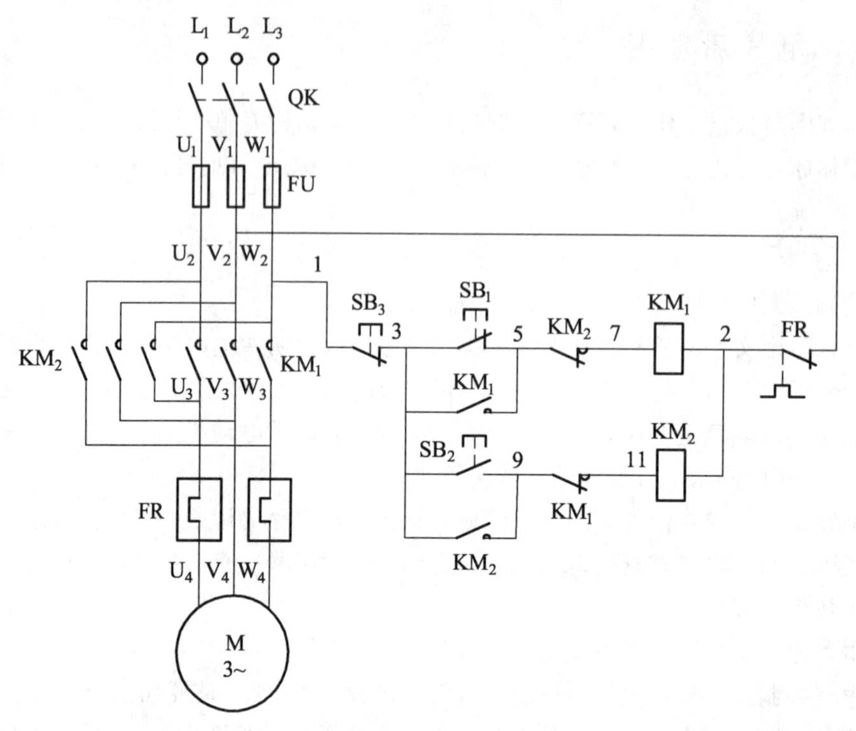

图 2-1　电动机正、反转控制原理图

1）电路编号法

图 2-2 所示的某机床电气原理图就是用电路编号法来表示元器件和线路在图上的位置。

电路编号法特别适用于多分支电路，如继电控制和保护电路，每一编号代表一个支路。编制方法是对每个电路或分支电路按照一定顺序（自左至右或自上至下）用阿拉伯数字编号，从而确定各支路项目的位置例如，图 2-2（a）有 8 个电路或支路，在各支路的下方顺序标有电路编号 1～8。图上方与电路编号对应的方框内的“电源开关”等字样表明其下方元器件或线路功能。

2）表格法

继电器和接触器的触点位置采用附加图表的方式表示，图表格式如图 2-2（b）所示。此图表可以画在电路图中相应线圈的下方，此时，可只标出触点的位置（电路编号）索引，也可以画在电路图上的其他地方。以图中线圈 KM_1 下方的图表为例，第一行用图形符号表示主、辅触点种类，表格中的数字表示此类触点所在支路的编号。例如，第 2 列中的数字“6”表示 KM_1 的一个常开触点在第 6 支路内，表中的符号“×”表示未使用的触点。有时，所附图表中的图形符号也可以省略不画。

3）横坐标图示法

电动机正、反转横坐标图示法电气原理图如图 2-3 所示。采用横坐标图示法，线路中各电器元件均按横向画法排列。各电气元件线圈的右侧，由上到下标明各支路的序号 1，2，……，并在该电器元件线圈旁标明其常开触点（标在横线上方）、常闭触点（标在横线下方）在电路中所在支路的标号，以便阅读和分析电路时查找。例如，接触器 KM_1 常开触点在主电路有 3 对，控制回路 2 支路中有 1 对；常闭触点在控制电路 3 支路中有 1 对。此种表示法在机床电气控制线路中普遍采用。

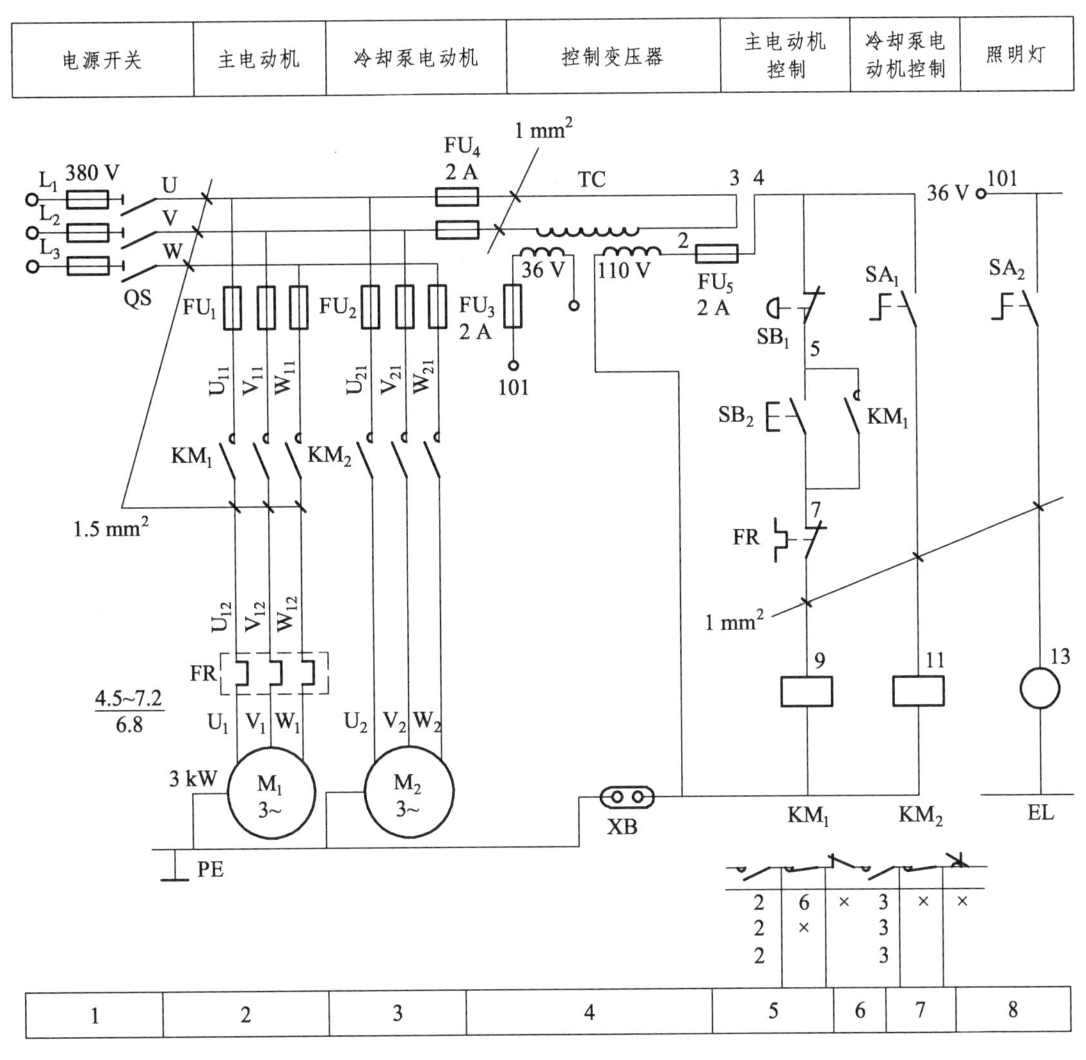

（a）控制电路图

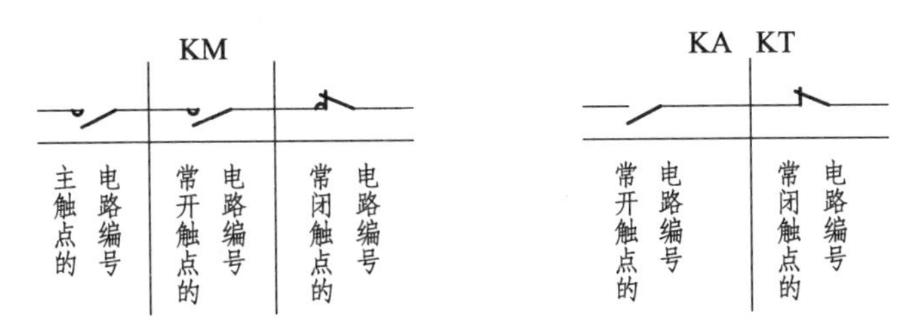

（b）触头位置表图

图 2-2　某机床电气原理图

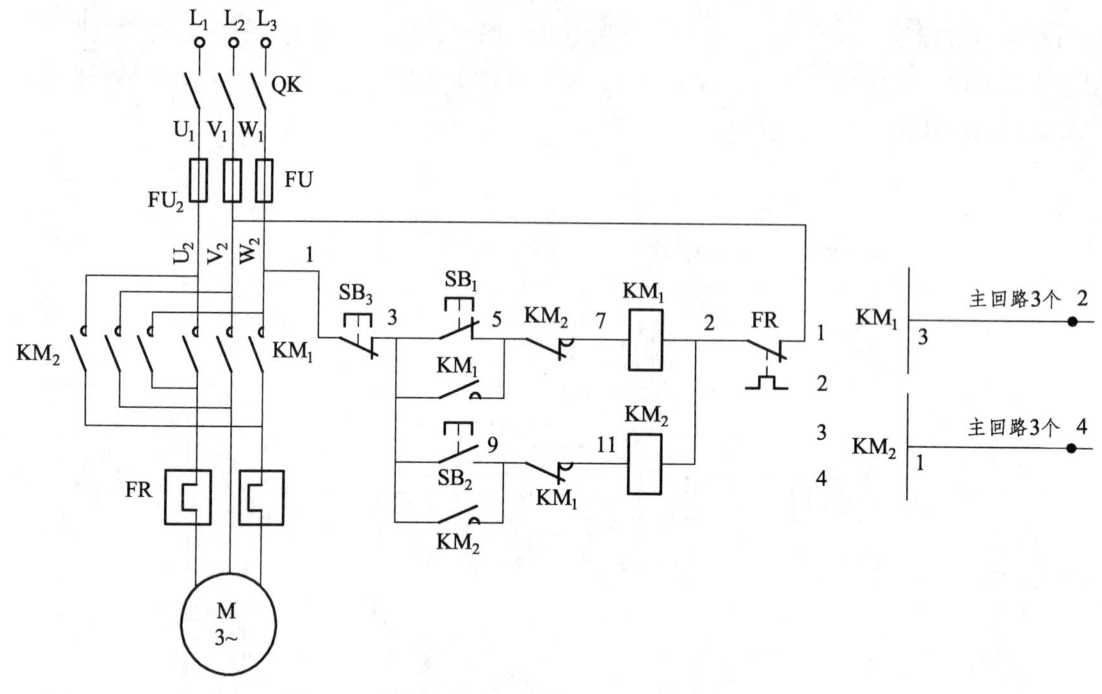

图 2-3　电动机正、反转横坐标图示法电气原理图

2.1.2　电气元件布置图

电气元件布置图主要用来表明电气设备上所有电机、电器的实际位置，是机械电气控制设备制造、安装和维修必不可少的技术文件。布置图根据设备的复杂程度或集中绘制在一张图上，或将控制柜与操作台的电气元件布置图分别绘制。绘制布置图时，机械设备轮廓用双点画线画出，所有可见的和需要表达清楚的电气元件及设备，用粗实线绘制出其简单的外形轮廓。电气元件及设备代号必须与有关电路图和清单上的代号一致。

2.1.3　电气安装接线图

电气安装接线图是按照电气元件的实际位置和实际接线绘制的，根据电气元件布置最合理、连接导线最经济等原则来安排。它为安装电气设备、电气元件之间进行配线及检修电气故障等提供了必要的依据。图 2-4 所示为笼型电动机正、反转控制的安装接线图。

绘制安装接线图应遵循以下原则：

（1）各电气元件用规定的图形、文字符号绘制，同一电气元件各部件必须画在一起。各电气元件的位置，应与实际安装位置一致。

（2）不在同一控制柜或配电屏上的电气元件的电气连接必须通过端子板进行。各电气元件的文字符号及端子板的编号应与原理图一致，并按原理图的接线进行连接。

（3）走向相同的多根导线可用单线表示。

（4）画连接线时，应标明导线的规格、型号、根数和穿线管的尺寸。

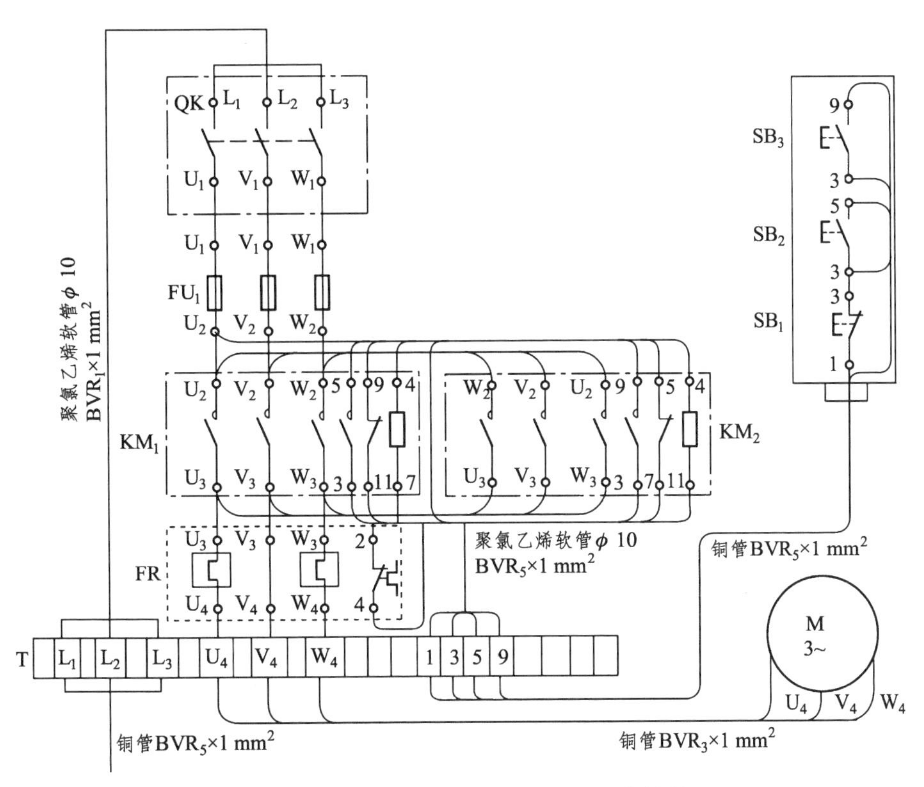

图 2-4　笼型电动机正、反转控制的安装接线图

2.2　三相异步电动机的全压启动控制

2.2.1　启动、点动和停止控制环节

1. 单向全压启动控制线路

图 2-5 所示是一个常用的最简单、最基本的电动机控制电路。主电路由刀开关 QS、熔断器 FU_1、接触器 KM 的主触点、热继电器 FR 的热元件与电动机 M 构成；控制回路由启动按钮 SB_2、停止按钮 SB_1、接触器 KM 的线圈及其常开辅助触点、热继电器 FR 的常闭触点等几部分构成；正常启动时，合上 QS，引入三相电源，按下 SB_2，交流接触器 KM 的吸引线圈通电，接触器主触点闭合，电动机接通电源直接启动运转；同时与 SB_2 并联的常开辅助触点 KM 也闭合，使接触器吸引线圈经两条路通电。这样，当手松开，SB_2 自动复位时，接触器 KM 的线圈仍可通过辅助触点 KM 使接触器线圈继续通电，从而保持电动机的连续运行。这个辅助触点起着自保持或自锁的作用。这种由接触器（继电器）自身的常开触点来使其线圈长期保持通电的环节叫“自锁”环节。

按下停止按钮 SB_1，控制电路被切断，接触器线圈则断电，其主触点释放，将三相电源断开，电动机停止运转。同时 KM 的辅助常开触点也释放，“自锁”环节被断开，因而当松开停止按钮后，SB_1 在复位弹簧的作用下，恢复到原来的常闭状态，但接触器线圈也不能再依靠自锁环节通电了。

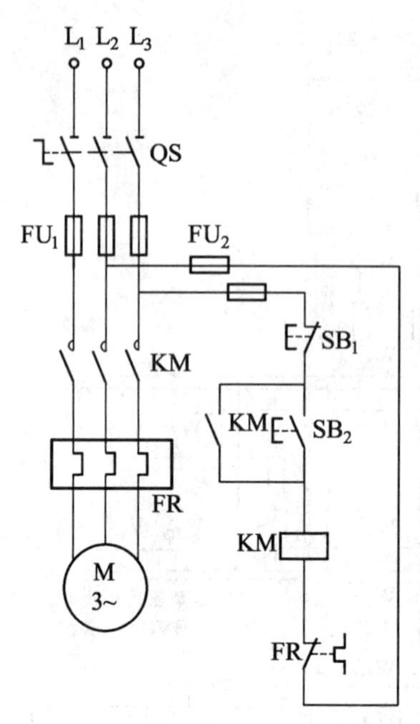

图 2-5　单向全压启动控制线路

2. 电动机的点动控制线路

某些生产机械在安装或维修时，常常需要试车或调整，此时就需要点动控制。点动控制的操作要求为：按下点动启动按钮时，常开触点接通电动机启动控制回路，电动机转动；松开按钮后，由于按钮自动复位，常开触点断开，切断了电动机启动控制回路，电动机停转。点动启、停的时间长短由操作者手动控制。

图 2-6 中列出了实现点动的几种控制电路。

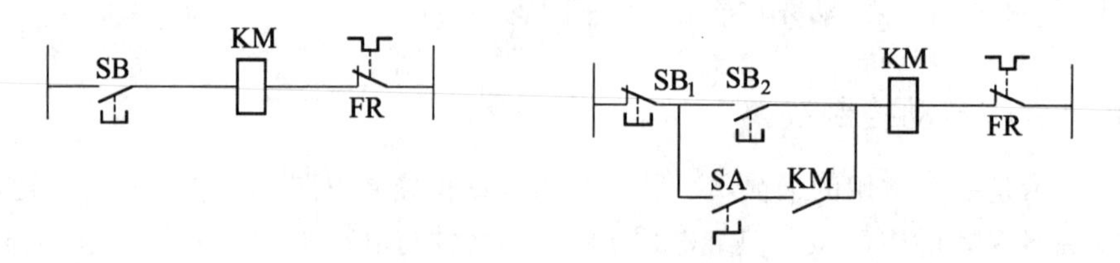

（a）最基本的点动控制电路　　（b）带旋转开关的点动控制电路

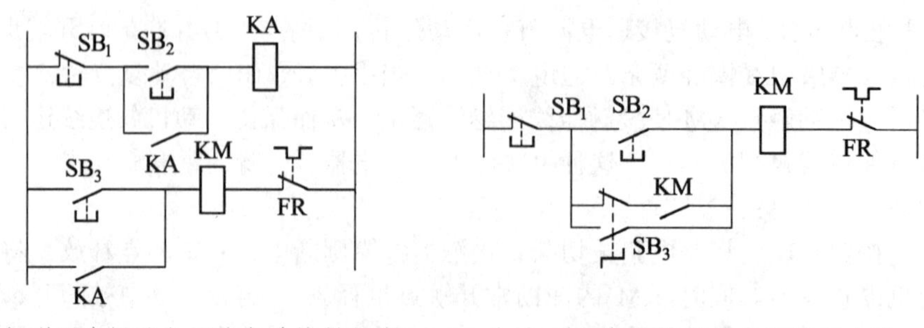

（c）利用中间继电器的点动控制电路　　（d）利用复位按钮的点动控制电路

图 2-6　实现点动的几种控制电路

图 2-6（a）是最基本的点动控制电路。当按下点动启动按钮 SB 时，接触器 KM 线圈得电，主触点吸合，电动机电源接通、运转。当松开按钮 SB 时，接触器 KM 线圈失电，主触点断开，电动机被切断电源而停止运转。

图 2-6（b）是带旋转开关 SA 的点动控制电路。当需要点动操作时，将旋转开关 SA 转到断开位置，使自锁回路断开，这时按下按钮 SB_2 时，接触器 KM 线圈得电，主触点闭合，电动机接通电源启动；当手松开按钮时，接触器 KM 线圈失电，主触点断开，电动机电源被切断而停止，从而实现了点动控制；当需要连续工作时，将旋转开关 SA 转到闭合位置，即可实现连续控制。这种方案比较实用，适用于不经常点动控制操作的场合。

图 2-6（c）是利用中间继电器实现点动的控制电路。利用连续启动按钮 SB_2 控制中间继电器 KA，KA 的常开触点并联在 SB_3 两端，控制接触器 KM 再控制电动机实现连续运转。当需要停转时，拉下 SB_1 按钮即可；当需要点动运转时，按下 SB_3 按钮即可。这种方案的特点是在电路中单独设置一个点动回路，适用于电动机功率较大并须经常点动控制操作的场合。

图 2-6（d）是采用一个复合按钮 SB_3 实现点动的控制电路。点动控制时，按下点动按钮 SB_3，常闭触点先断开自锁电路，常开触点后闭合，接通启动控制电路，接触器 KM 线圈通电，主触点闭合，电动机启动旋转；当松开 SB_3 时，接触器 KM 线圈失电，主触点断开电动机停止转动。若需要电动机连续运转，则按启动按钮 SB_2，停机时按下停止按钮 SB_1 即可。这种方案的特点是单独设置一个点动按钮，适用于须经常点动控制操作的场合。

2.2.2 可逆控制和互锁环节

在生产加工过程中，各种生产机械常常要求具有上下、左右、前后、往返等相反方向的运动能力，如电梯的上下运行，起重机吊钩的上升与下降，机床工作台的前进与后退及主轴的正转与反转等运动的控制，这就要求电动机能够实现正反向运行。由交流电动机工作原理可知，若将接至电动机的三相电源进线中的任意两相对调，即可使电动机反向旋转。因此需要对单向运行的控制线路做相应的补充，即在主电路中设置两组接触器主触点，来实现电源相序的转换；在控制电路中对相应的两个接触器线圈进行控制，这种可同时控制电动机正转或反转的控制线路称为可逆控制线路。

图 2-7 所示是三相交流电动机的可逆控制线路。图 2-7（a）为主电路，其中 KM_1 和 KM_2 所控制的电源相序相反，因此可使电动机反向运行。在图 2-7（b）所示的控制电路中，要使电动机正转，可按下正转启动按钮 SB_2，KM_1 线圈得电，其主触点 KM_1 吸合，电机正转，同时其辅助常开触点构成的自锁环节可保证电机连续运行；按下停止按钮 SB_1，可使 KM_1 线圈失电，主触点脱开，电动机停止运行。要位电动机反转，可按下反转启动按钮 SB_3，KM_2 线圈得电，主触点 KM_2 吸合，电机反转，同时其辅助常开触点构成的自锁环节可保证电机连续运行；按下停止按钮 SB_1，可使 KM_2 线圈失电，主触点脱开，电动机停止运行。

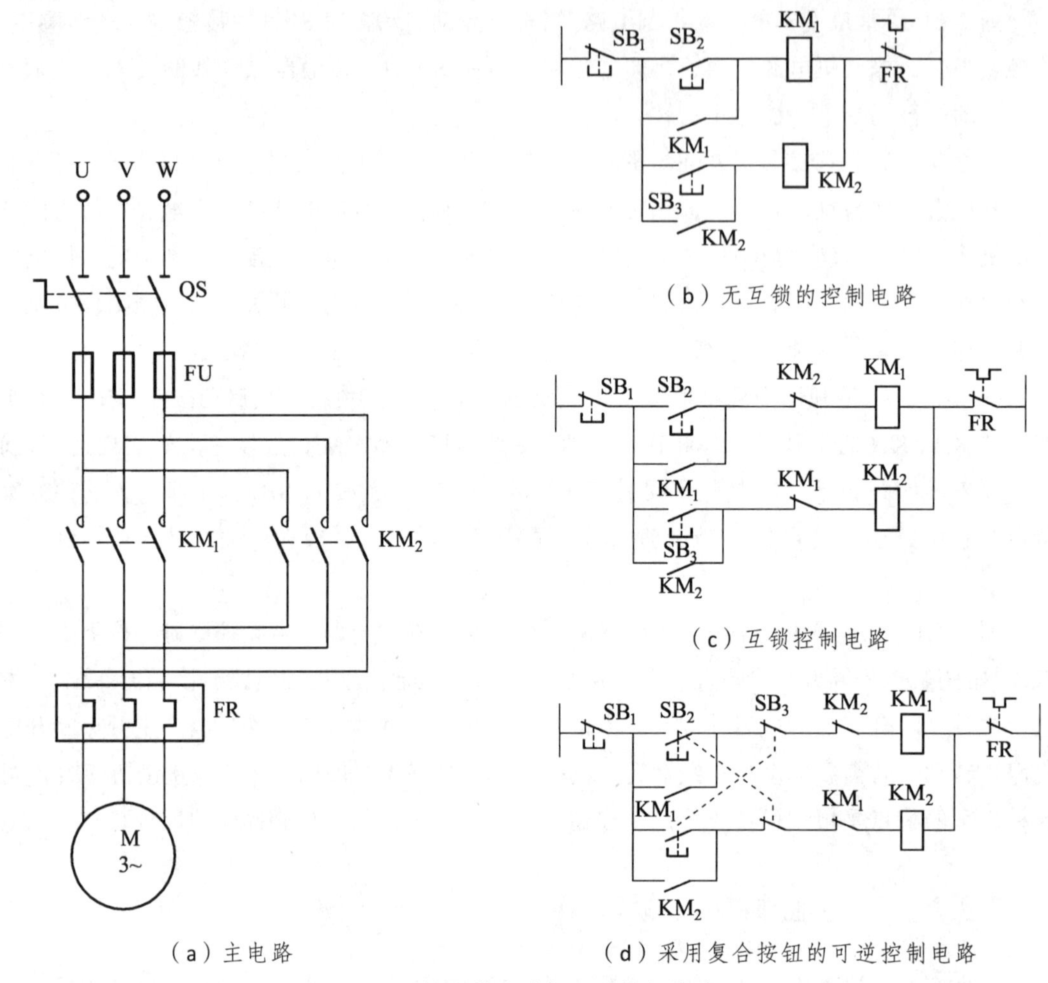

（a）主电路

（d）采用复合按钮的可逆控制电路

图 2-7　三相异步电动机可逆控制线路

如图 2-7（c）所示的电路具有互锁功能，这种在控制电路中利用辅助触点互相制约工作状态的控制环节，称为“互锁”环节。设置互锁环节是可逆控制电路中防止电源线间短路的保证。

按照电动机可逆运行操作顺序的不同，有“正-停-反”和“正-反-停”两种控制电路。图 2-7（c）控制电路做正反向操作控制时，必须首先按下停止按钮 SB_1，然后再进行反向启动操作，因此它是“正-停-反”控制电路。但在有些生产工艺中，希望能直接实现正反转的变换控制。由于电动机正转的时候，按下反转按钮时首先应断开正转接触器线圈电路，待正转接触器释放后再接通反转接触器，为此可以采用两个复合按钮来实现，其控制线路如图 2-7（d）所示。在这个线路中既有接触器的互锁，又有按钮的互锁，保证了电路能可靠工作，这在电力拖动控制系统中常用。正转启动按钮 SB_2 的常开触点用来使正转接触器 KM_1 的线圈瞬时通电，常闭触点则串接在反转接触器 KM_2 线圈的电路中，用来使之释放。反转启动按钮 SB_3 也按 SB_2 同样安排，当按下 SB_2 或 SB_3 时，首先其常闭触点断开，然后才是常开触点闭合。这样在需要改变电动机运转方向时，就不必按 SB_1 停止按钮了，可直接操作正反转按钮即能实现电动机运转情况的改变。

2.2.3 顺序控制环节

在以多台电动机为动力装置的生产设备中，有时须按一定的顺序控制电动机的启动和停止。如 X62W 型万能统床，要求主轴电机启动后，进给电机才能启动工作，而加工结束时，要求进给电机先停止之后主轴电机才能停止。这就需要具有相应的顺序控制功能的控制线路来实现此类控制要求。

图 2-8 所示为两台电动机顺序启动的控制线路。

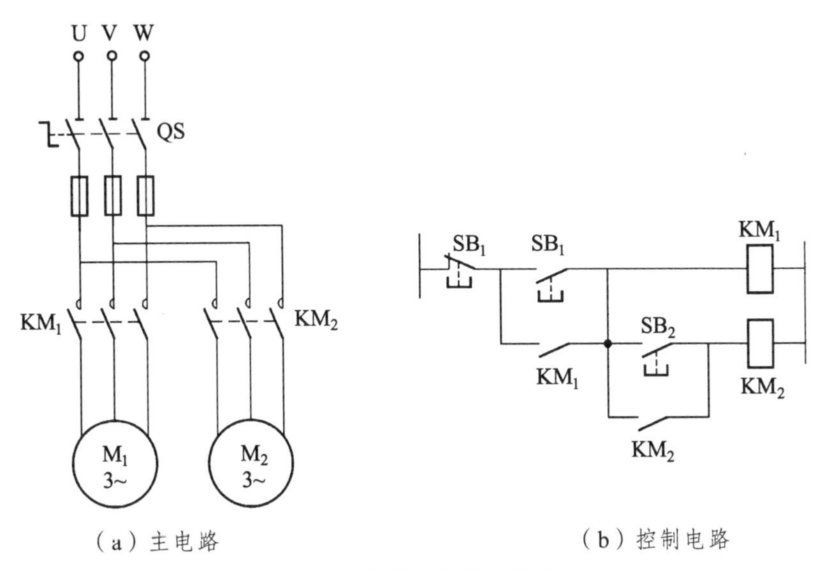

（a）主电路　　　　　　（b）控制电路

图 2-8 顺序启动控制线路

下面介绍一种分析控制线路的“动作序列图”法，即用图解的方式来说明控制线路中各元件的动作状态、线圈的得电与失电状态等。动作图符号规定如下：

（1）用带有“×”或“√”作为上角标的线圈的文字符号来表示元件线圈的失电或得电状态。

（2）用带有“+”或“－”作为上角标的文字符号来表示元件触点的闭合或断开。

下面用“动作序列图”法来分析图 2-8 所示的顺序启动控制线路的工作过程：

按下 $SB_1^+ \rightarrow KM_1^{\vee} \rightarrow KM_1^+$，主触点吸合，Ml 启动。

↘KM_1^+ 辅助常开触点吸合，自锁。

↘按下 $SB_2^+ \rightarrow KM_2^{\vee} \rightarrow KM_2^+$，主触点吸合，M2 启动。

↘$KM2^+$，辅助常开触点吸合，自锁。

两台电机都启动之后，要使电动机停止运行，可如下操作：

按下 $SB_3^- \rightarrow KM_1^{\times} \rightarrow KM_1^-$，主触点释放脱开，Ml 停止运转。

↘$KM_2^{\times} \rightarrow KM_2^-$，主触点释放脱开，M2 停止运转。

可见，电动机 M2 必须在电动机 Ml 先启动之后才可以启动，如果 Ml 不工作，M2 就无法工作。这里 KM_1 的常开辅助触点起到两个作用：一是构成自锁环节，保证其自身的连续运行；二是作为 KM_2 得电的先决条件，实现顺序控制。

2.3　三相异步电动机的降压启动控制

降压启动方式是指在启动时将电源电压降低到一定的数值后再施加到电动机定子绕组上，待电动机的转速接近同步转速后，再使电动机回到电源电压下运行。

通常对小容量的三相异步电动机均采用直接启动方式，启动时将电动机的定子绕组直接接在交流电源上，电动机在额定电压下直接启动。对于大、中容量的电动机（具体容量计算可以参考相关的电力拖动基础教材），因启动电流较大，一般应采用降压启动方式，以防止过大的启动电流引起电源电压的波动，影响其他设备的正常运行。

常用的降压启动方式有星形-三角形（Y-△）降压启动、串自耦变压器降压启动、定子串电阻（电抗器）降压启动、软启动（固态降压启动器）、延边三角形降压启动等。目前，星形-三角形降压启动和串自耦变压器降压启动两种方式应用最广泛。

1. 定子串电阻降压启动控制线路

定子串电阻降压启动方法就是电动机启动时，在三相定子电路中串接电阻，使电动机定子绕组电压降低，启动结束后再将电阻短接，电动机在全压下运行。显然，这种方法会消耗大量的电能且装置成本较高，一般仅适用于绕线式交流电动机在一些特殊场合下使用，如起重机械等。

图 2-9 所示是定子串电阻降压启动控制线路。其工作过程如下：

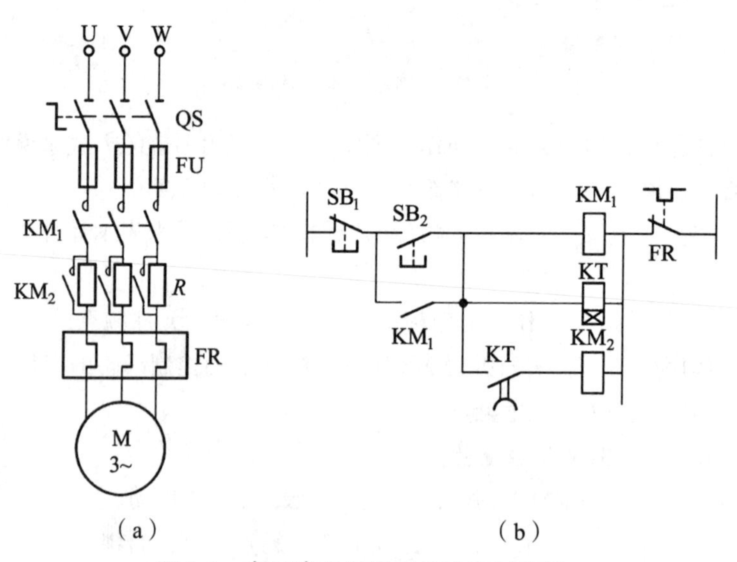

图 2-9　定子串电阻降压启动控制线路

按下 SB_2^+ → $KM_1^{\surd}$→KM_1^+，主触点吸合，M 串电阻启动。

↘KM_1^+，辅助常开触点吸合，自锁。

$KT^{\vee}$开始延时→延时时间到→KT^+→$KM2^{\vee}$→$KM2^{\vee}$的主触点吸合→将定子串接的电阻短接，使电动机在全电压下进入稳态运行。

此控制电路中 KT 在电动机启动后，仍须一直通电，处于动作状态，这是不必要的，可以调整控制线路，使得电动机启动完成后，只由接触器 KM_1、KM_2 得电使之正常运行。

定子串电阻降压启动的优点是按时间原则切除电阻，动作可靠，电路结构简单；缺点是电阻上功率损耗大，启动电阻一般采用由电阻丝绕制的板式电阻。经常应用在绕线异步电动机的启动中（如起重机等）。为降低电功率损耗，可采用电抗器代替电阻，但价格较贵，成本较高。

2. 星形-三角形降压启动控制线路

凡是正常运行时定子绕组接成三角形的笼形异步电动机，常可采用星形-三角形（Y-△）降压启动方法来限制启动电流。Y-△降压启动方法是，启动时先将电动机定子绕组接成 Y，这时加在电动机每相绕组上的电压为电源电压额定值的 1/3，从而其启动转矩为△接法时直接启动转矩的 1/3，启动电流降为△连接直接启动电流的 1/3，减小了启动电流对电网的影响。待电动机启动后，按预先设定的时间再将定子绕组切换成△接法，使电动机在额定电压下正常运转。

星形-三角形降压启动控制线路如图 2-10 所示。其启动过程分析如下：

按下 SB_2^+→$KM_1^{\vee}$→KM_1^+主触点吸合→电动机 Y 接法启动。

↘$KM_2^{\vee}$→KM_2^+主触点吸合↗。

$KT^{\vee}$→开始延时→时间到→KT^+→$KM_3^{\vee}$→KM_3^+主触点吸合—电动机△接法运行。

↘→KT^-→$KM_2^{\times}$→KM_2^-主触点释放脱开↗。

此线路中，KT 仅在启动时得电，处于动作状态；启动结束后，KT 处于失电状态。与其他降压启动方法相比，Y-△降压启动方法的启动电流小、投资少、线路简单、价格便宜，但启动转矩小，转矩特性差。因而这种启动方法适用于小容量电动机及轻载状态下启动，并只能用于正常运转时定子绕组接成三角形的三相异步电动机。

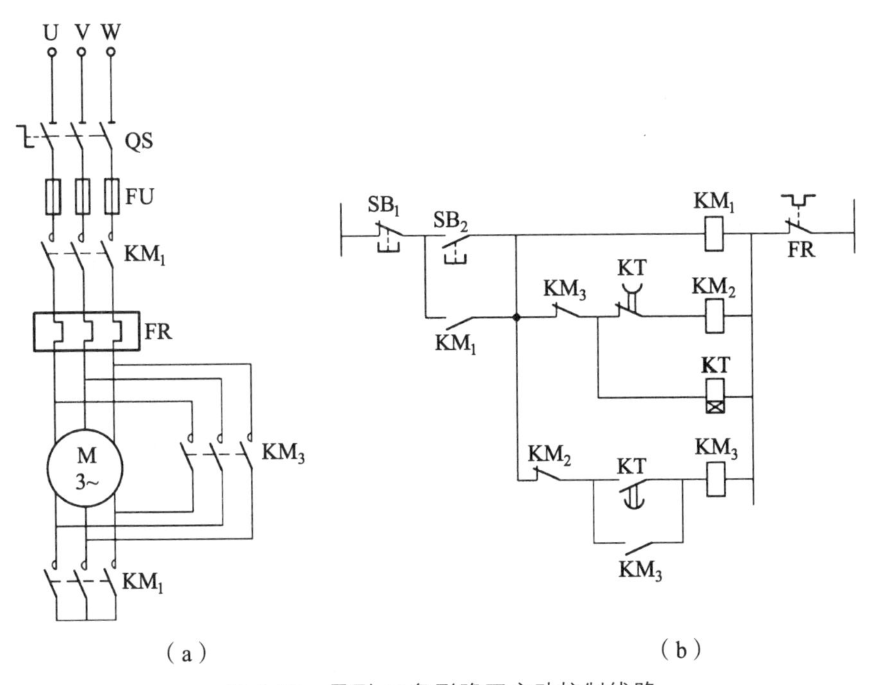

（a）　　　　（b）

图 2-10　星形-三角形降压启动控制线路

3. 自耦变压器降压启动控制线路

自耦变压器降压启动控制线路中，电动机启动电流是通过自耦变压器的降压作用实现的。在电动机启动的时候，定子绕组上的电压是自耦变压器的二次端电压，待启动完成后，自耦变压器被切除，定子绕组重新接上额定电压，电动机在全电压下进入稳态运行。图 2-11 所示为自耦变压器降压启动的控制线路，其启动过程分析如下：

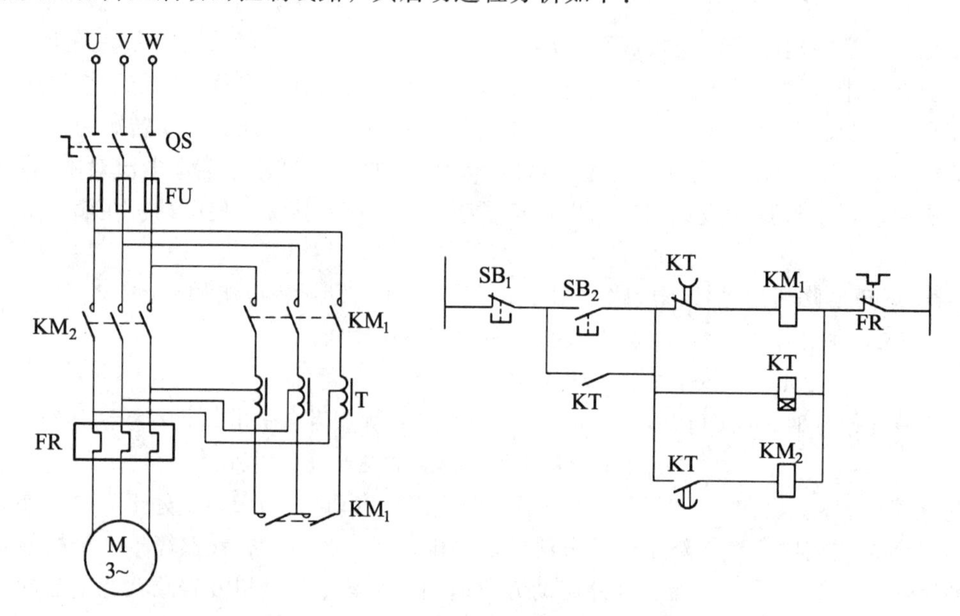

图 2-11　自耦变压器降压启动控制线路

按下 SB_2^+→$KM_1^{\surd}$→KM_1^+主触点吸合→M 定子绕组经自耦变压器降压启动。

↘$KI^{\surd}$→KT^+ 瞬动触点吸合→自锁。

↘开始延时→时间到→KT^-→$KM_1^{\times}$→KM_1^-主触点脱开→自耦变压器断开。

↘KT^+→$KM_2^{\surd}$→KM_2^+触点吸合→M 全压运行。

与串电阻降电压启动相比较，在同样的启动转矩时，自耦变压器降压启动对电网的电流冲击小，功率损耗小；但其结构相对较为复杂，价格较贵，而且不允许频繁启动。因此这一方法主要用于启动较大容量的电动机，启动转矩可以通过改变抽头的连接位置实现。

2.4　三相异步电动机的制动控制

三相异步电动机从切断电源到安全停止转动，由于惯性的关系总要经过一段时间，影响了劳动生产率。在实际生产中，为了实现快速、准确停车，缩短时间，提高生产效率，对要求停转的电动机强迫其迅速停车，必须采取制动措施。

三相异步电动机的制动方法有机械制动和电气制动两种。

机械制动是利用机械装置使电动机迅速停转。常用的机械装置是电磁抱闸，抱闸装置由制动电磁铁和闸瓦制动器组成。机械制动可分为断电制动和通电制动。制动时，将制动电磁铁的线圈切断或接通电源，通过机械抱闸制动电动机。

电气制动方法有反接制动、能耗制动、发电制动和电容制动等。

这里介绍反接制动、能耗制动控制线路。

2.4.1 三相异步电动机反接制动控制

反接制动是利用改变电动机电源相序，使定子绕组产生的旋转磁场与转子旋转方向相反因而产生制动力矩的一种制动方法。应注意的是，当电动机转速接近零时，必须立即断开电源，否则电动机会反向旋转。

另外，由于反接制动电流较大，制动时须在定子回路中串入电阻以限制制动电流。反接制动电阻的接法有两种：对称电阻接法和不对称电阻接法。

单向运行的三相异步电动机反接制动控制线路如图 2-12 所示。仅接制动电阻采用了对称电阻接法，控制线路按速度原则实现控制，通常采用速度继电器。速度继电器与电动机同轴相连，当转速为 120 ~ 3 000 r/min，速度继电器触头动作；当转速低于 100 r/min 时，其触头复位。

工作过程如下：合上刀开关 QK→按下启动按钮 SB_2→接触器 KM_1 通电→电动机 M 启动运行→速度继电器 KS 常开触头闭合，为制动做准备。制动时按下停止按钮 SB_1→KM_1 断电→KM_2 通电（KS 常开触头尚未打开）→KM_2 主触头闭合，定子绕组串入限流电阻 R 进行反接制动，$n\approx 0$ 时，KS 常开触头断开→KM_2 断电，电动机制动结束。

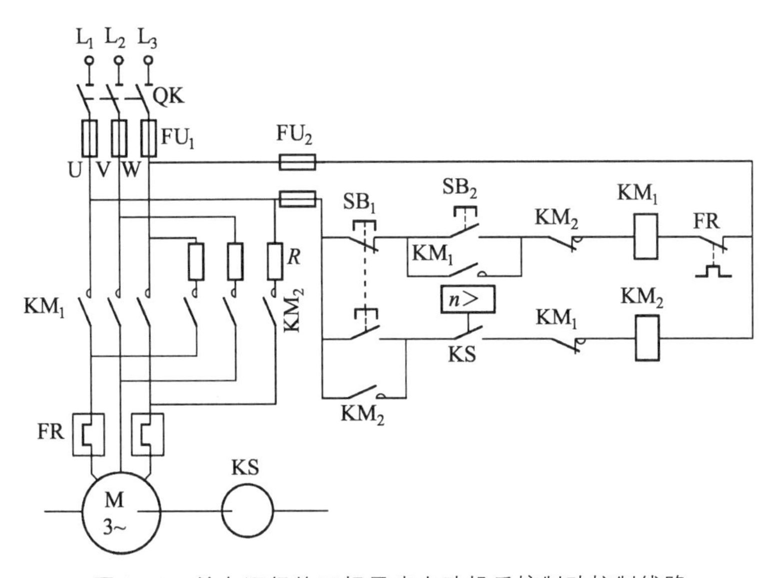

图 2-12　单向运行的三相异步电动机反接制动控制线路

图 2-13 所示为电动机可逆运行的反接制动线路。图中，KS_F 和 KS_R 是速度继电器 KS 的两组常开触头，正转时 KS_F 闭合，反转时 KS_R 闭合，工作过程请读者自行分析。

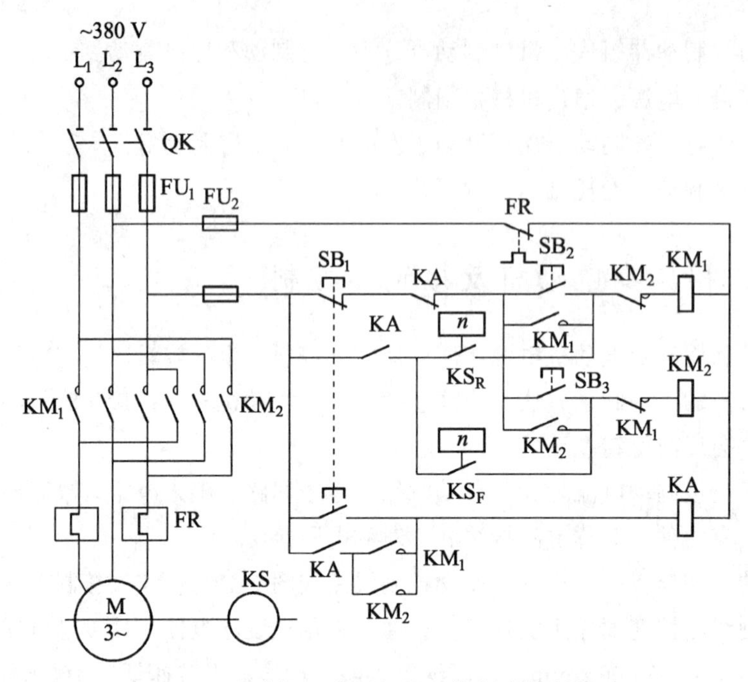

图 2-13　电动机可逆运行的反接制动控制线路

2.5　其他典型控制环节

在实际生产设备的控制中，除上述介绍的几种基本控制线路外，为了满足某些特殊要求和工艺需要，还有一些其他的控制环节，以实现诸如多地点控制、顺序控制、循环控制及各种保护控制等。

1. 多地点控制

有些电气设备，如大型机床、起重运输机等，为了操作方便，常要求能在多个地点对同一台电动机实现控制。这种控制方法叫作多地点控制。

图 2-14 所示为三地点控制电路。把一个启动按钮和一个停止按钮组成一组，并把三组启动、停止按钮分别放置三地，即能实现三地点控制。

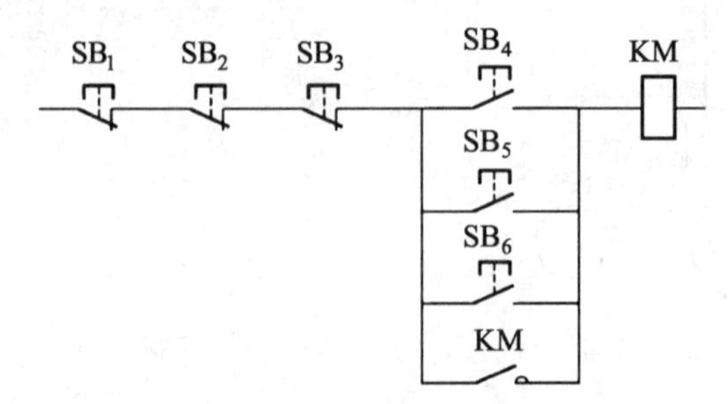

图 2-14　三地点控制电路

多地点控制的接线原则是：启动按钮应并联连接，停止按钮应串联连接。

2. 多台电动机先后顺序工作的控制

前面已经说明了顺序控制的工作原理，这里进一步介绍这方面的线路。在很多生产过程或机械设备中，常常要求电动机按一定顺序启动。例如，机床中要求润滑电动机启动后，主轴电动机才能启动；铣床进给电动机必须在主轴电动机已启动的情况下才能启动工作。图 2-15 所示为两台电动机顺序启动控制线路。

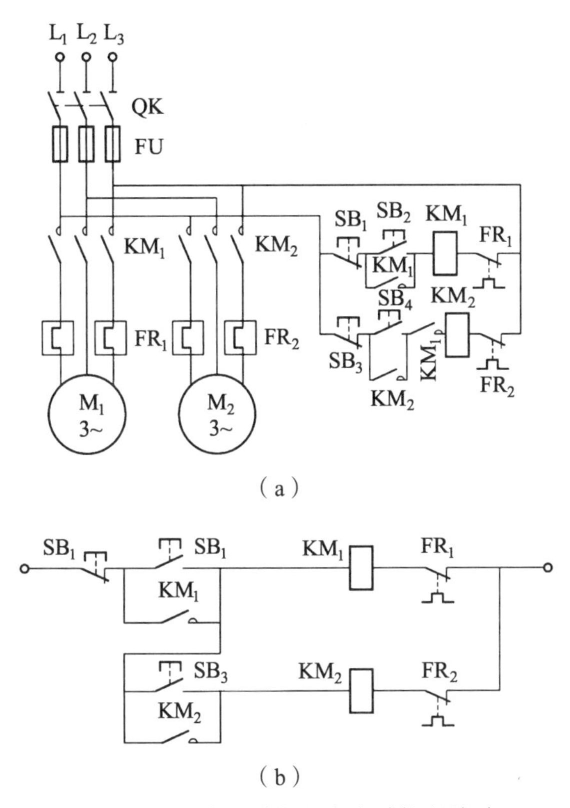

图 2-15　两台电动机顺序启动控制线路

在图 2-15（a）中，接触器 KM_1 控制电动机 M_1 的启动、停止，接触器 KM_2 控制电动机 M_2 的启动、停止。现要求电动机 M_1 启动后，电动机 M_2 才能启动。工作过程如下：合上刀开关 QK→按下启动按钮 SB_2→接触器 KM_1 通电→电动机 M_1 启动→KM_1 常开辅助触头闭合→按下启动按钮 SB_4→接触器 KM_2 通电→电动机 M_2 启动。

按下停止按钮 SB_1，两台电动机同时停止。如改用图 2-15（b）电路的接法，可以省去接触器 KM_1 的常开触头，使电路得到简化。

3. 自动循环控制

在机床电气设备中，有些是通过工作台自动往复循环工作的，如龙门刨床的工作台前进、后退等。电动机的正、反转是实现工作台自动往复循环的基本环节。自动循环控制线路如图 2-16 所示。

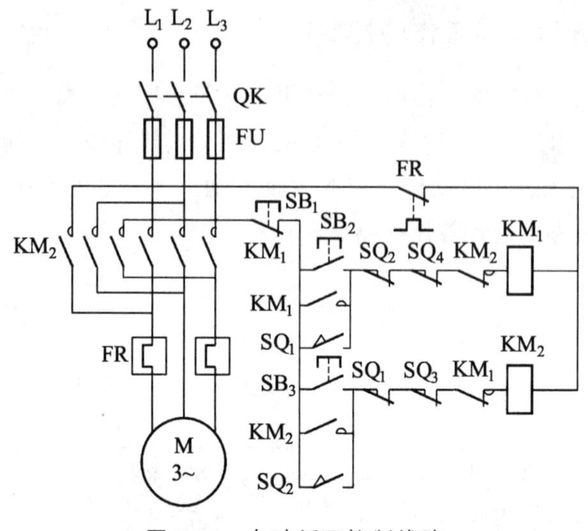

图 2-16 自动循环控制线路

控制线路按照行程控制原则，利用生产机械运动的行程位置实现控制，通常采用限位开关。

工作过程如下：

合上电源开关 QK→按下启动按钮 SB_2→接触器 KM_1 通电→电动机 M 正转，工作台向前→工作台前进到一定位置，挡块压动限位开关 SQ_2→SQ_2 常闭触头断开→KM_1 断电→电动机 M 停止前进。

↘→SQ_2 常开触头闭合→KM_2 通电→电动机 M 改变电源相序而反转，工作台向后→工作台向后退到一定位置，挡块压动限位开关 SQ_1→SQ_1 常闭触头断开→KM_2 断电→电动机 M 停止后退。

↘ SQ_1 常开触头闭合→KM_1 通电→电动机 M 又正转，工作台又向前。

如此往复循环工作，直至按下停止按钮 SB_1→KM_1（或 KM_2）断电→电动机停转。

另外，SQ_3、SQ_4 分别为反、正向终端保护限位开关，防止限位开关 SQ_1 和 SQ_2 失灵时造成工作台从床身上冲出的事故。

2.6 电气控制线路的设计方法

人们希望在掌握了电气控制的基本原则和基本控制环节后，不仅能分析生产机械的电气控制线路的工作原理，而且还能根据生产工艺的要求，设计电气控制线路。

电气控制线路的设计方法通常有两种：经验设计法和逻辑设计法，本文不再介绍逻辑设计法。

2.6.1 经验设计法

经验设计法是根据生产工艺的要求选择适当的基本控制环节（单元电路）或经过验证的成熟电路，按各部分的连锁条件组合起来并加以补充和修改，综合成满足控制要求的完整线路。当找不到现成的典型环节时，可根据控制要求边分析边设计，将主令信号经过适当的组合与变换，在一定条件下得到执行元件所需要的工作信号。设计过程中，要随时增减元器件和改变触点的组合方式，以满足拖动系统的工作条件和控制要求，得到理想的控制线路。由于这种设计方法是以熟练掌握各种电气控制线路的基本环节和具备一定的阅读分析电气控制线路的经验为基础，所以称为经验设计法。

经验设计法的特点是无固定的设计程序，设计方法简单，容易为初学者所掌握，对于具有一定工作经验的电气人员来说，也能较快地完成设计任务，因此在电气设计中被普遍采用。其缺点是设计方案不一定是最佳方案，当经验不足或考虑不周时会影响线路工作的可靠性。

下面通过 C534J1 立式车床横梁升降电气控制原理线路的设计实例，进一步说明经验设计法的设计过程。这种机构无论在机械传动或电力传动控制的设计中都有普遍意义，在立式车床、摇臂钻床、龙门刨床等设备中均采用类似的结构和控制方法。

1. 电力拖动方式及其控制要求

为适应不同高度工件加工时对刀的需要，要求安装有左、右立刀架的横梁能通过丝杠传动快速做上升/下降的调整运动。丝杠的正反转由一台三相交流异步电动机拖动，同时，为了保证零件的加工精度，当横梁移动到需要的高度后应立即通过夹紧机构将横梁夹紧在立柱上。每次移动前要先放松夹紧装置，因此设置另一台三相交流异步电动机拖动夹紧放松机构，以实现横梁移动前的放松和到位后的夹紧动作。在夹紧、放松机构中设置两个行程开关 SQ_1 与 SQ_2 分别检测已放松与已夹紧信号。

横梁升降控制要求如下：

（1）采用短时工作的点动控制。

（2）横梁上升控制动作过程：按上升按钮→横梁放松（夹紧电动机反转），压下放松位置开关→停止放松→横梁自动上升（升/降电动机正转），到位放开上升按钮→横梁停止上升→横梁自动夹紧（夹紧电动机正转）→已放松位置开关松开，已夹紧位置开关压下，达到一定夹紧紧度→上升过程结束。

（3）横梁下降控制动作过程：按下降按钮→横梁放松→压下已放松位置开关→停止放松，横梁自动下降→到位放开下降按钮→横梁停止下降并自动短时回升（升/降电动机短时正转）→横梁自动夹紧→已放松位置开关松开，已夹紧位置开关压下并夹紧至一定紧度，下降过程结束。

可见下降与上升控制的区别在于到位后多了一个自动的短时回升动作，其目的在于消除移动螺母上端面与丝杠的间隙，防止加工过程中因横梁倾斜造成的误差，而上升过程中移动螺母上端面与丝杠之间不存在间隙。

（4）横梁升降动作应设置上、下极限位置保护。

2. 设计过程

1）根据拖动要求设计主电路

由于升、降电动机 M1 与夹紧放松电动机 M2 都需要正反转，所以采用 KM_1、KM_2 及

KM_3、KM_4接触器主触点变换相序控制。

考虑到横梁夹紧时有一定的紧度要求，故在 M2 正转即 KM_3 动作时，其中一相串过电流继电器 KI 检测电流信号，当 M2 处于堵转状态，电流增长至动作值时，过电流继电器 KI 动作，使夹紧动作结束，以保证每次夹紧紧度相同。据此可设计出如图 2-17（a）所示的主电路。

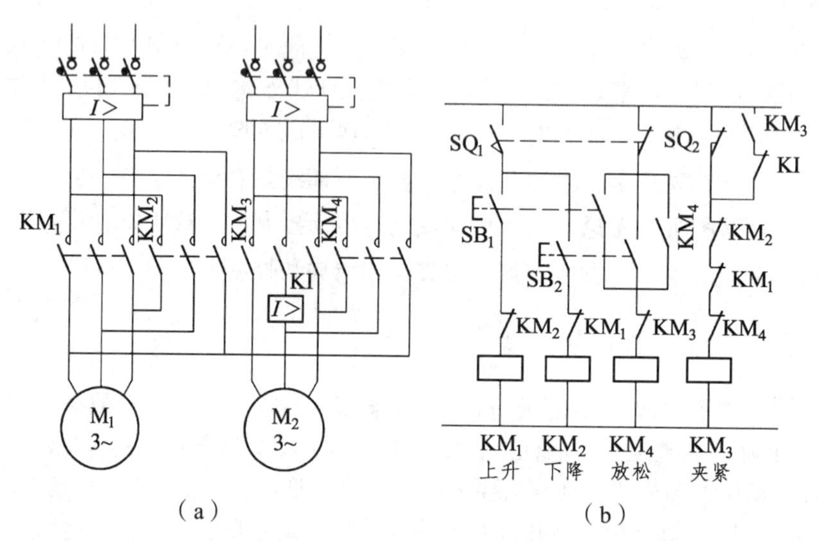

（a）　　　　　　（b）

图 2-17　主电路及控制电路草图（1）

2）设计控制电路草图

如果暂不考虑横梁下降控制的短时回升，则上升与下降控制过程完全相同，当发出“上升”或“下降”指令时，首先是夹紧放松电动机 M2 反转（KM_4 吸合），由于平时横梁总是处于夹紧状态，行程开关 SQ_1（检测已放松信号）不受压，SQ_2 处于受压状态（检测已夹紧信号），将 SQ_1 常开触点串在横梁升降控制回路中，常闭触点串于放松控制回路中（SQ_2 常开触点串在立车工作台转动控制回路中，用于联锁控制），因此在发出上升或下降指令时（按 SB_1 或 SB_2），必然是先放松（SQ_2 立即复位，夹紧解除），当放松动作完成，SQ_1 受压，KM_4 释放，KM_1（或 KM_2）自动吸合实现横梁上升（或下降）。上升（或下降）到位，放开 SB_1（或 SB_2）停止上升（或下降），由于此时 SQ_1 受压，SQ_2 不受压，所以 KM_3 自动吸合，夹紧动作自动发出直到 SQ_2 压下，再通过 KI 常闭触点与 KM_3 的常开触点串联的自保回路继续夹紧至过电流继电器动作（达到一定的夹紧紧度），控制过程自动结束。按此思路设计的控制电路草图如图 2-17（b）所示。

3）完善设计草图

图 2-17 设计的草图功能不完善，主要是未考虑下降的短时回升。下降的短时自动回升是满足一定条件下的结果，此条件与上升指令是“或”的逻辑关系，因此它应与 SB_1 并联，应该是在下降动作结束时用 KM2 常闭触点与一个短时延时断开的时间继电器 KT 触点串联组成，回升时间由时间继电器控制，于是便可设计出如图 2-18 所示的控制电路设计草图（2）。

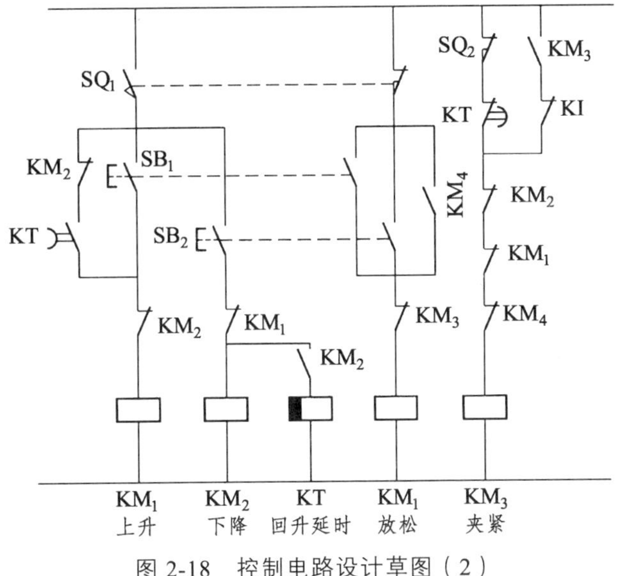

图 2-18　控制电路设计草图（2）

4）检查并改进设计草图

检查设计草图（2），在控制功能上已达到上述控制要求，但仔细检查会发现 KM_2 的辅助触点使用已超出接触器拥有数量，同时考虑到一般情况下不采用二常开二常闭的复合式按钮，因此可以采用一个中间继电器 KA 来完善设计。如图 2-19 设计草图（3）所示，R-M、L-M 为工作台驱动电动机 M 正反转联锁触点，保证机床进入加工状态，不允许横梁移动。反之横梁放松时就不允许工作台转动，是通过行程开关 SQ_2 的常开触点串联在 R-M、L-M 的控制回路中来实现。另外，在完善控制电路设计过程中，进一步考虑横梁的上、下极限位置保护，采用限位开关 SQ_3（上限位）与 SQ_4（下限位）的常闭触点串接在上升与下降控制回路中。

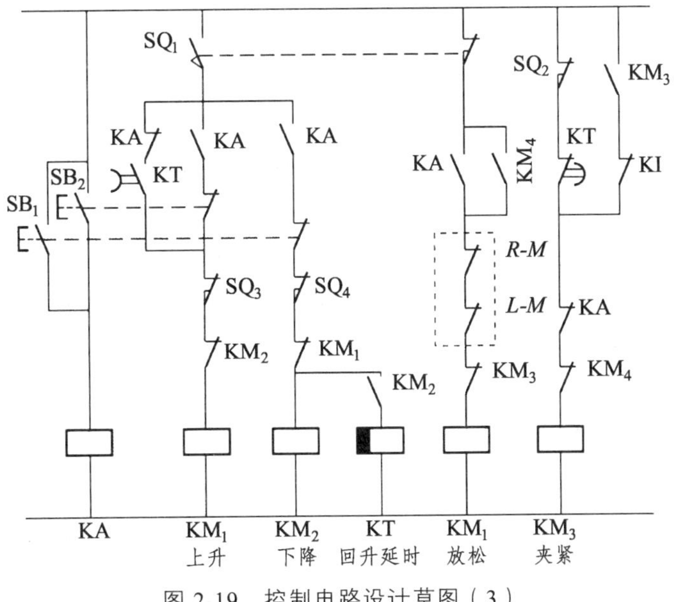

图 2-19　控制电路设计草图（3）

5）总体校核设计线路

控制线路设计完毕，最后必须经过总体校核，因为经验设计往往会考虑不周而存在不合理之处或有进一步简化的可能。主要检测内容有：

（1）是否满足拖动要求与控制要求；

（2）触点使用是否超出允许范围；

（3）电路工作是否安全可靠；

（4）联锁保护是否考虑周到；

（5）是否有进一步简化的可能性等。

2.6.2 原理图设计中应注意的问题

电气控制设计中应重视设计、使用和维修人员在长期实践中总结出来的许多经验，使设计线路简单、正确、安全、可靠、结构合理、使用维修方便。通常应注意以下问题：

（1）尽量减少控制线路中电流的种类，控制电源用量，电压等级应符合标准等级：在控制线路比较简单的情况下，可直接采用电网电压，即交流 220 V、380 V 供电，以省去控制变压器；当控制系统所用电器数量比较多时，应采用控制变压器降低控制电压，或用直流低电压控制，既节省安装空间，又便于采用晶体管无触点器件，具有动作平稳可靠，检修操作安全等优点。

（2）尽量减少电器元件的品种、规格与数量：在电器元件选用中，尽可能选用性能优良，价格便宜的新型器件，同一用途尽可能选用相同型号。

（3）尽可能减少通电电器的数量，保证正常工作中的节能，延长电器元件寿命以及减少故障。

（4）合理使用电器触点：在复杂的继电接触控制线路中，各类接触器、继电器数量较多，使用的触点也多，线路设计应注意以下两点：

① 主副触点的使用量不能超过限定对数。

② 检查触点容量是否满足控制要求，要合理安排接触器主副触点的位置，避免用小容量继电器触点去切断大容量负载。

（5）做到正确连线：电压线圈通常不能串联使用，即使是两个同型号电压线圈也不能采用串联施加额定电压之和的电压值，当需要两个电器同时工作时，其线圈应采用并联接法。

（6）尽可能提高电路工作的可靠性、安全性：应根据设备特点及使用情况设置必要的电气保护。

（7）线路设计要考虑操作、使用、调试与维修的方便：如设置必要的显示等。

（8）原理图绘制应符合国家有关标准规定。

以上是电气控制的原理设计，有关工艺设计的内容将结合基于 PLC 控制系统安排在课程设计中进行。

习　题

1. 自锁环节怎样组成？它起什么作用？并具有什么功能？

2. 什么是互锁环节？它起到什么作用？

3. 电器控制线路常用的保护环节有哪些？各采用什么电器元件？

4. 采用经验设计法，设计一个以行程原则控制的机床控制线路。要求工作台每往复一次（自动循环），即发出一个控制信号，以改变主轴电动机的转向一次。

5. 设计一个符合下列条件的室内照明控制线路。房间入口处装有开关 A，室内两张床头分别有开关 B、C。晚上进入房间时，拉动 A，灯亮；上床后拉动 B 或 C，灯灭；以后再拉动 A、B、C 中的任何一个灯亮。

第 3 章　S7-200 PLC 基础知识

本章系统论述 PLC 的定义、技术和性能指标、分类及应用场合、组成和工作原理。

3.1　PLC 概述

3.1.1　PLC 的基本概念

可编程序控制器是随着现代社会生产的发展和技术进步，现代工业生产自动化水平的不断提高及计算机技术的飞速发展，产生的一种新型的工业控制装置，是将计算机技术、自动化技术及网络通信技术融为一体，应用到工业控制领域的一种高可靠性控制器，是当代工业生产自动化的重要支柱。

世界上第一台可编程序控制器，是 1969 年由美国数字设备公司（DEC）研制成功的，当时主要是取代了继电器控制系统，具有逻辑、顺序、定时、计数等功能，称为可编程序逻辑控制器（Programmable Logic Controller，PLC）。随着微电子技术的发展，以及大规模集成电路和微处理器在 PLC 中的应用，现在的 PLC 又增加了算术运算、数据处理、网络通信等功能，使 PLC 更多地具有了计算机的功能。1980 年美国电气制造商协会将可编程序控制器正式命名为（Programmable Controller，PC），但为了和通用的计算机的简称 PC 加以区别，我们仍然把可编程序控制器简称为 PLC。

3.1.2　PLC 的系统组成

可编程序控制器主要由 CPU、存储器、基本 I/O 接口电路、外设接口、编程装置、电源等组成。可编程序控制器的结构多种多样，但其组成的一般原理基本相同，都是以微处理器为核心的结构，PLC 结构框图如图 3-1 所示。

编程装置将用户程序送入可编程序控制器，在可编程序控制器运行状态下，输入单元接收到外部元件发出的输入信号，可编程序控制器执行程序，并根据程序运行后的结果，由输出单元驱动外围设备。

1. CPU 单元

中央处理器（CPU）一般由控制器、运算器和寄存器组成。这些电路通常都被封装在一个集成的芯片上。CPU 通过地址总线、数据总线、控制总线与存储单元、输入输出接口电路连接。CPU 在系统监控程序的控制下工作，完成的主要任务是：

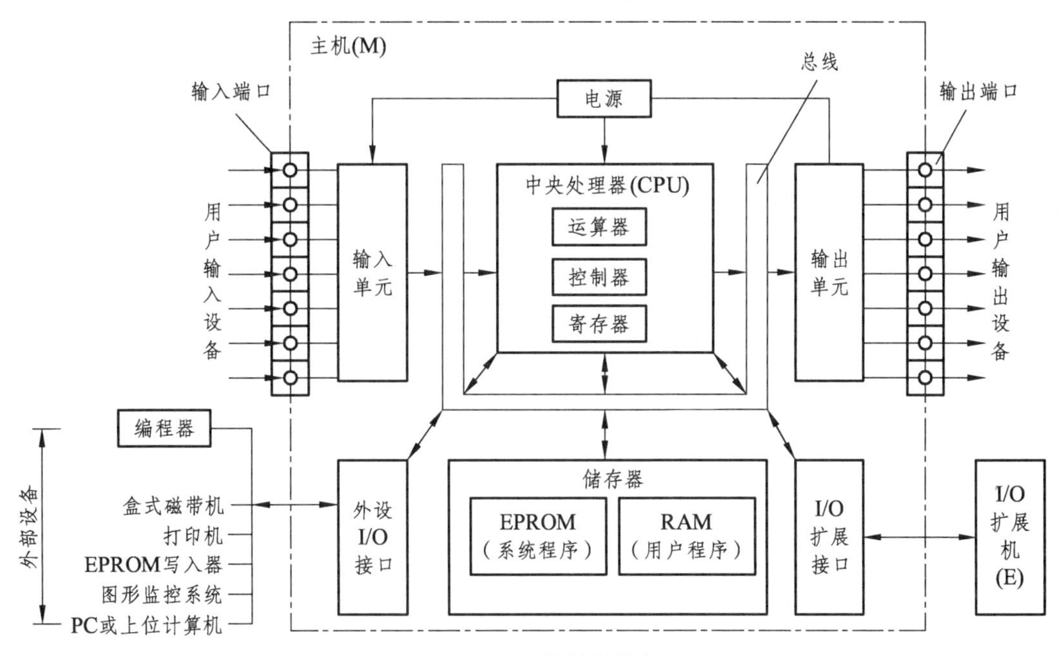

图 3-1　PLC 硬件的结构框图

（1）接收与存储用户程序与数据。

（2）检查编程过程中的语法错误，诊断电源及 PLC 内部的故障。

（3）通过扫描方式，将外部输入信号的状态写入输入映像寄存器和数据存储器中。

（4）PLC 进入运行状态后，从存储器逐条读取用户指令，按指令规定的任务进行数据的传送、逻辑运算、算术运算等操作，然后将结果送到相应的元件映像寄存区域。

（5）根据运算结果，更新有关标志位的状态，刷新输出映像寄存器的内容，再经输出部件实现输出控制或数据通信等功能。

2. 存储器

可编程序控制器的存储器包括系统程序存储器和用户程序存储器。

目前，常用的存储器类型有只读存储器（ROM）、随机存储器（RAM）和可电擦写的存储器（EEPROM）三种类型。ROM 用以存放系统程序，可编程序控制器在生产过程中将系统程序固化在 ROM 中，用户是不可改变的。用户程序和中间运算数据可存放在随机存储器（RAM）中，RAM 是一种高密度、低功耗、价格便宜的半导体存储器，可用锂电池做备用电源。它存储的内容是易失的，即掉电后内容丢失；当系统掉电时，用户程序可以保存在可电擦写的只读存储器（EEPROM）或由高能锂电池支持的 RAM 中。EEPROM 兼有 ROM 的非易失性和 RAM 的随机存取优点，用来存放需要长期保存的重要数据。

3. I/O 接口

为适应工业过程现场输入/输出信号的匹配，PLC 配置了各种类型的输入/输出接口和模块。

1）开关量输入接口

把现场各种开关信号（如按钮、限位开关等的接通和断开）变成 PLC 内部处理的标准信号。分为直流输入接口（见图 3-2）和交流输入接口。直流输入接口一般采用直流 24 V 电源作输入电源。交流输入接口一般采用交流 110 V 或交流 220 V 电源作输入电源。现在大多采用直流 24 V 电源的直流输入接口模块。

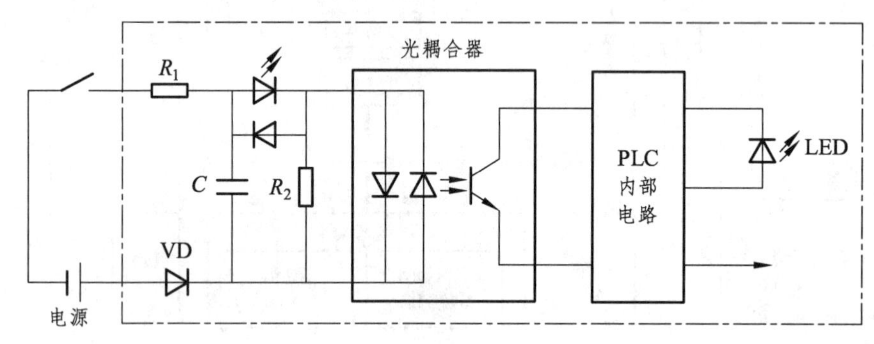

图 3-2　直流输入接口框图

2）开关量输出接口

根据驱动负载元件不同可将开关量输出接口电路分为 3 种：

（1）小型继电器输出形式，如图 3-3 所示。这种输出形式既可驱动交流负载，又可驱动直流负载。它的优点是适用电压范围比较宽，导通压降小，承受瞬时过电压和过电流的能力强。缺点是动作速度较慢，动作次数（寿命）有一定的限制。建议在输出量变化不频繁时优先选用。若输出点需要快速变化，如利用输出点发出高速脉冲，则必须选择其他两种输出形式。

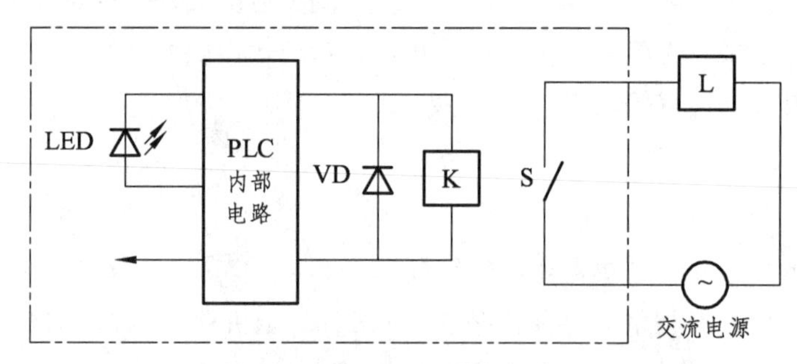

图 3-3　小型继电器输出形式

（2）大功率晶体管或场效应晶体管输出形式。这种输出形式只可驱动直流负载。它的优点是可靠性强，执行速度快，寿命长；缺点是过载能力差。适合在直流供电、输出量变化快的场合选用。

（3）双向晶闸管输出形式。这种输出形式适合驱动交流负载，由于双向晶闸管和大功率晶体管同属于半导体材料元件，所以优缺点与大功率晶体管或场效应晶体管输出形式相似，适合在交流供电、输出量变化快的场合选用。

3）模拟量输入接口

模拟量输入在过程控制中的应用很广泛，如常用的温度、压力、速度、流量、酸碱度、液位等各种非电物理量的控制，都是采用检测传感器把这些非电物理量转变成对应的电压、电流的模拟量值，传送给模拟量输入接口，再通过模拟量输入模块转换成数据，所以模拟量输入模块也叫作 A/D 转换模块。模拟量输入电平大多是从传感器通过变换后得到的，一般为 0 ~ 20 mA 的电流信号或 0 ~ 5 V、0 ~ 10 V、-10 ~ +10 V 等的直流电压信号。

4）模拟量输出接口

经过运算（PID）后，再通过模拟量输出的电压、电流的模拟量值去控制输出设备如比例阀的控制器、变频调速器的给定值等，达到控制这些非电物理量的目的。所以模拟量输出模块也叫作 D/A 转换模块。模拟量的输出信号为 0 ~ 20 mA 的电流信号或 0 ~ 5 V、0 ~ 10 V、－10 ~ +10 V 等的直流电压信号。

4. 外设接口

外设接口电路用于连接手持编程器或其他图形编程器、文本显示器，并能通过外设接口组成 PLC 的控制网络。PLC 通过 PC/PPI 电缆或使用 MPI 卡通过 RS485 接口与计算机连接，可以实现编程、监控、联网等功能。

5. 电　源

电源单元的作用是把外部电源（220 V 的交流电源）转换成内部工作电压。外部连接的电源，通过 PLC 内部配有的一个专用开关式稳压电源，将交流/直流供电电源转化为 PLC 内部电路需要的工作电源（直流 5 V、±12 V、±24 V），并为外部输入元件（如接近开关）提供 24 V 直流电源（仅供输入端点使用），驱动 PLC 负载的电源由用户提供。

6. 扩展接口

扩展接口用于将扩展单元或功能模块与主机相连，使 PLC 的配置更加灵活，以满足不同控制系统的需要。

7. 编程器

编程器是 PLC 的重要外围设备。利用编程器能将用户程序送入 PLC 的存储器，还可以用编程器检查、修改程序，监视 PLC 的工作状态。

常见的 PLC 编程装置有手持式编程器和采用计算机的编程方式。在可编程序控制器发展的初期，使用专用编程器来编程。专用编程器只能对某一厂家的某些产品编程，使用范围有限。手持式编程器不能直接输入和编辑梯形图，只能输入和编辑指令，但它具有体积小、便于携带、可用于现场调试、价格便宜等优点。

计算机的普及使得越来越多的用户使用基于个人计算机的编程软件。目前可编程序控制器厂商都向用户提供编程软件，在个人计算机上安装编程软件，即可用个人计算机对 PLC 编程。利用微型计算机作为编程器，可以直接编制并显示梯形图，程序可以存盘、打印、调试，对于查找故障非常有利。

3.1.3　PLC 的技术性能指标

PLC 主要性能通常用以下几种指标进行描述：

1. 输入/输出点数

可编程序控制器的 I/O 点数指外部输入、输出端子数量的总和。它是描述 PLC 规模大小的一个重要的参数。

2. 存储容量

PLC 的存储器由系统程序存储器、用户程序存储器和数据存储器三部分组成。PLC 存储容量通常指用户程序存储器和数据存储器容量之和，表征系统提供给用户的可用资源，是系统性能的一项重要技术指标。

3. 扫描速度

可编程序控制器采用循环扫描方式工作，完成一次扫描所需的时间叫作扫描周期。影响扫描速度的主要因素是用户程序的长度和 PLC 产品的类型。PLC 中 CPU 的类型、机器字长等直接影响 PLC 运算精度和运行速度。

4. 指令系统

指令系统是指 PLC 所有指令的总和。

5. 通信功能

通信分为 PLC 之间的通信和 PLC 与其他设备之间的通信。通信主要涉及通信模块、通信接口、通信协议和通信指令等内容。PLC 的组网和通信能力也已成为衡量 PLC 的重要指标之一。

此外，不同 PLC 还有其他一些指标，如编程语言及编程手段、输入/If 出方式、特殊功能模块种类、自诊断、监控、主要硬件型号、工作环境及电源等级等。

3.1.4　S7-200 PLC 介绍

德国的西门子（SIEMENS）公司是欧洲最大的电子和电气设备制造商，生产的 SIMATIC 可编程序控制器在欧洲处于领先地位，其第一代可编程序控制器是 1975 年投放市场的 SIMATIC S3 系列的控制系统。在 1979 年，微处理器技术被应用到可编程序控制器中，产生了 SIMATIC S5 系列，取代了 S3 系列，之后在 20 世纪末又推出了 S7 系列产品。最新的 SIMATIC 产品为 SIMATIC S7、M7 和 C7 等几大系列。S7 系列 PLC 中，又分为 S7-200、S7-300 和 S7-400 几个系列。S7-300 和 S7-400 属于中大型的 PLC。S7-200 PLC 是具有很高性价比的整体式结构的小型可编程序控制器，其结构紧凑，可靠性高，可以采用梯形图、语句表和功能块三种编程语言来编程，指令丰富，指令功能强大，易于掌握，操作方便，广泛应用于机械制造业等场合。

3.2 S7-200 PLC 硬件系统

3.2.1 S7-200 PLC 硬件系统基本构成

S7-200 PLC 是小型 PLC，其主机的结构是整体式，主机上有一定数量的输入/输出点，一个主机单元可以组成一个系统，它还可以进行灵活的扩展。如果 I/O 点不够，可增加 I/O 扩展模块；如果需要其他特殊功能，可增加相应的功能模块；还可以通过通信接口与各级网络相连。S7-200 PLC 的硬件系统构成如图 3-4 所示。

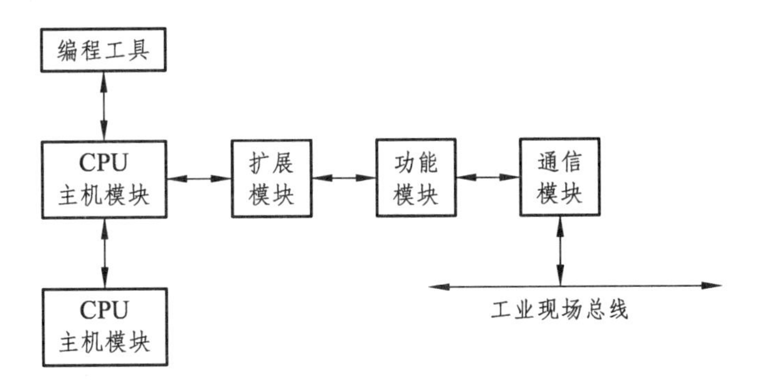

图 3-4 S7-200 PLC 的硬件系统构成

最新一代的 S7-200 的主机（也称 CPU 模块）有以下几种 CPU 模块：CPU221、CPU222、CPU224、CPU224XP、CPU226。后缀的字母 CN 表示是中国工厂制造的，其功能与德国产品基本一致，使用的编程软件和系统手册完全一致。型号下面的一行字母表示的是工作电源和输入/输出类型，S7-200PLC 每个型号有两种类型，AC/DC/RLY 表示工作电源为交流 220 V，输入电源为直流 24 V，输出为继电器输出型；DC/DC/DC 表示工作电源为直流 24 V，输入电源为直流 24 V，输出为晶体管输出型，其外形图如图 3-5 所示。S7-200 系列 CPU 模块的主要功能如表 3-1 所示。

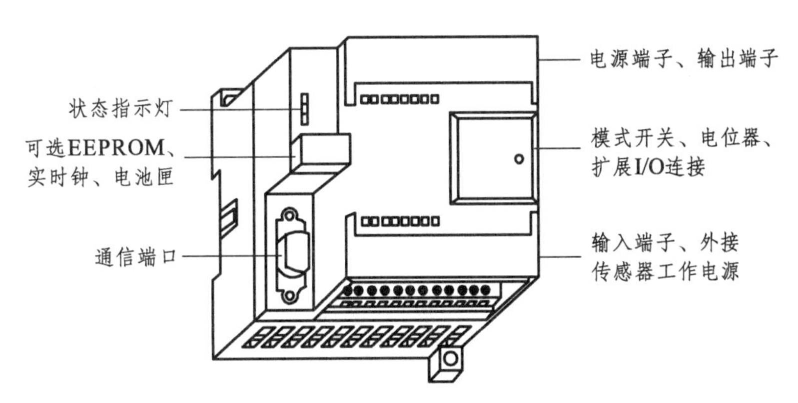

图 3-5 S7-200 PLC CPU 模块外形图

表 3-1　S7-200 系列 CPU 模块的主要功能

特性	CPU221	CPU222	CPU224	CPU224XP	CPU226
外形尺寸/mm	90×80×62	90×80×62	120.5×80×62	140×80×62	190×80×62
程序存储器 可在运行模式下编辑	4 096 B	4 096 B	8 192 B	12 288 B	12 288 B
不可在运行模式下编辑	4 096 B	4 096 B	12 288 B	16 384 B	24 576 B
数据存储区	2 048 B	2 048 B	8 192 B	10 240 B	10 240 B
掉电保持时间 A	50	50	100	100	100
本机 I/O 数字量 模拟量	6 A/4 出	8 A/6 出	14 A/10 出	14 A/10 出 2 A/1 出	24 A/16 出
扩展模块数量	0	2	7	7	7
脉冲输出（DC）	2 路 20 kHz	2 路 20 kHz	2 路 20 kHz	2 路 20 kHz	2 路 20 kHz
模拟电位器	1	1	2	2	2
实时时钟	K 时钟卡	配时钟卡	内置	内置	内置
通信口	1 RS-485	1 RS-485	1 RS-485	2 RS-485	2 RS-485
浮点数运算	有				
I/O 映像区	256（128 入/128 出）				
布尔指令执行速度	0.22 μs/指令				

3.2.2　S7-200 PLC 扩展模块和功能模块

当主机 I/O 点数量不能满足控制系统的要求时，用户可以根据需要选择各种 I/O 扩展模块;当需要完成某些特殊功能的控制任务时，需要扩展功能模块。S7-200PLC 扩展模块如下：

1）数字量扩展模块

S7-200 CN PLC 系列目前总共可以提供 3 大类，共 10 种数字量输入输出扩展模块。

输入扩展模块 EM221CN 有两种类型，包括：8 点 DC 24 V 输入，光耦隔离；16 点 DC 24 V 输入，光耦隔离。

输出扩展模块 EM222CN 有两种类型，包括；8 点 DC 24 V 输出型；8 点继电器输出型。

输入/输出扩展模块 EM223 有 6 种类型，包括：DC 24 V 4 入/4 出；DC 24 V 4 入/继电器 4 出；DC 24 V 8 入/8 出；DC 24 V 8 入/继电器 8 出；DC 24 V 16 入/16 出；DC 24 V 16 入/继电器 16 出。

2）模拟量扩展模块

EM231CN、EM232CN、EM235CN 模拟量扩展模块提供了模拟量输入/输出的功能，可适用于复杂的控制场合，直接与传感器和执行器相连，12 位的分辨率和多种输入/输出范围能够不用外加放大器而与传感器和执行器直接相连。

模拟量输入扩展模块 EM231CN 有 3 种类型：EM231CN 模拟量输入模块，4 路输入 ×12 位；EM231CN 热电阻模块，2 路输入热电阻；EM231CN 热电偶模块，4 路输入热电偶。

模拟量输出模块 EM232CN，2 路输出 ×12 位。

模拟量输入/输出模块 EM235CN，4 路输入/I 路输出 ×12 位。

3.2.3 人机界面

人机界面（HMI）分为文本显示器和触摸屏两类，和 S7-200 PLC 配套的 SIMATIC HMI 主要有中文文本显示器 TD 400C 中文版、用户可定制的文本显示器 TD 400C、TD 200、TD 200C、触摸屏 TP 177 Micro、OP 77 B、TP 170 A、TP 170 B（单色/彩色）、TP 270、OP 170 B 等，其他品牌的触摸屏也大都能和 S7-200 PLC 兼容。

人机界面主要具有下列用途：显示信息；在控制系统中起设定和修正参数的作用，例如：改变动作、报警等的设定值，设定实时时钟的时间；提供密码保护功能；提供强制 I/O 点诊断功能；通过触摸屏，可以直接在屏幕上进行过程控制。界面具有图形按钮及自解释说明等特点使操作更加方便。

3.2.4 S7-200 PLC 的硬件接线

在 PLC 的应用中，有两个主要的知识点，就是接线和编程，编程的内容将在后面的章节讨论，在本节中我们以两个类型的 PLC 为例，说明 S7-200 PLC 的硬件接线。

1. S7-200-224 CN AC/DC/RLY 的接线

S7-200-224 CN AC/DC/RLY 的接线图如图 3-6 所示，这是以某设备加工单元的电气原理图。在该型号中 AC/DC/RLY 第一个 AC 是指输入的工作电源是交流 220 V，是在 PLC 的右上角的 L1、N 两个接线端子；第二个 DC 是指输入点的电源是直流 24 V，在 PLC 的下部的 1M 和 2M 两个接线端子接直流 24 V 的+端或 0 V 都可以，10.0 ~ 11.5 接按钮、开关、传感器，按钮、开关、传感器的公共端接直流电源的另一端。但是在此系统中，因为传感器 SCI 采用的是 NPN 型的传感器，信号端必须为低电平 0 V，所以 1 M 和 2 M 两个接线端子只能接直流 24 V 的+端，按钮、开关、传感器的公共端只能接直流电源的 0 V 端。当 I 点上的开关接通时，0 V 接到 I 点上，此输入点为“1”。第三个 RLY 是指输出点是继电器输出型，继电器输出型既可驱动直流负载，也可驱动交流负载。因为系统中电磁阀采用的是直流 24 V 的线圈，在 PLC 的上部的 1L 和 2L 两个接线端子接直流 24 V 的+端或 0 V 都可以，Q0.0 ~ Q1.1 接电磁阀和指示灯，电磁阀和指示灯的公共端接直流电源的另一端。当某一个 Q 点为“1”时，此点与对应的 1L 或 2L、3L 接通。需要注意的是，若负载是不同的电源类型或不同的电压等级，1L、2L、3L 几个点不能接到一起，每一个 L 点所对应的几个 Q 点必须是电源类型和电压等级相同的负载。

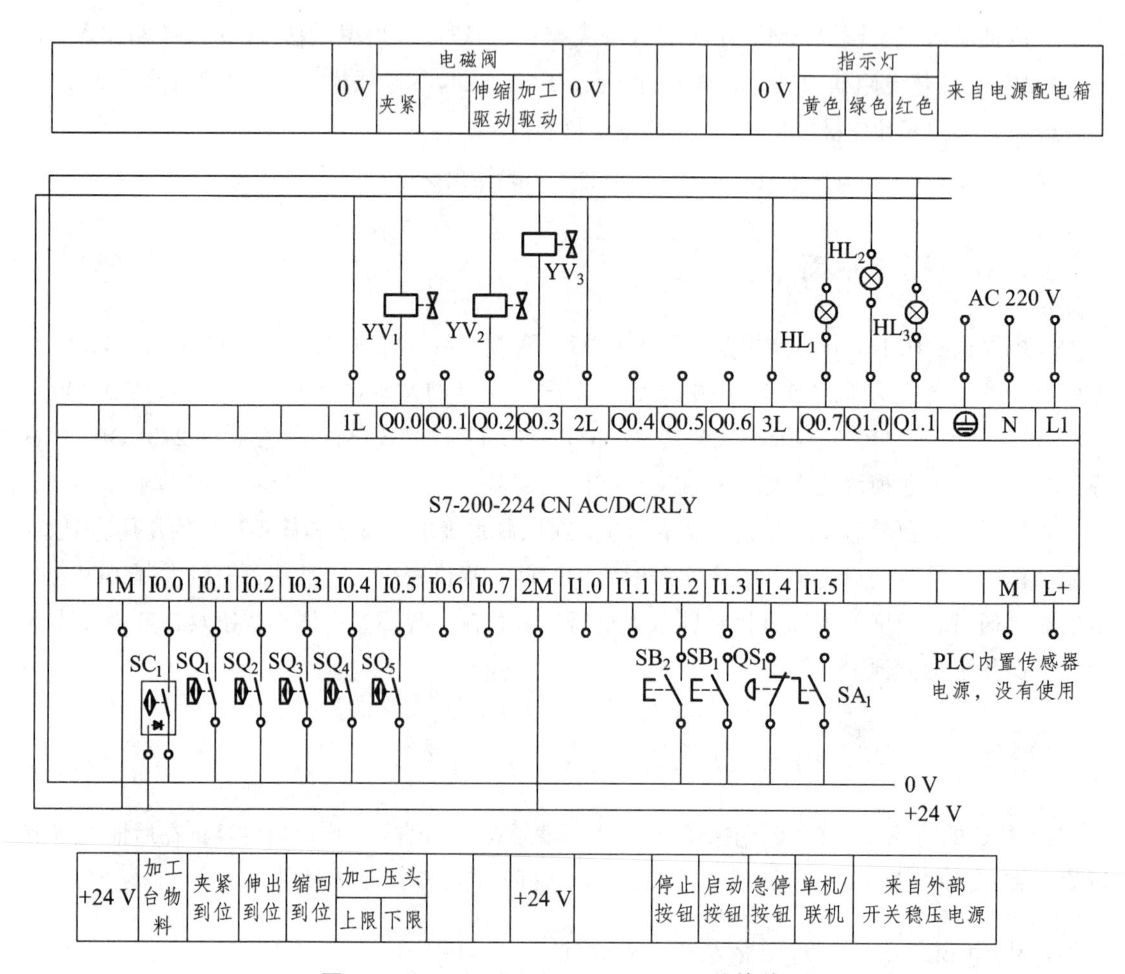

图 3-6　S7-200-224 CN AC/DC/RLY 的接线图

2. S7-200-226CNDC/DC/DC 的接线

S7-200-226 CNDC/DC/DC 的接线图如图 3-7 所示，这是以某设备输送单元的电气原理图为例说明的。在该型号中 DC/DC/DC 第一个 DC 是指输入的工作电源是直流 24 V，是在 PLC 的右上角的 L+、M 两个接线端子；第二个 DC 是指输入点的电源是直流 24 V，与前面所述相同；第三个 DC 是指输出点是晶体管输出型（直流输出），晶体管输出型只能驱动直流负载，在 PLC 的上部的 1L+和 2L+两个接线端子接直流 24 V 的+端，而 1 M 和 2 M 两个接线端子只能接直流的 0 V 端，Q 点接电磁阀和指示灯，电磁阀和指示灯的公共端接直流电源的 0 V 端，当某一个 Q 点为“1”时，此点输出 24 V+信号。

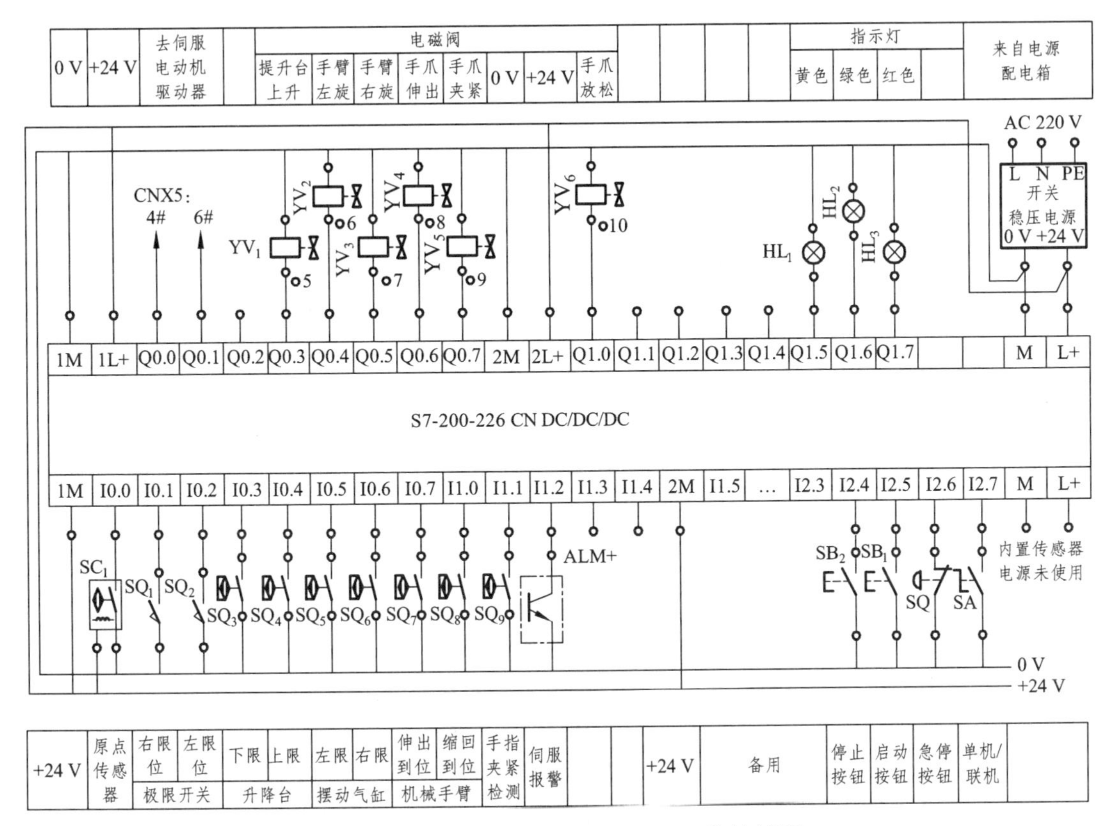

图 3-7　S7-200-226 CN DC/DC/DC 的接线图

3.3　S7-200 PLC 的内部资源

3.3.1　软继电器的概念

可编程序控制器在其系统软件的管理下，将用户程序存储器划分出若干个区，并将这些区赋予不同的功能，由此组成了各种内部器件，这些内部器件就是 PLC 的编程元件。编程元件的种类及数量越多，其功能就越强。这些编程元件沿用了传统继电器控制线路中继电器的名称，分别称为输入继电器、输出继电器、辅助继电器、变量继电器、定时器、计数器和数据寄存器等。

需要说明的是，在 PLC 内部，并不真正存在这些实际的物理器件，与其对应的只是存储器中的某些存储单元。一个继电器对应一个基本单元（即 1 位，1 bit），多个继电器将占有多个基本单元；8 个基本单元形成一个 8 位二进制数，通常称为一个字节（Byte，B），它正好占用普通存储器的一个存储单元，连续两个存储单元构成一个 16 位二进制数，通常又称为一个字（Word），或一个通道。连续的两个通道还能构成所谓的双字（Double Words）。各种编程元件，各自占有一定数量的存储单元。使用这些编程元件，实质上就是对相应的存储内容以位、字节、字（或通道）或双字的形式进行读写。例如在编写梯形图时调用某一个继电器的触点，则是对这一个位进行读操作；而接通某一个继电器的线圈，则是对这一个位进行写操作。

3.3.2 S7-200 PLC 的软元件介绍

在 S7-200 中的主要编程元件如下：

1. 输入继电器 I

输入继电器就是 PLC 的存储系统中的输入映像寄存器。它的作用是接收来自现场的控制按钮、行程开关及各种传感器等的输入信号。通过输入继电器，将 PLC 的存储系统中与外部输入端子（输入点）建立起明确对应的连接关系，它的每一位对应一个数字量输入点。输入继电器的状态是在每个扫描周期的输入采样阶段接收到的由现场送来的输入信号的状态（“1”或“0”）。CPU 一般按“字节.位”的编址方式来读取一个继电器的状态（如 10.0），I0.0 也可以按字节（8 位，如 IB0）或者按字（2 个字节 16 位，如 IW0）来读取相邻一组继电器的状态。

2. 输出继电器 Q

输出继电器就是 PLC 存储系统中的输出映像寄存器。通过输出继电器，将 PLC 的存储系统与外部输出端子（输出点）建立起有着明确对应的连接关系。S7-200 的输出继电器每一位对应一个数字量输出点，一般采用“字节/位”的编址方法。

输出继电器与其他内部器件的一个显著不同在于，它有一个且仅有一个实实在在的物理动合触点用来接通负载。这个动合触点可以是有触点的（继电器输出型），或者是无触点的（晶体管输出型或双向晶闸管输出型）。没有使用的输出继电器，可当作内部继电器使用，但一般不推荐这种用法，这种用法可能引起不必要的误解。

输出继电器 Q 的线圈一般不能直接与梯形图的逻辑母线连接，如果某个线圈确实不需要经过任何编程元件触点的控制，可借助于特殊继电器 SM0.0 的动合触点。

3. 变量寄存器 V

S7-200 中有大量的变量寄存器，用于模拟量控制、数据运算、参数设置及存放程序执行过程中控制逻辑操作的中间结果。变量寄存器可以以位为单位使用，也可按字节、字、双字为单位使用。变量寄存器的数量与 CPU 的型号有关，CPU221/CPU222 为 V0.0 ~ V2047.7，CPU224/CPU226 为 V0.0 ~ V5119.7。

4. 通用辅助继电器（位存储器）M

在逻辑运算中，经常需要一些辅助继电器，它的功能与传统的继电器控制电路中的中间继电器相同。辅助继电器与外部没有任何联系，不可能直接驱动任何负载。每个辅助继电器对应着数据存储区的一个基本单元，它可以由所有的编程元件的触点（当然包括它自己的触点）来驱动。它的状态同样可以无限制地读取。借助于辅助继电器的编程，可使输入输出之间建立复杂的逻辑关系和联锁关系，以满足不同的控制要求。在 S7-200 中，有时也称辅助继电器为位存储区的内部标志位（Marker），所以辅助继电器一般以位为单位使用，采用“字节/位”的编址方式，每一位相当一个中间继电器，S7-200 的 CPU22X 系列的辅助继电器的数量为 256 个（32 B，256 bit）。辅助继电器也可以字节、字、双字为单位，作存储数据用。建议用户存储数据时使用变量寄存器 V。

5. 特殊继电器 SM

特殊继电器是 S7-200 PLC 中 CPU 和用户程序之间传递信息的媒介。它们可以反映 CPU 在运行中的各种状态信息，用户可以根据这些信息来判断机器的工作状态，从而确定用户程序该做什么，不该做什么。这些特殊信息也需要用存储器来寄存。特殊存储器就是根据这个要求设计的。

S7-200 的 CPU22X 系列 PLC 的特殊继电器的范围为 SM0.0 ~ SM299.7，其中头 30 个字节为只读区。只读的特殊继电器反映的是 PLC 运行的状态，不能用编程的方法改变。所以我们在编程时，可以使用只读的特殊继电器的触点，读取只读的特殊继电器的状态，而不能使用只读的特殊继电器的线圈。

常用的特殊继电器及其功能如下：

1）SMB0 字节（系统状态位）

SM0.0：RUN 监控，PLC 在运行状态时，SM0.0 总为 ON。

SM0.1：该位在首次扫描时为 1，用途之一是调用初始化子程序。

SM0.2：当 RAM 中保存的数据丢失时，SM0.2 ON 1 个扫描周期。

SM0.3：PLC 上电进入到 RUN 状态时，SM0.3 ON 1 个扫描周期。

SM0.4：分时钟脉冲，占空比为 50%、周期为 1 min 的脉冲串。

SM0.5：秒时钟脉冲，占空比为 50%、周期为 I s 的脉冲串。

SM0.6：扫描时钟，一个扫描周期为 ON，下一个扫描脉冲为 OFF，交替循环。

SM0.7：指示 CPU 上 MODE 开关的位置，0 = TERM，1 = RUN。

2）SMB1 字节（系统状态位）

SM1.0：当执行某些命令时，其结果为 0 时，其值为 1。

SM1.1：当执行某些命令时，其结果溢出或出现非法数值时，该位置 1。

SM1.2：当执行数学运算时，其结果为负数时，该位置 1。

SM1.6：当把一个非 BCD 数转换为二进制数时，该位置 1。

SM1.7：当 ASCII 码不能转换成有效的十六进制数时，该位置 1。

3）其他常用的特殊继电器

SMB5：用于表示 I/O 系统发生的错误状态。

SMB34 和 SMB35：用于存储定时中断间隔时间。

SMB36 ~ SMB65：用于监视和控制高速计数器 HSCO、HSC1、HSC2 的操作。

SMB66 ~ SMB85：用于监视和控制脉冲输出（PTO）和脉冲宽度调制（PWM）功能。

SMB131 ~ SMB165：用于监视和控制高速计数器 HSC3、HSC4、HSC5 的操作。

SMB166 ~ SMB194：用于显示包络表的数量、包络表的地址和变量存储器在表中的首地址。

SMB200 ~ SMB299：用于表示智能模板的状态信息。

6. 定时器 T

PLC 在工作中少不了计时功能，定时器就是实现 PLC 计时功能的计时设备。定时器的定时精度（时基或时基增量）分为 1 ms、10 ms 和 100 ms 3 种。

S7-200 定时器有 3 种类型：接通延时定时器（TON）的功能是定时器计时到的时候，定时器常开触点由 OFF 转为 ON；断开延时定时器（TOF）的功能是定时器计时到的时候，定时器常开触点由 ON 转为 OFF；保持型接通延时定时器（TONR）的功能是定时器累积计时到的时候，定时器常开触点由 OFF 转为 ON。

7. 计数器 C

PLC 在工作中有时要用到计数功能，计数器就是 PLC 中的计数设备。S7-200 计数器有 3 种类型：递增计数（CTU）功能是从 0 开始，累加计数脉冲到设定值，计数器动作；递减计数（CTD）功能是从设定值开始，每收到一个脉冲，计数值减 1，当计数值等于 0 时计数器动作；增/减计数（CTUD）的功能是可以增计数也可以减计数。

8. 高速计数器 HSC

普通计数器的计数频率受扫描周期的制约，在累计比 CPU 扫描速率更快的事件时，可使用高速计数器。S7-200 的高速计数器不仅计数频率高达 20 kHz，而且有 12 种工作模式。与高速计数器对应的数据，有高速计数器的当前值和设定值，均是带符号的 32 位的双字型数据。无对应的状态位，通过中断方式监控计数值。

S7-200 有 6 个高速计数器（HSC0 ~ HSC5），其中 CPU221 和 CPU222 仅有 4 个高速计数器（HSCO、HSC3、HSC4、HSC5）。

9. 累加器 AC

累加器是可像存储器那样使用的读/写设备，是用来暂存数据的寄存器，它可以向子程序传递参数，或从子程序返回参数，也可以用来存放运算数据、中间数据及结果数据。S7-200 共有 4 个 32 位的累加器：AC0 ~ AC3。

累加器存取数据的长度取决于所用的指令，它支持字节、字、双字的存取，以字节或字位单位存取累加器时，是访问累加器的低 8 位和低 16 位。只有采取双字的形式读/写累加器中数据时，才能一次读写全部 32 位数据。

10. 状态继电器 S（也称为顺序控制继电器）

状态继电器是使用步进控制指令编程时的重要编程元件，用状态继电器和相应的步进控制指令，可以在小型 PLC 上编制较复杂的控制程序。

S7-200 的状态继电器区范围为 S0.0 ~ S31.7，共有 256 点，可以通过位、字节、字和双字进行访问。在顺序控制过程中，状态继电器用于组织步进过程的控制。

11. 局部变量存储器 L

S7-200 中有 64 个局部变量存储器，其中 60 个可以用作暂时存储器或者给子程序传递参数。如果用梯形图或功能块图编程，STEP 7 Micro/WIN32 保留这些局部变量存储器的最后 4 个字节。如果用语句表编程，可以寻址到全部 64 个字节，但不要使用最后 4 个字节。

局部变量存储器与存储全局变量的变量寄存器很相似，主要区别是变量寄存器是全局有效的，而局部变量存储器是局部有效的。

12. 模拟量输入（AIW）寄存器/模拟量输出（AQW）寄存器

PLC 处理模拟量的过程是，模拟量信号经 A/D 转换后变成数字量存储在模拟量输入寄存器中，通过 PLC 的处理后将要转换成模拟量的数字量写入模拟量输出寄存器，再经 D/A 转换成模拟量输出。该过程表明 PLC 对这两种寄存器的处理方式不同，对模拟量输入寄存器只能做读取操作，而对模拟量输出寄存器只能做写入操作。由于 PLC 处理的是数字量，其数据长度是 16 位，因此要以偶数号字节进行编址，从而存取这些数据。

3.4 PLC 的基本工作原理

3.4.1 PLC 的工作方式

PLC 是一种工业控制计算机，所以它的工作原理是建立在计算机工作原理基础之上，即通过执行反映控制要求的用户程序来实现的，如图 3-8 所示。在 PLC 的输入点 I0.1 接启动按钮，I0.0 接停止按钮，在输出点 Q0.0 和 Q0.1 分别接两个接触器，把编写的用户程序下载到 PLC 中，当 PLC 进入运行状态时，则逐条处理用户程序，根据处理结果刷新输出点的状态，如 Q0.0 为“1”时，接触器 KM_1 通电，再用 KM_1 去接通负载。

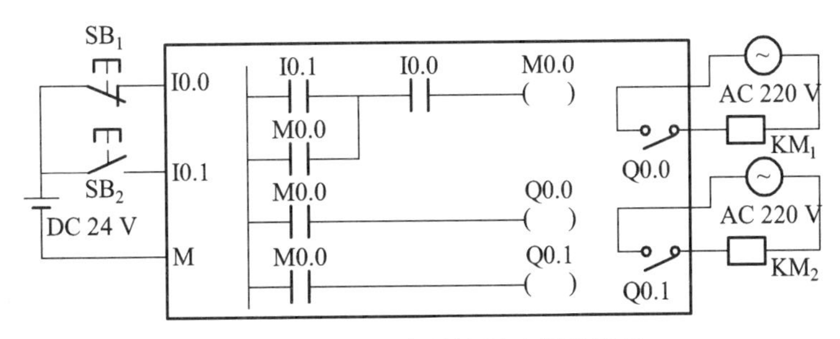

图 3-8　用 PLC 实现控制功能示意图

3.4.2 PLC 的扫描周期

在 PLC 运行时需要执行众多的操作，但 CPU 不可能同时去执行多个操作，它只能按分时操作（串行工作）方式，每一次执行一个操作，按顺序逐个执行。

PLC 采用的是周期循环扫描的工作方式。由于 CPU 的运算处理速度很快，所以从宏观上来看，PLC 外部出现的结果似乎是同时（并行）完成的。这种串行工作过程称为 PLC 的扫描工作方式。

PLC 在每次扫描工作过程中除了执行用户程序外，还要完成内部处理、通信服务等工作。整个扫描工作过程包括内部处理、通信处理、输入采样、程序执行和输出刷新 5 个阶段。整个过程扫描执行一遍所需的时间称为扫描周期，如图 3-9 所示。PLC 的扫描周期与 PLC 的时钟频率、用户程序的长短及系统配置有关。一般 PLC 的扫描周期为几十毫秒。在这 5 个阶段中，内部处理和通信服务阶段几乎是在瞬间完成的，所以每个扫描周期中主要是输入采样、程序执行、输出刷新 3 个阶段，如图 3-10 所示。而输入采样和输出刷新阶段也只需几毫秒，所以扫描周期的长短主要由用户程序决定。

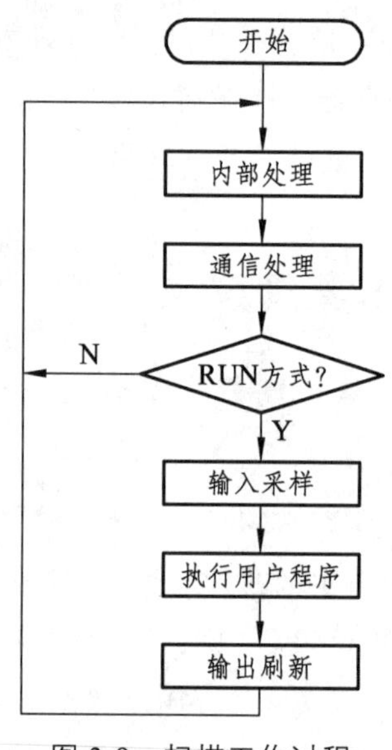

图 3-9　扫描工作过程

（1）内部处理阶段：内部处理阶段主要是 CPU 对 PLC 进行自检，如发现异常，给出相应的错误代码。此外还包括对看门狗定时器复位等。

（2）通信服务阶段：通信服务阶段是检查是否有外设请求，是否需要通信服务、网络读写等。

（3）输入采样阶段：输入采样阶段是第一个集中批处理过程。在这个阶段中，PLC 按顺序逐个采集所有输入端子上的信号，无论输入端子上是否接线，CPU 顺序读取全部输入端，将所有采集到的一批输入信号写到输入映像寄存器中。在当前的扫描周期内，用户程序依据输入信号的状态（ON 或 OFF），从输入映像寄存器中取数据，而不管此时外部输入信号的状态是否变化。即使此时外部输入信号的状态发生了变化，也只能在下一个扫描周期的输入采样阶段去读取，对于这种采集输入信号的批处理，虽然严格上说每个信号被采集的时间有先有后，但由于 PLC 的扫描周期很短，这个差异对一般工程应用可忽略，所以可认为这些采集到的输入信息是同时的。

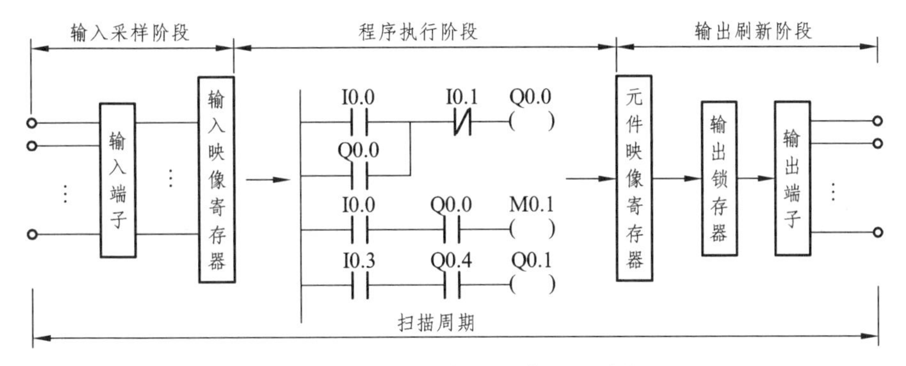

图 3-10　扫描周期的 3 个主要阶段

（4）执行用户程序阶段：这是第二个集中批处理过程。在执行用户程序阶段，CPU 对用户程序按顺序进行扫描。如果程序用梯形图表示，则总是按先上后下、从左至右的顺序进行扫描。每扫描到一条指令，所需要的输入信息的状态均从输入映像寄存器中去读取，而不是直接使用现场的输入信号。对其他信息，则是从 PLC 的元件映像寄存器中读取。在执行用户程序中，每一次运算的中间结果都立即写入元件映像寄存器中，这样该元素的状态马上就可以被后面将要扫描到的指令所利用。对输出继电器的扫描结果，也不是马上去驱动外部负载，而是将其结果写入输出映像寄存器中，待输出刷新阶段集中进行批处理，所以执行用户程序阶段也是集中批处理过程。在这个阶段，除了输入映像寄存器外，各个元件映像寄存器的内容随着程序的执行而不断变化。

（5）输出刷新阶段：这是第三个集中批处理过程。当 CPU 对全部用户程序扫描结束后，将元件映像寄存器中输出继电器的状态同时送到输出锁存器中，再由输出锁存器经输出端子去驱动各输出继电器所带的负载。

在输出刷新阶段结束后，CPU 进入下一个扫描周期，又重新执行上述过程，扫描周而复始地进行。

3.5 PLC 的软件系统和编程语言

可编程序控制器是微型计算机技术在工业控制领域的重要应用，而计算机是离不开软件的。可编程序控制器的软件同样也可分为系统软件和应用软件。

3.5.1 PLC 的系统软件

PLC 的系统软件（系统程序）相当于 PLC 的操作系统，用于控制 PLC 本身的运行。系统程序是 PLC 赖以工作的基础，采用汇编语言编写，在 PLC 出厂时就已固化于 ROM 型系统程序存储器中，不需要用户干预。一般来说，系统软件对用户是不透明的。

系统软件通常可分为 3 个部分：

1. 系统管理程序

系统管理程序是监控程序中最重要的部分，它要完成如下任务：

（1）负责系统的运行管理，控制可编程序控制器何时输入、何时输出、何时运算、何时自检、何时通信等，进行时间上的分配管理。

（2）负责存储空间的管理，即生成用户环境，由它规定各种参数、程序的存放地址，将用户使用的数据参数存储地址转化为实际的数据格式，以及物理存放地址。它将有限的资源变为用户可直接使用的很方便的编程元件。例如，它将有限个数的 CTC 扩展为几十个、上百个用户时钟（定时器）和计数器。通过这部分程序，用户看到的就不是实际机器存储地址和 PIO、CTC 的地址，而是按照用户数据结构排列的元件空间和程序存储空间。

（3）负责系统自检，包括系统出错检验、用户程序语法检验、句法检验、警戒时钟运行等。有了系统管理程序，整个可编程序控制器就能在其管理控制下，有条不紊地进行各种工作。

2. 用户指令解释程序

任何一台计算机，无论应用何种语言，最终只能执行机器语言，而用机器语言编程无疑是一件枯燥、繁琐且令人生畏的工作。为此，一般先在可编程序控制器中采用梯形图语言编程，再通过用户指令解释程序，将梯形图语言逐条地翻译成机器语言。因为 PLC 在执行指令的过程中需要逐条予以解释，所以降低了程序的执行速度，但是 PLC 所控制的对象多数是机电控制设备，这些滞后的时间很短（一般是μs 或 ms 级的），完全可以忽略不计。尤其是当前 PLC 的主频越来越高，这种时间上的延迟将越来越小。

3. 标准程序模块和系统调用

这部分是由许多独立的程序块组成的，能各自完成不同的功能，如输入、输出、运算或特殊运算等。可编程序控制器的各种具体工作都是由这部分程序完成的，这部分程序的多少，就决定了可编程序控制器性能的强弱。

整个系统监控程序是一个整体，它质量的好坏，很大程度上决定了可编程序控制器的性能。如果能够改进系统的监控程序，就可以在不增加任何硬设备的条件下，大大改善可编程序控制器的性能。

3.5.2 PLC 的应用软件和编程语言

可编程序控制器的应用软件（用户程序）是指用户根据工艺生产过程的控制要求，通过使用 PLC 所规定的编程语言或指令系统而编写的应用程序。用户程序的编制可以使用编程软件在计算机或者其他专用编程设备上进行，但必须经编程软件编译成目标程序后，才能下载到 PLC 的存储器中进行调试。由于可编程序控制器的应用场合是工业现场，它的主要用户是电气技术人员，所以其编程语言与通用的计算机相比，具有明显的特点。PLC 为用户提供了完善的编程语言来满足编制用户程序的需求。它提供的编程语言通常有以下几种：梯形图（LAD）、语句表（STL）、顺序功能图（SFC）、功能块图（FBD）和结构文本（ST）等。

1. 梯形图（LAD）

梯形图是当前使用最多的 PLC 图形编程语言。梯形图与继电器控制系统的电路图很相似。它沿用了电气工程师熟悉的继电接触器控制原理图的形式和概念。梯形图语言比较形象、直观，对于熟悉继电器控制线路的电气技术人员来说，很容易接受，且不需要学习专门的计算机知识。因此，在 PLC 应用中，梯形图是使用的最基本、最普遍的编程语言。

2. 语句表（STL）

语句表编程，是用英文字母的缩写来代表可编程序控制器的某种操作功能，每个语句由地址（步序号）、操作码（指令）和操作数（数据）3 部分组成。语句表比较适合熟悉 PLC 和逻辑程序设计的经验丰富的程序员，它可以实现某些不能用梯形图或功能块图实现的功能。当使用 STL 编辑器时，只能使用 SIMATIC 指令集。可以用 STL 编辑器查看或者编辑用 LAD 或者 FBD 编辑器编写的程序，但是反之不一定成立，也就是说，LAD 或者 FBD 编辑器不一定总能显示所有利用 STL 编辑器编写的程序。

3. 顺序功能图（SFC）

顺序功能图是一种位于其他编程语言之上的图形语言，使用它可以对具有并行、选择分支、跳转和循环等复杂结构的系统进行编程。

4. 功能块图（FBD）

功能块图是一种类似于数字逻辑电路结构的编程语言，它由“与”门、“或”门、“非”门、定时器、计数器、触发器等逻辑符号组成，是一种类似于数字逻辑门电路的编程语言，有数字电路基础的人很容易掌握。该编程语言用类似“与”门、“或”门的方框来表示逻辑运算关系，框的左侧为逻辑运算的输入变量，右侧为输出变量，输入、输出端的小圆圈表示“非”运算，其框用“导线”连接在一起，信号自左向右流动。

5. 结构文本（ST）

结构文本是为 IEC1131-3 标准创建的一种专用的高级编程语言，如 VC 语言、VB 语言等，它采用计算机的描述语句来描述系统中各种变量之间的各种运算关系，完成所需的功能与操作。与梯形图相比，它能实现复杂的数学运算，编写的程序非常简洁和紧凑。

在 S7-200 的编程软件 STEP7-Micro/WIN 中，支持梯形图（LAD）、语句表（STL）和功能块图（FBD）等 3 种编程语言来编制用户程序。S7-200 的 3 种编程语言在编程软件上可以进行相互转换，梯形图和语句表是最基本、最常用的 PLC 编程语言，实际上我们只要熟练掌握一种编程语言即可。3 种编程语言的示例图如图 3-11 所示。顺序功能图和结构文本在 S7-200 的编程软件中不使用，如果用户程序结构过于复杂，可手工画出顺序功能图，然后手工转换成步进顺控指令的梯形图再输入 S7-200 系列 PLC。

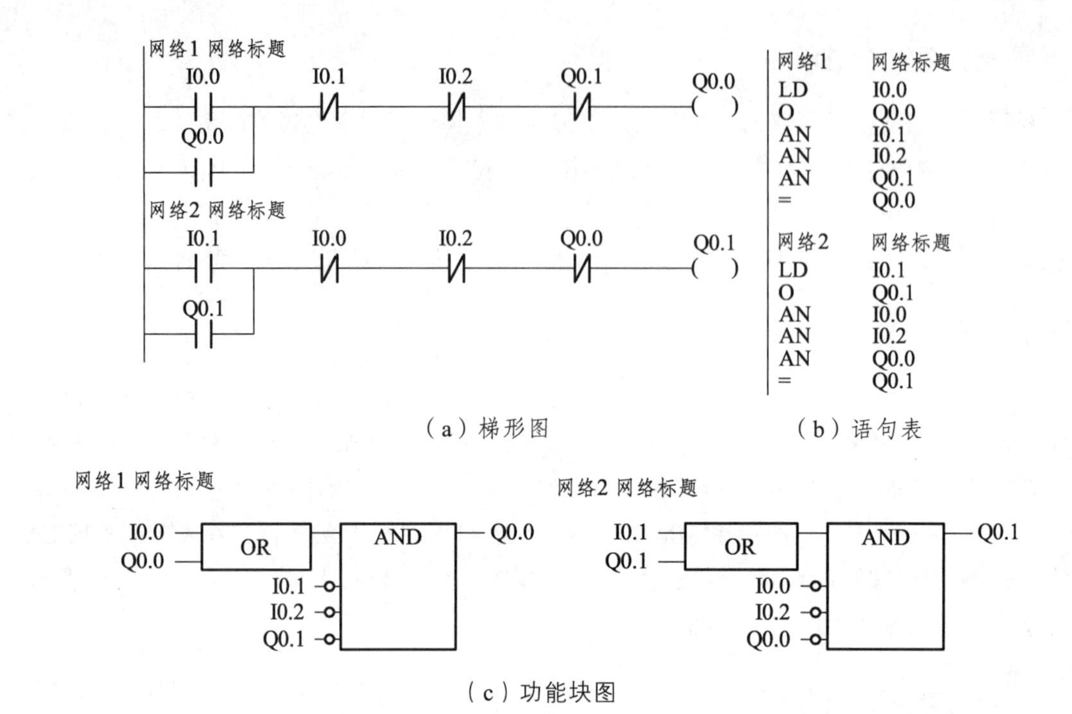

图 3-11　3 种编程语言的示例图

S7-200 系列 PLC 主机中有两种基本指令集：SIMATIC 指令集和 IEC1131-3 指令集，可以根据情况任选一种。SIMATIC 指令集是西门子公司为其产品设计的，该指令通常执行时间短，而且可以用 LAD、STL 和 FBD 共 3 种编程语言。IEC1131-3 指令集是适用于不同 PLC 厂家的标准化指令，它不能使用 STL 编程语言。

3.5.3　PLC 的用户程序的结构

S7-200 CPU 的用户控制程序由主程序、子程序和中断程序组成。

1. 主程序

主程序是用户程序的主体，每一个项目都必须并且只能有一个主程序，在主程序中可以调用子程序和中断程序。

主程序通过指令控制整个应用程序的执行，每次 CPU 扫描都要执行一次主程序。

2. 子程序

子程序是一个可选的指令集合，仅在被其他程序调用时执行。同一子程序可以在不同的地方被多次调用，使用子程序可以简化程序代码和减少扫描时间。

3. 中断程序

中断程序是指令的一个可选集合，中断程序不是被主程序调用，它们在中断事件发生时由 PLC 的操作系统调用。中断程序用来处理预先规定的中断事件，因为不能预知何时会出现中断事件，所以不允许中断程序改写可能在其他程序中使用的存储器。

第 4 章　西门子 S7-200 PLC 的基本指令介绍及应用

S7-200 PLC 的基本指令系统非常丰富且功能强大。本章将系统地介绍 S7-200 PLC 的基本指令与程序设计语言，包括常见的梯形图、助记符、布尔表达式、功能图、功能表图及高级语言等。以及基本指令中的基本位操作指令、定时器指令、计数器指令、比较指令。

4.1　可编程序控制器程序设计语言

S7-200 系列 PLC 使用 STEP7-Micro/Win 编程软件，该软件支持 SIMATIC 和 IEC1131-3 两种基本类型的指令集，SIMATIC 是 PLC 专用的指令集，执行速度快，可使用梯形图、语句表、功能块图编程语言。IEC1131-3 是可编程序控制器编程语言标准，IEC1131-3 指令集中指令较少，只能使用梯形图和功能块图两种编程语言。SIMATIC 指令集的某些指令不是 IEC1131-3 中的标准指令。SIMATIC 指令和 EEC1131-3 中的标准指令系统并不兼容。下面将重点介绍 SIMATIC 指令。

4.1.1　梯形图

梯形图编程语言是由原继电器控制系统演变而来的，与电气逻辑控制原理图非常相似。在工业过程控制领域，电气技术人员对继电器逻辑控制技术较为熟悉，因此，由这种逻辑控制技术发展而来的梯形图受到了欢迎，并得到了广泛的应用。梯形图与操作原理图相对应，具有直观性和对应性；与原有的继电器逻辑控制技术的不同点是，梯形图中的能流不是实际意义的电流，内部的继电器也不是实际存在的继电器，因此，应用时需与原有继电器逻辑控制技术的有关概念区别对待。梯形图是 PLC 的主要编程语言，绝大多数 PLC（特别是中、小型 PLC）均具有这种编程语言，只是一些符号的规定有所不同。梯形图指令有以下 3 个基本形式：

1. 触　点

触点符号代表输入条件，如外部开关、按钮及内部条件等，触点符号分为常开触点┤├和常闭触点┤/├。CPU 运行扫描到触点符号时，到触点位指定的存储器位访问（即 CPU 对存储器的读操作）。该位数据（状态）为 1 时，表示“能流”能通过。计算机读操作的次数不受限制，用户梯形图中，常开触点和常闭触点可以使用无数次。

2. 线　圈

线圈表示输出结果，通过输出接口电路来控制外部的指示灯、接触器及内部的输出条件。线圈左侧接点组成的逻辑运算结果为 1 时，“能流”可以达到线圈，使线圈得电动作，CPU 将线圈的位地址指定的存储器的位置位为 1，逻辑运算结果为 0，线圈不通电，存储器的位置 0。即线圈代表 CPU 对存储器的写操作。PLC 采用循环扫描的工作方式，所以在梯形图中，每个线圈只能使用一次。

3. 指令盒

指令盒代表一些较复杂的功能。如定时器、计数器或数学运算指令等。当“能流”通过指令盒时，执行指令盒所代表的功能。

梯形图按照逻辑关系可分成网络段，分段只是为了阅读和调试方便。

4.1.2　助记符

助记符也称语句表，它是用布尔助记符来描述程序的一种程序设计语言，与计算机的汇编语言很相似，但比汇编语言简单得多。

助记符程序设计语言具有下列特点：

（1）采用助记符来表示操作功能，具有容易记忆、便于掌握的特点。

（2）在编程器的键盘上采用助记符表示，具有便于操作的特点，可在无计算机的场合进行编程设计。

（3）用编程软件可以将语句表和梯形图相互转换，如图 4-1（a）所示的梯形图转换为如图 4-1（b）所示的助记符程序。

助记符是用若干个容易记忆的字符来代表 PLC 的某种操作功能。各 PLC 生产厂家使用的助记符不尽相同，表 4-1 列出了 5 种 PLC 的常见指令符号。

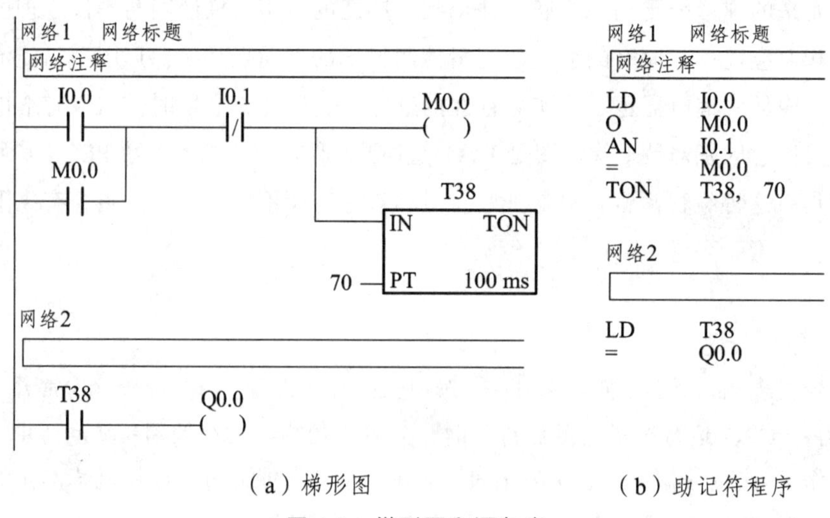

（a）梯形图　　（b）助记符程序

图 4-1　梯形图和语句表

表 4-1　PLC 常见指令符号

功能或逻辑运算		0 MR0N C 系列	三菱 K 系列	西门子 S5 系列	GE-1	西屋
起点	常开触点	LD	LD	A	STR	RD
	常闭触点	LD NOT	LDI	AN	STR NOT	RD NOT
与		AND	AND	U	AND	AND
与非		AND NOT	ANI	UN	AND NOT	AND NOT
或		OR	OR	O	OR	OR
或非		OR NOT	ORI	ON	OR NOT	OR NOT
输出		OUT	OUT	=	OUT	WR
与括弧		AND LD	ANB	A（　）	AND STR	AND MEM
或括弧		OR LD	ORB	O（　）	OR STR	OR MEM
主控		ILC	MC	MCR	MCS	WR MCR
取消主控		ILC	MCK	MCR（E）	MCR	WR NOT MCR

4.1.3　布尔表达式

布尔表达式是一种找出输入量、辅助量（内部元件）及输出量之间的关系，用布尔表达式或逻辑方程表达出来的编程方法。现今有少部分 PLC 采用这种编程方法，它配有专用的布尔表达式编程器。

布尔表达式编程法也是一种较好的编程方法，若没有专用编程器，采用此法先找出系统的布尔表达式组，然后再转换成梯形图编程。

4.1.4　顺序功能流程图

顺序功能流程图程序设计是近年来发展起来的一种程序设计。采用顺序功能流程图的描述，控制系统被分为若干个子系统，从功能入手，使系统的操作具有明确的含义，便于设计人员和操作人员设计思想的沟通，便于程序的分工设计和检查调试。顺序功能流程图的主要元素是步、转换、转换条件和动作，如图 4-2 所示。顺序功能流程图程序设计的特点是转换进行扫描，因此，整个程序的扫描时间要大大缩短。

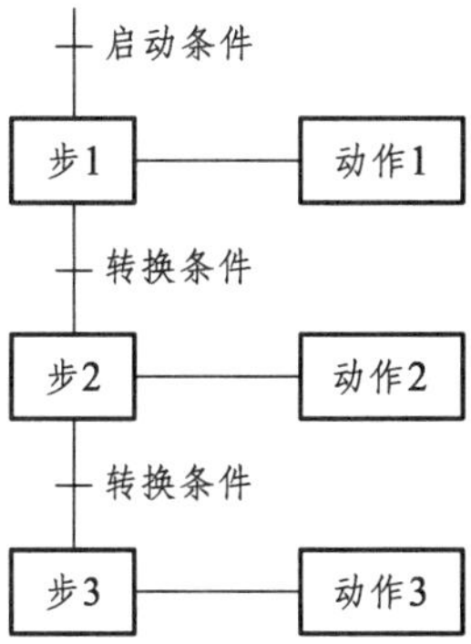

功能表图在 PLC 编程过程中有两种用法：

（1）直接根据功能表图的原理设计 PLC 程序，编程主要通过 CRT 终端，直接使用功能表图输入控制要求。这种 PLC 的工作原理已不像小型机那样，程序从头到尾循环扫描，而只扫描那些与当前状态有关的条件，从而大大减少了扫描时间，提高了 PLC 的运行速度。目前已有此类产品的公司，如 GE 公司（美）、西门子公司（德）、富士 FAC0M 公司（日）等，多数应用在大、中型 PLC 上。

启动条件
步1　动作1
转换条件
步2　动作2
转换条件
步3　动作3

图 4-2　顺序功能流程图

（2）用功能表图描述 PLC 所要完成的控制功能（即作为工艺说明语言使用），然后再根据控制功能利用具有一定规则的技巧画出梯形图。这种用法具有易学易懂、描述简单清楚、设计时间少等优点，已经成为用梯形图设计程序的一种前置手段，是当前 PLC 梯形图设计的主要方法。

4.1.5 功能块图程序设计

功能块图是一种建立在布尔表达式之上的图形语言。实质上是一种将逻辑表达式用类似于“与”“或”“非”等逻辑电路结构图表达出来的图形编程语言，有数字电路基础的人很容易掌握。这种编程语言及专用编程器也只有少量 PLC 机型采用。例如，西门子公司的 S7 系列 PLC 采用 STEP 编程语言，就有功能块图编程法。用 STEP7-Micro/Win 编程软件将图 4-1 所示的梯形图转换为 FBD 程序，如图 4-3 所示。方框的左侧为逻辑运算的输入变量，右侧为输出变量，输入输出端的小圆圈表示“非”运算，信号自左向右流动。

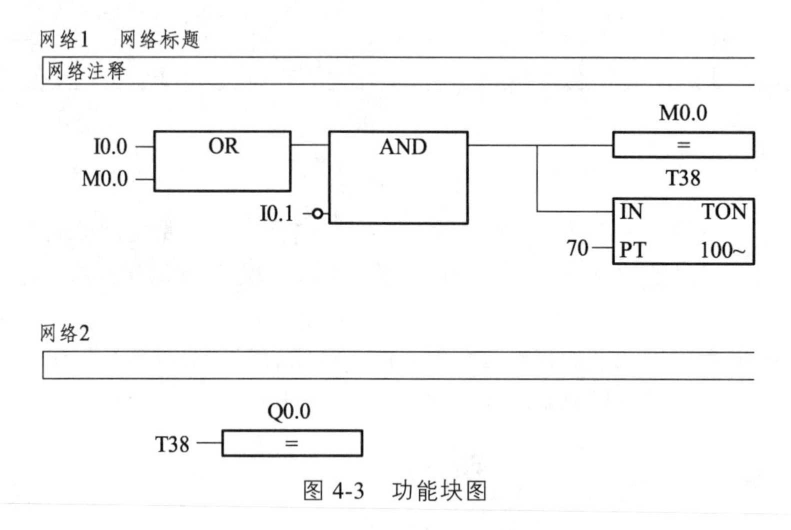

图 4-3 功能块图

4.2 基本位逻辑指令与应用

4.2.1 基本位逻辑指令

位逻辑指令主要是位操作及运算指令，也是 PLC 常用的基本指令，梯形图指令有触点和线圈两大类，触点又分常开触点和常闭触点两种形式；语句表指令有与、或、输出等逻辑关系。位操作指令能够实现基本的位逻辑运算和控制。

1. 逻辑取（装载）及线圈驱动指令

1）指令功能

LD（load）：常开触点逻辑运算的开始。对应梯形图则为在左侧母线或线路分支点处初始装载一个常开触点。

LDN（load not）：常闭触点逻辑运算的开始（即对操作数的状态取反），对应梯形图则为在左侧母线或线路分支点处初始装载一个常闭触点。

=（OUT）：输出指令，对应梯形图则为线圈驱动，可用于继电器、辅助继电器、定时器和计数器等。对同一元件只能使用一次。

2）指令格式

指令格式如图 4-4 所示，右边为指令，左边为对应的梯形图。

3）使用说明

在使用逻辑取指令过程中需要注意，触点代表 CPU 对存储器的读操作，常开触点和存储器的位状态一致，常闭触点和存储器的位状态相反。存储器 I0.0 的状态为 1，则对应的常开触点 I0.0 接通，表示能流可以通过；而对应的常闭触点 I0.0 断开，表示能流不能通过。存储器 I0.0 的状态为 0，则对应的常开触点 I0.0 断开，表示能流不能通过；而对应的常闭触点 I0.0 接通，表示能流可以通过。用户程序中同一触点可使用无数次。LD、LDN 指令用于与输入公共母线（输入母线）相连的接点，也可与 OLD、ALD 指令配合用于分支回路的开头。LD/LDN 的指令用于 I、Q、M、SM、T、C、V、S。

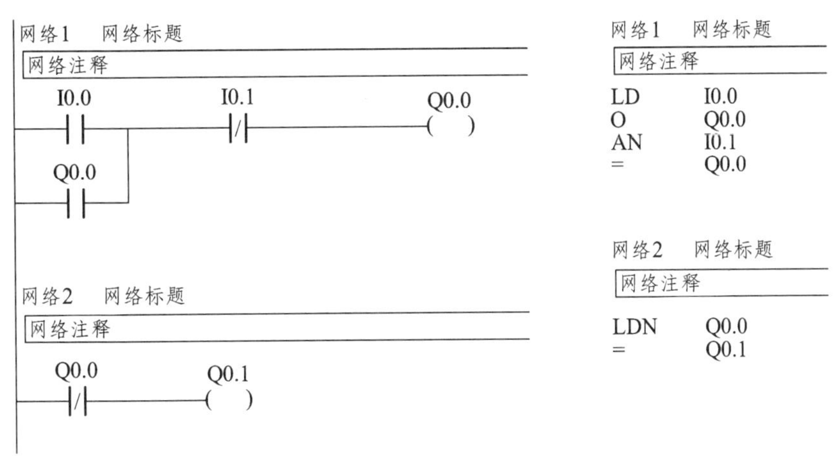

图 4-4 LD、LDN 和 OUT 指令格式

在使用线圈驱动指令过程中需要注意，线圈代表 CPU 对存储器的写操作，若线圈左侧的逻辑运算结果为“1”，表示能流能够达到线圈，CPU 将该线圈所对应的存储器的位置位为“1”，若线圈左侧的逻辑运算结果为“0”，表示能流不能够达到线圈，CPU 将该线圈所对应的存储器的位写入“0”用户程序中。线圈驱动指令用于 Q、M、SM、T、C、V、S，但不能用于输入映像寄存器 I。输出端不带负载时，控制线圈应尽量使用 M 或其他，而不用 Q。线圈驱动可以并联使用任意次数，但不能串联。

2. 置位/复位指令 S/R

1）置位指令

置位指令的梯形图表示：置位指令是由置位线圈、置位线圈的位地址和置位线圈数目 n 构成的。

置位指令的助记符表示：置位指令是由置位指令码 S、置位线圈的位地址和置位线圈数目 *n* 构成的。置位指令的梯形图和助记符的表示如图 4-5 所示。

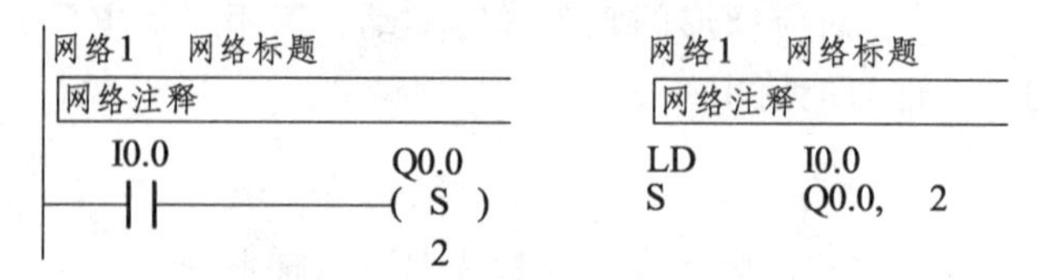

图 4-5 置位指令的梯形图和助记符

置位指令的功能：使能输入有效后，从起始位 s-bit 开始的 *n* 个位置“1”并保持：当置位信号（图中为 I0.0）为 1 时，被置位线圈（图中为 Q0.0 和 Q0.1）置 1；当置位信号变为 0 以后，被置位位的状态可以保持，直到复位信号的到来。

置位指令的注意问题：在执行置位指令时，应当注意被置位的线圈数目是从指令中指定的位元件开始共有 *n* 个。图 4-5 中，若 $n = 2$，被置位的线圈为 Q0.0 和 Q0.1。

操作数范围：

置位线圈 bit：I、Q、M、SM、T、C、V、S、L（位）。

置位线圈数目 *n*：VB、IB、QB、MB、SB、LB、AC、常数、* VD、*AC、* LD。

2）复位指令

复位指令的梯形图表示：复位指令是由复位线圈、复位线圈的位地址和复位线圈数 *n* 构成的。

复位指令的助记符表示：复位指令是由复位指令码 R、复位线圈的位地址和复位线圈数 *n* 构成的。复位指令的梯形图和助记符的表示如图 4-6 所示。

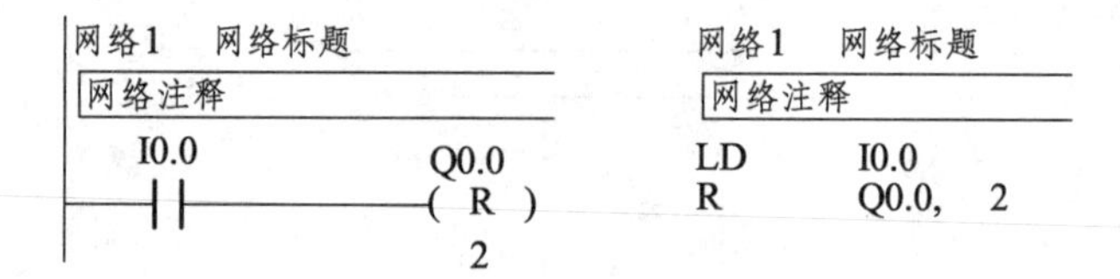

图 4-6 复位指令的梯形图和助记符

复位指令的功能：使能输入有效后从起始位 s-bit 开始的 *n* 个位清“0”并保持。当复位信号（图中为 I0.0）为 1 时，被复位（图中为 Q0.0 和 Q0.1）置 0；当复位信号变为 0 以后，被复位的状态可以保持，直到置位信号的到来。

复位指令的注意问题：在执行复位指令时，应当注意被复位的线圈数目是从指令中指定的位元件开始共有 *n* 个。图 4-6 中，若 $n = 2$，被复位的线圈为 Q0.0 和 Q0.1。

操作数范围：

复位线圈 bit：I、Q、M、SM、T、C、V、S、L（位）。

复位线圈数目 *n*：VB、IB、QB、MB、SB、LB、AC、常数、* VD、* AC、* LD。

3）置位、复位指令应用举例

置位、复位指令梯形图、助记符和时序图如图 4-7 所示。

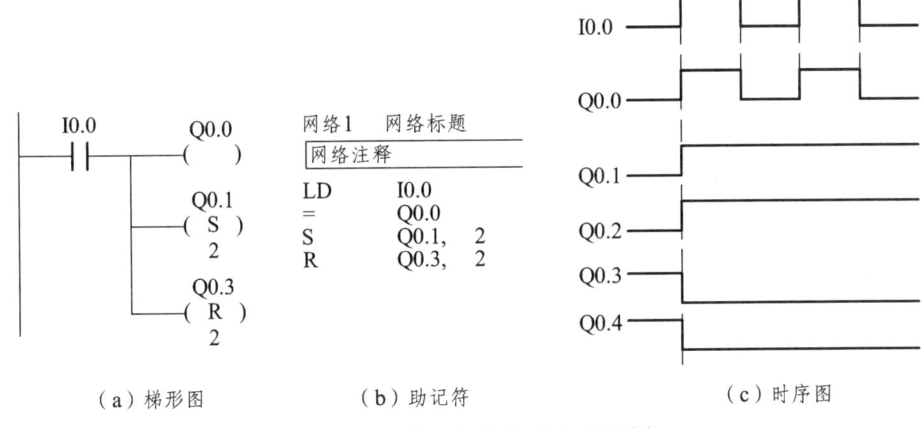

（a）梯形图　　（b）助记符　　（c）时序图

图 4-7　置位、复位指令应用举例

当 I0.0 常开触点接通，Q0.0 置 1 但不保持，Q0.1 和 Q0.2 置 1 并保持，Q0.3 和 Q0.4 置 0。

3. 脉冲生成指令 EU/ED

1）指令功能

EU 指令（上升沿）：在 EU 指令前的逻辑运算结果有一个上升沿时（OFF→ON），产生一个宽度为一个扫描周期的脉冲，这个脉冲可以用来启动后面的输出线圈、启动下一个控制程序、启动一个运算过程、结束一段控制等。产生脉冲只存在一个扫描周期，接受这一脉冲控制的元件应写在这一脉冲出现的语句之后。

ED 指令（下降沿）：在 ED 指令前有一个下降沿时，产生一个宽度为一个扫描周期的脉冲，这个脉冲可以像 EU 指令一样，用来启动其后线圈、启动下一个控制程序、启动一个运算过程、结束一段控制等。下降沿脉冲只存在一个扫描周期，接受这一脉冲控制的元件应写在这一脉冲出现的语句之后。指令格式如表 4-2 所示。

表 4-2　EU/ED 指令格式

STL	LAD	操作数
EU(Edge Up)	┫P┣	无
ED（Edge Down）	┫N┣	无

4. RS 触发器指令

RS 触发器指令分为置位优先触发器指令 SR 和复位优先触发器指令 RS 两种。

置位优先触发器是一个置位优先的锁存器。当置位信号（S1）和复位信号（R）都为真时，输出为“1”。

复位优先触发器是一个复位优先的锁存器。当置位信号（S）和复位信号（R1）都为真时，输出为“0”。

RS 触发器指令的 LAD 形式和真值表见表 4-3，bit 参数用于指定被置位或者被复位的 BOOL 参数。

表 4-3　RS 触发器指令的 LAD 形式和真值表

指令	真值表			指令功能
置位优先触发器 bit S1 OUT SR R	S1	R	输出（bit）	置位优先，当置位信号（S1）和复位信号（R）都为 1 时，输出为 1
	0	0	保持前一状态	
	0	1	0	
	1	0	1	
	1	1	1	
复位优先触发器 bit S1 OUT SR R	S	1	输出（bit）	复位优先，当置位信号（S）和复位信号（R1）都为 1 时，输出为 0
	0	0	保持前一状态	
	0	1	0	
	1	0	1	
	1	1	0	

RS 触发器指令用法如图 4-8 所示。

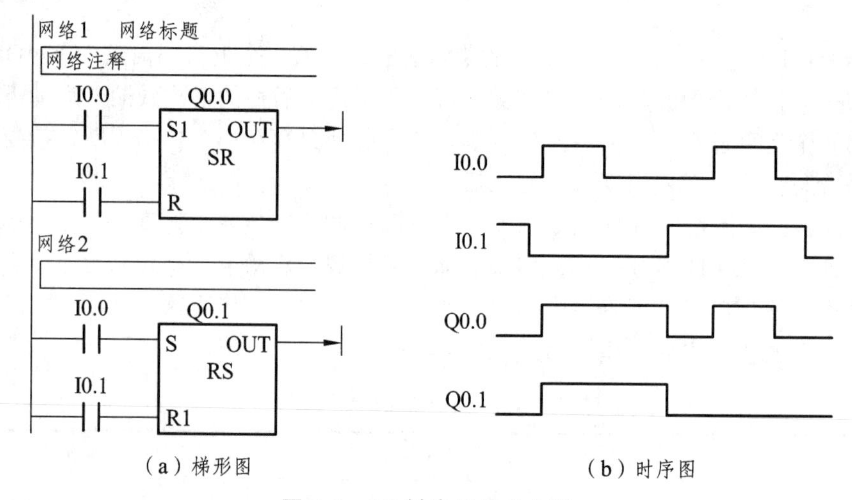

（a）梯形图　　（b）时序图

图 4-8　RS 触发器指令用法

4.2.2　基本位逻辑指令典型实例

1. 电动机启停控制电路

电动机启停电气控制电路如图 4-9 所示，合上电源开关 QS，引入电源，按下启动按钮 SB_2，KM 线圈通电，常开主触点闭合，电动机接通电源启动。同时，与启动按钮并联的接触器开触点也闭合。当松开 SB_2 时，KM 线圈通过其本身常开辅助触点继续保持通电，从而保证了电动机连续运转。当需电动机停止时，可按下停止按钮 SB_1，切断 KM 线圈电路，KM 常开主触点与辅助触点均断开，切断电动机电源电路和控制电路，电动机停止运转。

采用 PLC 进行电动机的控制，主电路与传统继电接触器控制的主电路一样，不同的是控制电路。由于采用 PLC，用户只需将输入设备（如启动按钮 SB_2 和停止按钮 SB_1）接到 PLC

的输入端口，再接上电源，输出设备（即被控对象如接触器 KM 的线圈）接到 PLC 的输出端口，再接上电源即可。电动机启停 PLC 控制接线图如图 4-10 所示。

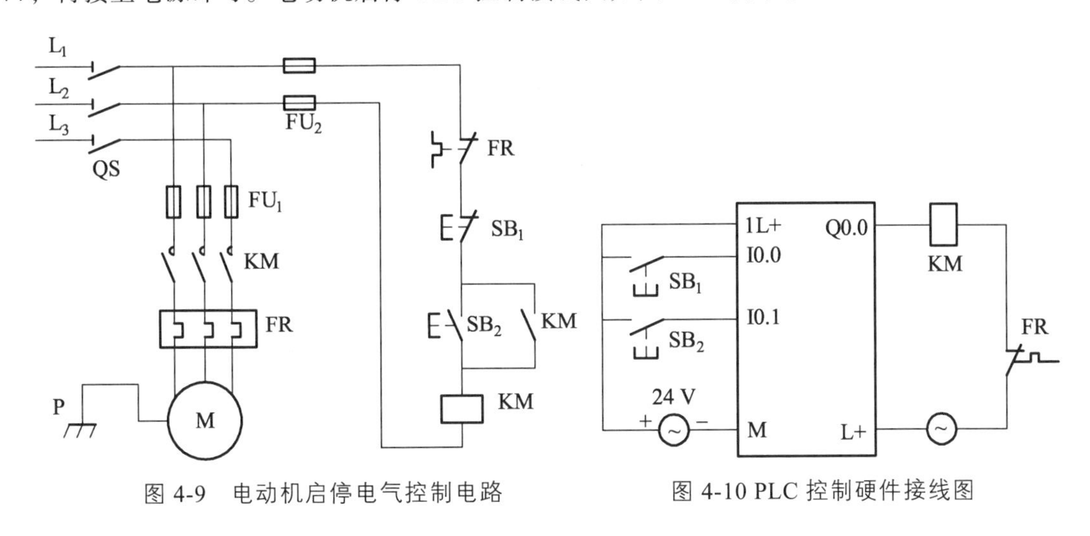

图 4-9　电动机启停电气控制电路

图 4-10 PLC 控制硬件接线图

1）I/O 分配表

在进行接线盒编程前，首先要确定输入/输出设备与 PLC 的 I/O 口的对应关系问题，即要进行 I/O 分配工作。具体来讲，就是将每一个输入设备对应一个 PLC 的输入点，将每一个输出设备对应一个 PLC 的输出点。为了绘制 PLC 接线图和编写梯形图，I/O 分配后应形成一张 I/O 分配表，明确表示有哪些输入/输出设备，它们各起什么作用，对应的是 PLC 的哪些点，电动机启停控制的 I/O 分配表如表 4-4 所示。

表 4-4　电动机启停控制的 I/O 分配表

输入			输出		
功能	元件	地址	功能	元件	地址
停止	SB1	I0.0	接触器	KM	Q0.0
启动	SB2	I0.1			

2）PLC 接线图

电动机启停 PLC 控制接线图如图 4-10 所示。输入设备接入 PLC 的方法比较简单，即将两端输入设备的一个输入点，接到指定的 PLC 输入端口上，另一个输入点，接到 PLC 的公共端上。输出设备接线方法相同，主要应根据输出设备的工作特性（如工作电压的类型和数值）做好分组工作，同时应将电源接入电路中。

3）编写梯形图

PLC 梯形图主要是根据输入设备的信息（通与断信号）按照控制要求形成驱动输出设备的信号，控制被控对象。电动机启停 PLC 控制是典型的启保停控制电路，其梯形图如图 4-11 所示。当按下启动按钮 SB2，I0.1 接通，Q0.0 得电并自锁，同时 KM 得电，电动机 M 启动；当按下停止按钮 SB1，I0.0 常闭断开，KM 断电，电动机 M 断电。在这里需要注意的是，如果 SB1 采用的是常闭触点，则 I0.0 就应该采用常开触点。

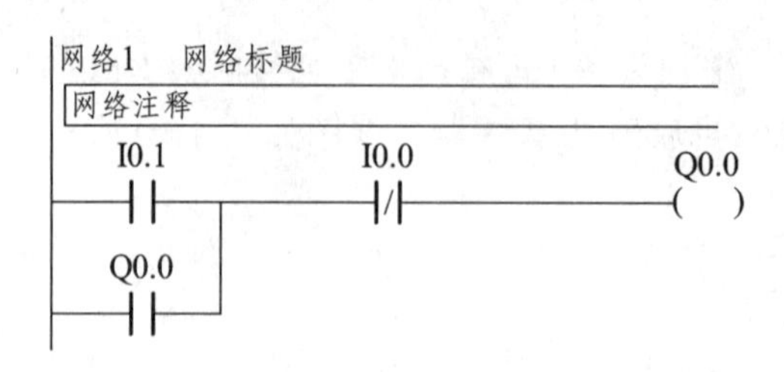

图 4-11　梯形图

2. 电动机正反转控制电路

电动机正反转控制电路图如图 4-12 所示，按下正转启动按钮 SB_1 时，KM_1 线圈通电并自锁，接通正序电源，电动机正转并保持自锁；按下停止按钮 SB_3 后，若按下反转启动按钮 SB_2，KM_2 线圈通电，电动机反转并保持自锁。将 KM_1、KM_2 常闭辅助触点串接在对方线圈电路中，形成相互制约的控制，称为互锁或联锁控制。

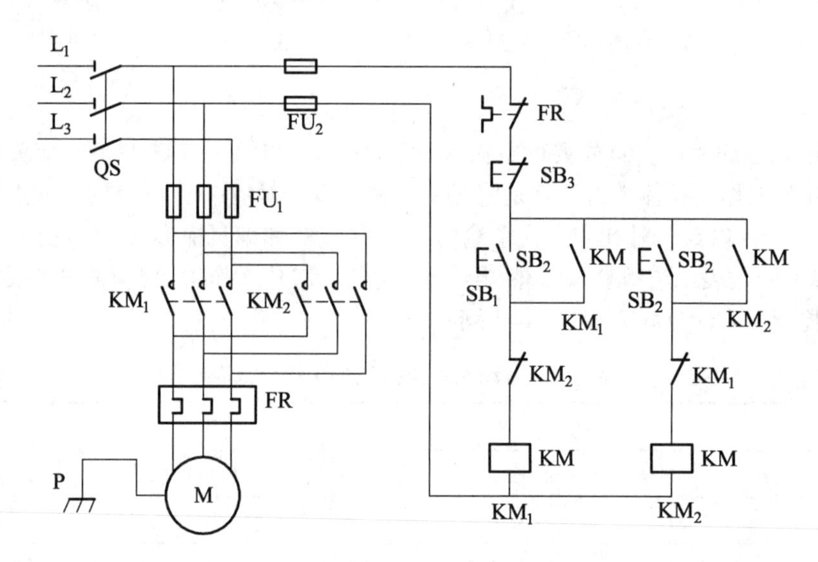

图 4-12　电动机正反转电气控制电路

1）I/O 分配表

电动机正反转控制电路有 2 个启动按钮，1 个停止按钮，需要 3 个输入点；有 KM_1 和 KM_2 控制电动机正反转，需要 2 个输出点，其 I/O 分配表如表 4-5 所示。

表 4-5　电动机正反转控制的 I/O 分配表

输入			输出		
功能	元件	地址	功能	元件	地址
正转启动	SB1	I0.0	接触器	KM1	Q0.0
反转启动	SB2	I0. 1	接触器	KM2	Q0.1
停止	SB3	I0.2			

2）PLC 接线图

PLC 外部硬件接线图如图 4-13 所示，外部硬件输出电路中 KM_1 的线圈串接了 KM_2 的常闭触点，KM_2 的线圈串接了 KM_1 的常闭触点，形成相互制约的互锁控制。常有工程师认为这里的互锁是没有必要的，因为可以通过内部软件继电器实现互锁，但是 PLC 内部软件继电器互锁相差一个扫描周期。如 Q0.0 虽然断开了，可能会出现 KM_1 的触点还未断开，在没有外部硬件的互锁情况下，KM_2 的触点有可能接通，这样会引起主电路短路。因此不仅要有软继电器互锁，还要在外部硬件输出电路中进行互锁，这就是常说的“软硬件双重互锁”。硬件进行互锁，还能避免因接触器 KM_1 和 KM_2 的主触点熔焊而引起的主电路短路。

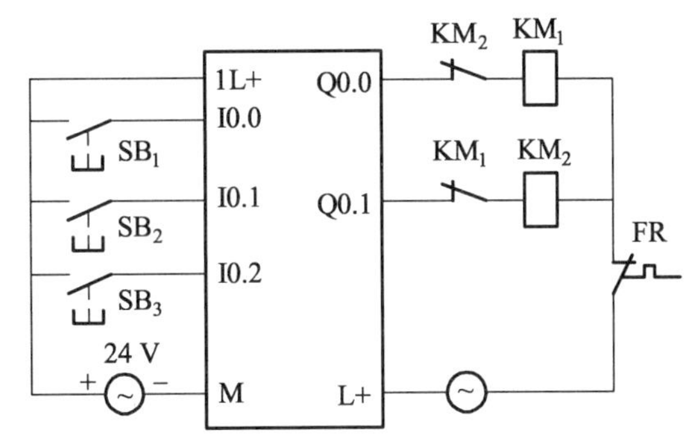

图 4-13　电动机正反转 PLC 控制硬件接线图

3）编写梯形图

编写正反转 PLC 控制梯形图有多种方法，其中一种是直接采用启保停基本电路实现，梯形图如图 4-14 所示；另一种是采用“置位/复位”指令，其梯形图如图 4-15 所示。

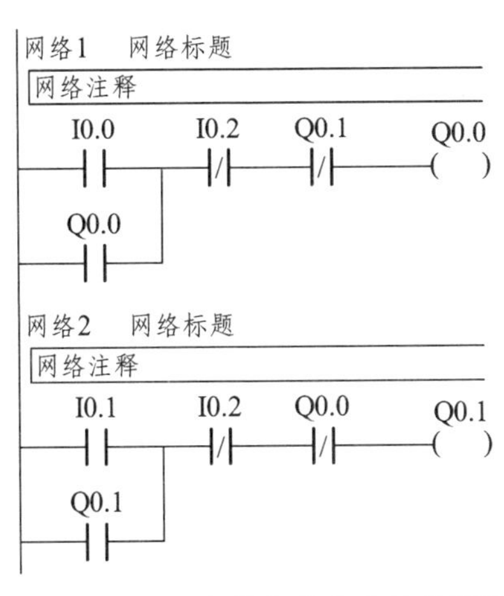

图 4-14　启保停基本方法梯形图

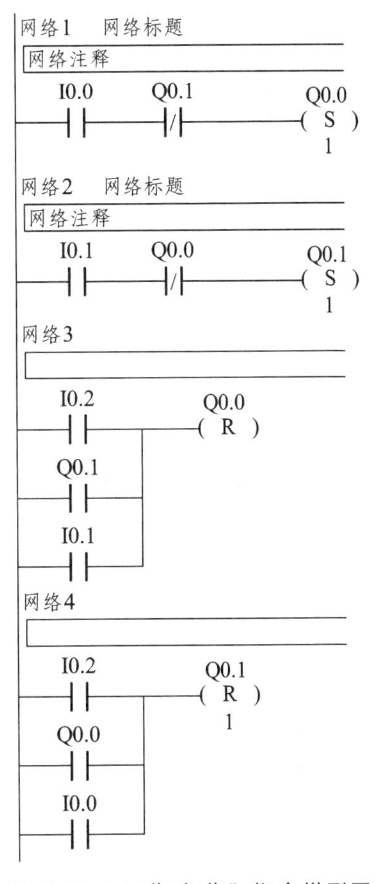

图 4-15　“置位/复位”指令梯形图

3. 微分脉冲电路

1）上升沿微分脉冲电路

上升沿微分脉冲电路如图 4-16 所示。PLC 是以循环扫描方式工作的，PLC 第一次扫描时，输入 I0.0 由 OFF→ON 时，M0.0、M0.1 线圈接通，Q0.0 线圈接通。在第一个扫描周期中，第一行的 M0.1 的常闭接点保持接通，因为扫描该行时，M0.1 线圈的状态为断开（在一个扫描周期其状态只刷新一次）。等到 PLC 第二次扫描时，M0.1 的线圈为接通状态，其对应的 M0.1 常闭接点断开，M0.0 线圈断开，Q0.0 线圈断开，所以 Q0.0 接通时间为一个扫描周期。

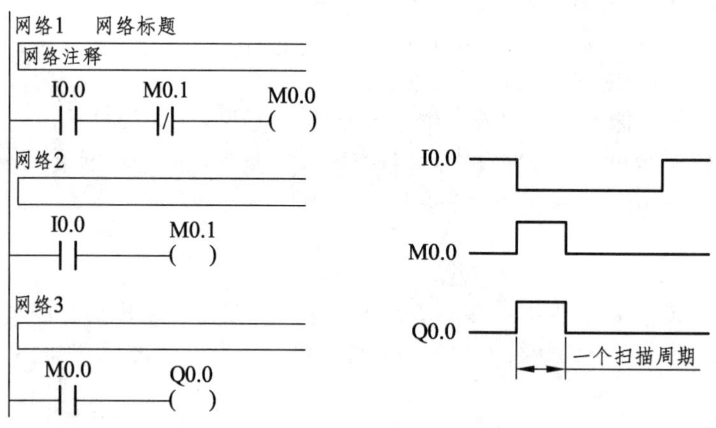

图 4-16　上升沿微分脉冲电路

2）下降沿微分脉冲电路

下降沿微分脉冲电路如图 4-17 所示。PLC 第一次扫描时，输入 I0.0 由 ON→OFF 时，M0.0 接通一个扫描周期，Q0.0 输出一个脉冲。

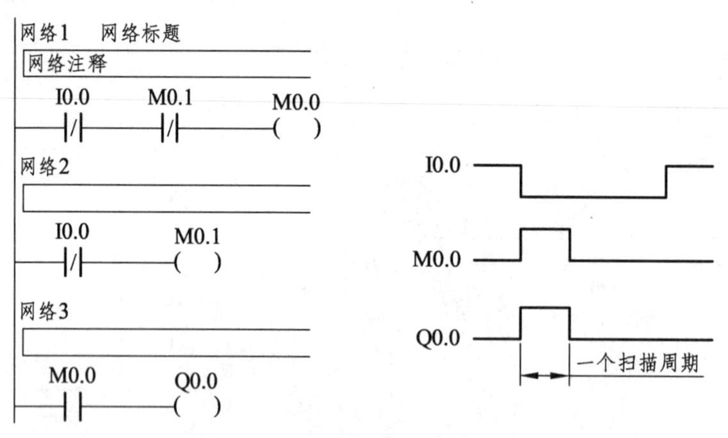

图 4-17　下降沿微分脉冲电路

4.2.3　编程注意事项及编程技巧

1. 梯形图语言中的语法规定

梯形图作为一种编程语言，绘制时应当有一定的规则。另外，可编程序控制器的基本指令具有有限的数量，也就是说，只有有限的编程元件的符号组合可以为指令表达，不能为指令表达的梯形图从编程语法上来说就是不正确的，尽管这些“不正确的”梯形图有时能正确地表达某些正确的逻辑关系。为此，在编辑梯形图时，要注意以下几点：

（1）梯形图的各种符号，要以左母线为起点，右母线为终点（有些 PLC 系统无母线），从左向右分行绘出。每一行的开始是触点群组成的“工作条件”，最右边是线圈表达的“工作结果”。一行写完，自上而下依次再写下一行。

（2）触点应画在水平线上，不能画在垂直分支线上。如图 4-18（a）所示，图中触点 I0.5 被画在垂直线上，便很难正确识别它与其他触点的关系，也难判断通过触点 I0.5 对输出线圈的控制方向。因此，应根据自左至右、自上而下的原则和对输出线圈 Q0.0 的几种可能控制路径画成如图 4-18（b）所示的形式。

（3）不包含触点的分支应放在垂直方向上，不可放在水平位置，以便于识别触点的组合和对输出线圈的控制路径。

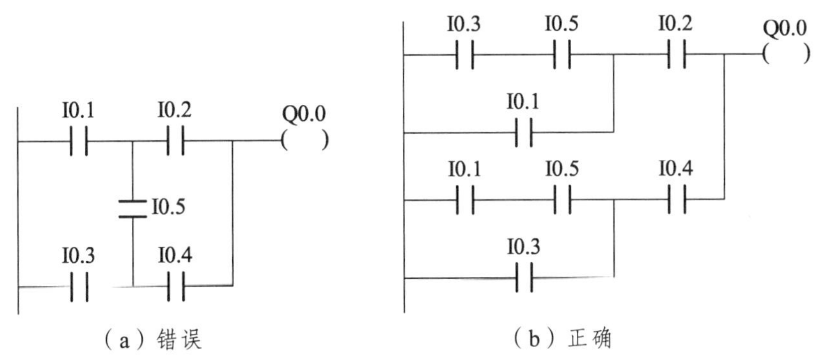

（a）错误　　（b）正确

图 4-18　梯形图程序

（4）串联触点多的支路应尽量放在上部，即“上重下轻”，如图 4-19 所示。并联触点多的支路应靠近左母线，即“左重右轻”，如图 4-20 所示。

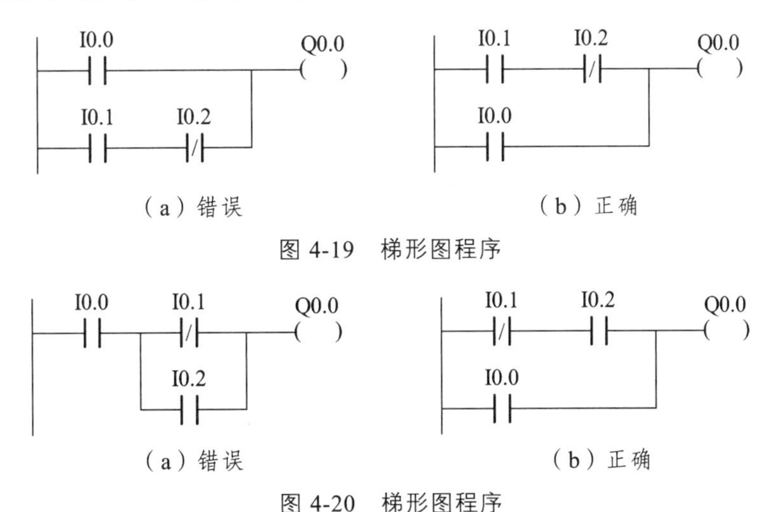

（a）错误　　（b）正确

图 4-19　梯形图程序

（a）错误　　（b）正确

图 4-20　梯形图程序

（5）对于用 ALD、OLD 等指令难以编程的复杂电路，可重复使用一些触点画出其等效电路，然后再进行编程，如图 4-21 所示。

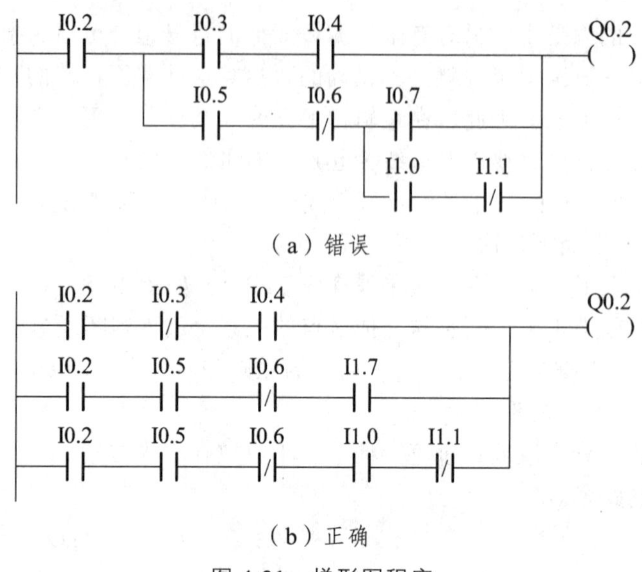

（a）错误

（b）正确

图 4-21　梯形图程序

2. 编写梯形图注意事项

在梯形图中，线圈前边的触点代表线圈输出的条件，线圈代表输出。在编写梯形图的过程中应注意以下事项：

（1）在同一程序中，某个线圈的输出条件可以非常复杂，但却应是唯一且集中表达的。由 PLC 操作系统引出的梯形图编绘法则规定，某一线圈在梯形图中只能出现一次。如果在同一程序中同一元件的线圈使用两次或多次，则称为双线圈输出。可编程序控制器程序顺序扫描执行的原则规定，这种情况出现时，前面的输出无效，最后一次输出才是有效的。本事件的特例是：同一程序的两个绝不会同时执行的程序段中可以有相同的输出线圈。

（2）触点不能放在线圈的右边，梯形图中不能出现输入继电器的线圈。同时，输出线圈不能串联，但可以并联。

（3）线圈不能直接与左母线相连。如果需要，可以通过特殊位存储器 SM0.0（该位始终为 1，当 PLC 运行时，SM0.0 自动处于接通状态，当 PLC 停止运行时，SM0.0 处于断开状态）来连接，如图 4-22 所示。

（4）地址编号中不可以出现 XX.8 和 XX.9。

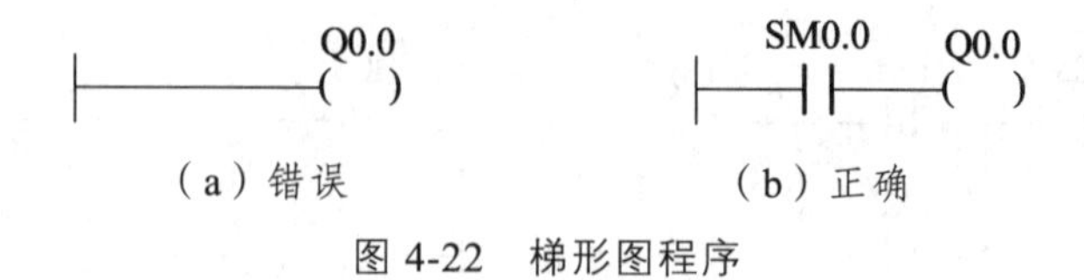

（a）错误　　（b）正确

图 4-22　梯形图程序

4.3　定时器指令与应用

S7-200 系列 PLC 的定时器是对内部时钟累计时间增量计时的。每个定时器均有一个

16 bit 的当前值寄存器用以存放当前值（16 位符号整数），一个 16 bit 的预置值寄存器用以存放时间的设定值，还有一位状态位，反映其触点的状态。

定时器是 PLC 的重要元件，S7-200 PLC 共有三种定时器。定时器可分为接通延时定时器（TON）、断开延时定时器（TOF）和带有记忆接通延时定时器（TONR）。这些定时器分布于整个 T 区。

4.3.1 定时器指令

1. 工作方式

S7-200 系列 PLC 定时器按工作方式分为三大类定时器，其指令格式如表 4-6 所示。

表 4-6 定时器的指令格式

<table>
<tr><th>LAD</th><th>STL</th><th>说 明</th></tr>
<tr><td>????
IN TON
????—PT</td><td>TON T××,PT</td><td rowspan="3">TON：通电延时定时器；
TONR：记忆型通电延时定时器；
TOF：断电延时型定时器；
IN 是使能输入端，指令盒上方输入定时器的编号（T××），范围为 T0～T255；PT 是预置值输入端，最大预置值为 32 767；PT 的数据类型：INT；
PT 操作数有：IW，QW，MW，SMW，T，C，VW，SW，AC，常数</td></tr>
<tr><td>????
IN TONR
????—PT</td><td>TONR T××,PT</td></tr>
<tr><td>????
IN TOF
????—PT</td><td>TOF T××,PT</td></tr>
</table>

2. 时　基

按时基脉冲分，则有 1 ms、10 ms、100 ms 3 种定时器。对不同的时基标准，定时精度、定时范围和定时器刷新的方式均不同。

1）定时精度和定时范围

定时器的工作原理是：使能输入有效后，当前值 PT 对 PLC 内部的时基脉冲增 1 计数，当计数值大于或等于定时器的预置值后，状态位置 1。其中，最小计时单位为时基脉冲的宽度，又为定时精度；从定时器输入有效，到状态位输出有效，经过的时间为定时时间，即：定时时间 = 预置值 × 时基。当前值寄存器为 16 bit，最大计数值为 32 767，由此可推算不同分辨率的定时器的设定时间范围。CPU 22X 系列 PLC 的 256 个定时器分属 TON（TOF）和 TONR 工作方式，以及 3 种时基标准，如表 4-7 所示。可见时基越大，定的时间越长，但精度越差。

表 4-7　定时器的类型

工作方式	时基/ms	最大定时范围/s	定时器号
TONR	1	32.767	T0，T64
	10	327.67	T1-T4，T65-T68
	100	3276.7	T5-T31，T69-T95
TON/TOF	1	32.767	T32，T96
	10	327.67	T33-T36，T97-T100
	100	3276.7	T37-T63，T101-T255

2）1 ms、10 ms、100 ms 定时器的刷新方式不同

1 ms 定时器每隔 1 ms 刷新一次，与扫描周期和程序处理无关，即采用中断刷新方式。因此当扫描周期较长时，在一个周期内可能被多次刷新，其当前值在一个扫描周期内不一定保持一致。

10 ms 定时器则由系统在每个扫描周期开始自动刷新。由于每个扫描周期内只刷新一次，故而每次程序处理期间，其当前值为常数。

100 ms 定时器则在该定时器指令执行时刷新。下一条执行的指令，即可使用刷新后的结果，非常符合正常的思路，使用方便可靠。但应当注意，如果该定时器的指令不是每个周期都执行，定时器就不能及时刷新，可能导致出错。

3. 定时器指令工作原理

下面从原理应用等方面分别叙述通电延时型、有记忆的通电延时型和断电延时型 3 种定时器的使用方法。

1）通电延时定时器（TON）指令工作原理

程序及时序分析如图 4-23 所示。当 I0. 1 接通时，即使能端（IN）输入有效时，驱动 T33 开始计时，当前值从 0 开始递增，计时到设定值 PT 时，T33 状态位置 1，其常开触点 T33 接通，驱动 Q0.0 输出，其后当前值仍增加，但不影响状态位。当前值的最大值为 32 767。当 10.0 分断时，即使能端无效时，T33 复位，当前值清 0，状态位也清 0，即恢复原始状态。若 I0.0 接通时间未到设定值就断开，T33 则立即复位，Q0.0 不会有输出。

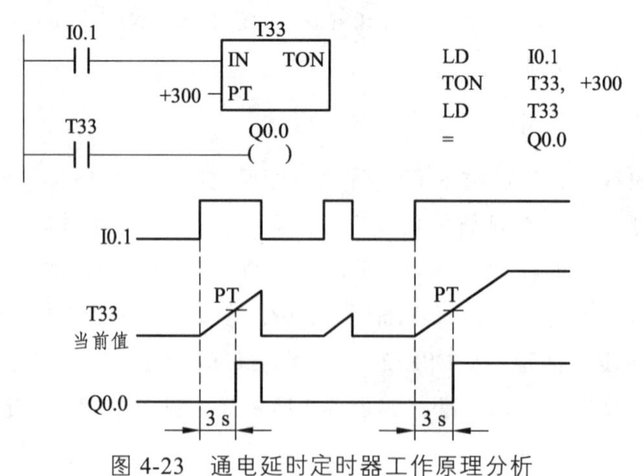

图 4-23　通电延时定时器工作原理分析

2）记忆型通电延时定时器（TONR）指令工作原理

使能端（IN）输入有效时（接通），定时器开始计时，当前值递增，当前值大于或等于预置值（PT）时，输出状态位置 1。使能端输入无效（断开）时，当前值保持（记忆），使能端（IN）再次接通有效时，在原记忆值的基础上递增计时。

TONR 记忆型通电延时型定时器采用线圈复位指令 R 进行复位，当复位线圈有效时，定时器当前位清零，输出状态位置 0。

程序分析如图 4-24 所示。如 T3，当输入 IN 为 1 时，定时器计时；当 IN 为 0 时，其当前值保持并不复位；下次 IN 再为 1 时，T3 当前值从原保持值开始往上加，将当前值与设定值 PT 比较。当前值大于等于设定值时，T3 状态位置 1，驱动 Q0.0 有输出，以后即使 IN 再为 0，也不会使 T3 复位，要使 T3 复位，必须使用复位指令。

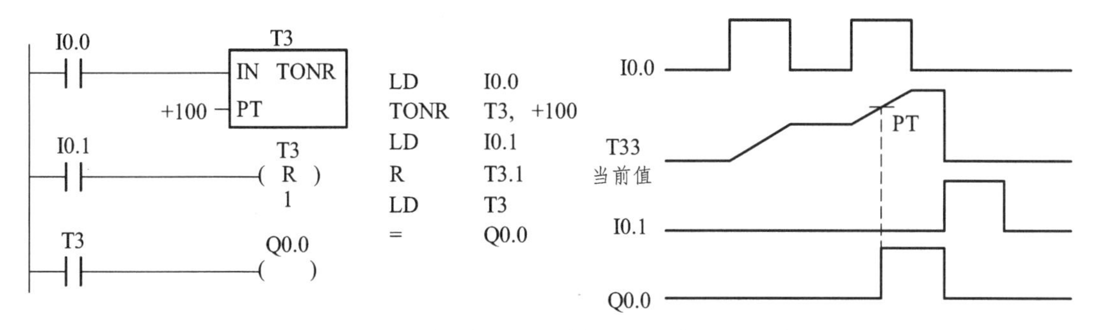

图 4-24　记忆型通电延时定时器工作原理分析

3）断电延时型定时器（TOF）指令工作原理

断电延时型定时器用来保证输入断开并延时一段时间后，才断开输出。使能端（IN）输入有效时，定时器输出状态位立即置 1，当前值复位为 0。使能端（IN）断开时，定时器开始计时，当前值从 0 递增，当前值达到预置值时，定时器状态位复位为 0，并停止计时，当前值保持。

如果输入断开的时间小于预定时间，定时器仍保持接通。IN 再接通时，定时器当前值仍设为 0。断电延时定时器的应用程序及时序分析如图 4-25 所示。

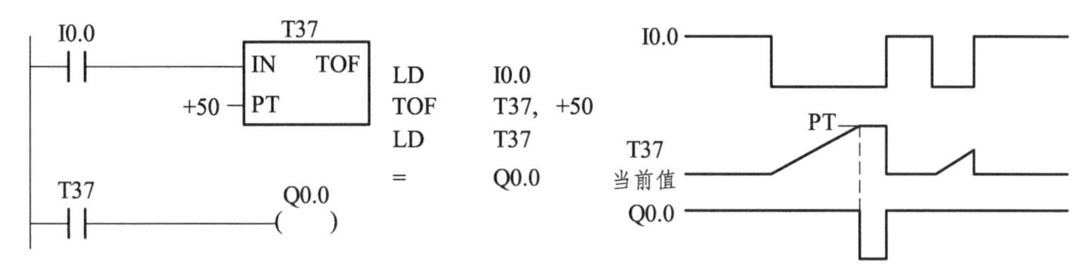

图 4-25　断电延时定时器的工作原理分析

以上介绍的 3 种定时器具有不同的功能：接通延时定时器（TON）用于单一间隔的定时；有记忆接通延时定时器（TONR）用于累计时间间隔的定时；断开延时定时器（TOF）用于故障事件发生后的时间延时。TOF 和 TON 共享同一组定时器，不能重复使用。即不能把一个定时器同时用作 TOF 和 TON。例如，不能既有 TON/T32，又有 TOF/T32。

4.3.2　定时器指令典型实例

1. 自制脉冲源的设计

在实际应用中，经常会遇到需要产生一个周期确定而占空比可调的脉冲系列，这样的脉冲用两个接通延时的定时器即可实现。试设计一个周期为 10 s，占空比为 0.5 的脉冲系列，该脉冲的产生由输入端 I0.0 控制。

分析：电路由定时器 T37 和 T38 组成，如图 4-26 所示。当 I0.0 由 0 变为 1 时，因 T 没有接通，而 T37 接通，故 T37 被启动并且开始计时，当 T37 的当前值 PV 达到设定值 PT 时，T37 的状态由 0 变为 1。由于 T37 为 1 状态，这时 T38 被启动，T38 开始计时，当 T38 的当前值 PV 达到其设定值 PT 时，T38 瞬间由 0 变为 1 状态。T38 的 1 状态使得 T37 的启动信号变为 0 状态，则 T37 的当前值 PV = 0，T37 的状态变为 0。T37 的 0 状态使得 T38 变为 0，则又重新启动 T37 开始了下一个周期的运行。

从上面分析可知，T38 计时开始到 T38 的 PV 值达到 PT 期间，T37 的状态为 1，这个脉冲宽度取决于 T38 的 PT 值，而 T37 计时开始至达到设定值期间，T37 的状态为 0，两个定时器的 PT 相加就是脉冲的周期。

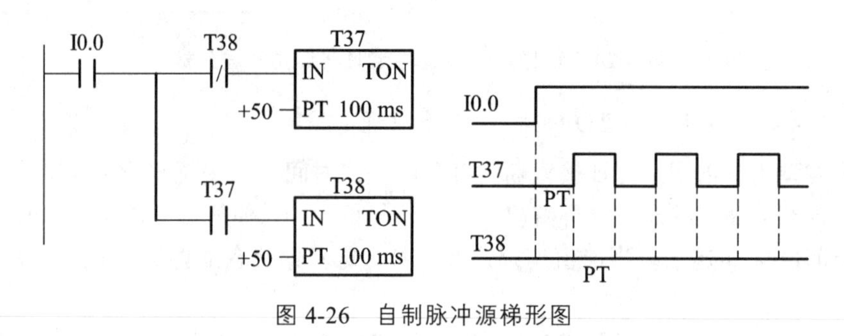

图 4-26　自制脉冲源梯形图

2. 星形（Y）-三角形（△）降压启动控制

1）星（Y）-三角（△）降压启动控制电路

星（Y）-三角（△）降压启动控制电路如图 4-27 所示，合上 QS，按下 SB_2，接触器 KM_1 线圈通电，KM_1 常开主触点闭合，KM_1 辅助触点闭合并自锁。同时星形（Y）控制接触器 KM_2 和时间继电器 KT 的线圈通电，KM_2 主触点闭合，电动机做星形（Y）连接启动。KM_2 常闭互锁触点断开，使三角形（△）控制接触器 KM_3 线圈不能得电，实现电气互锁。经过一定时间后，时间继电器的常闭延时触点打开，常开延时触点闭合，使 KM_2 线圈断电，其常开主触点断开，常闭互锁触点闭合，使 KM_3 线圈通电，KM_3 常开触点闭合并自锁，电动机恢复三角形（△）连接全压运行。KM_3 的常闭互锁触点分断，切断 KT 线圈电路，并使 KM_2 不能得电，实现电气互锁。必须指出，KM_2 和 KM_3 实行电气互锁的目的，是为了避免 KM_2 和 KM_3 同时通电吸合而造成严重的短路事故。

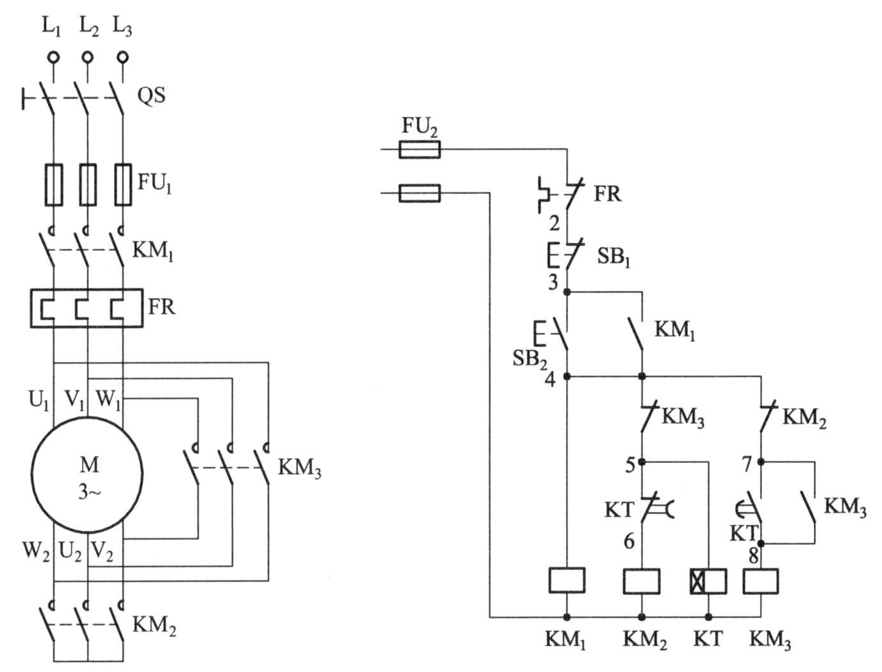

图 4-27　星（Y）-三角（△）降压启动控制电路

2）I/O 分配表

根据控制要求可知，星（Y）-三角（△）降压启动控制电路有 1 个启动按钮 SB_2 和 1 个停止按钮 SB_1，这两个按钮是 PLC 输入设备，需要 2 个输入点；接触器 KM_1、KM_2 和 KM_3 是 PLC 的输出设备，用以执行电动机星-三角降压启动的任务，需要 3 个输出点，其 I/O 分配表如表 4-8 所示。

表 4-8　电动机正反转控制的 I/O 分配表

输入			输出		
功能	元件	地址	功能	元件	地址
停止	SB_1	I0.0	接触器	KM_1	Q0. 1
起动	SB_2	I0.1	接触器	KM_2	Q0. 2
			接触器	KM_3	Q0.3

3）PLC 接线图

星（Y）-三角（△）降压启动 PLC 外部硬件的接线图如图 4-28 所示，外部硬件输出电路中 KM_2 的线圈串接了 KM_3 的常闭触点，KM_3 的线圈串接了 KM_2 的常闭触点，形成相互制约的互锁控制。

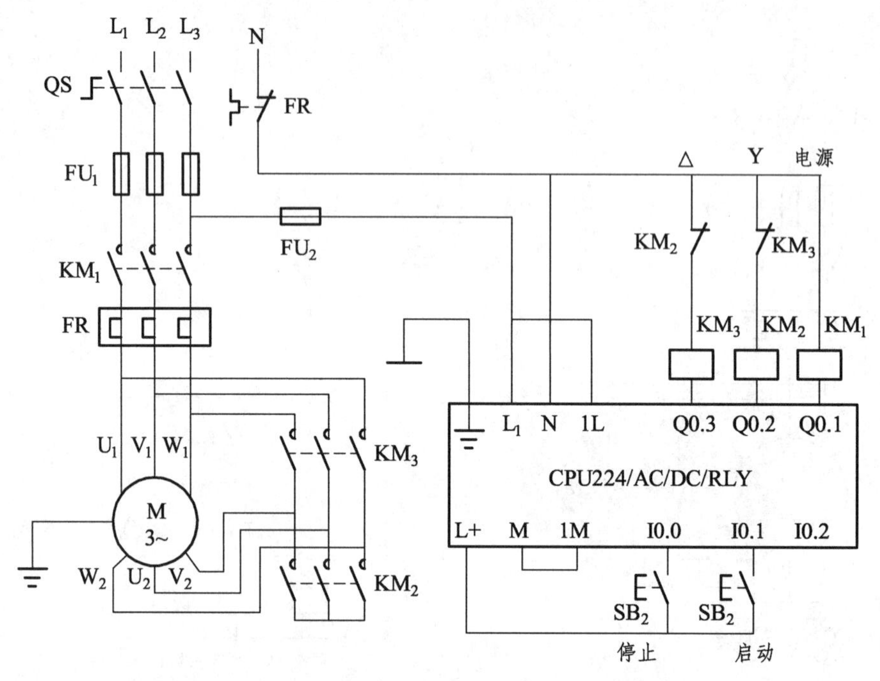

图 4-28　星-三角降压启动 PLC 控制硬件接线图

4）编写梯形图

编写梯形图时，依据 PLC 是以循环扫描方式顺序执行程序的基本原理，按照动作的先后顺序，从上到下逐行编写梯形图，它比由继电器控制电路改成梯形图程序往往更加清楚，更加容易掌握，星-三角降压启动 PLC 控制梯形图如图 4-29 所示。

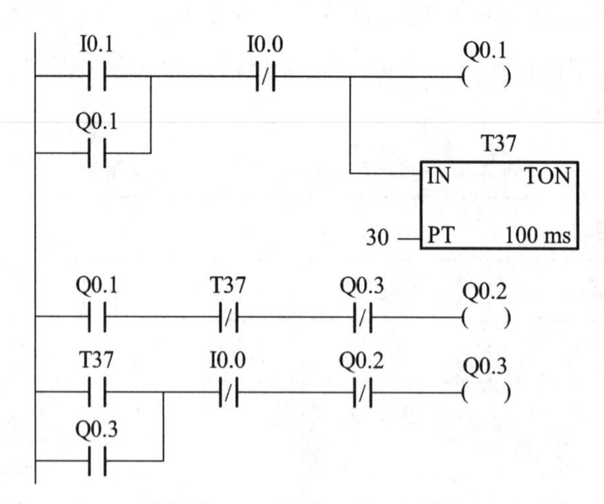

图 4-29　星-三角降压启动梯形图

4.4　计数器指令与应用

计数器利用输入脉冲上升沿累计脉冲个数。结构主要由一个 16 bit 的预置值寄存器、一个 16 bit 的当前值寄存器和一位状态位组成。当前值寄存器用以累计脉冲个数，计数器当前值大于或等于预置值时，状态位置 1。

4.4.1 计数器指令

S7-200 系列 PLC 有三类计数器：CTU-加计数器、CTUD-加/减计数器、CTD-减计数器。

1. 计数器指令格式

计数器指令格式如表 4-9 所示。

表 4-9 计数器的指令格式

STL	LAD	指令使用说明
CTU C_{XXX}，PV	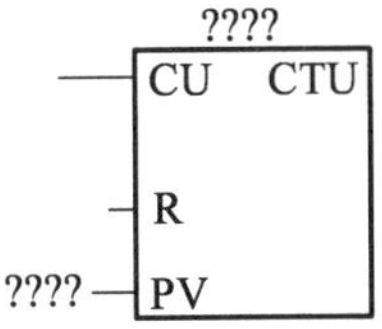 ???? CU CTU R ???? PV	（1）梯形图指令符号中，CU 为加计数脉冲输入端；CD 为减计数脉冲输入端；R 为加计数复位端；LD 为减计数复位端；PV 为预置值； （2）C_{XXX} 为计数器的编号，范围为：C0～C255； （3）PV 预置值最大范围：32 767；PV 的数据类型：INT；PV 操作数为：VW，T，C，IW，QW，MW，SMW，AC，AIW，K； （4）CTU/CTUD/CD 指令使用要点：STL 形式中 CU，CD，R，LD 的顺序不能错；CU，CD，R，LD 信号可为复杂逻辑关系
CTD C_{XXX}，PV	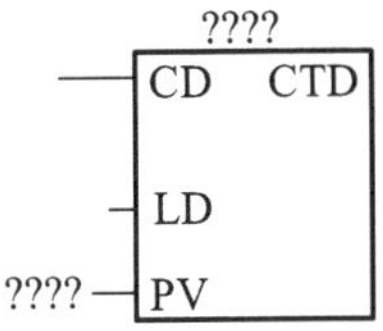 ???? CD CTD LD ???? PV	
CTUD C_{XXX}，PV	???? CU CTD CD R ???? PV	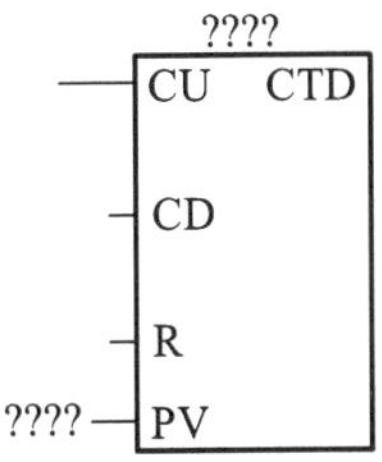

2. 计数器工作原理分析

1）加计数器指令（CTU）

当 R = 0 时，计数脉冲有效。当 CU 端有上升沿输入时，计数器当前值加 1。当计数器当前值大于或等于设定值（PV）时，该计数器的状态位 C-bit 置 1，即其常开触点闭合：计数器仍计数，但不影响计数器的状态位，直至计数达到最大值（32 767）。当 R = 1 时，计数器复位，即当前值清零，状态位 C-bit 也清零。加计数器计数范围：0～32 767。

加计数器指令应用示例的程序及运行时序如图 4-30 所示，当 I0.0 第 5 次闭合时，计数器位被置位，输出线圈 Q0.0 接通；当 I0.1 闭合时，计数器位被复位，Q0.0 断开。

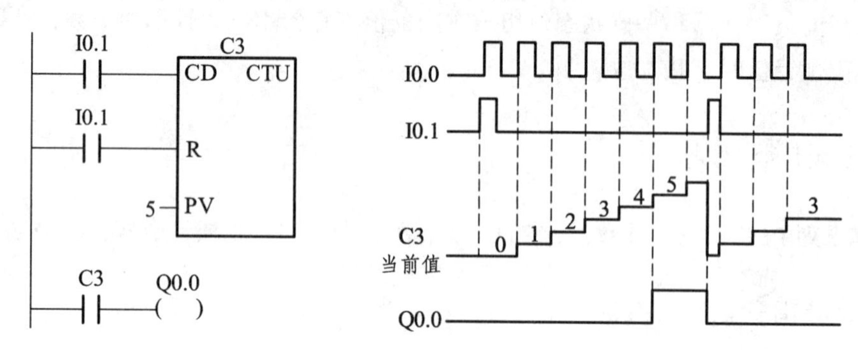

图 4-30　加计数器应用示例

2）加/减计数指令（CTUD）

当 R = 0 时，计数脉冲有效；当 CU 端（CD 端）有上升沿输入时，计数器当前值加 1（或减 1）；当计数器当前值大于或等于设定值时，C-bit 置 1，即其常开触点闭合；当 R = 1 时，计数器复位，即当前值清零，C-bit 也清零。加减计数器计数范围：– 32 768 ~ 32 767。加减计数器指令应用示例的程序及运行时序如图 4-31 所示。

利用加/减计数器输入端的通断情况，分析 Q0.0 的状态。当 I0.0 接通 4 次时（4 个上升沿）C10 常开触点闭合，Q0.0 上电；当 I0.0 接通 5 次时，C10 的计数为 5；接着当 I0.1 接通 2 次，此时 C10 的计数为 3，C48 常开触点断开，Q0.0 断电；接着当 I0.0 接通 2 次，此时 C48 的计数为 5，C10 的计数大等于 4 时，C10 常开触点闭合，Q0.0 上电；当 I0. 2 接通时计数器复位，C10 的计数等于 0，C48 常开触点断开，Q0.0 断电。

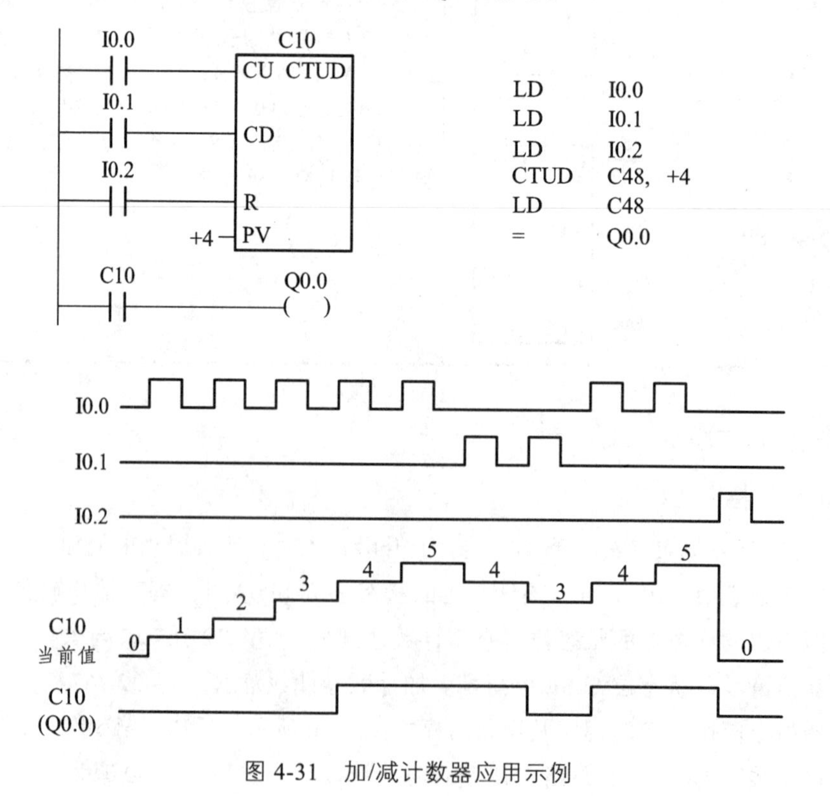

图 4-31　加/减计数器应用示例

3）减计数指令（CTD）

当复位 LD 有效时，LD = 1，计数器把设定值（PV）装入当前值存储器，计数器状态位复位（置 0）；当 LD = 0，即计数脉冲有效时，开始计数，CD 端每来一个输入脉冲上升沿，减计数的当前值从设定值开始递减计数，当前值等于 0 时，计数器状态位置位（置 1），停止计数。

减计数器指令应用示例的程序及运行时序如图 4-32 所示。

利用减计数器输入端的通断情况，分析 Q0.0 的状态。当 I2.0 接通时，计数器状态位复位，预置值 3 装入当前值寄存器；当 I1.0 接通 3 次时，当前值等于 0，Q0.0 上电；当前值等于 0 时，尽管 I1.0 接通，当前值仍然等于 0。在 I2.0 接通期间，I1.0 接通，当前值不变。

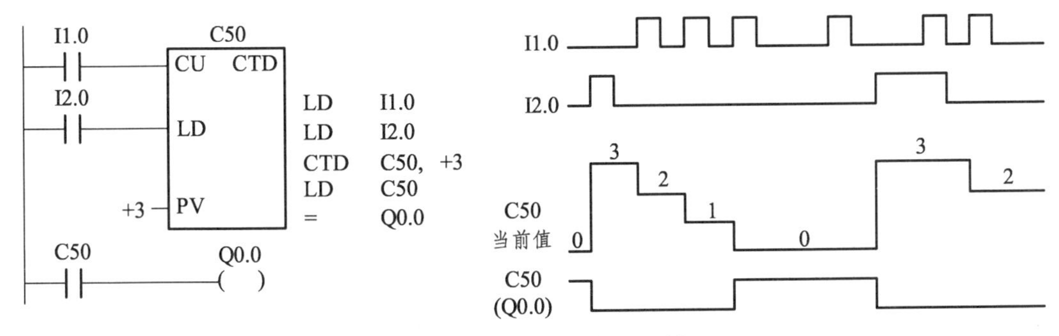

图 4-32 减计数器应用示例

4.4.2 计数器指令典型实例

1. 计数器的扩展

S7-200 系列 PLC 计数器最大的计数范围是 32 767，若需更大的计数范围，则需进行扩展，如图 4-33 所示为计数器扩展电路。图中是两个计数器的组合电路，C1 形成了一个设定值为 200 次的自复位计数器。计数器 C1 对 I0.0 的接通次数进行计数，I0.0 的触点每闭合 200 次，C1 自复位重新开始计数，同时，连接到计数器 C2 端的 C1 常开触点闭合，使 C2 计数 1 次，当 C2 计数到 1 500 次时，I0.0 共接通 200 × 1 500 次 = 300 000 次，C2 的常开触点闭合，线圈 Q0.0 通电。该电路的计数值为两个计数器设定值的乘积，$C_{总} = C1 \times C2$。

2. 定时器的扩展

S7-200 的定时器的最长定时时间为 3 276.7 s，如果需要更长的定时时间，可使用图 4-34 所示的电路。图 4-34 中最上面一行电路是一个脉冲信号发生器，脉冲周期等于 T37 的设定值（60 s）。I0.0 为 OFF 时，100 ms 定时器 T37 和计数器 C1 处于复位状态，它们不能工作。I0.0 为 ON 时，其常开触点接通，T37 开始定时，60 s 后 T37 定时时间到，其当前值等于设定值，它的常闭触点断开，使它自己复位，复位后 T37 的当前值变为 0，同时它的常闭触点接通，使它自己的线圈重新“通电”又开始定时，T37 将这样周而复始地工作，直到 I0.0 变为 OFF。

T37 产生的脉冲送给 C1 计数器，记满 120 个数（即 2 h）后，C1 当前值等于设定值 120，它的常开触点闭合。设 T37 和 C1 的设定值分别为 KT 和 KC，对于 100 ms 定时器，总的定时时间为：T = 0.1 KTKC（s）。

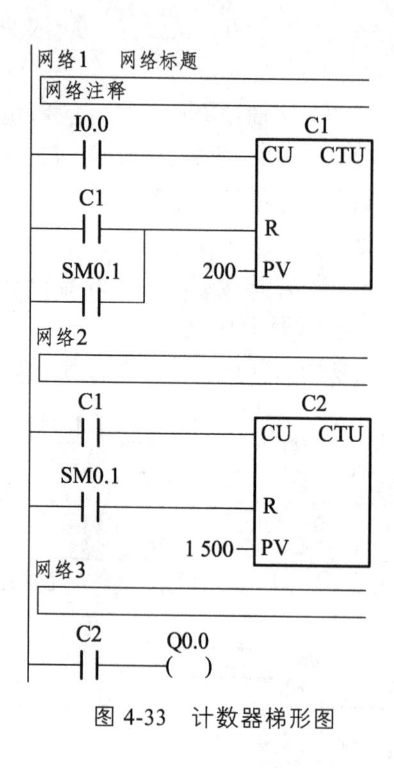

图 4-33　计数器梯形图

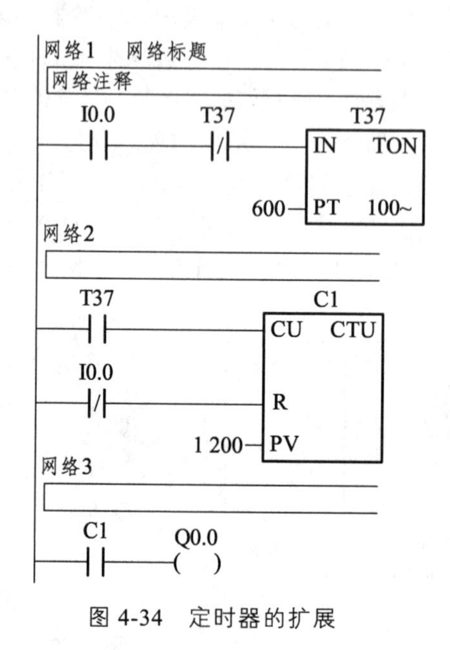

图 4-34　定时器的扩展

4.5　比较指令与应用

比较指令是将两个操作数按指定的条件比较，操作数可以是整数，也可以是实数，在梯形图中，用带参数和运算符的触点表示比较指令。比较条件成立时，触点就闭合，否则断开。比较触点可以装入，也可以串、并联。比较指令为上、下限控制提供了极大的方便。

4.5.1　比较指令格式

指令格式如表 4-10 所示。

表 4-10　比较指令格式

LAD	STL	功能
n1 XX□ n2	LD□XX　n1，n2	比较触点连接母线
I0.0　n1 XX□ n2	LD　I0.0 A□XX　n1，n2	比较触点的“与”
I0.0 n1 XX□ n2	LD　I0.0 O□XX　n1，n2	比较触点的“并”

说明：

“XX”表示比较运算符：= =（等于）、〈(小于)、〉(大于)、<=（小于等于）、>=（大于等于）、〈〉(不等于)。

“□”表示操作数 nl，n2 的数据类型及范围。

B（Byte）：字节比较（无符号整数），如 LDB = = IB2　MB2。

I（INT）/W（Word）：整数比较（有符号整数），如 AW> = MW2　VW12。

注意：LAD 中用“I”，STL 中用“W”。

DW（Double Word）：双字的比较（有符号整数），如 0D = VD24　MD1。

R（Real）：实数的比较（有符号的双字浮点数，仅限于 CPU214 以上）。

nl，n2 操作数的类型包括：I，Q，M，SM，V，S，L，AC，VD，LD，常数，n2 为被比较数。

4.5.2 比较指令应用举例

下面介绍三台电动机 Ml，M2，M3 顺序启/停电路 PLC 系统的设计。启动时：先启动 Ml，20 s 后 M2 启动，20 s 后 M3 启动；停止时：先停 M3，10 s 后停 M2，再过 10 s 后 Ml 停止。

1. I/O 分配表

根据控制要求可知：电动机顺序启/停电路有一个启动按钮 SB_2 和一个停止按钮 SB_1，这两个按钮是 PLC 的输入设备，需要 2 个输入点；接触器 KM_1、KM_2 和 KM_3 是 PLC 的输出设备，用以执行电动机顺序启/停的任务，需要 3 个输出点，其 I/O 分配如表 4-11 所示。

表 4-11　电动机顺序启/停的 I/O 分配表

输入			输出		
功能	元件	地址	功能	元件	地址
停止	SB1	10.0	接触器	KM1	Q0.1
启动	SB2	10.1	接触器	KM2	Q0.2
			接触器	KM3	Q0.3

2. 编写梯形图

编写梯形图时，可以采用基本指令，也可以采用比较指令，但是采用比较指令简单易懂，电动机顺序启/停控制的梯形图如图 4-35 所示。

4.6 程序控制类指令与应用

程序控制类指令用于程序运行状态的控制，主要包括系统控制、跳转、循环、子程序调用以及顺序控制等指令。

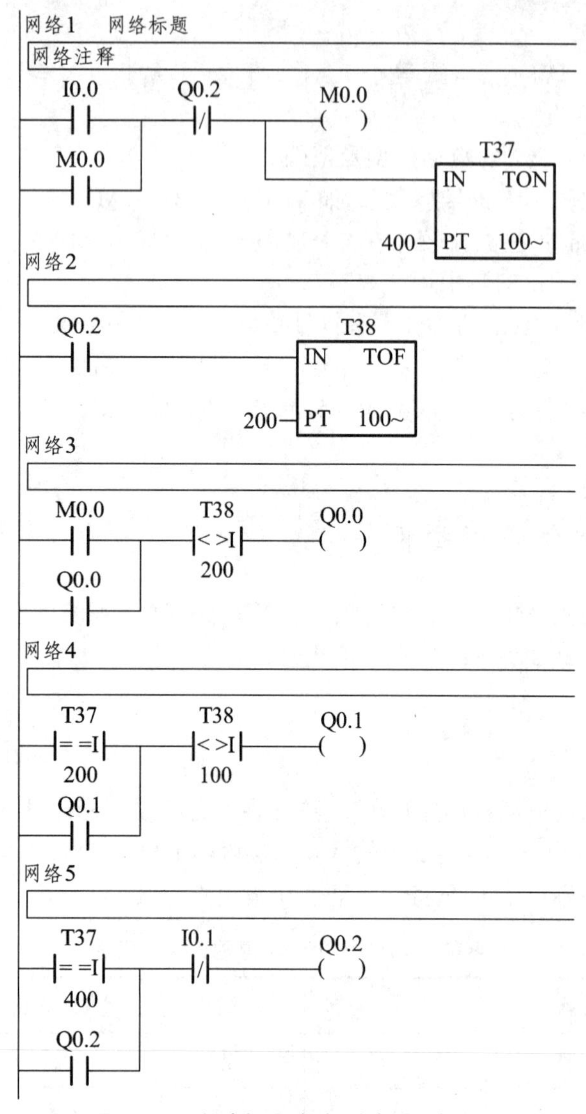

图 4-35　电动机顺序启/停控制梯形图

4.6.1　暂停指令（STOP）

当执行条件成立时，暂停指令停止执行用户程序，令 CPU 工作方式由 RUN 转到 STOP。在中断程序中执行 STOP 指令，该中断立即终止，并且忽略所有挂起的中断，继续扫描程序的剩余部分，在本次扫描的最后，将 CPU 由 RUN 切换到 STOP。暂停指令格式如表 4-12 所示。

表 4-12　暂停指令格式

LAD	STL	功能
-----（STOP）	STOP	暂停程序执行

4.6.2 结束指令（END/MEND）

结束指令直接连在左侧母线时，为无条件结束指令（MEND），不连在左侧母线时，为条件结束指令。指令格式如表 4-13 所示。

表 4-13　结束指令格式

LAD	STL	功能
------（END）	END	条件结束指令
|-----（END）	MEND	无条件结束指令

（1）条件结束指令（END）。执行条件成立（左侧逻辑值为 1）时结束主程序，返回主程序的第一条指令执行。在梯形图中该指令不连在左侧母线。END 指令只能用于主程序，不能在子程序和中断程序中使用。END 指令无操作数。

（2）无条件结束指令（MEND）。结束主程序，返回主程序的第一条指令执行。在梯形图中无条件结束指令直接连接左侧母线。用户必须以无条件结束指令，结束主程序。条件结束指令，用在无条件结束指令则结束主程序。在编程结束时一定要与上该指令，否则出错；在调试程序时，在程序的适当位置插入 MEND 指令可以实现程序的分段调试。

结束指令只能在主程序中使用，不能在子程序和中断服务程序中使用。

STEP 7 - Micro/WIN 编程软件会在主程序的结尾处自动生成无条件结束指令，用户不得输入无条件结束指令，否则编译出错。

4.6.3 循环、跳转指令

1. 循环指令

1）指令格式

程序循环结构用于描述一段程序的重复循环执行。由 FOR 和 NEXT 指令构成程序的循环体。FOR 指令标记循环的开始，NEXT 指令为循环体的结束指令。指令格式如图 4-36 所示。

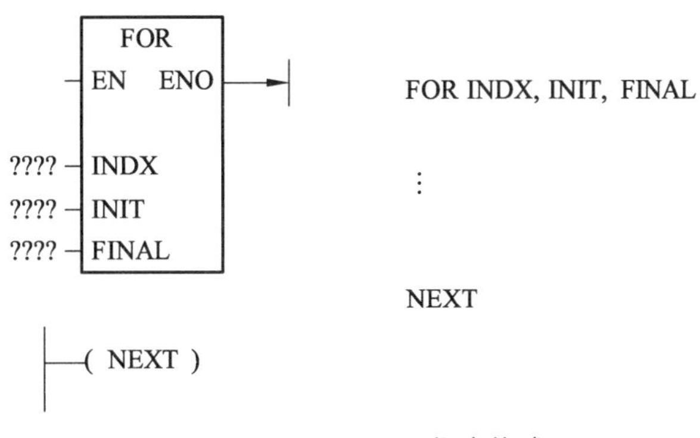

图 4-36　FOR/NEXT 指令格式

在 LAD 中，FOR 指令为指令盒格式，EN 为使能输入端。

INDX 为当前值计数器，操作数为：VW，IW，QW，MW，SW，SMW，LW，T，C，AC。

INIT 为循环次数初始值，操作数为：VW，IW，QW，MW，SW，SMW，LW，T，C，AC，AIW，常数。

FINAL 为循环计数终止值。操作数为：VW，IW，QW，MW，SW，SMW，LW，T，C，AC，AIW，常数。

工作原理：使能输入 EN 有效，循环体开始执行，执行到 NEXT 指令时返回，每执行一次循环体，当前值计数器 INDX 增 1，达到终止值 FINAL 时，循环结束；使能输入无效时，循环体程序不执行。每次使能输入有效，指令自动将各参数复位。

FOR/NEXT 指令必须成对使用，循环可以嵌套，最多为 8 层。

2）循环指令示例

如图 4-37 所示，当 I0.0 为 ON 时，1 所示的外循环执行 3 次，由 VW200 累计循环次数。当 I0.1 为 ON 时，外循环每执行一次，2 所示的内循环执行 3 次，且由 VW210 累计循环次数。

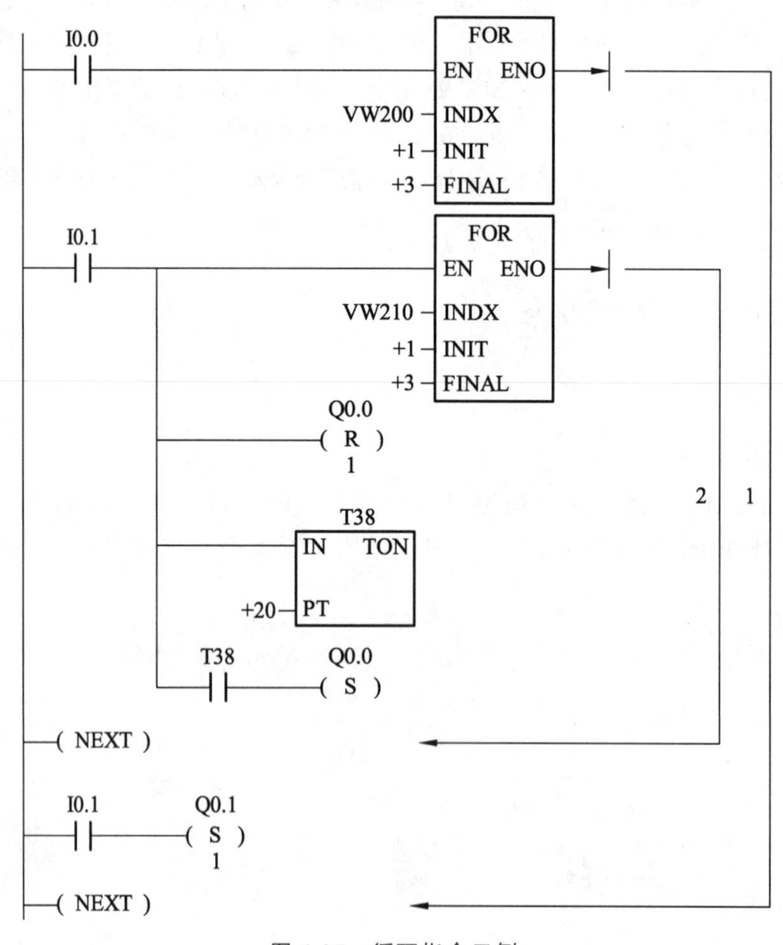

图 4-37　循环指令示例

2. 跳转指令及标号

1）指令格式

跳转指令在使能输入有效时，把程序的执行跳转到同一程序指定的标号（n）处执行；使能输入无效时，程序顺序执行。JMP 与 LBL（跳转的目标标号）配合实现程序的跳转。跳转标号 n：0 ~ 255。指令格式示例如图 4-38 所示。

必须强调的是，跳转指令及标号必须同在主程序内或在同一子程序及中断服务程序内，不可由主程序跳转到中断服务程序或子程序，也不可由中断服务程序或子程序跳转到主程序。

图 4-38 中，当 JMP 条件满足（即 I0.0 为 ON 时），程序跳转执行 LBL 标号以后的指令，而在 JMP 和 LBL 之间的指令一概不执行，在这个过程中，即使 I0.1 接通也不会有 Q0.1 输出。当 JMP 条件不满足时，I0.1 接通时则 Q0.1 有输出。

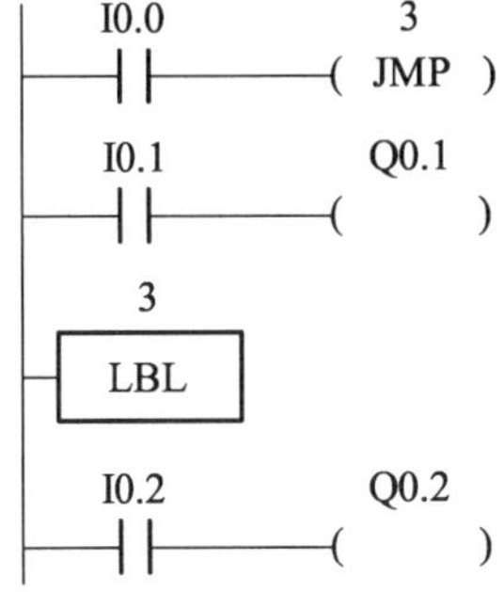

图 4-38　跳转指令示例

2）应用举例

JMP、LBL 指令在工业现场控制中，常用于工作方式的选择。如有 3 台电动机 Ml ~ M3，具有 2 种启停工作方式：

（1）手动操作方式：分别用每个电动机各自的启停按钮控制 Ml ~ M3 的启停状态。

（2）自动操作方式：按下启动按钮，Ml ~ M3 每隔 3 s 依次起动；按下停止按钮，Ml ~ M3 同时停止。

根据控制要求可知，该控制需要一个转换开关来实现手动和自动控制；当自动时，需要启动和停止按钮；当手动时，每台电动机都需要启动和停止按钮。本应用中，接触器 KM1、KM2 和 KM3 分别控制这 3 台电动机，其 I/O 分配如表 4-14 所示。

表 4-14　I/O 分配表

输入			输出		
功能	元件	地址	功能	元件	地址
手/自动选择	SA1	I0.0	接触器	KM1	Q0. 0
启动	SB1	I0.1	接触器	KM2	Q0. 1
停止	SB2	I0.2	接触器	KM3	Q0. 2
Ml 启动	SB3	I0.3			
Ml 停止	SB4	I0.4			
M2 启动	SB5	I0.5			
M2 停止	SB6	I0.6			
M3 启动	SB7	I0.7			
M3 停止	SB8	I1.0			

PLC 控制的外部接线图如图 4-39 所示，梯形图如图 4-40 所示。从控制要求可以看出，需要在程序中体现两种可任意选择的控制方式，所以运用跳转指令的程序结构可以满足控制

要求。如图 4-40 所示，当操作方式选择开关闭合时，I0.0 的常开触点闭合，跳过手动程序段不执行；I0.0 常闭触点断开，选择自动方式的程序段执行。而操作方式选择开关断开时的情况与此相反，跳过自动方式程序段不执行，选择手动方式程序段执行。

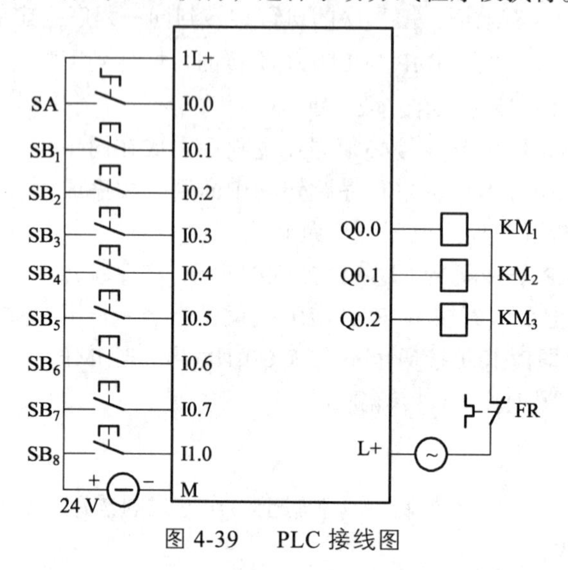

图 4-39　PLC 接线图

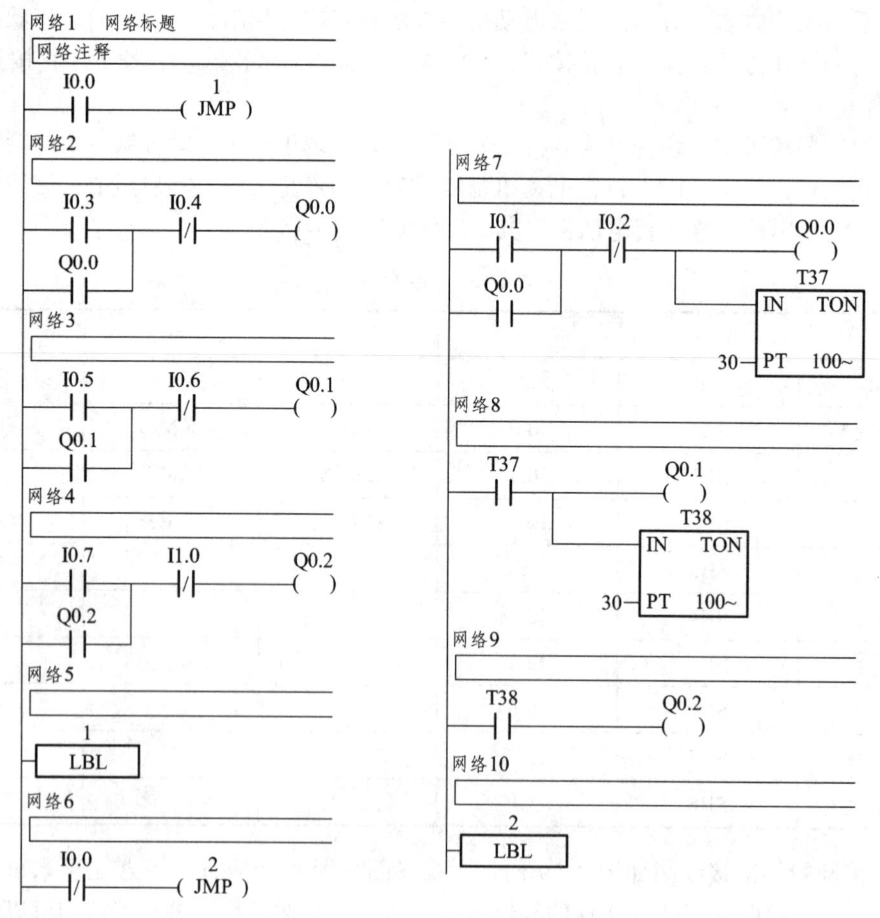

图 4-40　PLC 梯形图

4.6.4 子程序调用及子程序返回指令

在程序设计中，通常将具有特定功能，并且多次使用的程序段作为子程序。主程序中用指令决定具体子程序的执行状况，当主程序调用子程序并执行时，子程序执行全部指令直至结束，然后系统将返回至调用子程序的主程序。

子程序用于为程序分段和分块，使其成为较小的、更易于管理的块。在程序调试和维护时，通过使用较小的程序块，对这些区域和整个程序简单地进行调试和故障排除，只在需要时才调用程序块，这样可以更有效地使用 PLC，因为所有的程序块可能无须执行每次扫描。

在程序中使用子程序，必须执行下列三项任务：建立子程序；在子程序局部变量表中定义参数（如果有）；从适当的 POU（从主程序或另一个子程序）调用子程序。

1. 建立子程序

可采用下列一种方法建立子程序：

（1）从“编辑”菜单，选择“插入子程序”命令。

（2）从“指令树”，用鼠标右键单击“程序块”图标，并从弹出菜单选择“插入”→“子程序”。

（3）从“程序编辑器”窗口，用鼠标右键单击，并从弹出菜单选择“插入子程序”。

程序编辑器从先前的 POU 显示更改为新的子程序。程序编辑器底部会出现一个新标签，代表新的子程序。此时，可以对新的子程序编程。

用右键双击指令树中的子程序图标，在弹出的菜单中选择“重新命名”，可修改子程序的名称。如果为子程序指定一个符号名，例如 USR_NAME，该符号名会出现在指令树的“子例行程序”文件夹中。

2. 调用子程序

子程序有子程序调用和子程序返回两大类指令，子程序返回又分为条件返回和无条件返回。指令格式如图 4-41 所示。

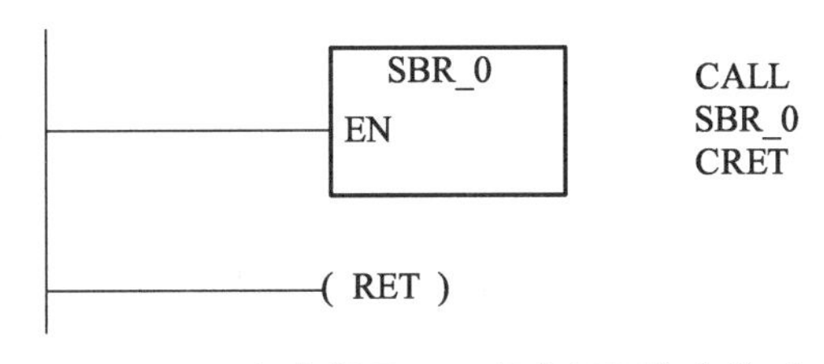

图 4-41　子程序调用及子程序返回指令格式

CALL SBRn：子程序调用指令，在梯形图中为指令盒的形式。子程序的编号 n 从 0 开始，随着子程序个数的增加自动生成。操作数 n：0 ~ 63。

CRET：子程序条件返回指令，条件成立时结束该子程序，返回原调用处的指令 CALL 的下一条指令。

RET：子程序无条件返回指令，子程序必须以本指令作结束，由编程软件自动生成。子程序可以多次被调用，也可以嵌套（最多 8 层），还可以自己调用自己。子程序调用指令用在主程序和其他调用子程序的程序中，子程序的无条件返回指令在子程序的最后网络段，梯形图指令系统能够自动生成子程序的无条件返回指令，用户无须输入。

3. 带参数的子程序调用指令

1）子程序的参数

子程序可能有要传递的参数(变量和数据),这时可以在子程序调用指令中包含相应参数，它可以在子程序与调用程序之间传送。如果子程序有要传递的参数和局部变量，则为带参数的子程序（可移动子程序）。为了移动子程序，应避免使用任何全局变量/符号（I、Q、M、SM、AI、AQ、V、T、C、S、AC 内存中的绝对地址），这样可以导出子程序并将其导入另一个项目。子程序中的参数必须有一个符号名（最多为 23 个字符）、一个变量类型和一个数据类型。子程序最多可传递 16 个参数。传递的参数在子程序局部变量表中定义，如表 4-15 所示。

表 4-15　局部变量表

	符号	变量类型	数据类型	注释
	EN	IN	BOOL	
L0.0	RUN	IH	BOOL	.
L0.1	OFF2	IN	BOOL	
I0.2	OFF3	IH	BOOL	
L0.3	F-ACK	IN	BOOL	
LB8	Error	OUT	BYTE	
LW9	Status	OUT	WORD	
LD11	Speed	OUT	REAL	

2）变量的类型

局部变量表中的变量有 IN、OUT、IN/OUT 和 TEMP 4 种类型。

IN（输入）：将指定位置的参数传入子程序。如果参数是直接寻址（例如 VB10），在指定位置的数值被传入子程序；如果参数是间接寻址（例如*AC1），地址指针指定地址的数值被传入子程序；如果参数是数据常量（16#1234）或地址（&VB100），常量或地址数值被传入子程序。

IN_OUT（输入-输出）：将指定参数位置的数值传入子程序，并将子程序的执行结果的数值返回至相同的位置。输入/输出型的参数不允许使用常量（例如 16#1234）和地址（例如&VB100）。

OUT（输出）：将子程序的结果数值返回至指定的参数位置。常量（例如 16#1234）和地址（例如&VB100）不允许用作输出参数。

在子程序中可以使用 IN、IN/OUT 以及 OUT 类型的变量和调用子程序 POU 之间传递参数。

TEMP：是局部存储变量，只能用于子程序内部暂时存储中间运算结果，不能用来传递参数。

3）数据类型

局部变量表中的数据类型包括：能流、布尔（位）、字节、字、双字、整数、双整数和实数型。

能流：能流仅用于位（布尔）输入。能流输入必须用在局部变量表中其他类型的输入之前，只有输入参数允许使用。在梯形图中表达形式为用触点（位输入）将左侧母线和子程序的指令盒连接起来。图 4-42 中的使能输入（EN）和 IN1 输入使用布尔逻辑。

布尔：该数据类型用于位输入和输出。图 4-42 中的 IN3 是布尔输入。

字节、字、双字：这些数据类型分别用于 1、2 或 4 个字节不带符号的输入或输出参数。

整数、双整数：这些数据类型分别用于 2 或 4 个字节带符号的输入或输出参数。

实数：该数据类型用于单精度（4 个字节）IEEE 浮点数值。

4）建立带参数子程序的局部变量表

局部变量表隐藏在程序显示区，将梯形图显示区向下拖动，可以露出局部变量表，在局部变量表输入变量名称、变量类型和数据类型等参数后，双击指令树中子程序（或选择单击快捷键[F9]，在弹出的菜单中选择子程序项），在梯形图显示区显示出带参数的子程序调用指令盒。

局部变量表变量类型的修改方法：用光标选中变量类型区，单击鼠标右键得到一个下拉菜单，单击选中的类型，在变量类型区光标所在处可以得到选中的类型。

子程序传递的参数放在子程序的局部存储器（L）中，局部变量表最左列是系统指定的每个被传递参数的局部存储器地址。

5）带参数子程序调用指令格式

带参数子程序调用的 LAD 指令格式如图 4-42 所示。系统保留局部变量存储器 L 内存的 4 个字节（LB60 ~ LB63），用于调用参数。

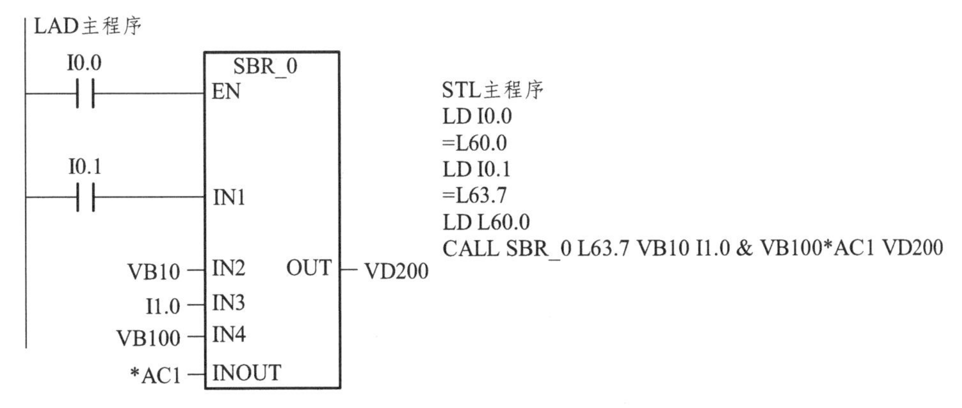

图 4-42　带参数子程序调用

需要说明的是，该程序只能在 STL 编辑器中显示，因为用作能流输入的布尔参数，未在 L 内存中保存。子程序调用时，输入参数被复制到局部存储器。子程序完成时，从局部存储器复制输出参数到指令的输出参数地址。

如果在使用子程序调用指令后，然后修改该子程序的局部变量表，调用指令则无效。必须删除无效调用，并用反映正确参数的最新调用指令代替该调用子程序和调用程序共用累加器。不会因使用子程序对累加器执行保存或恢复操作。

子程序调用时，输入参数被复制到局部存储器。子程序完成时，从局部存储器复制输出参数到指令的输出参数地址。

在带参数的“调用子程序”指令中，参数必须与子程序局部变量表中定义的变量完全匹配。参数顺序必须以输入参数开始，其次是输入/输出参数，然后是输出参数。位于指令树中的子程序名称的工具将显示每个参数的名称。

调用带参数子程序使 ENO = 0 的错误条件是：0008（子程序嵌套超界），SM4.3（运行时间）。

4. 在子程序局部变量表中定义参数

可以使用子程序的局部变量表为子程序定义参数。注意：程序中每个 POU 都有一个独立的局部变量表，必须在选择该子程序标签后出现的局部变量表中为该子程序定义局部变量。编辑局部变量表时，必须确保已选择适当的标签。每个子程序最多可以定义 16 个输入/输出参数。

4.6.5 皮带机运输线 PLC 控制系统设计应用实例

1. 基本方法编程实例

图 4-43 所示为一下料系统，系统由 3 条皮带机、1 台卸料电动机、1 台振打电动机及 1 个料位组成。其中，皮带机分由一级、二级、三级皮带组成，分别用 M1、M2、M3 代表；卸料电动机为 M4；振打电动机为 M5。控制要求如下：

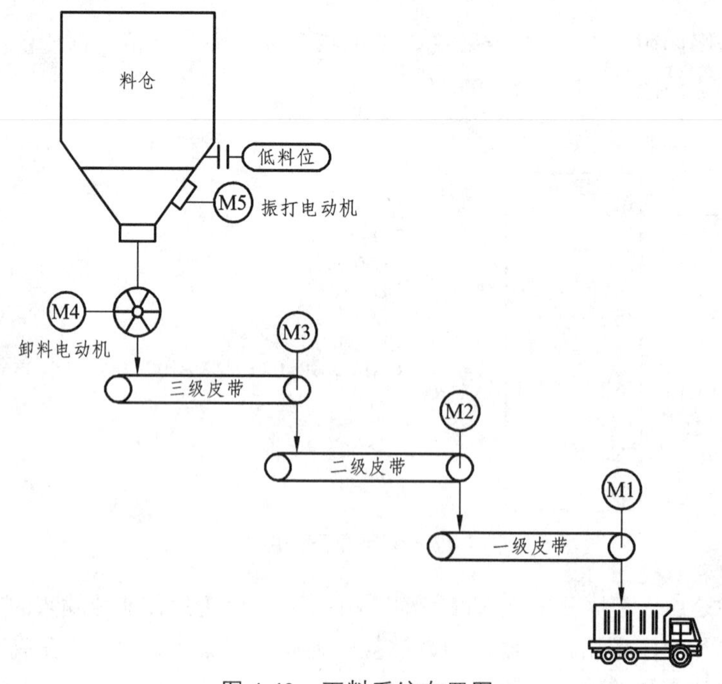

图 4-43　下料系统布置图

（1）当按下开始卸料按钮 SB_1 时，系统开始卸料。动作为：一级皮带机 M1 立刻启动；M1 启动 10 s 后，二级皮带机 M2 启动；M2 启动 10 s 后，三级皮带机 M3 启动；M3 启动 10 s 后，卸料电动机 M4 启动，最后完成启动。

（2）当按下停止按钮 SB2 或料仓的料低至低料位 LSI 时，系统停止。停止顺序为：卸料电动机 M4 立刻停止；M4 停止 10 s 后，三级皮带机 M3 停止；M3 停止 10 s 后，二级皮带机 M2 停止；M2 停止 10 s 后，一级皮带机 M1 停止，最后完成停止。

（3）振打电动机 M5 动作为：只要卸料电动机运行，振打电动机 M5 就每隔 60 s 运行 5 次停止。

1）PLC 接线图

PLC 接线图如图 4-44 所示。5 台电动机的主回路接线图均相同，图中的 KA*、KM*分别表示控制 Ml～M5 电动机的中间继电器、接触器。接触器本身带常开辅助触点，接触器主触点吸合，其常开辅助触点在主触点的带动下也吸合，故取接触器的辅助常开触点为电动机的运行信号。

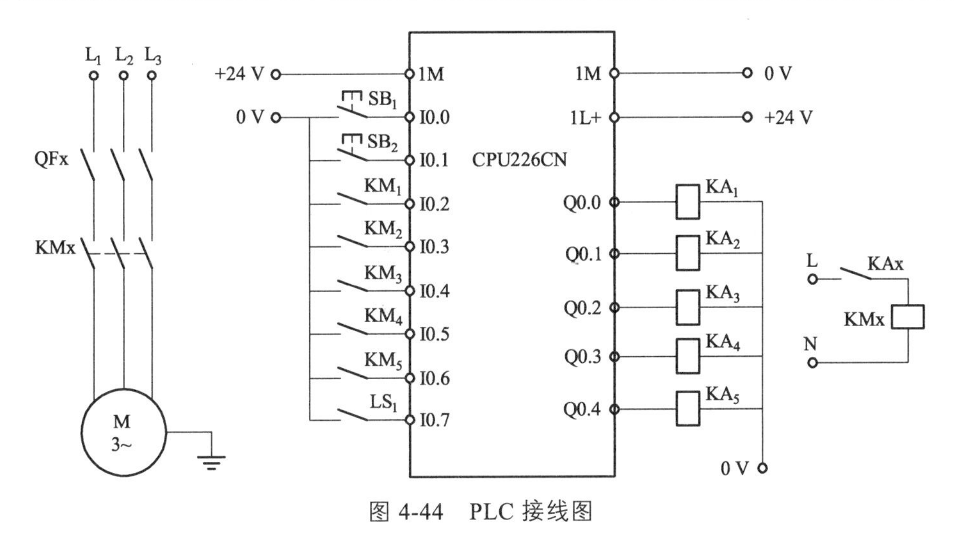

图 4-44　PLC 接线图

2）I/O 分配表

I/O 分配表如表 4-16 所示。

表 4-16　I/O 分配表

输入			输出		
功能	元件	地址	功能	元件	地址
启动按钮	SB1	10.0	中间继电器	KA1	Q0.0
停止按钮	SB2	10.1	中间继电器	KA2	Q0.1
Ml 接触器辅助常开触点	KM1	10.2	中间继电器	KA3	Q0.2
M2 接触器辅助常开触点	KM2	10.3	中间继电器	KA4	Q0.3
M3 接触器辅助常开触点	KM3	10.4	中间继电器	KA5	Q0.4
M4 接触器辅助常开触点	KM4	10.5			
M5 接触器辅助常开触点	KM5	10.6			
LSI 料位计	LSI	10.7			

3）编写梯形图

编写梯形图，如图 4-45 所示。

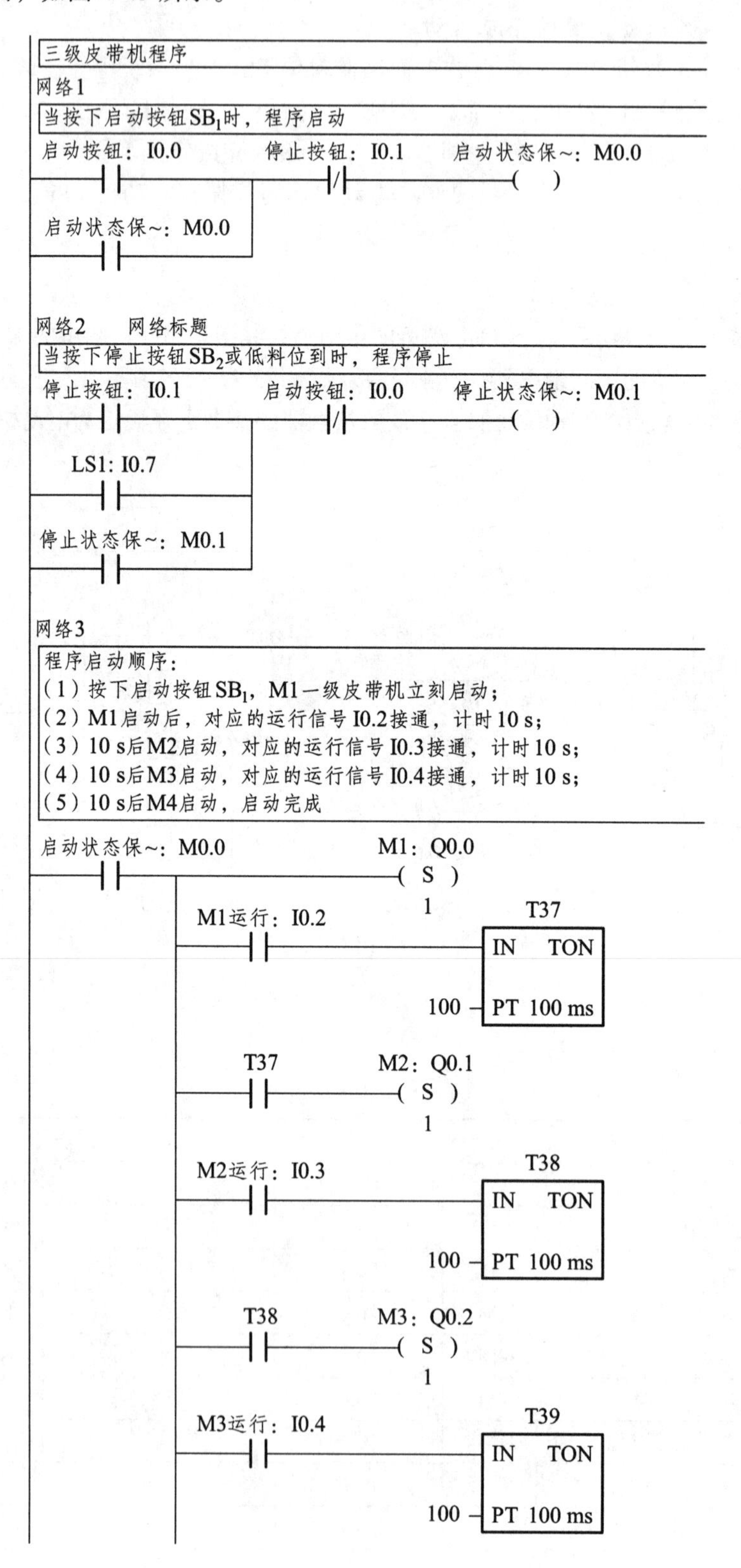

T39　M4：Q0.3
(S)
1

网络4

程序停止顺序：
（1）停止条件成立时，M4立刻停止，同时M4运行信号无，计时10 s；
（2）10 s到，M3停止，同时M3运行信号无，计时10 s；
（3）10 s到，M2停止，同时M2运行信号无，计时10 s；
（4）10 s到，M1停止，停止完成

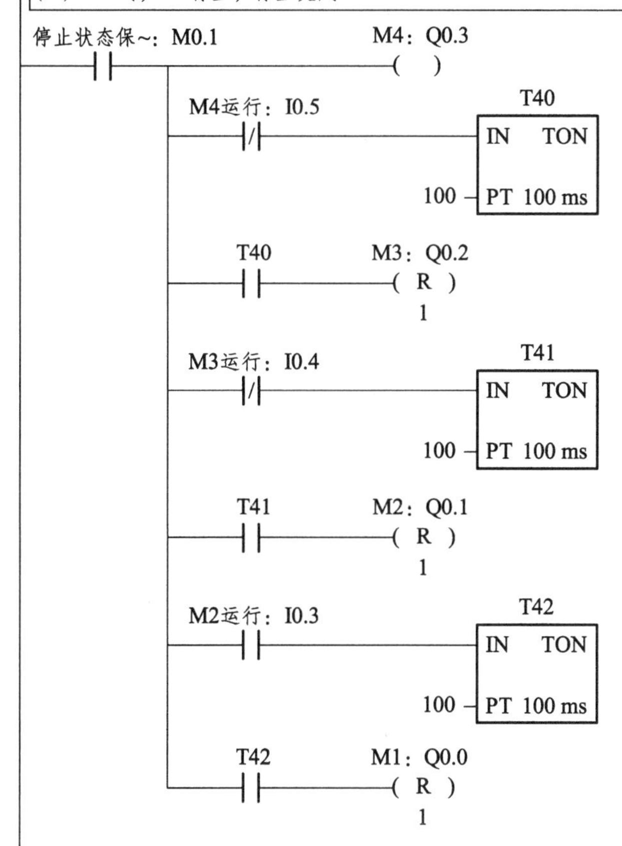

网络5

振打电话机动作：
只要卸料电动机M4运行，振打电动机M5就间隔60 s运行5 s

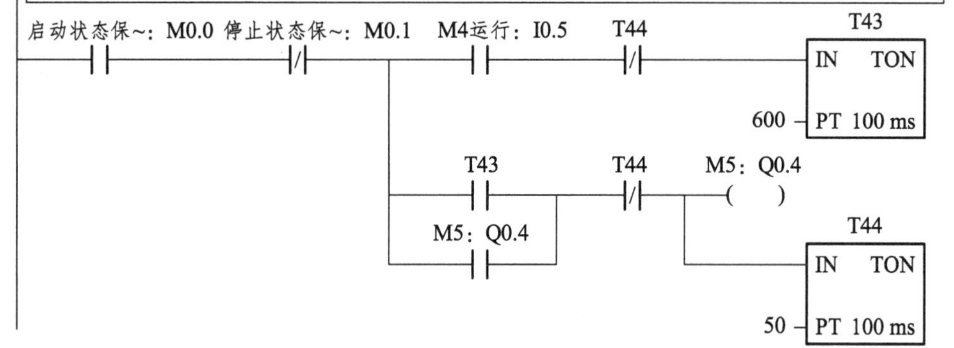

图 4-45　梯形图

第 5 章　西门子 S7-200 PLC 功能指令及应用

PLC 的应用指令又称为功能指令，它是在基本指令基础上，PLC 生产厂家为满足用户不断提出的特殊控制要求而开发的一类指令。PLC 的应用指令越多，它的功能就越强。S7-200 的应用指令主要分为运算指令、数据处理指令、表功能指令、转换指令、程序控制类指令和特殊指令六大类，本章着重讲述 S7-200 的应用指令。

5.1　数据处理指令

5.1.1　数据传送指令及典型应用

1. 字节、字、双字和实数单个数据传送指令 MOV

数据传送指令的梯形图表示：传送指令由传送符 MOV、数据类型（B/W/D/R）、传送启动信号 EN、源操作数 IN 和目标操作数 OUT 构成。

数据传送指令的语句表表示：传送指令由操作码 MOV、数据类型（B/W/D/R）、源操作数 IN 和目标操作数 OUT 构成，其梯形图和语句表表示如表 5-1 所示。

数据传送指令的原理：传送指令是在启动信号 EN = 1 时，执行传送功能。其功能是把原操作数 IN 传送到目标操作数 OUT 中。ENO 为传送状态位。

表 5-1　单个数据传送指令 MOV 指令格式

LAD	MOV_B EN　ENO ????-IN　OUT-????	MOV_W EN　ENO ????-IN　OUT-????	MOV_DW EN　ENO ????-IN　OUT-????	MOV_R EN　ENO ????-IN　OUT-????
STL	MOVB IN，OUT	MOVW IN，OUT	MOVD IN，OUT	MOVR IN，OUT
操作数及数据类型	IN：VB，IB，QB，MB，SB，SMB，LB，AC，常量 OUT：VB，IB，QB，MB，SB，SMB，LB，AC	IN：VW，IW，QW，MW，SW，SMW，LW，T，C，AIW，常量，AC OUT：VW，T，C，IW，QW，SW，MW，SMW，LW，AC，AQW	IN：VD，ID，QD，MD，SD，SMD，LD，HC，AC，常量 OUT：VD，ID，QD，MD，SD，SMD，LD，AC	IN：VD，ID，QD，MD，SD，SMD，LD，AC，常量 OUT：VD，ID，QD，MD，SD，SMD，LD，AC
	字节	字、整数	双字、双整数	实数
功能	使能输入有效时，即 EN=1 时，将一个输入 IN 的字节、字/整数、双字/双整数或实数送到 OUT 指定的存储器输出，在传送过程中不改变数据的大小。传送后，输入存储器 IN 中的内容不变			

使 ENO = 0（即使能输出断开）的错误条件是：SM4.3（运行时间），0006（间接寻址错误）。

例 5–1 将变量存储器 VW2 中内容送到 VW20 中。程序如图 5-1 所示。

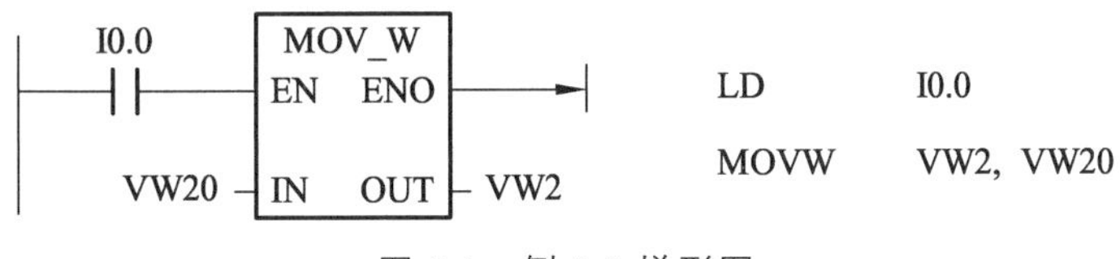

图 5-1 例 5-1 梯形图

2. 字节、字、双字、实数数据块传送指令 BLKMOV

数据块传送指令由数据块传送符 BLKMO V、数据类型（B/W/D）、传送启动信号 EN、源数据起始地址 IN、源数据数目 IN 和目标操作数 OUT 构成。

数据块传送指令将从输入地址 IN 开始的 N 个数据传送到输出地址 OUT 开始的 N 个单元中，N 的范围为 1 ~ 255，N 的数据类型为字节。其梯形图和语句表表示如表 5-2 所示。

表 5-2 数据传送指令 BLKMOV 指令格式

LAD	BLKMOV_B EN ENO ????– IN OUT –???? ????– N	BLKMOV_W EN ENO ????– IN OUT –???? ????– N	BLKMOV_D EN ENO ????– IN OUT –???? ????– N
STL	BMB IN，OUT	BMW IN，OUT	BMD IN，OUT
操作数及数据类型	IN：VB，IB，QB，MB，SB，SMB，LB； OUT：VB，IB，QB，MB，SB，SMB，LB； 数据类型：字节	IN：VW，IW，QW，MW，SW，SMW，LW，T，C，AIW； OUT：VW，IW，QW，MW，SW，SMW，LW，T，C，AQW； 数据类型：字	IN/ OUT：VD，ID，QD，MD，SD，SMD，LD； 数据类型：双字
	N：VB，IB，QB，MB，SB，SMB，LB，AC，常量；数据类型：字节；数据范围：1 ~ 255		
功能	使能输入有效时，即 EN=1 时，把从输入 IN 开始的 N 个字节（字、双字）传送到以输出 OUT 开始的 N 个字节（字、双字）中		

传送指令是在启动信号 EN = 1 时，执行数据块传送功能，其功能是把源操作数起始地址 IN 的 N 个数据传送到目标操作数 OUT 的起始地址中。ENO 为传送状态位。

数据块传送指令的应用：应用传送指令时，应该注意数据类型和数据地址的连续性使 ENO = 0 的错误条件：0006（间接寻址错误）；0091（操作数超出范围）。

例 5–2 使用块传送指令，把 VB0 ~ VB3 四个字节的内容传送到 VB100 ~ VB103 单元中，启动信号为 I0.0。这时 IN 数据应为 VB0，N 应为 4，OUT 数据应为 VB100，如图 5-2 所示。

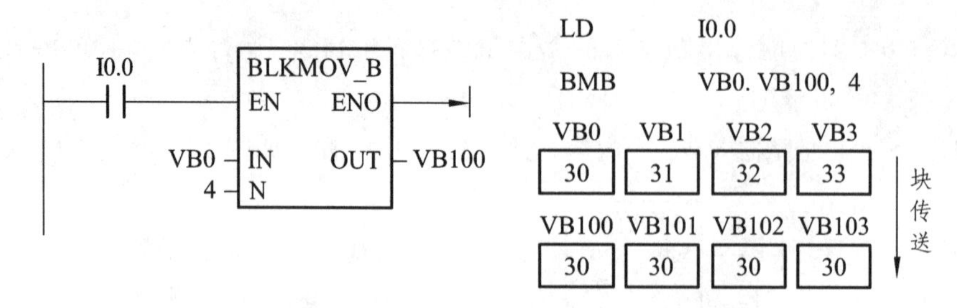

图 5-2 例 5-2 梯形图

5.1.2 字节交换、字节立即读写指令及典型应用

1. 字节交换指令

字节交换指令由交换字标识符 SWAP、交换启动信号 EN 和交换数据字地址 IN 构成。其梯形图和语句表表示如表 5-3 所示。

表 5-3 字节交换指令使用格式及功能

LAD	STL	功能及说明
SWAP EN ENO ????-IN	SWAP IN	功能：使能输入 EN 有效时，将输入字 IN 的高字节与低字节交换，结构仍放在 IN 中； IN：VW，IW，QW，MW，SW，SMW，T，C，LW，AC； 数据类型：字

字节交换指令是在启动信号 EN = 1 时，执行交换字节功能，其功能是把数据（IN）的高字节与低字节交换，ENO 为传送状态位。

ENO = 0 的错误条件：0006（间接寻址错误）；SM4.3（运行时间）。

例 5–3 高低字节交换指令的用法，如图 5-3 所示。

（1）在 I0.0 闭合的第一个扫描周期，首先执行 MOVW 指令，将十六进制数 12EF 传送到 AC0 中，接着执行字节交换指令 SWAP，将 AC0 中的值变为十六进制数 EF12。

（2）SWAP 指令使用时，若不使用正跳变指令，则在 I0.0 闭合的每一个扫描周期执行一次高低字节交换，不能保证结果正确。

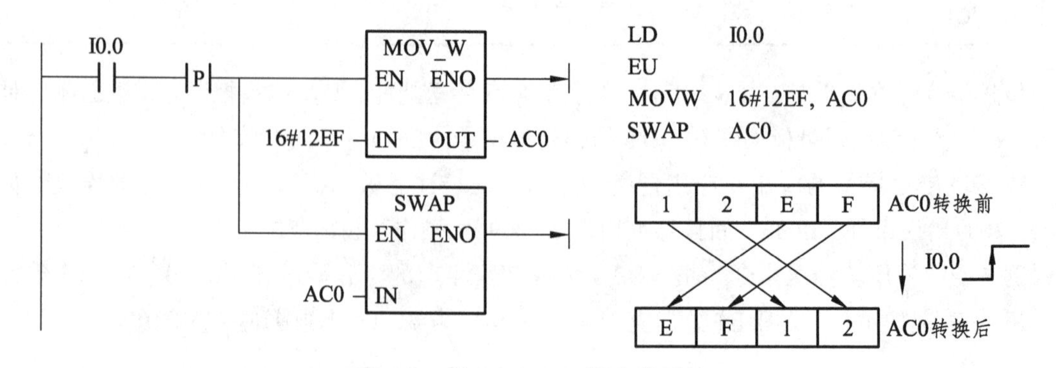

图 5-3 例 5-3 SWAP 指令的用法

2. 字节立即读写指令

字节立即读指令（MOV - BIR）：读取实际输入端 IN 给出的 1 个字节的数值，并将结果写入 OUT 所指定的存储单元，但输入映像寄存器未更新。

字节立即写指令：从输入 IN 所指定的存储单元中读取 1 个字节的数值并写入（以字节为单位）实际输出 OUT 端的物理输出点，同时刷新对应的输出映像寄存器。指令格式及功能如表 5-4 所示。

表 5-4 字节立即读写指令格式

LAD	STL	功能及说明
MOV_BIR EN ENO ????-IN OUT-????	BIR IN，OUT	功能：字节立即读； IN：IB； OUT：VB，IB，QB，MB，SB，SMB，LB，AC； 数据类型：字节
MOV_BIW EN ENO ????-IN OUT-????	BIW IN，OUT	功能：字节立即写； IN：VB，IB，QB，MB，SB，SMB，LB，AC，常量； OUT：QB； 数据类型：字节

使 ENO = 0 的错误条件：0006（间接寻址错误）；SM4. 3（运行时间）。注意：字节立即读写指令无法存取扩展模块。

5.1.3 移位指令及典型应用

移位指令分为左右移位、循环左右移位及寄存器移位 3 大类。前两类移位指令按移位数据的长度又分为字节型、字型及双字型 3 种，移位指令最大移位位数应不超过数据类型对应的位数，移位位数为字节型数据。

1. 左、右移位指令

左、右移位数据存储单元与 SM1.1（溢出）端相连，移出位被放到特殊标志存储器 SM1.1 位，移位数据存储单元的另一端补 0。移位指令格式如表 5-5 所示。

（1）左移位指令（SHL）。使能输入有效时，将输入 IN 的无符号数字节、字或双字中的各位向左移 N 位后（右端补 0），将结果输出到 OUT 所指定的存储单元中，如果移位次数大于 0，最后一次移出位保存在“溢出”存储器位 SM1.1。如果移位结果为 0，零标志位 SM1.0 置 1。

（2）右移位指令（SHR）。使能输入有效时，将输入 IN 的无符号数字节、字或双字中的各位向右移 N 位后，将结果输出到 OUT 所指定的存储单元中，移出位补 0，最后一次移出位保存在 SM1.1。如果移位结果为 0，零标志位 SM1.0 置 1。

（3）使 ENO = 0 的错误条件：0006（间接寻址错误）；SM4.3（运行时间）。

表 5-5　移位指令格式及功能

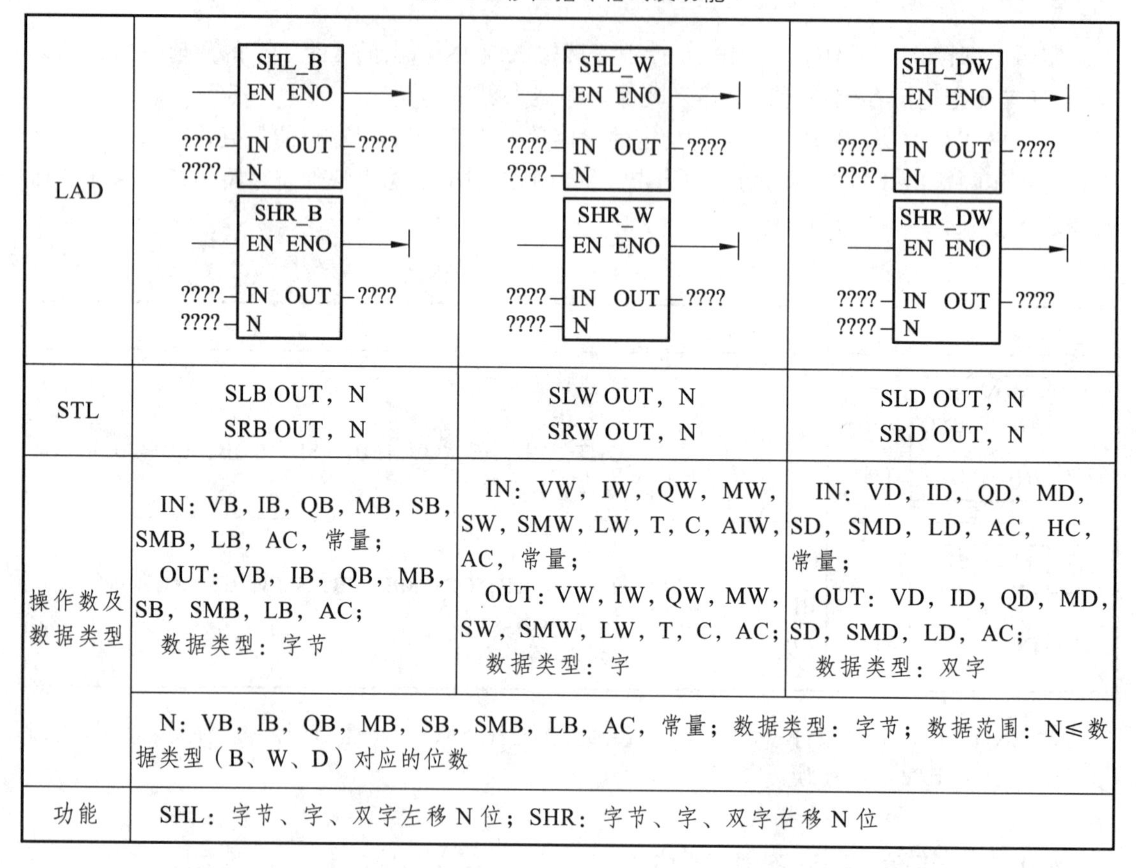

LAD	SHL_B: EN ENO; ????-IN OUT-????; ????-N SHR_B: EN ENO; ????-IN OUT-????; ????-N	SHL_W: EN ENO; ????-IN OUT-????; ????-N SHR_W: EN ENO; ????-IN OUT-????; ????-N	SHL_DW: EN ENO; ????-IN OUT-????; ????-N SHR_DW: EN ENO; ????-IN OUT-????; ????-N
STL	SLB OUT，N SRB OUT，N	SLW OUT，N SRW OUT，N	SLD OUT，N SRD OUT，N
操作数及数据类型	IN：VB，IB，QB，MB，SB，SMB，LB，AC，常量； OUT：VB，IB，QB，MB，SB，SMB，LB，AC； 数据类型：字节	IN：VW，IW，QW，MW，SW，SMW，LW，T，C，AIW，AC，常量； OUT：VW，IW，QW，MW，SW，SMW，LW，T，C，AC； 数据类型：字	IN：VD，ID，QD，MD，SD，SMD，LD，AC，HC，常量； OUT：VD，ID，QD，MD，SD，SMD，LD，AC； 数据类型：双字
	N：VB，IB，QB，MB，SB，SMB，LB，AC，常量；数据类型：字节；数据范围：N≤数据类型（B、W、D）对应的位数		
功能	SHL：字节、字、双字左移 N 位；SHR：字节、字、双字右移 N 位		

说明：在 STL 指令中，若 IN 和 OUT 指定的存储器不同，则须先使用数据传送指令 MOV 将 IN 中的数据送入 OUT 所指定的存储单元。如：

```
MOVB IN，OUT
SLB OUT，N
```

2. 循环左、右移位指令

循环移位将移位数据存储单元的首尾相连，同时又与溢出标志 SM1.1 连接，SM1.1 用来存放被移出的位。指令格式如表 5-6 所示。

（1）循环左移位指令（ROL）。使能输入有效时，将 IN 输入无符号数（字节、字或双字）循环左移 N 位后，将结果输出到 OUT 所指定的存储单元中，移出的最后一位的数值送溢出标志位 SM1.1。当需要移位的数值是零时，零标志位 SM1.0 为 1。

（2）循环右移位指令（ROR）。使能输入有效时，将 IN 输入无符号数（字节、字或双字）循环右移 N 位后，将结果输出到 OUT 所指定的存储单元中，移出的最后一位的数值送溢出标志位 SM1.1。当需要移位的数值是零时，零标志位 SM1.0 为 1。

（3）移位次数 N 超过数据类型（B、W、D）长度时的移位位数的处理。

① 如果操作数是字节，当移位次数（N≥8）时，则在执行循环移位前，先对 N 进行模 8 操作（N 除以 8 后取余数），其结果 0 ~ 7 为实际移动位数。

② 如果操作数是字，当移位次数（N≥16）时，则在执行循环移位前，先对 N 进行模 16 操作（N 除以 16 后取余数），其结果 0 ~ 15 为实际移动位数。

③ 如果操作数是双字，当移位次数（N≥32）时，则在执行循环移位前，先对 N 进行模 32 操作（N 除以 32 后取余数），其结果 0 ~ 31 为实际移动位数。

（4）使 ENO = 0 的错误条件：0006（间接寻址错误）；SM4.3（运行时间）。

表 5-6　循环左、右移位指令格式及功能

LAD	ROL_B EN ENO ????-IN OUT-???? ????-N ROR_B EN ENO ????-IN OUT-???? ????-N	ROL_W EN ENO ????-IN OUT-???? ????-N ROR_W EN ENO ????-IN OUT-???? ????-N	ROL_DW EN ENO ????-IN OUT-???? ????-N ROR_DW EN ENO ????-IN OUT-???? ????-N
STL	RLB OUT，N RRB OUT，N	RLW OUT，N RRW OUT，N	RLD OUT，N RRD OUT，N
操作数及数据类型	IN：VB，IB，QB，MB，SB，SMB，LB，AC，常量； OUT：VB，IB，QB，MB，SB，SMB，LB，AC； 数据类型：字节	IN：VW，IW，QW，MW，SW，SMW，LW，T，C，AIW，AC，常量； OUT：VW，IW，QW，MW，SW，SMW，LW，T，C，AC； 数据类型：字	IN：VD，ID，QD，MD，SD，SMD，LD，AC，HC，常量； OUT：VD，ID，QD，MD，SD，SMD，LD，AC； 数据类型：双字
	N：VB，IB，QB，MB，SB，SMB，LB，AC，常量；数据类型：字节		
功能	ROL：字节、字、双字循环左移 N 位；ROR：字节、字、双字循环右移 N 位		

说明：在 STL 指令中，若 IN 和 OUT 指定的存储器不同，则须先使用数据传送指令 MOV 将 IN 中的数据送入 OUT 所指定的存储单元。如：

MOVB IN，OUT

SLB OUT，N

例 5-4　将 AC2 中的字循环右移 2 位，将 VW30 中的字左移 1 位。程序及运行结果如图 5-4 所示。

例 5-5　用 I0.0 控制接在 Q0.0 ~ Q0.7 上的 8 个彩灯循环移位，从左到右以 0.5 s 的速度依次点亮，保持任意时刻只有一个指示灯亮，到达最右端后，再从左到右依次点亮。

分析：8 个彩灯循环移位控制，可以用字节的循环移位指令。根据控制要求，首先应置彩灯的初始状态为 QB0 = 1，即左边第一盏灯亮；接着灯从左至右以 0.5 s 的速度依次点亮，即要求字节 QB0 中的“1”用循环左移位指令每 0.5 s 移动一位，因此须在 ROL-B 指令的 EN 端接一个 0.5 s 的移位脉冲（可用定时器指令实现）。梯形图程序和语句表程序如图 5-5 所示。

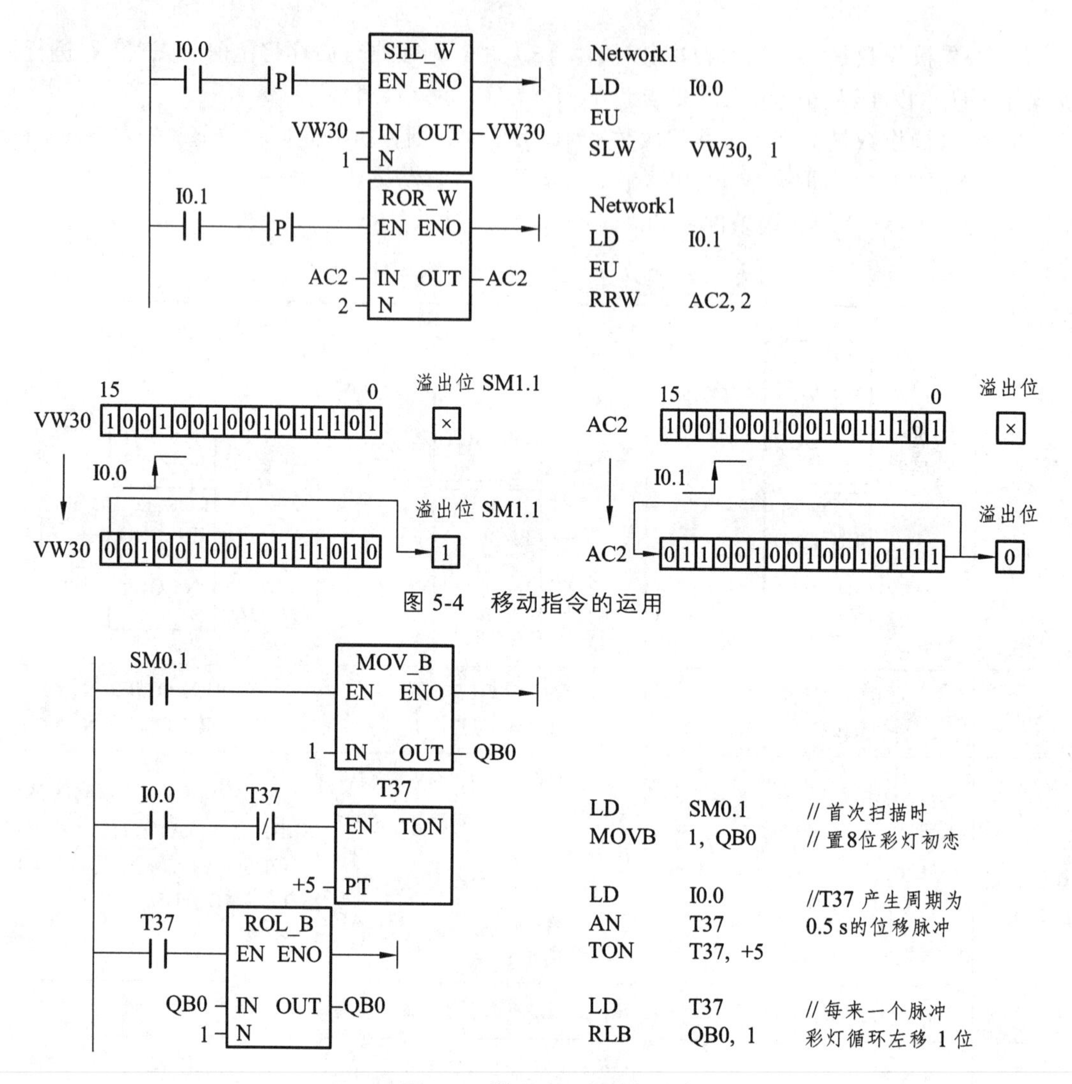

图 5-4 移动指令的运用

图 5-5 梯形图和语句表

3. 移位寄存器指令（SHRB）

移位寄存器指令是可以指定移位寄存器的长度和移位方向的移位指令，其指令格式如图 5-6 所示。移位寄存器指令 SHRB 将 DATA 数值移入移位寄存器。梯形图中，EN 为使能输入端，连接移位脉冲信号，每次使能有效时，整个移位寄存器移动 1 位。DATA 为数据输入端，连接移入移位寄存器的二进制数值，执行指令时，将该位的值移入寄存器。 S_BIT 指定移位寄存器的最低位，N 指定移位寄存器的长度和移位方向，移位寄存器的最大长度为 64 bit，N 为正值表示左移位，输入数据（DATA）移入移位寄存器的最低位（S_BIT），并移出移位寄存器的最高位。移出的数据被放置在溢出内存位（SM1.1）中。N 为负值表示右移位，输入数据移入移位寄存器的最高位中，并移出最低位（S_BIT）。移出的数据被放置在溢出内存位（SM1.1）中。

DATA 和 S-BIT 的操作数为 I，Q，M，SM，T，C，V，S，L，数据类型为 BOOL；变量 N 的操作数为 VB，IB，QB，MB，SB，SMB，LB，AC 及常量，数据类型为字节。

使 ENO = 0 的错误条件：0006（间接地址）；0091（操作数超出范围）；0092（计数区错误）。

移位指令影响特殊内部标志位：SM1.1（为移出的位置设置溢出位）。

例 5-6 移位寄存器的示例，程序及运行结果如图 5-6 所示。

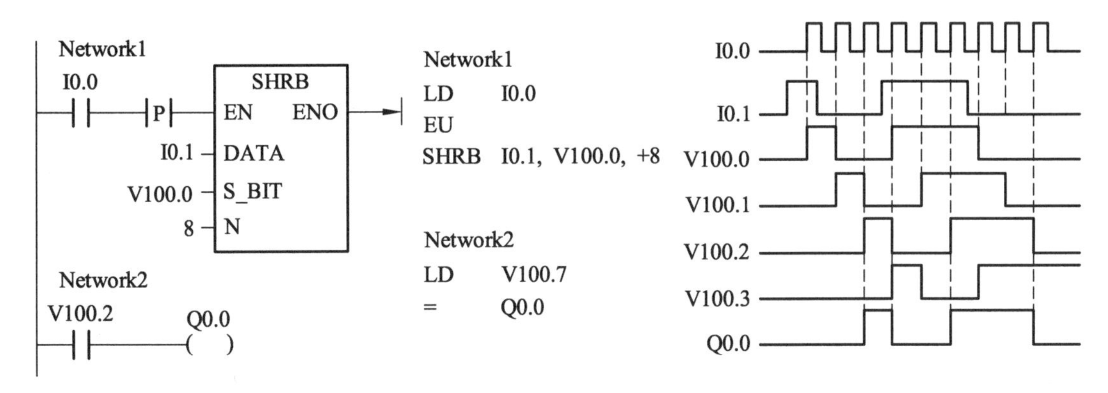

图 5-6 例 5-6 梯形图、语句表、时序图及运行结果

例 5-7 如图 5-7 所示，小车在 SQ_1 处，按下启动按钮，小车向右侧的 SQ_2、SQ_3 处运行，在 SQ_2 处停下装料，完成后返回 SQ_1 处卸料；小车又向右行至 SQ_3 处装料，然后返回到 SQ_1 处卸料。装料、卸料时间为 30 s，要求能连续、单周期及单步操作。

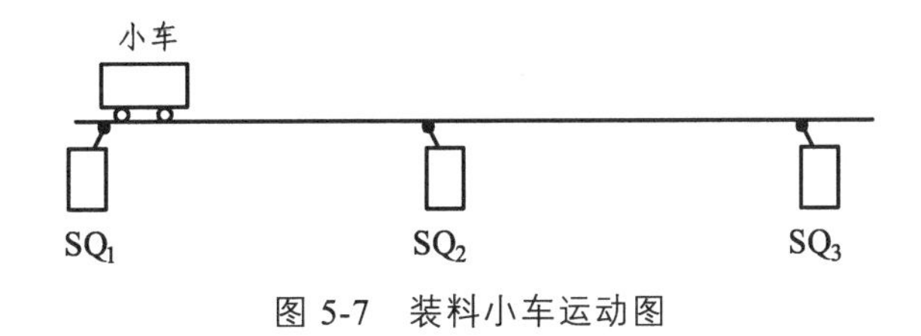

图 5-7 装料小车运动图

I/O 分配表如表 5-7 所示，梯形图如图 5-8 所示。

表 5-7 I/O 分配表

输入			输出		
功能	元件	地址	功能	元件	地址
启动按钮	SB1	I0.0	正转接触器	KM1	Q0.0
行程开关	SQ1	I0. 1	反转接触器	KM2	Q0. 1
行程开关	SQ2	I0.2			
行程开关	SQ3	I0.3			
单步开关	SA1	I1.0			
单周期开关	SA2	I1.1			
连续开关	SA3	I1.2			
复位开关	SA4	I1.3			

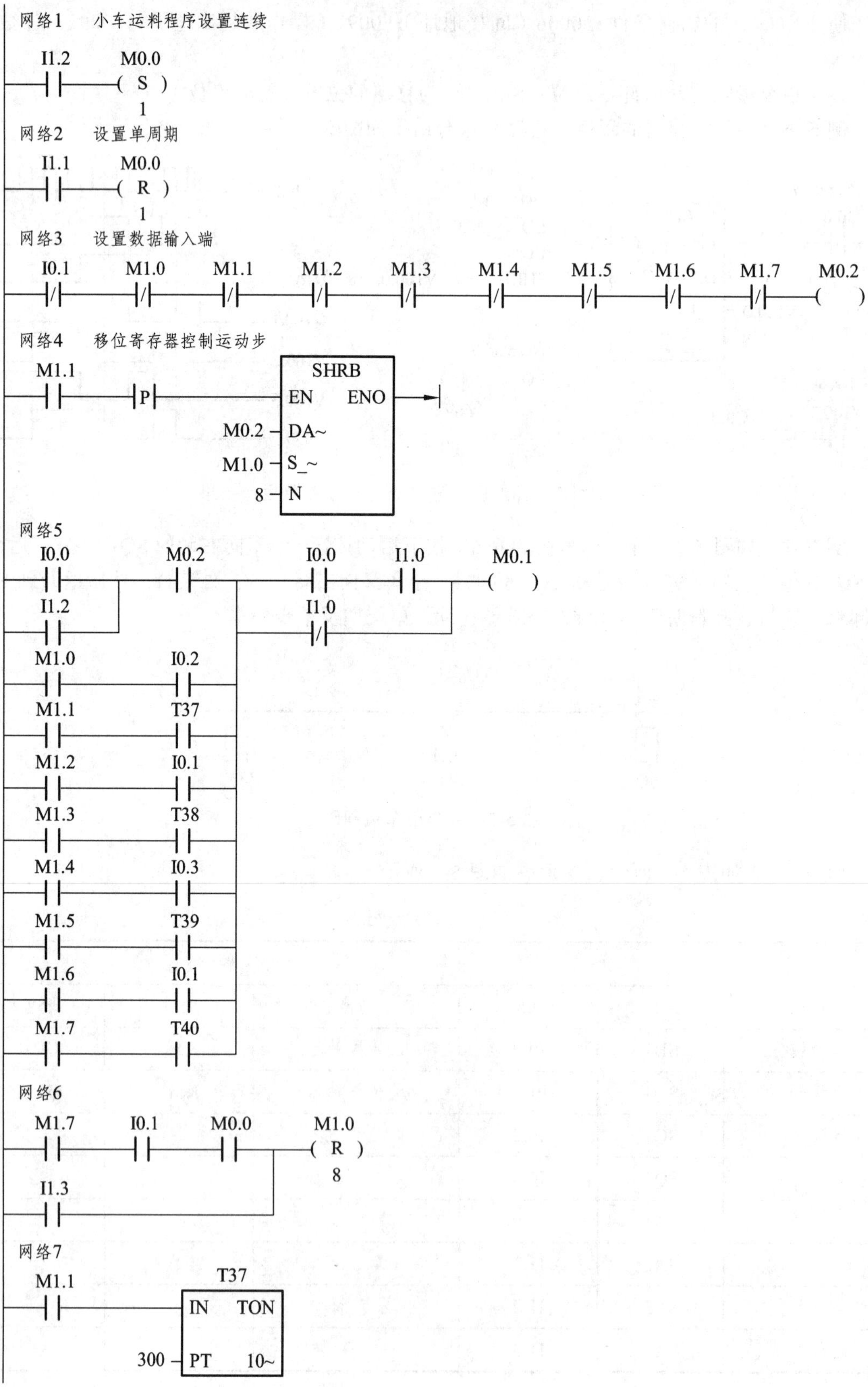

网络1　小车运料程序设置连续

I1.2　M0.0 (S) 1

网络2　设置单周期

I1.1　M0.0 (R) 1

网络3　设置数据输入端

I0.1　M1.0　M1.1　M1.2　M1.3　M1.4　M1.5　M1.6　M1.7　M0.2 ( )

网络4　移位寄存器控制运动步

M1.1　P

SHRB
EN　ENO
M0.2 - DA~
M1.0 - S_~
8 - N

网络5

I0.0　I1.2　M0.2　I0.0　I1.0　I1.0　M0.1 ( )

M1.0　I0.2

M1.1　T37

M1.2　I0.1

M1.3　T38

M1.4　I0.3

M1.5　T39

M1.6　I0.1

M1.7　T40

网络6

M1.7　I0.1　M0.0　M1.0 (R) 8

I1.3

网络7

M1.1

T37
IN　TON
300 - PT　10~

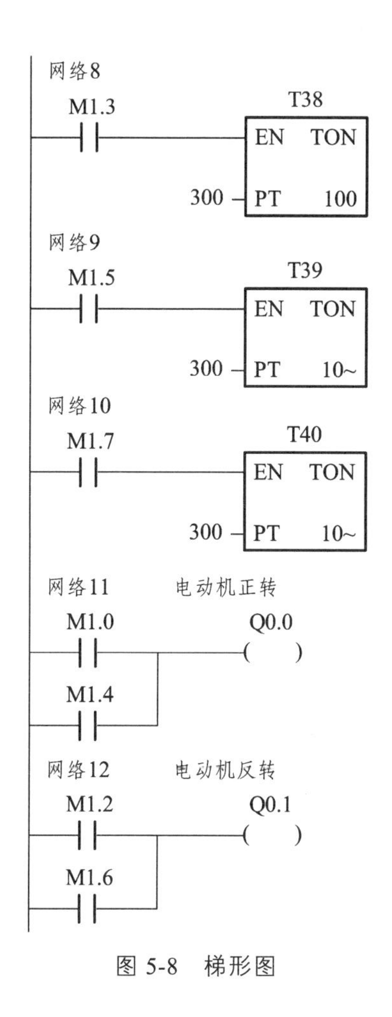

图 5-8 梯形图

5.1.4 转换指令及典型应用

转换指令是对操作数的类型进行转换，并输出到指定的目标地址中去。转换指令包括数据的类型转换、数据的编码和译码指令以及字符串类型转换指令。

不同功能的指令对操作数要求不同。类型转换指令可将固定的一个数据用到不同类型要求的指令中，包括字节与字整数之间的转换、整数与双整数的转换、双字整数与实数之间的转换以及 BCD 码与整数之间的转换等。

1. 字节与字整数之间的转换

字节型数据与字整数之间转换的指令格式如表 5-8 所示。

表 5-8　字节型数据与字整数之间转换指令

LAD	B_I EN　ENO ????-IN　OUT-????	I_B EN　ENO ????-IN　OUT-????
STL	BTI　IN，OUT	ITB　IN，OUT
操作数及数据类型	IN：VB，IB，QB，MB，SB，SMB，LB，AC，常量； 数据类型：字节； OUT：VW，IW，QW，MW，SW，SMW，LW，T，C，AC； 数据类型：整数	IN：VW，IW，QW，MW，SW，SMW，LW，T，C，AIW，AC，常量； 数据类型：整数； OUT：VB，IB，QB，MB，SB，SMB，LB，AC； 数据类型：字节
功能及说明	BTI 指令将字节数值（IN）转换成整数值，并将结果置入 OUT 指定的存储单元。因为字节不带符号，所以无符号扩展	ITB 指令将字整数（IN）转换成字节，并将结果置入 OUT 指定的存储单元。输入的字整数 0～255 被转换，超出部分导致溢出，SM1.1=1。输出不受影响
ENO=0 的错误条件	0006 间接地址； SM4.3 运行时间	0006 间接地址； SM1.1 溢出或非法数值； SM4.3 运行时间

2. 字整数与双字整数之间的转换

字整数与双字整数之间的转换格式、功能及说明如表 5-9 所示。

表 5-9　字整数与双字整数之间的转换指令

LAD	I_DI EN　ENO ????-IN　OUT-????	DI_I EN　ENO ????-IN　OUT-????
STL	ITD　IN，OUT	DTI　IN，OUT
操作数及数据类型	IN：VW，IW，QW，MW，SW，SMW，LW，T，C，AIW，AC，常量； 数据类型：整数； OUT：VD，ID，QD，MD，SD，SMD，LD，AC； 数据类型：双整数	IN：VD，ID，QD，MD，SD，SMD，LD，HC，AC，常量； 数据类型：双整数； OUT：VW，IW，QW，MW，SW，SMW，LW，T，C，AC； 数据类型：整数
功能及说明	ITD 指令将整数值（IN）转换成双整数值，并将结果置入 OUT 指定的存储单元，符号被扩展	DTI 指令将双整数值（IN）转换成整数值，并将结果置入 OUT 指定的存储单元。如果转换的数值过大，则无法在输出中表示，产生溢出 SM1.1=1，输出不受影响
ENO=0 的错误条件	0006 间接地址； SM4.3 运行时间	0006 间接地址； SM1.1 溢出或非法数值； SM4.3 运行时间

3. 双整数与实数之间的转换

双整数与实数之间的转换格式、功能及说明如表 5-10 所示。

表 5-10 双字整数与实数之间的转换指令

LAD	DI_R EN ENO ????- IN OUT -????	ROUND EN ENO ????- IN OUT -????	TRUNC EN ENO ????- IN OUT -????
STL	DTR IN，OUT	ROUND IN，OUT	TRUNC IN，OUT
操作数及数据类型	IN：VD，ID，QD，MD，SD，SMD，LD，HC，AC，常量； 数据类型：双整数； OUT：VD，ID，QD，MD，SD，SMD，LD，AC； 数据类型：实数	IN：VD，ID，QD，MD，SD，SMD，LD，AC，常量； 数据类型：实数； OUT：VD，ID，QD，MD，SD，SMD，LD，AC； 数据类型：双整数	IN：VD，ID，QD，MD，SD，SMD，LD，AC，常量； 数据类型：实数； OUT：VD，ID，QD，MD，SD，SMD，LD，AC； 数据类型：双整数
功能及说明	DTR 指令将 32 bit 带符号整数 IN 转换成 32 bit 实数，并将结果置入 OUT 指定的存储单元	ROUND 指令按小数部分四舍五入的原则，将实数（IN）转换成双整数值，并将结果置入 OUT 指定的存储单元	TRUNC（截位取整）指令按将小数部分直接舍去的原则，将 32 bit 实数（IN）转换成 32 bit 双整数，并将结果置入 OUT 指定存储单元
ENO=0 的错误条件	0006 间接地址； SM4.3 运行时间	0006 间接地址； SM1.1 溢出或非法数值； SM4.3 运行时间	0006 间接地址； SM1.1 溢出或非法数值； SM4.3 运行时间

值得注意的是，不论是四舍五入取整，还是截位取整，如果转换的实数数值过大，无法在输出中表示，则产生溢出，即影响溢出标志位，使 SM1.1 = 1，输出不受影响。

4. BCD 码与整数的转换

BCD 码与整数之间的转换格式、功能及说明如表 5-11 所示。

表 5-11 BCD 码与整数之间的转换指令

LAD	BCD_I EN ENO ????- IN OUT -????	I_BCD EN ENO ????- IN OUT -????
STL	BCDI OUT	IBCD OUT
操作数及数据类型	IN：VW，IW，QW，MW，SW，SMW，LW，T，C，AIW，AC，常量； OUT：VW，IW，QW，MW，SW，SMW，LW，T，C，AC； IN/OUT 数据类型：字	
功能及说明	BCD-1 指令将二进制编码的十进制数 IN 转换成整数，并将结果送入 OUT 指定的存储单元。IN 的有效范围是 BCD 码 0～9 999	I-BCD 指令将输入整数 IN 转换成二进制编码的十进制数，并将结果送入 OUT 指定的存储单元。IN 的有效范围是 0～9 999
ENO=0 的错误条件	0006 间接地址；SM1.6 无效 BCD 数值；SM4.3 运行时间	

注意：

（1）数据长度为字的 BCD 格式的有效范围为：0 ~ 9 999（十进制），0000 ~ 9999（十六进制）0000 0000 0000 0000 ~ 1001 1001 1001 1001（BCD 码）。

（2）指令影响特殊标志位 SM1. 6（无效 BCD）。

（3）在表 5-11 的 LAD 和 STL 指令中，IN 和 OUT 的操作数地址相同。若 IN 和 OUT 操作数地址不是同一个存储器，对应的语句表指令为：

```
MOV   IN   OUT
BCDI   OUT
```

5. 译码和编码指令

译码和编码指令的格式和功能如表 5-12 所示。

表 5-12　译码和编码指令的格式和功能

LAD	DECO EN ENO ????- IN OUT -????	ENCO EN ENO ????- IN OUT -????
STL	DECO IN，OUT	ENCO IN，OUT
操作数及数据类型	IN：VB，IB，QB，MB，SMB，LB，SB，AC，常量； 数据类型：字节； OUT：VW，IW，QW，MW，SMW，LW，SW，AQW，T，C，AC； 数据类型：字	IN：VW，IW，QW，MW，SMW，LW，SW，AIW，T，C，AC，常量； 数据类型：字； OUT：VB，IB，QB，MB，SMB，LB，SB，AC； 数据类型：字节
功能及说明	译码指令根据输入字节（IN）的低 4 位表示的输出字的位号，将输出字的相对应的位，置位为 1，输出字的其他位均置位为 0	编码指令将输入字（IN）最低有效位（其值为 1）的位号写入输出字节（OUT）的低 4 位中
ENO=0 的错误条件	0006 间接地址，SM4.3 运行时间	

例 5–8　译码编码指令应用举例，如图 5-9 所示。

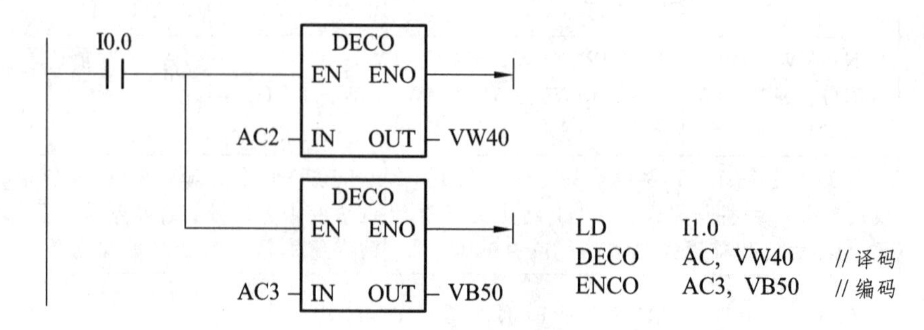

图 5-9　例 5-8 译码编码指令应用举例

若（AC2）= 2，执行译码指令，则将输出字 VW40 的第二位置 1，VW40 中的二进制数为 2#0000 0000 0000 0100；若（AC3）= 2#0000 0000 0000 0100，执行编码指令，则输出字节 VB50 中的错误码为 2。

6. 七段显示译码指令

七段显示器的 a、b、c、d、e、f、g 段分别对应字节的第 0 ~ 6 位，字节的某位为 1 时，其对应的段亮；输出字节的某位为 0 时，其对应的段暗。将字节的第 7 位补 0，则构成与七段显示器相对应的 8 位编码，称为七段显示码。数字 0 ~ 9、字母 A ~ F 与七段显示码的对应如图 5-10 所示。

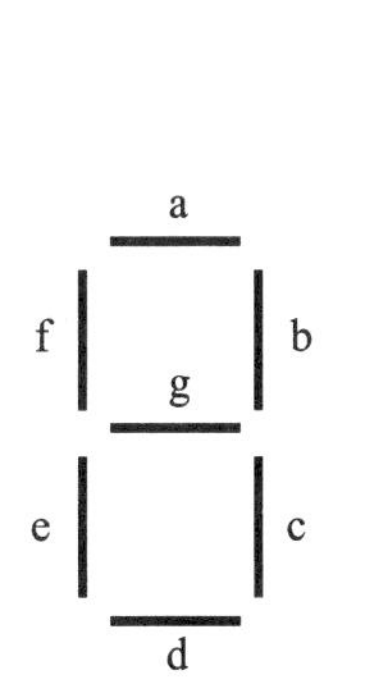

IN	段显示	(OUT) - g f e d c b a	IN	段显示	(OUT) - g f e d c b a
0	0	0 0 1 1 1 1 1 1	8	8	0 1 1 1 1 1 1 1
1	1	0 0 0 0 0 1 1 0	9	9	0 1 1 0 0 1 1 1
2	2	0 1 0 1 1 0 1 1	A	A	0 1 1 1 0 1 1 1
3	3	0 1 0 0 1 1 1 1	B	b	0 1 1 1 1 1 0 0
4	4	0 1 1 0 0 1 1 0	C	C	0 0 1 1 1 0 0 1
5	5	0 1 1 0 1 1 0 1	D	d	0 1 0 1 1 1 1 0
6	6	0 1 1 1 1 1 0 1	E	E	0 1 1 1 1 0 0 1
7	7	0 0 0 0 0 1 1 1	F	F	0 1 1 1 0 0 0 1

图 5-10　与七段显示码对应的代码

七段译码指令 SEG 将输入字节 16#0 ~ F 转换成七段显示码，指令格式如表 5-13 所示。

表 5-13　七段显示译码指令

LAD	STL	功能及操作数
SEG EN ENO ????-IN OUT-????	SEG IN，OUT	功能：将输入字节（IN）的低四位确定的 16 进制数（16#0 ~ F）产生相应的七段显示码，送入输出字节 OUT； IN：VB，IB，QB，MB，SB，SMB，LB，AC，常量； OUT：VB，IB，QB，MB，SMB，LB，AC； IN/OUT 的数据类型：字节

使 ENO = 0 的错误条件：0006（间接地址）；SM4.3（运行时间）。

7. ASCII 码与十六进制数之间的转换指令

ASCII 码中实际是各种标准字符的编码，通过转换指令可以实现十六进制数据和 ASCII 码之间的相互转换，以及整型、双整型、实型与 ASCII 码的转换。

ASCII 码与十六进制数之间的转换指令格式和功能如表 5-14 所示。

表 5-14　ASCII 码与十六进制数之间转换指令的格式和功能

LAD	ATH EN　ENO ????-IN　OUT-???? ????-LEN	HTA EN　ENO ????-IN　OUT-???? ????-LEN
STL	ATH IN，OUT，LEN	HTA IN，OUT，LEN
操作数及数据类型	IN/OUT：VB，IB，QB，MB，SB，SMB，LB；数据类型：字节； LEN：VB，IB，QB，MB，SB，SMB，LB，AC，常量；数据类型：字节，最大值为 255	
功能及说明	ASCII 至 HEX（ATH）指令将从 IN 开始的长度为 LEN 的 ASCII 字符转换成十六进制数，放入从 OUT 开始的存储单元，ASCII 码字符串的最大长度为 255 个字符	HEX 至 ASCII（HTA）指令将从输入字节（IN）开始的长度为 LEN 的十六进制数转换成 ASCII 字符，放入从 OUT 开始的存储单元，可转换的十六进制数的最大长度为 255 个字符
ENO=0 的错误条件	0006 间接地址；SM4.3 运行时间；0091 操作数范围超界； SM1.7 非法 ASCII 数值（仅限 ATH）	

合法的 ASCII 码对应的十六进制数包括 30H ~ 39H，41H ~ 46H。如果在 ATH 指令的输入中包含非法的 ASCII 码，则终止转换操作，特殊内部标志位 SM1. 7 置位为 1。

例 5–9　将 VB100 ~ VB103 中存放的 4 个 ASCII 码 36、46、39、43，转换成十六进制数。梯形图和语句表如图 5-11 所示。

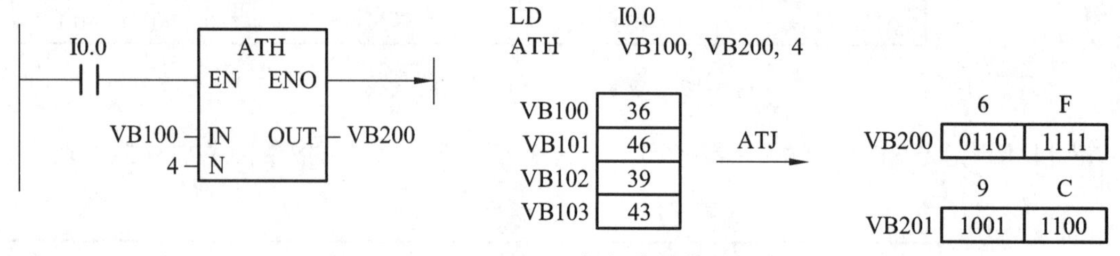

图 5-11　ASCII 码到十六进制数的转换

5.2　算术运算、逻辑运算指令

随着控制领域中新型控制算法的出现和复杂控制对控制器计算能力的要求，新型 PLC 中普遍增加了较强的计算功能。数据运算指令分为算术运算和逻辑运算两大类。

5.2.1　算术运算指令

算术运算指令包括加、减、乘、除及常用函数指令。在梯形图编程和指令表编程时对存储单元的要求是不同的，所以在使用时一定要注意存储单元的分配。梯形图编程时，IN2 和 OUT 指定的存储单元可以相同，也可以不同；指令表编程时，IN2 和 OUT 要使用相同的存储单元。算术运算指令在梯形图和指令表中的具体执行过程如表 5-15 所示。若在梯形图编程时，IN2 和 OUT 使用了不同的存储单元，在转换为指令表格式时会使用数据传递指令对程序进行处理，将 IN2 与 OUT 变为一致，表 5-16 中以整数加法指令具体说明。一般来说，梯形图对存储单元的分配更加灵活。

表 5-15　算术运算指令在梯形图和指令表中的具体执行过程

运算形式	梯形图	指令表
加	INI+IN2 = 0UT	INI + OUT = OUT
减	INI − IN2 = 0UT	OUT − INI = OUT
乘	INI*IN2 = OUT	INI*OUT = OUT
除	IN1/IN2 = OUT	0UT/IN1 = OUT
自增 1	IN + 1 = OUT	OUT + 1 = OUT
自减 1	IN − 1 = OUT	OUT − 1 二 OUT

表 5-16　运算指令在梯形图和指令表中的转换处理

	IN2 和 OUT 一致	IN2 和 OUT 不一致
指令表	LD I0.0 +I VW10，VW20	LD I0.0 MOVW VW10，VW30 +I VW20，VW30
梯形图	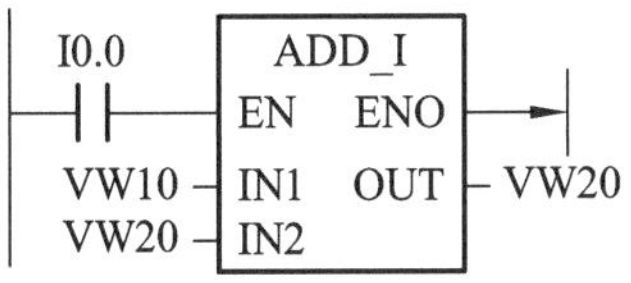 I0.0 ADD_I EN ENO VW10 – IN1 OUT – VW20 VW20 – IN2	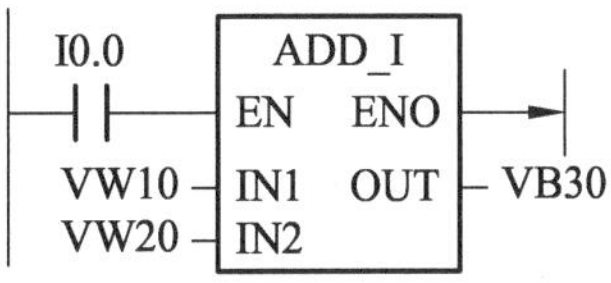 I0.0 ADD_I EN ENO VW10 – IN1 OUT – VB30 VW20 – IN2

1. 整数与双整数加、减法指令

整数加法（ADD-I）和减法（SUB-I）指令是：使能输入有效时，将两个 16 位符号整数相加或相减，并产生一个 16 bit 的结果输出到 OUT。

双整数加法（ADD-D）和减法（SUB-D）指令是：使能输入有效时，将两个 32 位符号整数相加或相减，并产生一个 32 bit 的结果输出到 OUT。整数与双整数加减法指令格式如表 5-17 所示。

表 5-17　整数与双整数加减法指令格式

LAD	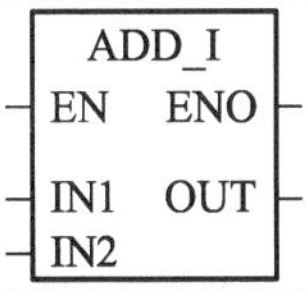 ADD_I EN ENO IN1 OUT IN2	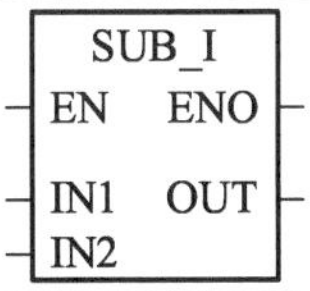 SUB_I EN ENO IN1 OUT IN2	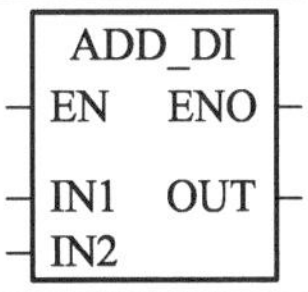 ADD_DI EN ENO IN1 OUT IN2	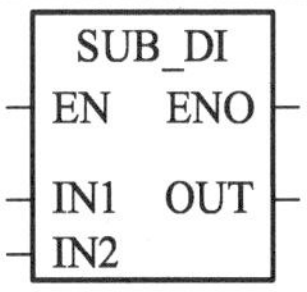 SUB_DI EN ENO IN1 OUT IN2
STL	MOVW IN1，OUT +I　IN2，OUT	MOVW IN1，OUT − I　IN2，OUT	MOVD IN1，OUT +D　IN2，OUT	MOVD IN1，OUT +D　IN2，OUT
功能	IN1+IN2=OUT	IN1 − IN2=OUT	IN1+IN2=OUT	IN1 − IN2=OUT
操作数及数据类型	IN1/IN2：VW，IW，QW，MW，SW，SMW，T，C，AC，LW，AIW，常量，*VD，*LD，*AC； OUT：VW，IW，QW，MW，SW，SMW，T，C，LW，AC，*VD，*LD，*AC； IN/OUT 数据类型：整数		IN1/IN2：VD，ID，QD，MD，SMD，SD，LD，AC，HC，常量，*VD，*LD，*AC； OUT：VD，ID，QD，MD，SMD，SD，LD，AC，*VD，*LD，*AC； IN/OUT 数据类型：双整数	
ENO=0 的错误条件	0006 间接地址；SM4.3 运行时间；SM1.1 溢出			

说明：

（1）当 IN1、IN2 和 OUT 操作数的地址不同时，在 STL 指令中，首先用数据传送指令将 INI 中的数值送入 OUT，然后再执行加、减运算，即：OUT + IN2 = OUT、OUT-IN2 = OUT。为了节省内存，在整数加法的梯形图指令中，可以指定 IN1 或 IN2 = OUT，这样可以不用数据传送指令。如指定 IN1 = OUT，则语句表指令为：+I IN2，OUT；如指定 IN2 = OUT，则语句表指令为：+I IN1，OUT。在整数减法的梯形图指令中，可以指定 IN1 = OUT，则语句表指令为：– I IN2，OUT。这个原则适用于所有的算术运算指令，且乘法和加法对应，减法和除法对应。

（2）整数与双整数加减法指令影响算术标志位 SM1.0（零标志位）、SM1.1（溢出标志位）和 SM1.2（负数标志位）。

例 5–10 求 2000 加 400 的和，2000 在数据存储器 VW200 中，结果放入 ACO。程序如图 5-12 所示。

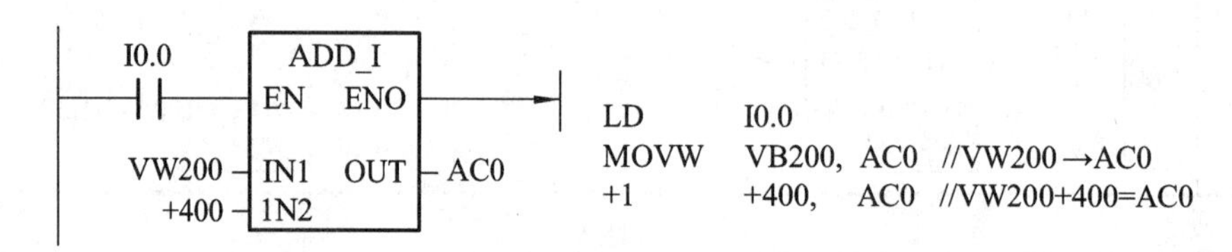

图 5-12　例 5-10 梯形图

2. 整数乘、除法指令

整数乘法指令（MUL-I）：使能输入有效时，将两个 16 位符号整数相乘，并产生一个 16 bit 的积，从 OUT 指定的存储单元输出。

整数除法指令（DIV-I）：使能输入有效时，将两个 16 位符号整数相除，并产生一个 16 bit 的商，从 OUT 指定的存储单元输出，不保留余数。如果输出结果大于一个字，则溢出位 SM1.1 置 1。

双整数乘法指令（MUL-D）：使能输入有效时，将两个 32 位符号整数相乘，并产生一个 32 bit 的乘积，从 OUT 指定的存储单元输出。

双整数除法指令（DIV-D）：使能输入有效时，将两个 32 位整数相除，并产生一个 32bit 的商，从 OUT 指定的存储单元输出，不保留余数。

整数乘法产生双整数指令（MUL）：使能输入有效时，将两个 16 位整数相乘，得出一个 32 bit 的乘积，从 OUT 指定的存储单元输出。

整数除法产生双整数指令（DIV）：使能输入有效时，将两个 16 位整数相除，得出一个 32 bit 的结果，从 OUT 指定的存储单元输出。其中高 16 位放余数，低 16 位放商。

整数乘除法指令格式如表 5-18 所示。

表 5-18 整数乘除法指令格式

LAD	MUL_I EN ENO IN1 OUT IN2	DIV_I EN ENO IN1 OUT IN2	MUL_DI EN ENO IN1 OUT IN2	MUL_DI EN ENO IN1 OUT IN2	MUL EN ENO IN1 OUT IN2	DIV EN ENO IN1 OUT IN2
STL	MOVW IN1，OUT *I IN2，OUT	MOVW IN1，OUT /I IN2，OUT	MOVD IN1，OUT *D IN2，OUT	MOVD IN1，OUT /D IN2，OUT	MOVW IN1，OUT MUL IN2，OUT	MOVW IN1，OUT DIV IN2，OUT
功能	IN1*IN2=OUT	IN1/IN2=OUT	IN1*IN2=OUT	IN1/IN2=OUT	IN1*IN2=OUT	IN1/IN2=OUT

整数\双整数乘除法指令操作数及数据类型和加减运算的相同。

整数乘法除法产生双整数指令的操作数：

IN1/IN2：VW，IW，QW，MW，SW，SMW，T，C，LW，AC，AIW，常量，* VD，* LD，*AC；数据类型：整数。

OUT：VD，ID，QD，MD，SMD，SD，LD，AC，*VD，*LD，*AC；数据类型：双整数。

使 ENO = 0 的错误条件：0006（间接地址），SM1.1（溢出），SM1.3（除数为 0）；对标志位的影响：SM1.0（零标志位），SM1.1（溢出），SM1.2（负数），SM1.3（被 0 除）。

例 5-11 乘除法指令应用举例，程序如图 5-13 所示。

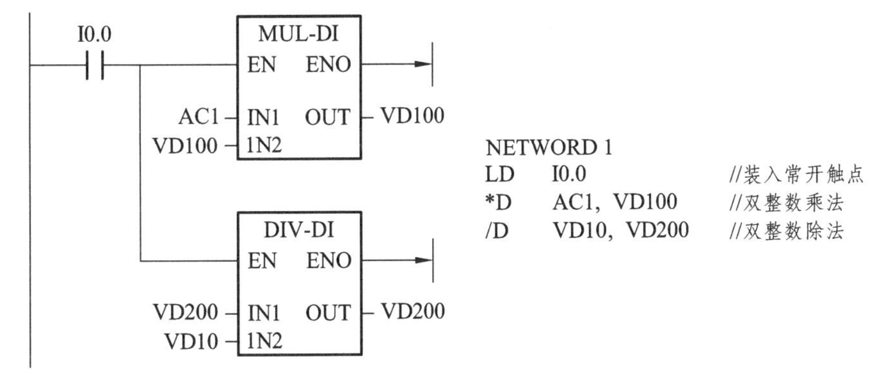

图 5-13 例 5-11 梯形图

3. 实数加、减、乘、除指令

实数加法（ADD-R）、减法（SUB-R）指令：将两个 32 bit 实数相加或相减，并产生一个 32 bit 的实数结果，从 OUT 指定的存储单元输出。

实数乘法（MUL-R）、除法（DIV-R）指令：使能输入有效时，将两个 32 bit 实数相乘（除），并产生一个 32 bit 的积（商），从 OUT 指定的存储单元输出。

操作数：

IN1/IN2：VD，ID，QD，MD，SMD，SD，LD，AC，常量，* VD，*LD，* ACO；OUT：VD，ID，QD，MD，SMD，SD，LD，AC，*VD，*LD，*AC。

数据类型：实数。

指令格式如表 5-19 所示。

表 5-19　实数加减乘除指令

LAD	ADD_R EN　ENO IN1　OUT IN2	SUB_R EN　ENO IN1　OUT IN2	MUL_R EN　ENO IN1　OUT IN2	DIV_R EN　ENO IN1　OUT IN2
STL	MOVD IN1，OUT +R　IN2，OUT	MOVD IN1，OUT －R　IN2，OUT	MOVD IN1，OUT *R　IN2，OUT	MOVD IN1，OUT /R　IN2，OUT
功能	IN1+IN2=OUT	IN1－IN2=OUT	IN1*IN2=OUT	IN1/IN2=OUT
ENO=0 的错误条件	0006 间接地址；SM4.3 运行时间；SM1.1 溢出		0006 间接地址；SM1.1 溢出，SM4.3 运行时间；SM1.3 除数为 0	
对标志位的影响	SM1.0（零），SM1.1（溢出），SM1.2（负数），SM1.3（被 0 除）			

例 5–12　实数运算指令的应用，程序如图 5-14 所示。

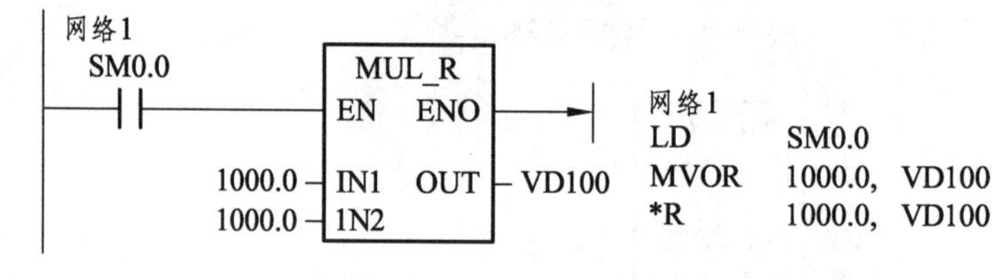

图 5-14　例 5-12 梯形图

4. 数学函数变换指令

数学函数变换指令包括平方根、自然对数、指数及三角函数等。

（1）平方根（SQRT）指令：对 32 位实数（IN）取平方根，并产生一个 32 bit 的实数结果，从 OUT 指定的存储单元输出。

（2）自然对数（LN）指令：对 IN 中的数值进行自然对数计算，并将结果置于 OUT 指定的存储单元中。

求以 10 为底数的对数时，用自然对数除以 2.302 585（约等于 10 的自然对数）。

（3）自然指数（EXP）指令：将 IN 取以 e 为底的指数，并将结果置于 OUT 指定的存储单元中。

将“自然指数”指令与“自然对数”指令相结合，可以实现以任意数为底、任意数为指数的计算。求 y^x，输入以下指令：EXP（x * LN（y））。

（4）三角函数指令：通过一个实数的弧度值 IN 分别求 SIN、COS、TAN，得到实数运算结果，从 OUT 指定的存储单元输出。

函数变换指令格式及功能如表 5-20 所示。

表 5-20　函数变换指令格式及功能

LAD	SQRT EN ENO IN OUT	LN EN ENO IN OUT	EXP EN ENO IN OUT	SIN EN ENO IN OUT	COS EN ENO IN OUT	TAN EN ENO IN OUT
STL	SQRT IN，OUT	LN IN，OUT	EXP IN，OUT	SIN IN，OUT	COS IN，OUT	TAN IN，OUT
功能	SQRT(IN)=OUT	LN(IN)=OUT	EXP(IN)=OUT	SIN(IN)=OUT	COS(IN)=OUT	TAN(IN)=OUT
操作数及数据类型		IN：VD，ID，QD，MD，SMD，SD，LD，AC，常量，*VD，*LD，*AC； OUT：VD，ID，QD，MD，SMD，SD，LD，AC，*VD，*LD，*AC； 数据类型：实数				

使 ENO = 0 的错误条件：0006（间接地址），SM1.1（溢出），SM4.3（运行时间）；对标志位的影响：SM1.0（零），SM1.1（溢出），SM1.2（负数）。

例 5-13　求 45°的正弦值。先将 45°转换为弧度：（3.141 59/180）*45，再求正弦值。程序如图 5-15 所示。

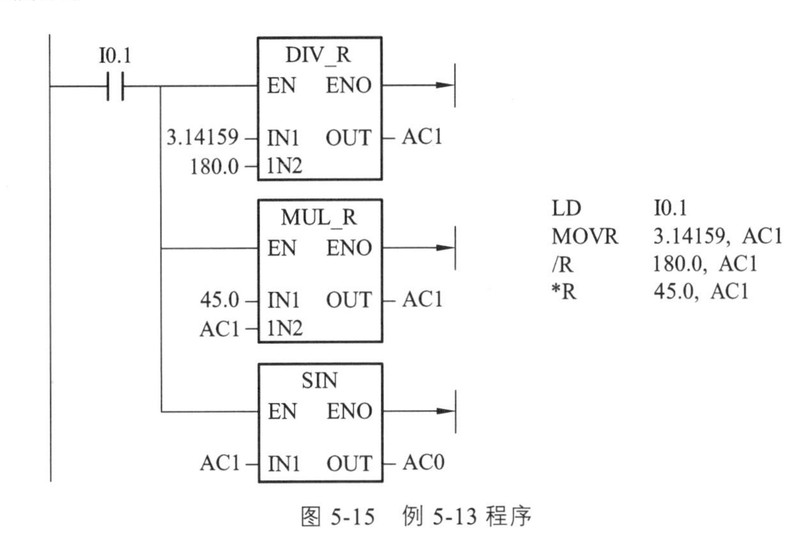

图 5-15　例 5-13 程序

5.2.2　逻辑运算指令

逻辑运算是对无符号数按位进行与、或、异或和取反等操作。操作数的长度有 B、W、DW。指令格式如表 5-21 所示。

（1）逻辑与（WAND）指令：将输入 INl、IN2 按位相与得到的逻辑运算结果，放入 OUT 指定的存储单元。

（2）逻辑或（WOR）指令：将输入 IN1、IN2 按位相或得到的逻辑运算结果，放入 OUT 指定的存储单元。

（3）逻辑异或（WXOR）指令：将输入 IN1、IN2 按位相异或得到的逻辑运算结果，放入 OUT 指定的存储单元。

（4）取反（INV）指令：将输入 IN 按位取反，将结果放入 OUT 指定的存储单元。

表 5-21　逻辑运算指令格式

<table>
<tr><td colspan="2">LAD</td><td>WAND_B
EN ENO
IN1 OUT
IN2
WAND_W
EN ENO
IN1 OUT
IN2
WAND_DW
EN ENO
IN1 OUT
IN2</td><td>WOR_B
EN ENO
IN1 OUT
IN2
WOR_W
EN ENO
IN1 OUT
IN2
WOR_DW
EN ENO
IN1 OUT
IN2</td><td>WXOR_B
EN ENO
IN1 OUT
IN2
WXOR_W
EN ENO
IN1 OUT
IN2
WXOR_DW
EN ENO
IN1 OUT
IN2</td><td>INV_B
EN ENO
IN OUT
INV_W
EN ENO
IN OUT
INV_DW
EN ENO
IN OUT</td></tr>
<tr><td colspan="2">STL</td><td>ANDB IN1，OUT
ANDW IN1，OUT
ANDD IN1，OUT</td><td>ORB IN1，OUT
ORW IN1，OUT
ORD IN1，OUT</td><td>XORB IN1，OUT
XORW IN1，OUT
XORD IN1，OUT</td><td>INVB OUT
INVW OUT
INVD OUT</td></tr>
<tr><td colspan="2">功能</td><td>IN1，IN2 按位相与</td><td>IN1，IN2 按位相或</td><td>IN1，IN2 按位异或</td><td>对 IN 取反</td></tr>
<tr><td rowspan="3">操作数</td><td>B</td><td colspan="4">IN1/IN2：VB，IB，QB，MB，SB，SMB，LB，AC，常量，*VD，*AC，*LD；
OUT：VB，IB，QB，MB，SB，SMB，LB，AC，*VD，*AC，*LD</td></tr>
<tr><td>W</td><td colspan="4">IN1/IN2：VW，IW，QW，MW，SW，SMW，T，C，AC，LW，AIW，常量，*VD，*AC，*LD；
OUT：VW，IW，QW，MW，SW，SMW，T，C，LW，AC，*VD，*AC，*LD</td></tr>
<tr><td>DW</td><td colspan="4">IN1/IN2：VD，ID，QD，MD，SMD，AC，LD，HC，常量，*VD，*AC，SD，*LD；
OUT：VD，ID，QD，MD，SMD，LD，AC，*VD，*AC，SD，*LD</td></tr>
</table>

说明：

（1）在表 5-21 的梯形图指令中，设置 IN2 和 OUT 所指定的存储单元相同，这样对应的语句表指令如表中所示。若在梯形图指令中，IN2（或 IN1）和 OUT 所指定的存储单元不同，则在语句表指令中需使用数据传送指令，将其中一个输入端的数据先送入 OUT，再进行逻辑运算。如：

MOVB IN1，OUT

ANDB IN2，OUT

（2）ENO = 0 的错误条件：0006 间接地址；SM4.3 运行时间。

（3）对标志位的影响：SM1.0（零）。

例 5–14　字节取反、字节与、字节或以及字节异或指令的应用如图 5-16 所示。

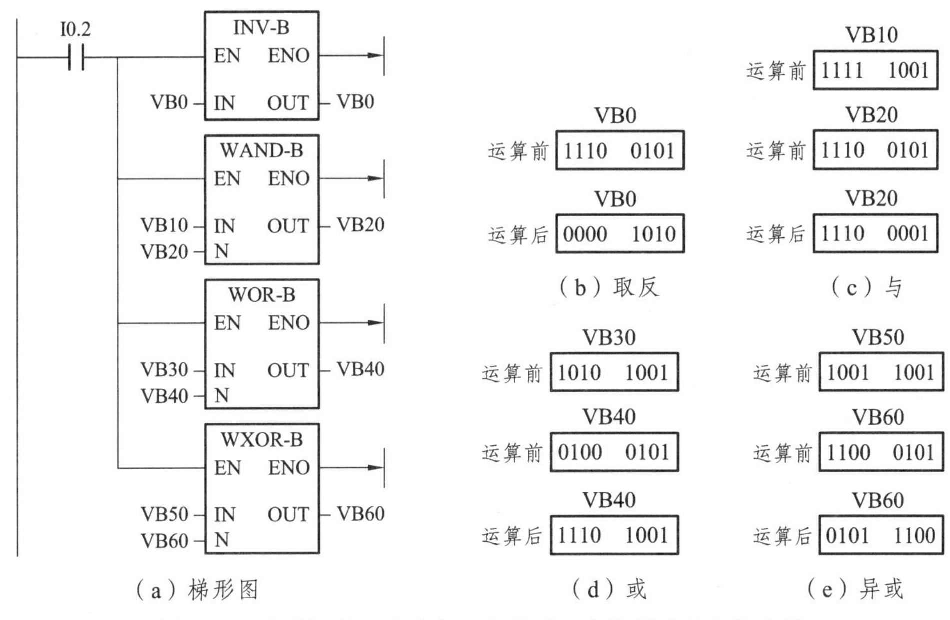

图 5-16 字节取反、字节与、字节或、字节异或指令的应用

5.2.3 递增、递减指令

递增、递减指令用于对输入无符号数字节、符号数字、符号数双字进行加 1 或减 1 的操作。指令格式如表 5-22 所示。

（1）递增字节（INC-B）/递减字节（DEC-B）指令：在输入字节（IN）上加 1 或减 1，并将结果置入 OUT 指定的变量中。递增和递减字节运算不带符号。

（2）递增字（INC-W）/递减字（DEC-W）指令：在输入字（IN）上加 1 或减 1，并将结果置入 OUT。递增和递减字运算带符号（16#7FFF > 16#8000）。

（3）递增双字（INC-DW）/递减双字（DEC-DW）指令：在输入双字（IN）上加 1 或减 1，并将结果置入 OUT。递增和递减双字运算带符号（16 # 7FFFFFFF >16# 80000000）。

表 5-22 递增、递减指令格式

LAD	INC_B EN ENO IN OUT		INC_W EN ENO IN OUT		INC_DW EN ENO IN OUT	
STL	INCB OUT	DECB OUT	INCW OUT	DECW OUT	INCD OUT	DECD OUT
功能	字节加 1	字节减 1	字加 1	字减 1	双字加 1	双字减 1
操作及数据类型	IN：VB，IB，QB，MB，SB，SMB，LB，AC，常量，*VD，*LD，*AC； OUT：VB，IB，QB，MB，SB，SMB，LB，AC，*VD，*LD，*AC； IN/OUT 数据类型：字节		IN：VW，IW，QW，MW，SW，SMW，AC，AIW，LW，T，C，常量，*VD，*LD，*AC； OUT：VW，IW，QW，MW，SW，SMW，LW，AC，T，C，*VD，*LD，*AC； 数据类型：整数		IN：VD，ID，QD，MD，SD，SMD，LD，AC，HC，常量，*VD，*LD，*AC； OUT：VD，ID，QD，MD，SD，SMD，LD，AC，*VD，*LD，*AC； 数据类型：双整数	

说明：

（1）使 ENO = 0 的错误条件：SM4.3（运行时间）；0006（间接地址）；SM1.1（溢出）。

（2）影响标志位：SM1.0（零）；SM1.1（溢出）；SM1.2（负数）。

（3）在梯形图指令中，IN 和 OUT 可以指定为同一存储单元，这样可以节省内存，在语句表指令中不需使用数据传送指令。

5.3 表功能指令及典型应用

表功能指令是指定存储器区域中的数据管理指令。可建立一个不大于 100 个字的数据表，依次向数据区填入或取出数据，并可在数据区查找符合设置条件的数据，以对数据区内的数据进行统计、排序和比较等处理。表功能指令包括填表指令、查表指令、先进先出指令、后进先出指令及填充指令。

数据表是用来存放字型数据的表格，如表 5-23 所示。表格的第一个字地址（即首地址）为表地址，首地址中的数值是表格的最大长度（TL），即最大填表数。表格的第二个字地址中的数值是表的实际长度（EC），指定表格中的实际填表数。每次向表格中增加新数据后，EC 加 1。从第三个字地址开始，存放数据（字）。表格最多可存放 100 个数据（字），不包括指定最大填表数（TL）和实际填表数（EC）的参数。

表 5-23　数据表举例

存储单元	数据	说明
VW10	0005	数据最大填表数为 TL = 5（<= 100）
VW12	0003	实际填表数 EC = 0003（<= 100）
VW14	1234	数据 0
VW16	5678	数据 1
VW18	9012	数据 2
VW20	* * * *	无效数据
VW22	* * * *	无效数据

确定表格的最大填表数后，可用表功能指令在表中存取字型数据。表功能指令包括填表指令、表取数指令、表查找指令及字填充指令。所有的表格读取和表格写入指令必须用边缘触发指令激活。

数据表由 3 部分组成：表地址，由表的首地址指明；表定义，由表地址和第 2 个字地址所对应的单元分别存放的两个表参数来定义最大填表数和实际填表数；存储数据，从第 3 个字节地址开始存放数据。一个表最多能存储 100 个数据。

表功能指令如表 5-24 所示。

表 5-24　表功能指令

指令		说明
ATT	DATA TABLE	填表
FIND =	TBL PATRN INDX	查表
FIND < >	TBL PATRN INDX	查表
FIND<	TBL PATRN INDX	查表
FIND〉	TBL PATRN INDX	查表
FIFO	TABLE DATA	先入先出
LIFO	TABLE DATA	后入先出
FILL	IN OUT N	填充

5.3.1　填表指令

填表（ATT）指令：向表格（TBL）中增加一个字（DATA），如图 5-17 所示。

说明：

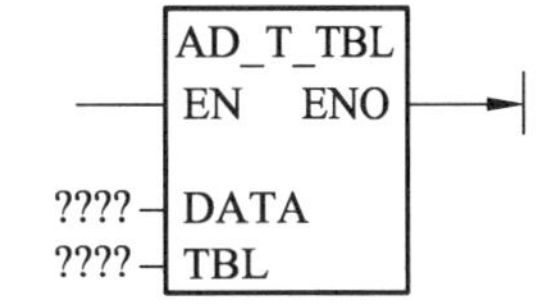

图 5-17　填表（ATT）指令

（1）DATA 为数据输入端，其操作数：VW，IW，QW，MW，SW，SMW，LW，T，C，AIW，AC，常量，*VD，*LD，*AC；数据类型：整数。

（2）TBL 为表格的首地址，其操作数：VW，IW，QW，MW，SW，SMW，LW，T，C，* VD，*LD，* AC；数据类型：字。

（3）指令执行后，新填入的数据放在表格中最后一个数据的后面，EC 的值自动加 1。

（4）使 ENO = 0 的错误条件：0006（间接地址）；0091（操作数超出范围）；SM1.4（表溢出），SM4.3（运行时间）。

（5）填表指令影响特殊标志位：SM1.4（填入表的数据超出表的最大长度，SM1.4 = 1）。

例 5-15　填表指令应用举例。将 VW10 中的数据 1234，填入首地址是 VW100 的数据表中。程序及运行结果如图 5-18 所示。

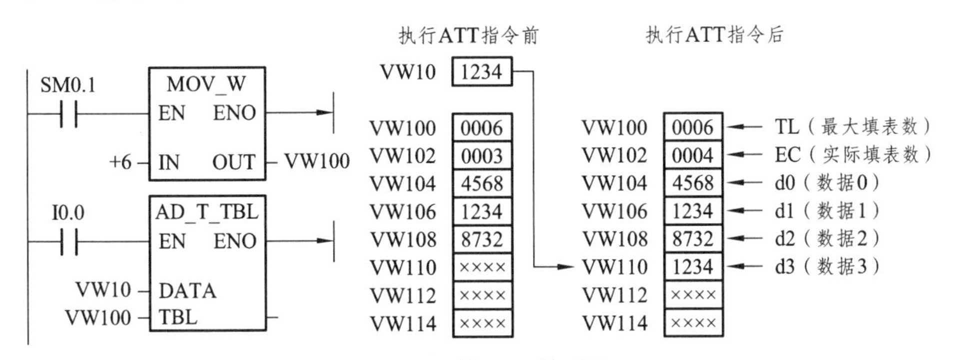

图 5-18　例 5-15 梯形图

在向数据表中添加数据时，要先确定数据表的首地址和最大填表数。本例中，使用 SM0.1 在程序运行的第一个扫描周期确定数据表的首地址为 VW100，最大填表数为 6。如图 5-18

所示，表中的第一个数是最大填表数（TL）6，第二个数为实际填表数（EC），在 ATT 指令运行前值为 2，每向表中添加一个新数据，EC 值会自动加 1，之后才是具体数据。当 I0.0 闭合时，将 DATA 端的数据（VW10 中的内容）添加在数据表最后一个数据后面。

5.3.2 表取数指令

从数据表中取数有先进先出（FIFO）和后进先出（LIFO）两种。执行表取数指令后，实际填表数 EC 值自动减 1。

先进先出指令（FIFO）：移出表格（TBL）中的第一个数（数据 0），并将该数值移至 DATA 指定的存储单元，表格中的其他数据依次向上移动一个位置。

后进先出指令（LIFO）：将表格（TBL）中的最后一个数据移至输出端 DATA 指定的存储单元，表格中的其他数据位置不变。

表取数指令格式如表 5-25 所示。

表 5-25 表取数指令格式

LAD	FIFO EN ENO ????- TBL DATA -????	LIFO EN ENO ????- TBL DATA -????
STL	FIFO TBL，DATA	LIFO TBL，DATA
说明	输入端 TBL 为数据表的首地址，输出端 DATA 为存放取出数值的存储单元	
操作数及数据类型	TBL：VW，IW，QW，MW，SW，SMW，LW，T，C，*VD，*LD，*AC； 数据类型：字； DATA：VW，IW，QW，MW，SW，SMW，LW，AC，T，C，AQW，*VD，*LD，*AC； 数据类型：整数	

使 ENO = 0 的错误条件：0006（间接地址）；0091（操作数超出范围）；SM1.5（空表）；SM4.3（运行时间）。

对特殊标志位的影响：SM1.5（试图从空表中取数，SM1.5 = 1）。

例 5-16 表取数指令应用举例。从图 5-19 的数据表中，用 FIFO、LIFO 指令取数，将取出的数值分别放入 VW200、VW300 中，程序及运行结果如图 5-19 所示。

在 I0.0 闭合的第一个扫描周期，表中第一个数据（VW104 的内容）从表中移出，并放入 DATA 端指定的存储单元 VW200 中。

在 I0.1 闭合的第一个扫描周期，表中最后一个数据（VW110 的内容）从表中移出，并放入 DATA 端指定的存储单元 VW300 中。

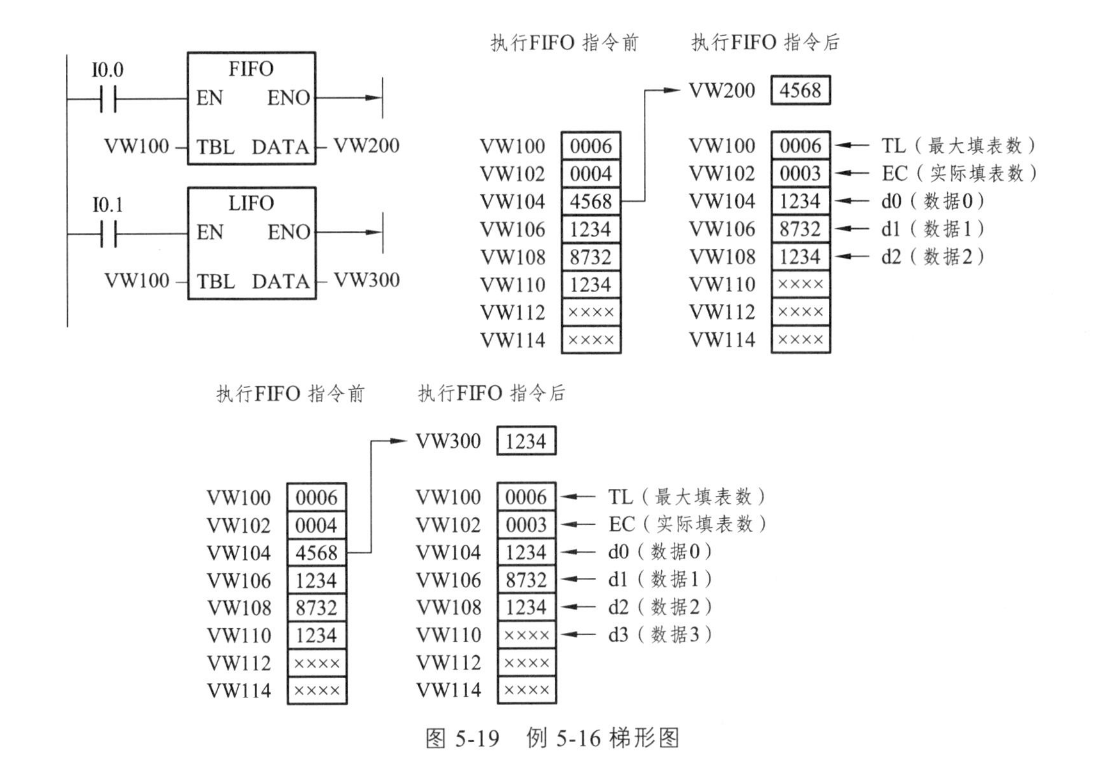

图 5-19　例 5-16 梯形图

5.3.3　表查找指令

表查找（TBL-FIND）指令即在表格（TBL）中搜索符合条件的数据在表中的位置（用数据编号表示，编号范围为 0 ~ 99），其指令格式如图 5-20 所示。

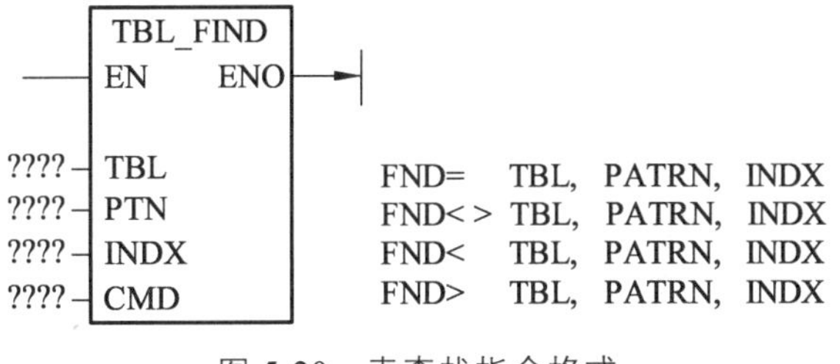

图 5-20　表查找指令格式

1. 梯形图中各输入端的介绍

TBL：为表格的实际填表数对应的地址（第二个字地址），即高于对应的“增加至表格”“后入先出”或“先入先出”指令 TBL 操作数的一个字地址（两个字节）。TBL 操作数：VW，IW，QW，MW，SW，SMW，LW，T，C，* VD，*LD，* AC；数据类型：字。

PTN：是用来描述查表条件时进行比较的数据。PTN 操作数：VW，IW，QW，MW，SW，SMW，AIW，LW，T，C，AC，常量，*VD，*LD，*AC；数据类型：整数。

INDX：搜索指针，即从 INDX 所指的数据编号开始查找，并将搜索到的符合条件的数据的编号放入 INDX 所指定的存储器。INDX 操作数：VW，IW，QW，MW，SW，SMW，LW，T，C，AC，*VD，*LD，*AC；数据类型：字。

CMD：比较运算符，其操作数为常量 1 ~ 4，分别代表 = 、<>、<、>；数据类型：字节。

2. 功能说明

表查找指令搜索表格时，从 INDX 指定的数据编号开始，寻找与数据 PTN 的关系满足 CMD 比较条件的数据。如果找到符合条件的数据，则 INDX 的值为该数据的编号。要查找下一个符合条件的数据，再次使用表查找指令之前须将 INDX 加 1。如果没有找到符合条件的数据，INDX 的数值等于实际填表数 EC。一个表格最多可有 100 数据，数据编号范围为 0 ~ 99。将 INDX 的值设为 0，则从表格的顶端开始搜索。

3. 使 ENO = 0 的错误条件

SM4.3（运行时间）；0006（间接地址）；0091（操作数超出范围）。

例 5–17 查表指令应用举例。从 EC 地址为 VW102 的表中查找等于 16#1234 的数。程序及数据表如图 5-21 所示。

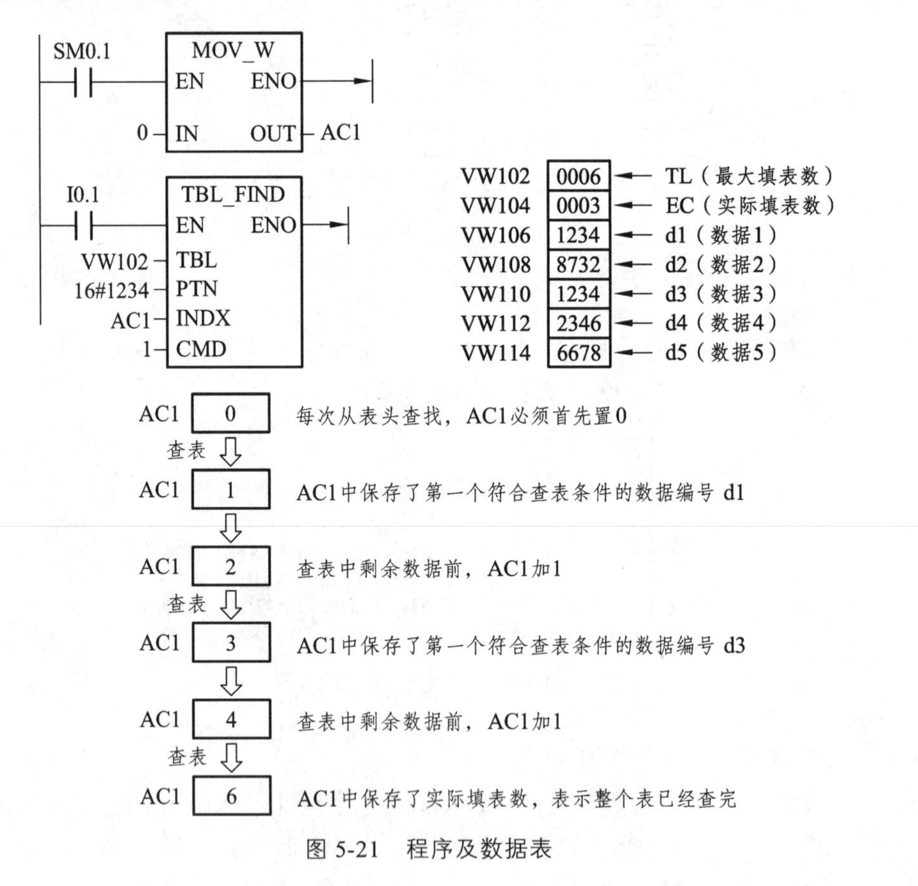

图 5-21 程序及数据表

为了从表格的顶端开始搜索，AC1 的初始值为 0，查表指令执行后 AC1 = 1，找到符合条件的数据 1 后继续向下查找，先将 AC1 加 1，再激活表查找指令，从表中符合条件的数据 1 的下一个数据开始查找，第二次执行查表指令后，AC1 = 4，找到符合条件的数据 4。继续向下查找，将 AC1 再加 1，再激活表查找指令，从表中符合条件的数据 4 的下一个数据开始查找，第三次执行表查找指令后，没有找到符合条件的数据，AC1 = 6（实际填表数）。

5.4 西门子 S7-200 PLC 数据处理功能及典型应用

5.4.1 数据类型转换指令应用举例

下面为一个长度转换应用程序，实现英寸 × 2.45 = 厘米，厘米值需要四舍五入取整。程序如图 5-22 所示。

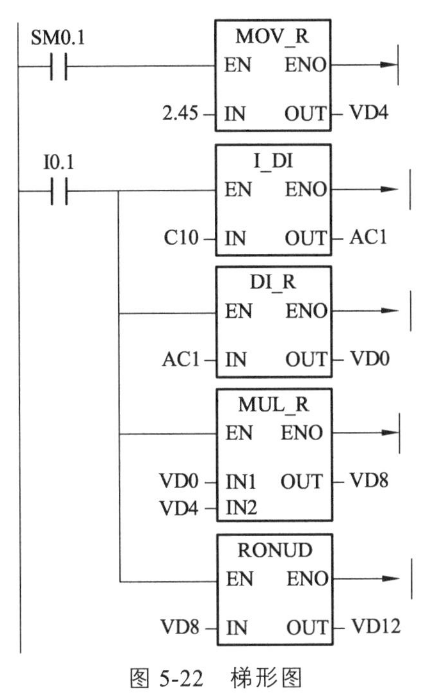

图 5-22 梯形图

说明：

（1）要想实现长度转换，需要进行乘积运算。而转换系数为一实数，所以英寸值也需要变为实数才能运算。

（2）C10 中为通过计数器检测得到的长度 101 英寸，为一个整数值，需要转换为一个实数值。由于没有整数直接到实数的转换指令，所以先要通过 I_DI 指令转换为双整数，再通过 DI_R 指令转换为实数，存放在 VD0 中。

（3）英寸到厘米的转换系数为 2.54，存放在 VD4 中，转换为实数的长度和系数使用乘法指令 MUL_R 实现，结果放入 VD8 中。

（4）最后通过 ROUND 指令，将带小数的长度值转换为双整数的厘米长度。

5.4.2 上下限位报警控制

控制要求：某压力检测报警系统，通过传感器检测压力，向模拟量模块输入 0 ~ 10 V 电压信号，通过 A/D 转换器转换为相应的数字量存放在 AIW0 中。试编程实现转换值超过 26 000 时，红灯亮报警；超过 30 000 时，红灯闪烁（0.5 s 亮，0.5 s 灭）报警；转换值低于 1000 时，黄灯亮报警。

I/O 分配如表 5-26 所示，梯形图如图 5-23 所示。

表 5-26　上下限位报警控制 I/O 分配表

输入			输出		
功能	元件	地址	功能	元件	地址
启动按钮	SB1	I0.0	红灯	EL1	Q0.0
			黄灯	EL2	Q0.1

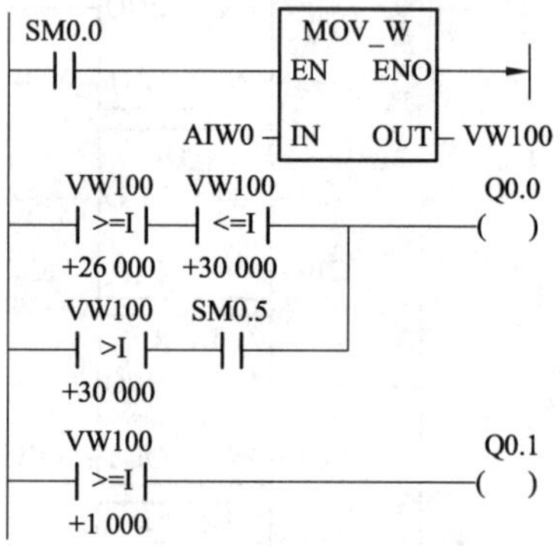

图 5-23　梯形图

5.4.3　BCC 校验

控制要求：假设 VB100 ~ VB104 中为上位机传来的数据，其中 VB104 中为前面所有字节数据两两异或的结果。为验证传输的正确性，试编程实现 VB100 ~ VB103 中数据的两两异或，结果保存在 VB120 中并与 VB104 中的数据比较，若相等，则 Q0.0 闭合；若不等，则使 Q0.1 闭合。控制梯形图如图 5-24 所示。

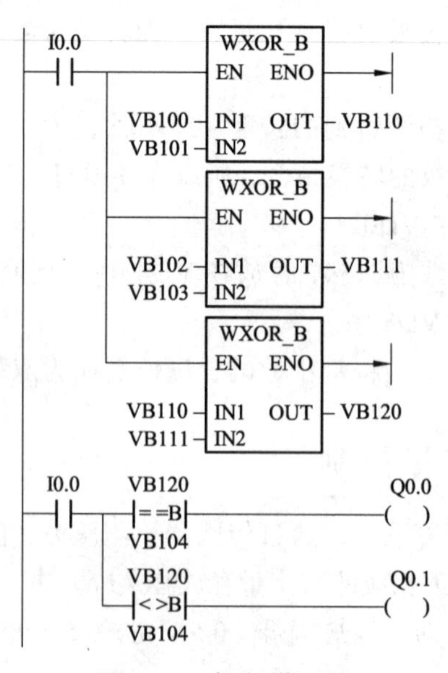

图 5-24　控制梯形图

5.5 中　断

中断技术是计算机应用中不可缺少的内容，主要用在设备的通信连接、联网以及处理随机的紧急事件等应用中。中断主要由中断源和中断服务程序构成。而中断控制指令又可分为中断允许、禁止指令和中断连接、分离指令。中断程序控制的最大特点是响应迅速，在中断源触发后，它可以立即中止程序的执行过程，转而执行中断程序，而不必等到本次扫描周期结束。在中断服务程序执行完后重新返回原程序继续运行。

S7-200 设置了中断功能，用于实时控制、高速处理等复杂和特殊的控制任务。中断就是终止当前正在运行的程序，去执行为立即响应的信号而编制的中断服务程序，执行完毕后再返回原先被终止的程序并继续运行。

5.5.1 中断源

1. 中断源的类型

中断源是指发出中断请求的事件，又叫中断事件。为了便于识别，系统给每个中断源都分配一个编号，称为中断事件号。S7 -200 系列 PLC 最多有 34 个中断源。不同的 CPU 模块，其可用中断源有所不同，具体情况如表 5-27 所示。

表 5-27　不同 CPU 模块可用中断源

CPU 模块	CPU221，CPU222	CPU224	CPU226
可用中断事件号（中断源）	0 ~ 12，19 ~ 23，27 ~ 33	0 ~ 23，27 ~ 33	0 ~ 33

34 个中断源主要分为 3 大类，即通信中断、I/O 中断和时基中断。

1）通信中断

在自由口通信模式下，用户可以通过接收中断和发送中断来控制串行口通信。可以设置通信的波特率、每个字符位数、起始位、停止位及奇偶校验。

2）I/O 中断

包含上升沿和下降沿中断、高速计数器中断、高速脉冲输出中断。上升沿和下降沿中断只能用于 I0.0 ~ I0.3，这 4 个输入点可以捕捉上升沿或下降沿事件，用于连接某些值得注意的外部事件（如故障等）；高速计数器中断可以响应当前值与预置值相等、计数方向的改变以及计数器外部复位等事件所引起的中断；高速脉冲输出中断可以响应给定数量脉冲输出完毕所引起的中断。

3）时基中断

时基中断包括定时中断和定时器中断。

定时中断可以设置一个周期性触发的中断响应，通常可用于模拟量的采样周期或执行一个 PID 控制。周期时间以 1 ms 为增量单位，周期可以设置为 5 ~ 255 ms。S7-200 系列 PLC 提供了两个定时中断，定时中断 0，周期时间值要写入 SMB34；定时中断 1，周期时间值要写入 SMB35。当定时中断被允许，则定时中断相关定时器开始计时，在定时时间值与设置周期值相等时，相关定时器溢出，开始执行定时中断连接的中断程序。每次重新连接时，定时中断功能能够清除前一次连接时的各种累计值，并用新值重新开始计时。

定时器中断使用且只能使用 1 ms 定时器 T32 和 T96 对一个指定时间段产生中断，T32 和 T96 的使用方法与其他定时器相同，只是在定时器中断被允许时，一旦定时器的当前值和预置值相等，则执行被连接的中断程序。

2. 中断优先级和排队等候

优先级是指多个中断事件同时发出中断请求时，CPU 对中断事件响应的优先次序。优先级高的先执行，优先级低的后执行。S7-200 规定的中断优先级由高到低依次是：通信中断、I/O 中断和定时中断。同类中断中也有优先次序的区别，每类中断中不同的中断事件又有不同的优先权，如表 5-28 所示。

表 5-28　中断事件及优先级

<table>
<tr><th>优先级分组</th><th>组内优先级</th><th>中断事件号</th><th>中断事件说明</th><th>中断事件类别</th></tr>
<tr><td rowspan="6">通信中断</td><td>0</td><td>8</td><td>通信口 0：接收字符</td><td rowspan="3">通信口 0</td></tr>
<tr><td>0</td><td>9</td><td>通信口 0：发送完成</td></tr>
<tr><td>0</td><td>23</td><td>通信口 0：接收信息完成</td></tr>
<tr><td>1</td><td>24</td><td>通信口 1：接收信息完成</td><td rowspan="3">通信口 1</td></tr>
<tr><td>1</td><td>25</td><td>通信口 1：接收字符</td></tr>
<tr><td>1</td><td>26</td><td>通信口 1：发送完成</td></tr>
<tr><td rowspan="15">I/O 中断</td><td>0</td><td>19</td><td>PTO 0 脉冲串输出完成中断</td><td rowspan="2">脉冲输出</td></tr>
<tr><td>1</td><td>20</td><td>PTO 1 脉冲串输出完成中断</td></tr>
<tr><td>2</td><td>0</td><td>I0.0 上升沿中断</td><td rowspan="8">外部输入</td></tr>
<tr><td>3</td><td>2</td><td>I0.1 上升沿中断</td></tr>
<tr><td>4</td><td>4</td><td>I0. 2 上升沿中断</td></tr>
<tr><td>5</td><td>6</td><td>I0. 3 上升沿中断</td></tr>
<tr><td>6</td><td>1</td><td>I0.0 下降沿中断</td></tr>
<tr><td>7</td><td>3</td><td>I0.1 下降沿中断</td></tr>
<tr><td>8</td><td>5</td><td>I0. 2 下降沿中断</td></tr>
<tr><td>9</td><td>7</td><td>I0. 3 下降沿中断</td></tr>
<tr><td>10</td><td>12</td><td>HSC0 当前值＝预置值中断</td><td rowspan="5">高速计数器</td></tr>
<tr><td>11</td><td>27</td><td>HSC0 计数方向改变中断</td></tr>
<tr><td>12</td><td>28</td><td>HSC0 外部复位中断</td></tr>
<tr><td>13</td><td>13</td><td>HSC1 当前值＝预置值中断</td></tr>
<tr><td>14</td><td>14</td><td>HSC1 计数方向改变中断</td></tr>
</table>

续表

优先级分组	组内优先级	中断事件号	中断事件说明	中断事件类别
I/O 中断	15	15	HSC1 外部复位中断	高速计数器
	16	16	HSC2 当前值 = 预置值中断	
	.17	17	HSC2 计数方向改变中断	
	18	18	HSC2 外部复位中断	
	19	32	HSC3 当前值 = 预置值中断	
	20	29	HSC4 当前值 = 预置值中断	
	21	30	HSC4 计数方向改变	
	22	31	HSC4 外部复位	
	23	33	HSC5 当前值 = 预置值中断	
定时中断	0	10	定时中断 0	定时
	1	11	定时中断 1	
	2	21	定时器 T32 CT = PT 中断	定时器
	3	22	定时器 T96 CT = PT 中断	

在 PLC 中，一个程序中总共可有 128 个中断，CPU 按中断源出现的先后次序响应中断请求，某一中断程序一旦执行，就一直执行到结束为止，不会被高优先级的中断事件所打断。CPU 在任一时刻只能执行一个中断程序。在中断程序执行过程中，若出现新的中断请求，则按照优先级排队等候处理。中断队列可保存的最大中断数是有限的，如果超出队列容量，则产生溢出，某些特殊标志存储器位被置位。S7 -200 系列 PLC 各 CPU 模块的最大中断个数及溢出标志位如表 5-29 所示。

表 5-29　中断队列的最多中断个数和溢出标志位

队列	CPU 221	CPU 222	CPU 224	CPU22 和 CPU 226XM	溢出标志位
通信中断队列	4	4	4	8	SM4.0
I/O 中断队列	16	16	16	16	SM4. 1
定时中断队列	8	8	8	8	SM4.2

5.5.2　中断指令

中断指令有 4 条，包括开中断指令、关中断指令、中断连接指令、中断分离指令。指令格式如表 5-30 所示。

表 5-30　中断指令格式

LAD	—(ENI)	—(DISI)	ATCH —EN　ENO— ????-IN ????-EVNT	DTCH —EN　ENO→| ????-EVNT
STL	ENI	DISI	ATCH INT，EVNT	DTCH EVNT
操作数及数据类型	无	无	INT：常量，0～127； EVNT：常量；CPU224:0～23，27～33； INT/EVNT 数据类型：字节	EVNT：常量；CPU224:0～23,27～33； 数据类型：字节

1. 开、关中断指令

开中断（ENI）指令全局性允许所有中断事件，关中断（DISI）指令全局性禁止所有中断事件，中断事件的每次出现均被排队等候，直至使用全局开中断指令重新启用中断。

PLC 转换到 RUN（运行）模式时，中断开始时被禁用，可以通过执行开中断指令，允许所有中断事件。执行关中断指令会禁止处理中断，但是现用中断事件将继续排队等候。

2. 中断连接、分离指令

中断连接（ATCH）指令将中断事件（EVNT）与中断程序号码（INT）相连接，并启用中断事件。

分离中断（DTCH）指令取消某中断事件（EVNT）与所有中断程序之间的连接，并禁用该中断事件。

一个中断事件只能连接一个中断程序，但多个中断事件可以调用一个中断程序。

3. 指令说明

（1）PLC 系统每次切换到 RUN 状态时，自动关闭所有中断事件。可以通过编程，在 RUN 状态时，使用 ENI 指令开放所有中断。若用 DISI 指令关闭所有中断，则中断程序不能被激活，但允许发生的中断事件等候，直到重新允许中断。

（2）多个中断事件可以调用同一个中断程序，但同一个中断事件不能同时连接多个中断服务程序。

（3）中断程序的编写规则是：短小、简单，执行时不能延时过长。

（4）在中断程序中不能使用 DISI、ENI、HDEF、LSCR 和 END 指令。

（5）中断程序的执行影响触点、线圈和累加器状态，所以系统在执行中断程序时，会自动保存和恢复逻辑堆栈、累加器及指示累加器和指令操作状态的特殊存储器标志位（SM），以保护现场。

（6）中断程序中可以嵌套调用一个子程序，累加器和逻辑堆栈在中断程序和子程序中是共用的。

5.5.3 中断程序

1. 中断程序的概念

中断程序是为处理中断事件而事先编好的程序。中断程序不是由程序调用，而是在中断事件发生时由操作系统调用。在中断程序中不能改写其他程序使用的存储器，最好使用局部变量。中断程序应实现特定的任务，应“越短越好”，中断程序由中断程序号开始，以无条件返回指令（CRETI）结束。在中断程序中禁止使用 DISI、ENI、HDEF、LSCR 和 END 指令。

2. 建立中断程序的方法

可以选择编程软件中的“编辑”菜单中的“插入”子菜单下的“中断程序”选项来建立一个新的中断程序。默认的中断程序名（标号）为 SBR_N，编号 N 的范围为 0 ~ 127，从 0 开始按顺序递增，也可以通过“重命名”命令为中断程序改名。每一个中断程序在程序编辑区内都有一个单独的页面，选中该页面后就可以进行编辑了。

中断程序名 SBR_N 标志着中断程序的入口地址，所以可通过中断程序名在中断连接指令中将中断源和中断程序连接。中断程序可用有条件中断返回指令（CRETI）和无条件中断返同指令（RETI）来标志结束。中断程序名与中断返回指令之间的所有指令都属于中断程序。

CRET1：有条件中断返回指令，在其逻辑条件成立时，结束中断程序，返回主程序。可由用户编程实现。

RETI：无条件中断返回指令，由编程软件在中断程序末尾自动添加。

程序编辑器从先前的 POU 显示更改为新中断程序，在程序编辑器的底部会出现一个新标记，代表新的中断程序。

5.5.4 中断指令典型应用

1. 编程完成采样工作，要求每 10 ms 采样一次

完成每 10 ms 采样一次，需用定时中断，查表 5-28 可知，定时中断 0 的中断事件号为 10。因此在主程序中将采样周期（10 ms）即定时中断的时间间隔写入定时中断 0 的特殊存储器 SMB34，并将中断事件 10 和 INT_0 连接，全局开中断。在中断程序 0 中，将模拟量输入信号读入，程序如图 5-25 所示。

2. 外部中断程序调用

控制要求：I0.5 闭合时，Q0.0、Q0.1 被置位，同时建立中断事件 0、2 与中断程序 INT0、INT1 的联系，并全局开中断。在 I0.0 闭合时复位 Q0.0。在 I0.1 闭合时复位 Q0.1，同时切断中断事件与中断程序的联系。程序如图 5-26 所示。

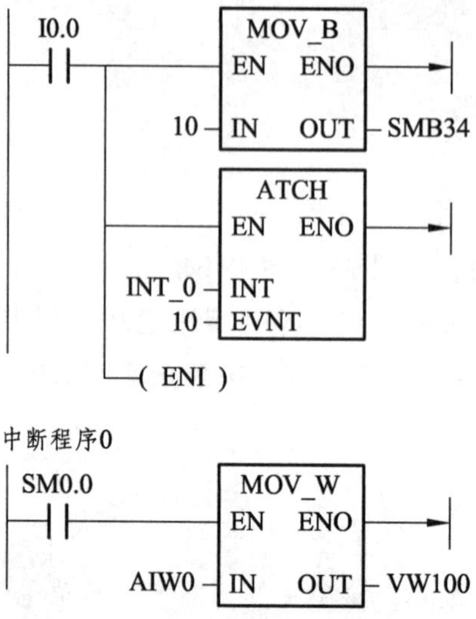

图 5-25　梯形图

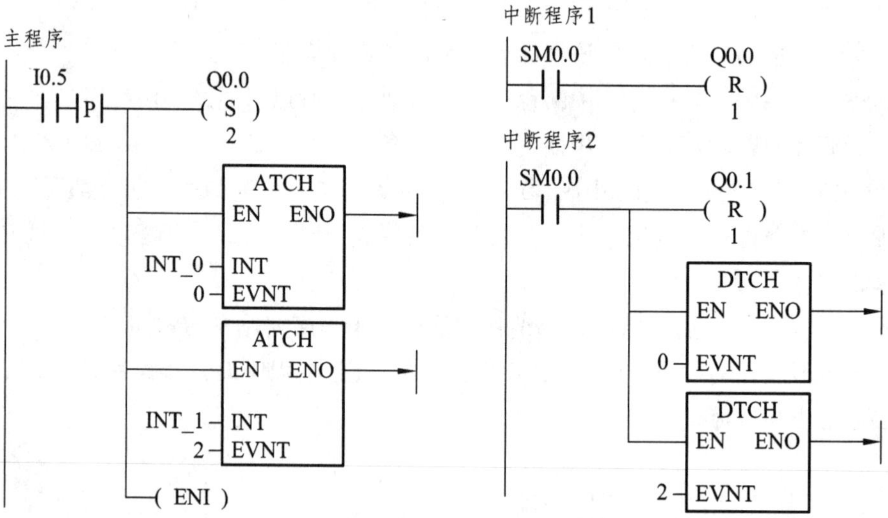

图 5-26　梯形图

5.6　高速脉冲输出

高速脉冲输出功能可以使 PLC 在指定的输出点上产生高速的 PWM（脉宽调制）脉冲或输出频率可变的 PTO 脉冲，可以用于步进电动机和直流伺服电动机的定位控制和调速。在使用高速脉冲输出功能时，CPU 模块应选择晶体管输出型，以满足高速脉冲输出的频率要求。

5.6.1　高速脉冲输出占用的输出端子

S7-200 有 PTO、PWM 两台高速脉冲发生器。PTO 脉冲串功能可输出指定个数、指定周期的方波脉冲（占空比 50%）；PWM 功能可输出脉宽变化的脉冲信号，用户可以指定脉冲的周期和脉冲的宽度。若一台发生器指定给数字输出点 Q0.0，另一台发生器则指定给数字输出点 Q0.1。当 PTO、PWM 发生器控制输出时，将禁止输出点 Q0.0、Q0.1 的正常使用；当不使用 PTO、PWM 高速脉冲发生器时，输出点 Q0.0、Q0.1 恢复正常的使用，即由输出映像寄存器决定其输出状态。

5.6.2 脉冲输出（PLS）指令

脉冲输出（PLS）指令功能为：使能有效时，检查用于脉冲输出（Q0.0 或 Q0.1）的特殊存储器位（SM），然后执行特殊存储器位定义的脉冲操作。指令格式如表 5-31 所示。

表 5-31 脉冲输出（PLS）指令格式

LAD	STL	操作数及数据类型
PLS —EN ENO— ????-Q0.X	PLS Q	Q：常量（0 或 1） 数据类型：（字）

5.6.3 指令功能

脉冲输出（PLS）指令，在 EN 端口执行条件存在时，检测脉冲输出特殊存储器的状态，然后激活所定义的脉冲操作，从 A 端口指定的数字输出端口输出高速脉冲。

PLS 指令可在 Q0.0 和 Q0.1 两个端口输出可控的 PWM 脉冲和 PTO 高速脉冲串波形。由于只有两个高速脉冲输出端口，PLS 指令在一个程序中最多使用两次。高速脉冲输出和输出映像寄存器共同对应 Q0.0 和 Q0.1 端口，但 Q1.0 和 Q0.1 端口在同一时间只能使用一种功能。在使用高速脉冲输出时，两输出点将不受输出映像寄存器、立即输出指令和强制输出的影响。

5.6.4 高速脉冲输出所对应的特殊标志寄存器

每个 PTO/PWM 发生器都有：一个控制字节（8 位）、一个脉冲计数值（无符号的 32 位数值）和一个周期时间与脉宽值（无符号的 16 位数值）。这些值都放在特定的特殊存储区（SM），如表 5-32 所示。执行 PLS 指令时，S7-200 读这些特殊存储器位（SM），然后执行特殊存储器位定义的脉冲操作，即对相应的 PTO/PWM 发生器进行编程。

表 5-32 脉冲输出（Q0.0 或 Q0.1）的特殊存储器

Q0.0 和 Q0.1 对 PTO/PWM 输出的控制字节		
Q0.0	Q0.1	说明
SM67.0	SM77.0	PTO/PWM 刷新周期值，0：不刷新；1：刷新
SM67.1	SM77.1	PWM 刷新脉冲宽度值，0：不刷新；1：刷新
SM67.2	SM77.2	PTO 刷新脉冲计数位，0：不刷新；1：刷新

续表

Q0.0 和 Q0.1 对 PTO/PWM 输出的控制字节				
SM67.3	SM77.3	PTO/PWM 时基选择，0：1 μs　　1：1 ms		
SM67.4	SM77.4	PWM 更新方法，0：异步更新；1：同步更新		
SM67.5	SM77.5	PTO 操作，0：单段操作　1：多段操作		
SM67.6	SM77.6	PTO/PWM 模式选择，0：选择 PTO；1：选择 PWM		
SM67.7	SM77.7	PTO/PWM 允许，0：禁止；1：允许		
Q0.0	Q0.1	说明		
SMW68	SMW78	PTO/PWM 周期时间值（范围：2～65 535）		
Q0.0 和 Q0.1 对 PTO/PWM 输出的脉宽值				
Q0.0	Q0.1	说明		
SMW70	SMW80	PWM 脉冲宽度值（范围：0～65 535）		
Q0.0 和 Q0.1 对 PTO 脉冲输出的计数值				
Q0.0	Q0.1	说明		
SMD72	SMD82	PTO 脉冲计数值（范围：1～4 294 967 295）		
Q0.0 和 Q0.1 对 PTO 脉冲输出的多段操作				
Q0.0	Q0.1	说明		
SMB166	SMB176	段号（仅用于多段 FTO 操作），多段流水线 PTO 运行中的段的编号		
SMW168	SMW178	包络表起始位置，用距离 V0 的字节偏移量表示（仅用于多段 PTO 操作）		
Q0.0 和 Q0.1 的状态位				
Q0.0	Q0.1	说明		
SM66. 4	SM76. 4	PTO 包络由于增量计算错误异常终止	0：无错；	1：异常终止
SM66. 5	SM76. 5	PTO 包络由于用户命令异常终止	0：无错；	1：异常终止
SM66. 6	SM76. 6	PTO 流水线溢出	0：无溢出；	1：溢出
SM66. 7	SM76. 7	PTO 空闲	0：运行中；	1：PTO 空闲

每个高速脉冲输出都有一个状态字节，监控并记录程序运行时某些操作的相应状态。可以通过编程来读取相关位状态。表 5-32 所示是具体的状态字节功能。

通过对控制字节的设置，可以选择高速脉冲输出的时间基准、具体周期、输出模式（PTO/PWM）以及更新方式等，是编程时初始化操作中必须完成的内容。表 5-32 所示是各控制位具体功能。

所有控制位、周期、脉冲宽度和脉冲计数值的默认值均为零。向控制字节（SM67.7 或 SM77.7）的 PTO/PWM 允许位写入零，然后执行 PLS 指令，将禁止 PTO 或 PWM 波形的生成。

5.6.5 对输出的影响

PTO/PWM 生成器和输出映像寄存器共用 Q0.0 和 Q0.1，在 Q0.0 或 Q0.1 使用 PTO 或 PWM 功能时，PTO/PWM 发生器控制输出，并禁止输出点的正常使用，输出波形不受输出映像寄存器状态、输出强制以及执行立即输出指令的影响；在 Q0.0 或 Q0.1 位置没有使用 PTO 或 PWM 功能时，输出映像寄存器控制输出，所以输出映像寄存器决定输出波形的初始和结束状态，即决定脉冲输出波形从高电平或低电平开始和结束，使输出波形有短暂的不连续，为了减小这种不连续的有害影响，应注意：

（1）可在启用 PTO 或 PWM 操作之前，将用于 Q0.0 和 Q0.1 的输出映像寄存器设为 0。

（2）PTO/PWM 输出必须至少有 10%的额定负载，才能完成从关闭至打开以及从打开至关闭的顺利转换，即提供陡直的上升沿和下降沿。

5.6.6 PWM 脉冲输出设置

1. PWM 脉冲含义及周期、脉宽设置要求

PWM 脉冲是指占空比可调而周期固定的脉冲。其周期和脉宽的增量单位可以设为微秒（μs）或毫秒（ms），周期变化范围分别为 50 ~ 65 535 μs 和 2 ~ 65 535 ms。周期设置时，设置值应为偶数，若设为奇数会引起输出波形占空比的轻微失真。周期设置值应大于 2，若设置值小于 2，系统将默认为 2。

2. PWM 脉冲波形更新方式

由于 PWM 占空比可调，且周期可设置，所以存在脉冲连续输出时的波形更新问题。系统提供了同步更新和异步更新两种波形的更新方式。

同步更新：PWM 脉冲输出的典型操作是周期不变而脉冲宽度变化，由于不需要改变时间基准，可以使用同步更新。同步更新时，波形的变化发生在周期的边缘，可以形成平滑转换。

异步更新：若在脉冲输出时要改变时间基准，就要使用异步更新方式。异步更新会造成 PWM 功能瞬间被禁止，使得 PWM 波形转换时不同步，可能会引起被控设备的振动，所以应尽量避免使用异步更新。

3. PWM 脉冲输出设置

下面以 Q0.0 为脉冲输出端，介绍 PWM 脉冲输出的设置步骤。

（1）使用初始化脉冲触点 SM0.1，调用 PWM 脉冲，输出初始化操作子程序。这个结构可以使系统在后续的扫描过程中，不再调用这个子程序，从而减少了扫描时间，且程序更为结构化。

（2）在初始化子程序中，将 16#D3（2#11010011）写入 SMB67 控制字节中。设置内容为脉冲输出允许；

选择 PWM 方式；

使用同步更新；

选择以微秒为增量单位；

可以更新脉冲宽度和周期。

（3）向 SMW68 中写入希望的周期值。

（4）向 SMD70 中写入希望的脉冲宽度。

（5）执行 PLS 指令，开始输出脉冲。

（6）若要在后续程序运行中修改脉冲宽度，则向 SMB67 中写入 16#D2（2#11010010），即可以改变脉冲宽度，但不允许改变周期值。再次执行 PLS 指令。

在上面初始化子程序的基础上，若要改变脉冲宽度，则执行以下步骤：

（1）调用一个子程序，把所需脉冲宽度写入 SMD70 中。

（2）执行 PLS 指令。

5.6.7 PTO 的使用

PTO 是指定脉冲数和周期的占空比为 50%的高速脉冲串的输出。状态字节中的最高位（空闲位）用来指示脉冲串输出是否完成。可在脉冲串完成时启动中断程序，若使用多段操作，则在包络表完成时启动中断程序。

1. 周期和脉冲数

周期范围从 50～65 535 μs 或从 2～65 535 ms，为 16 位无符号数，时基有μs 和 ms 两种，通过控制字节的第三位选择。注意：

如果周期小于 2 个时间单位，则周期的默认值为 2 个时间单位。

周期设定为奇数微秒或毫秒（例如 75 ms），会引起波形失真。

脉冲计数范围为 1～4，294，967，295，为 32 位无符号数，如设定脉冲计数为 0，则系统默认脉冲计数值为 1。

2. PTO 的种类及特点

PTO 功能可输出多个脉冲串，现用脉冲串输出完成时，新的脉冲串输出立即开始，这样就保证了输出脉冲串的连续性。PTO 功能允许多个脉冲串排队，从而形成流水线。流水线分为两种：单段流水线和多段流水线。

单段流水线是指流水线中每次只能存储一个脉冲串的控制参数，初始 PTO 段一旦启动，必须按照对第二个波形的要求立即刷新 SM，并再次执行 PLS 指令，第一个脉冲串完成，第二个波形输出立即开始，重复这一步骤可以实现多个脉冲串的输出。

单段流水线中的各段脉冲串可以采用不同的时间基准，但有可能造成脉冲串之间的不平稳过渡。输出多个高速脉冲时，编程较复杂。

多段流水线是指在变量存储区 V 建立一个包络表，表中存放每个脉冲串的参数，执行 PLS 指令时，S7 -200 PLC 自动按包络表中的顺序及参数进行脉冲串输出。包络表中每段脉冲串的参数占用 8 个字节，由一个 16 bit 周期值（2 B）、一个 16 bit 周期增量值△（2 B）和一个 32 bit 脉冲计数值（4 B）组成。包络表的格式如表 5-33 所示。

表 5-33 包络表的格式

从包络表起始地址的字节偏移	段	说明
VB_n		段数（1～255）；数值 0 产生非致命错误，无 PTO 输出
VB_{n+1}	段 1	初始周期（2～65 535 个时基单位）
VB_{n+3}		每个脉冲的周期增量△（符号整数：－32 768～32 767 个时基单位）
VB_{n+5}		脉冲数（1～4 294 967 295）
VB_{n+9}	段 2	初始周期（2～65 535 个时基单位）
VB_{n+11}		每个脉冲的周期增量△（符号整数：－32 768～32 767 个时基单位）
VB_{n+13}		脉冲数（1～4 294 967 295）
VB_{n+17}	段 3	初始周期（2～65 535 个时基单位）
VB_{n+19}		每个脉冲的周期增量值△（符号整数：－32 768～32 767 个时基单位）
VB_{n+21}		脉冲数（1～4 294 967 295）

注意：周期增量值“△”为整数微秒或毫秒。

多段流水线的特点是编程简单，能够通过指定脉冲的数量自动增加或减少周期，周期增量值 A 为正值会增加周期，为负值会减少周期，若 A 为零，则周期不变。在包络表中，所有脉冲串必须采用同一时基，在多段流水线执行时，包络表的各段参数不能改变。多段流水线常用于步进电动机的控制。

3. 多段流水线 PTO 初始化和操作步骤

用一个子程序实现 PTO 初始化，首次扫描（SM0.1）时从主程序调用初始化子程序，执行初始化操作，以后的扫描不再调用该子程序，这样能减少扫描时间，使程序结构更好。初始化操作步骤如下：

（1）首次扫描（SM0.1）时，将输出 Q0.0 或 Q0.1 复位（置 0），并调用完成初始化操作的子程序。

（2）在初始化子程序中，根据控制要求设置控制字，并写入 SMB67 或 SMB77 特殊存储器。如写入 16#A0（选择微秒递增）或 16#A8（选择毫秒递增），两个数值表示允许 PTO 功能、选择 PTO 操作、选择多段操作以及选择时基（微秒或毫秒）。

（3）将包络表的首地址（16 位）写入 SMW168（或 SMW178）。

（4）在变量存储器 V 中，写入包络表的各参数值。一定要在包络表的起始字节中写入段数。在变量存储器 V 中建立包络表的过程也可以在一个子程序中完成，在此只需调用设置包络表的子程序。

（5）设置中断事件并全局开中断。如果想在 PTO 完成后，立即执行相关功能，则需设置中断，将脉冲串完成事件（中断事件号 19）连接一中断程序。

（6）使用 PLS 指令为 PTO/PWM 发生器编程，高速脉冲串由 Q0.0 或 Q0.1 输出。

（7）退出子程序。

5.6.8 高速脉冲输出指令应用举例

如图 5-27 所示为使用多段管线 PTO 方式控制直流伺服电动机进行精确定位的控制系统。控制中遵循图 5-27 中所画运行轨迹，并可以实现任意时刻停止直流伺服电动机。梯形图如图 5-28 所示。

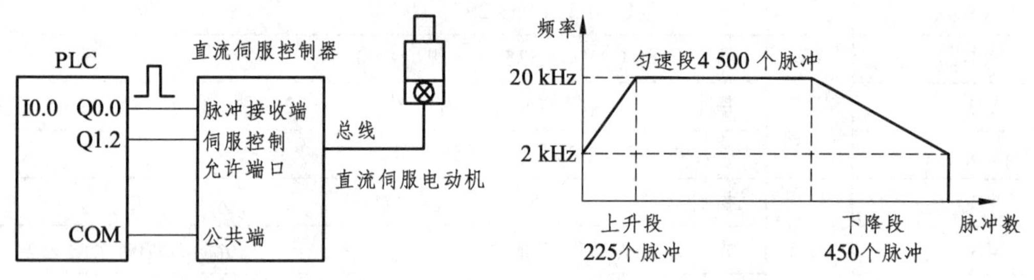

图 5-27　直流伺服电动机控制系统

编程前选择高速脉冲发生器为 Q0.0，并确定 PTO 为 3 段流水线。设置控制字节 SMB67 为 16#A0 表示允许 PTO 功能、选择 PTO 操作、选择多段操作、选择时基为微秒以及不允许更新周期和脉冲数。建立 3 段的包络表，并将包络表的首地址装入 SMW168。PTO 完成调用中断程序，使 Q1.0 接通。PTO 完成的中断事件号为 19，用中断调用指令 ATCH 将中断事件 19 与中断程序 INT-0 连接，并全局开中断。然后执行 PLS 指令，退出子程序。本例题的主程序、初始化子程序和中断程序如图 5-28 所示。

5.6.9 PTO 指令应用实例

设计程序，从 PLC 的 Q0.0 输出高速脉冲。该串脉冲脉宽的初始值为 0.1 s，周期固定为 1 s，其脉宽每周期递增 0.1 s，当脉宽达到设定的 0.9 s 时，脉宽改为每周期递减 0.1 s，直到脉宽减为 0。以上过程重复执行。

分析：因为每个周期都有操作，所以须把 Q0.0 接到 I0.0，采用输入中断的方法完成控制任务，并且编写两个中断程序，一个中断程序实现脉宽递增，一个中断程序实现脉宽递减，并设置标志位。在初始化操作时，使其置位，执行脉宽递增中断程序；当脉宽达到 0.9 s 时，使其复位，执行脉宽递减中断程序。在子程序中完成 PWM 的初始化操作，选用输出端为 Q0.0，控制字节为 SMB67，控制字节设定为 16#DA（允许 PWM 输出，Q0.0 为 PWM 方式，同步更新，时基为毫秒，允许更新脉宽，不允许更新周期）。程序如图 5-29 所示。

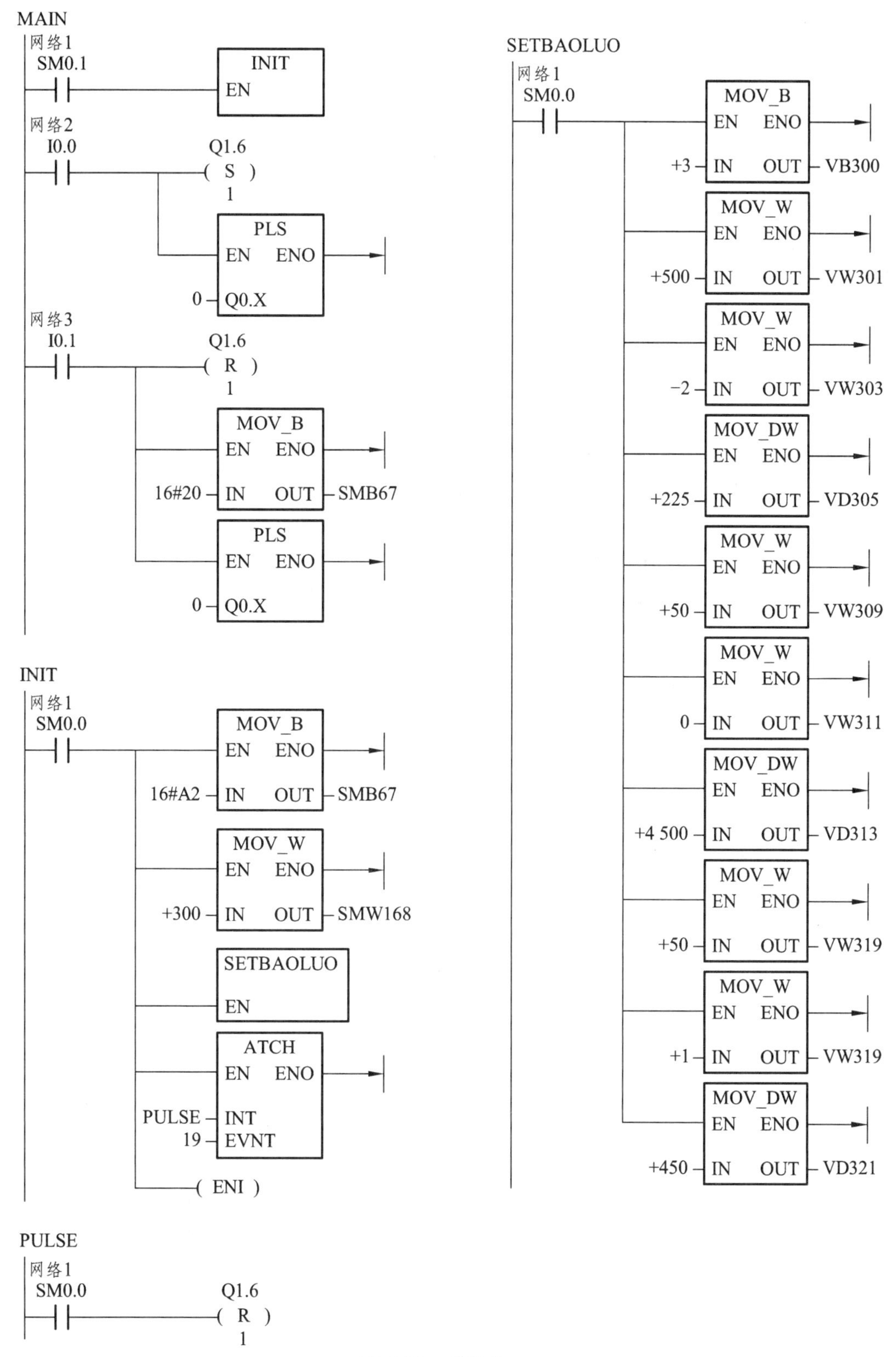

MAIN
网络1
SM0.1
INIT
EN
网络2
I0.0
Q1.6
S
1
PLS
EN ENO
0
Q0.X
网络3
I0.1
Q1.6
R
1
MOV_B
EN ENO
16#20
IN OUT
SMB67
PLS
EN ENO
0
Q0.X
INIT
网络1
SM0.0
MOV_B
EN ENO
16#A2
IN OUT
SMB67
MOV_W
EN ENO
+300
IN OUT
SMW168
SETBAOLUO
EN
ATCH
EN ENO
PULSE
INT
19
EVNT
ENI
PULSE
网络1
SM0.0
Q1.6
R
1
SETBAOLUO
网络1
SM0.0
MOV_B
EN ENO
+3
IN OUT
VB300
MOV_W
EN ENO
+500
IN OUT
VW301
MOV_W
EN ENO
-2
IN OUT
VW303
MOV_DW
EN ENO
+225
IN OUT
VD305
MOV_W
EN ENO
+50
IN OUT
VW309
MOV_W
EN ENO
0
IN OUT
VW311
MOV_DW
EN ENO
+4 500
IN OUT
VD313
MOV_W
EN ENO
+50
IN OUT
VW319
MOV_W
EN ENO
+1
IN OUT
VW319
MOV_DW
EN ENO
+450
IN OUT
VD321

图 5-28 梯形图

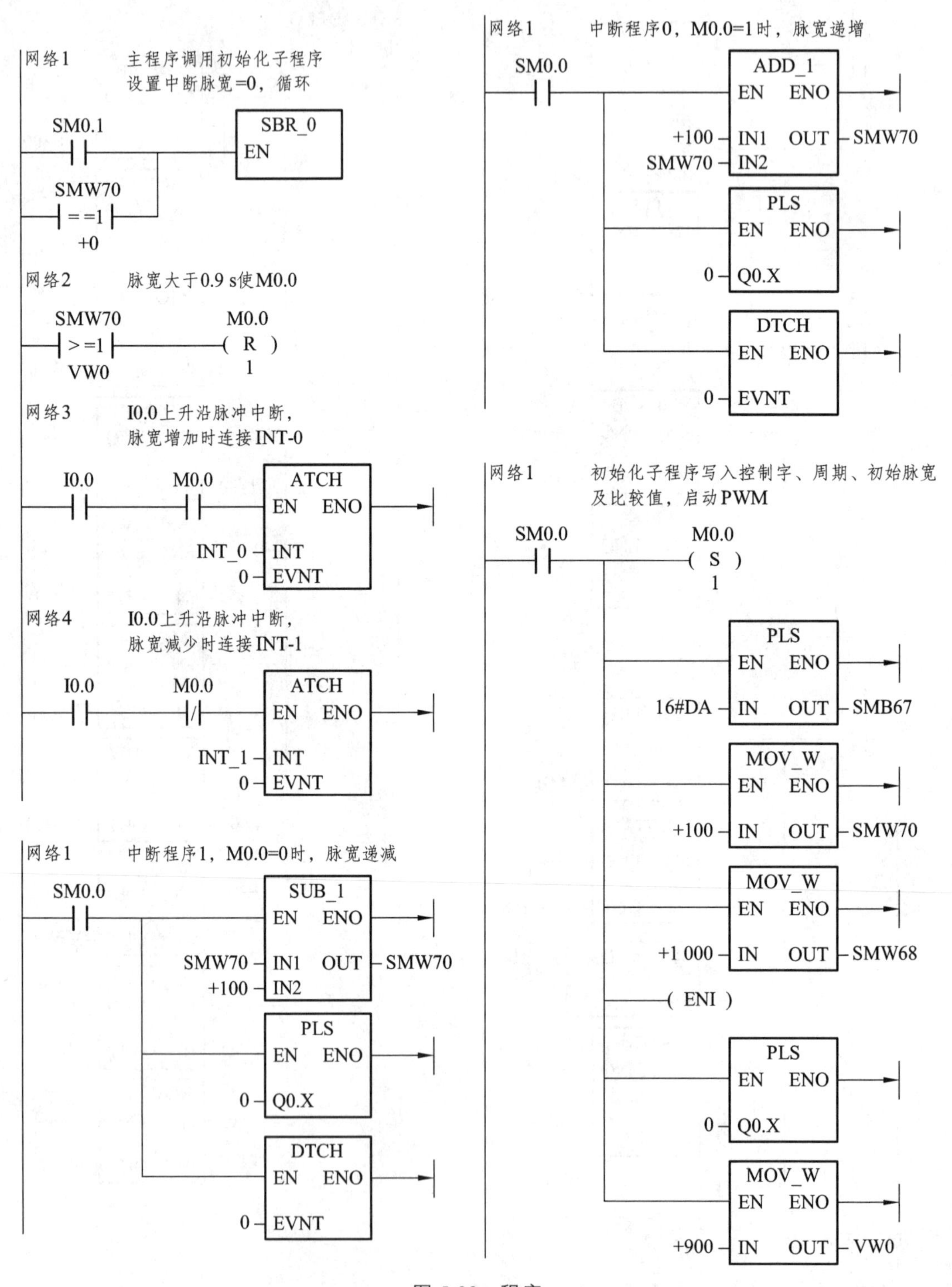
网络1　主程序调用初始化子程序
设置中断脉宽=0，循环
SM0.1
SBR_0
EN
SMW70
==I
+0
网络2　脉宽大于0.9 s使M0.0
SMW70
>=I
VW0
M0.0
R
1
网络3　I0.0上升沿脉冲中断，
脉宽增加时连接INT-0
I0.0
M0.0
ATCH
EN ENO
INT_0
INT
0
EVNT
网络4　I0.0上升沿脉冲中断，
脉宽减少时连接INT-1
I0.0
M0.0
ATCH
EN ENO
INT_1
INT
0
EVNT
网络1　中断程序1，M0.0=0时，脉宽递减
SM0.0
SUB_I
EN ENO
SMW70
IN1 OUT
SMW70
+100
IN2
PLS
EN ENO
0
Q0.X
DTCH
EN ENO
0
EVNT
网络1　中断程序0，M0.0=1时，脉宽递增
SM0.0
ADD_I
EN ENO
+100
IN1 OUT
SMW70
SMW70
IN2
PLS
EN ENO
0
Q0.X
DTCH
EN ENO
0
EVNT
网络1　初始化子程序写入控制字、周期、初始脉宽
及比较值，启动PWM
SM0.0
M0.0
S
1
PLS
EN ENO
16#DA
IN OUT
SMB67
MOV_W
EN ENO
+100
IN OUT
SMW70
MOV_W
EN ENO
+1 000
IN OUT
SMW68
ENI
PLS
EN ENO
0
Q0.X
MOV_W
EN ENO
+900
IN OUT
VW0

图 5-29　程序

第 6 章　西门子 PLC 的程序设计基础

西门子 PLC 的编程语言很多，但是最常用的、最基本的就是梯形图。本章介绍了 PLC 程序设计的经验法、继电器控制电路移植法和顺序控制法；介绍了梯形图设计中要遵循的基本规则；介绍了顺序功能图的含义、绘制时需要注意的问题以及顺序控制指令和顺序功能图的编程；介绍了 PLC 的复杂程序的设计方法以及程序的调试过程，并通过顺序功能图在交通信号灯控制中的应用这个实例介绍顺序功能图和梯形图使用的方法和步骤；介绍了梯形图和顺序功能图的使用技巧。

6.1　PLC 的程序设计方法

PLC 的程序设计方法一般可分为经验设计法、继电器控制电路移植法、顺序控制设计法等。下面介绍这 3 种程序设计方法。

6.1.1　经验设计法

经验设计法是从继电器电路中设计演变而来的，是借助设计者经验的设计方法，其基础是设计者接触过许多梯形图，熟悉这些图的结构和具有的功能。这种方法对于一些较简单的控制系统是比较奏效的，可以收到快速、简单的效果。

1. 经验设计法的步骤

（1）分解梯形图程序，将要编制的梯形图程序分解成功能独立的子梯形图程序。
（2）输入信号逻辑组合。
（3）使用辅助元件和辅助触点。
（4）使用定时器和计数器。
（5）使用功能指令。
（6）画互锁条件。
（7）画保护条件。

在设计梯形图程序时，要注意先画基本梯形图程序，当基本梯形图程序的功能能够满足要求后，再增加其他功能。在使用输入条件时，注意输入条件是电平、脉冲还是边沿。一定要将梯形图分解成小功能块图调试完毕后，再调试全部功能。

2. 常用的单元电路

经验设计法比较注重对成熟的单元电路的使用，常用的电路介绍如下：

1）启-保-停电路

启-保-停电路是组成梯形图的最基本的支路单元，包含一个梯形图支路的全部要素。启-保-停电路的梯形图如图 6-1 所示。在图 6-1 中，I0.0 为启动信号，I0.1 为停止信号，Q0.0 常开触点实现了自锁保持。

2）互锁电路

互锁就是在不能同时接通的线圈回路中互串对方常闭触点的方法。图 6-2 所示梯形图中的两个输出线圈 Q0.1、Q0.2 回路中互串了对方的常闭触点，这就保证了在 Q0.1 置 1 时 Q0.2 不可能同时置 1。

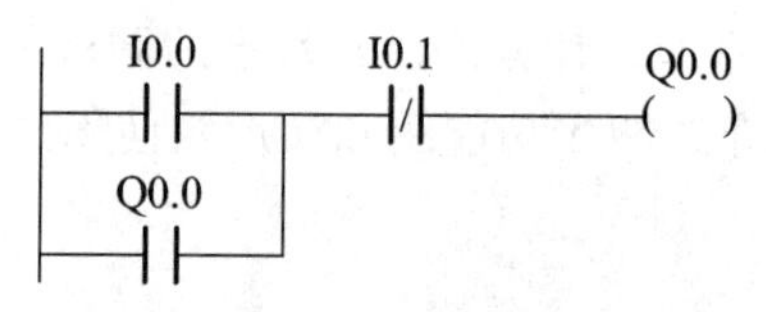

图 6-1　启-保-停电路的梯形图

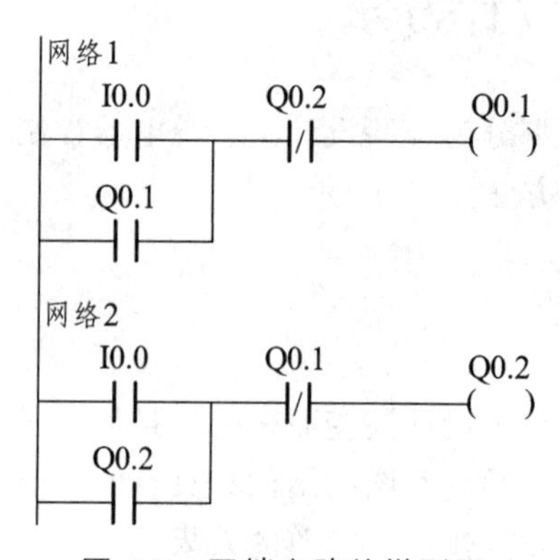

图 6-2　互锁电路的梯形图

3. 经验设计法的特点

（1）经验设计法没有规律可遵循，具有很大的试探性和随意性，往往需经多次反复修改和完善才能符合设计要求，设计的结果不规范，因人而异。

（2）经验设计法设计麻烦、周期长，梯形图的可读性差，系统维护困难。

6.1.2　继电器控制电路移植法

PLC 是一种代替继电器系统的智能型工业控制设备，因而在 PLC 的应用中引入了许多继电器系统的概念，如编程元件中的输入继电器、输出继电器、辅助继电器等，还有线圈、常开、常闭触点等，即 PLC 是由继电器控制电路平稳过渡而来的。

1. 继电器控制电路图与 PLC 梯形图语言的比较

PLC 编程中使用的梯形图语言与继电器控制电路图相类似，两者图形符号的比较如表 6-1 所示。

表 6-1　图形符号的比较

符号名称		继电器电路图符号	PLC 符号
线圈		—□—	—(　)
触点	常开		—| |—
	常闭		—|/|—

（1）梯形图语言和继电器电路图语言采用的图形符号是类似的。

（2）这两种图表达的控制思想的方式是一样的，都是用图形符号及符号间的连接关系表达控制系统中事物间的相互关系。

（3）这两种图的结构形式是类似的，都是由一些并列的分支构成，分支的末尾都是作为输出的线圈，线圈的前边则是表示线圈工作条件的触点。

（4）这两种图的分析方法是近似的。在继电器电路中，继电器是否工作以有无电流流到继电器的线圈进行判断，电流规定从电源的正极流出而流入电源的负极。在梯形图中编程元件是否工作取决于是否有“假想电流”流过，与继电器电路中的电流有类似的功效，“假想电流”规定从梯形图的左母线流向梯形图的右母线。从这里可以看出 PLC 的编程是从继电器控制电路图移植而来的。

2. 继电器控制电路移植法设计梯形图的步骤

继电器控制电路移植法设计梯形图的步骤如下：

（1）了解和熟悉被控设备的工作原理、工艺过程和机械的动作情况，根据继电器电路图分析和掌握控制系统的工作原理。

（2）确定 PLC 的输入信号和输出负载。如果用 PLC 的输出位来控制继电器电路图中的交流接触器和电磁阀等执行机构，它们的线圈在 PLC 的输出端。在 PLC 的数字量输入信号继电器电路图中，按钮、操作开关、行程开关、接近开关等提供中间继电器和时间继电器的功能，它们用 PLC 内部的存储器位和定时器来完成，与 PLC 的输入位、输出位无关。

（3）选择 PLC 的型号，根据系统所需要的功能和规模选择 CPU 模块、电源模块和数字量输入和输出模块，对硬件进行组态，确定输入/输出模块在机架中的安装位置和它们的起始地址。

（4）确定 PLC 各数字量输入信号与输出负载对应的输入位和输出位的地址，画出 PLC 的外部接线图。各输入和输出在梯形图中的地址取决于它们的模块的起始地址和模块中的接线端子号。

（5）确定与继电器电路图中的中间继电器、时间继电器对应的梯形图中的存储器和定时器、计数器的地址。

（6）根据上述对应关系画出梯形图。

3. 注意事项

（1）应遵守梯形图语言中的语法规定。

由于工作原理不同，梯形图不能照搬继电器电路中的某些处理方法。例如，在继电器电路中，触点可以放在线圈的两侧，但是在梯形图中，线圈必须放在电路的最右边。

（2）适当地分离继电器电路图中的某些电路。

设计继电器电路图的一个基本原则是尽量减少图中使用的触点的个数，节约成本，但是这往往会使某些线圈的控制电路交织在一起。在设计梯形图时思路要清楚，设计出的梯形图容易阅读和理解，不用特别在意是否多用几个触点，因为这不会增加硬件的成本，只是在输入程序时需要多花一点时间。

（3）尽量减少 PLC 的输入和输出点数。

PLC 的价格与 I/O 点数有关，因此输入/输出信号的点数是降低硬件费用的主要措施。

在 PLC 的外部输入电路中，各输入端可以接常开点或是常闭点，也可以接触点组成的串并联电路。PLC 不能识别外部电路的结构和触点类型，只能识别外部电路的通断。

（4）时间继电器的处理。

除了有延时动作的触点外，时间继电器还有在线圈通电瞬间接通的瞬动触点。在梯形图中，可以在定时器的线圈两端并联储器位的线圈，它的触点相当于定时器的瞬动触点。

（5）设置中间单元。

在梯形图中，若多个线圈都受某一触点串并联电路的控制，为了简化电路，在梯形图中可以设置中间单元，即用该电路来控制某存储位，在各线圈的控制电路中使用其常开触点。这种中间元件类似于继电器电路中的中间继电器。

（6）设立外部互锁电路。

控制异步电动机正反转的交流接触器如果同时动作，将会造成三相电源短路。为了防止出现这样的事故，应在 PLC 外部设置硬件互锁电路。

（7）外部负载的额定电压。

PLC 双向晶闸管输出模块一般只能驱动额定电压 AC 220 V 的负载，如果系统原来的交流接触器的线圈电压为 380 V，应换成 220 V 的线圈，或是设置外部中间继电器。

6.1.3 顺序控制设计法

顺序控制就是按照生产工艺预先规定的顺序，在各个输入信号的作用下，根据内部状态和时间的顺序，使生产过程中各个执行机构自动而有序地工作。顺序控制设计方法是一种先进的程序设计方法，很容易被初学者接受。这种程序设计方法主要是根据控制系统的顺序功能图（也叫状态转移图）来设计梯形图。

当使用顺序控制设计法时，首先要根据系统的工艺过程画出顺序功能图，然后根据顺序功能图画出梯形图，即顺序控制指令的编程方法。

通过对这 3 种程序设计方法的讲述可以看出编制梯形图的这几种方法各有如下特点：

（1）采用经验法设计梯形图是直接用输入信号控制输出信号，如图 6-3 所示。如果无法直接控制，或为了实现记忆、联锁、互锁等功能，只好被动地增加一些辅助元件和辅助触点。由于不同的系统的输出信号和输入信号之间的关系各不相同，以及它们对联锁、互锁的要求多种多样，因此不可能找出一种简单通用的设计方法。

（2）顺序控制设计法是用输入信号控制代表各步的编程元件（状态继电器 S），再用它们控制输出信号，将整个程序分为控制程序和输出程序两部分，如图 6-4 所示。因为步是根据输出量的状态划分的，所以编程元件和输出之间具有很简单的逻辑关系，输出程序的设计极为简单，而代表步的状态继电器的控制程序，不管多么复杂，其设计方法都是相同的，并且很容易掌握，同时代表步的辅助继电器是依次顺序变为 ON/OFF 状态的，基本上解决了系统的记忆、联锁等问题。

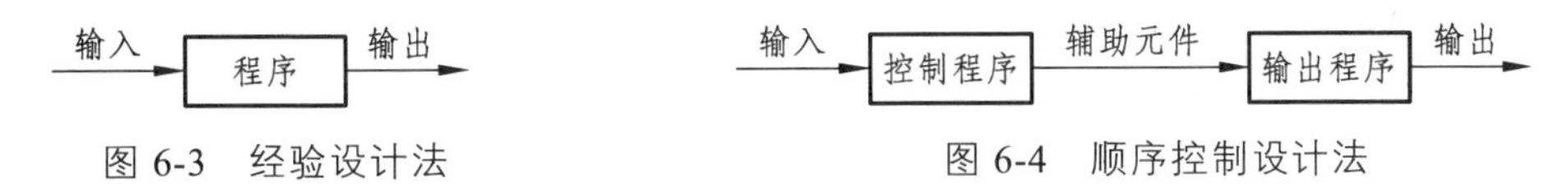

图 6-3　经验设计法　　　　图 6-4　顺序控制设计法

6.2　梯形图设计规则

（1）梯形图所使用的元件编号应在所选用的 PLC 机型规定范围内，不能随意选用。

（2）使用输入继电器触点的编号，应与控制信号的输入端号一致。当使用输出继电器时，应与外接负载的输出端号一致。

（3）触点画在水平线上。

（4）画在线圈的左边，线圈右边不能有触点。

（5）当有串联线路并联时，应将触点最多的那个串联回路放在梯形图最上部。当有并联线路串联时，应将触点最多的那个并联回路放在梯形图最左边，如图 6-5 所示。这样排列的程序简洁。

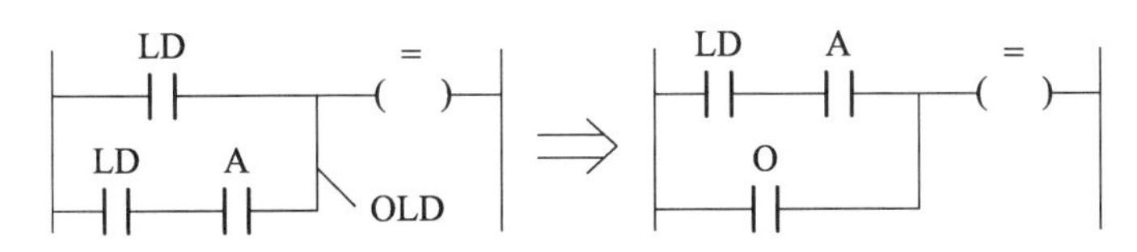

（a）串联多的电路尽量放上部

（b）并联多的电路尽量靠近母线

图 6-5　串并联梯形图画法

（6）对不可编程或不便编程的线路，必须将线路进行等效变换，以便于编程。图 6-6 所示的桥式线路不能直接编程，必须按逻辑功能进行等效变换才能编程。

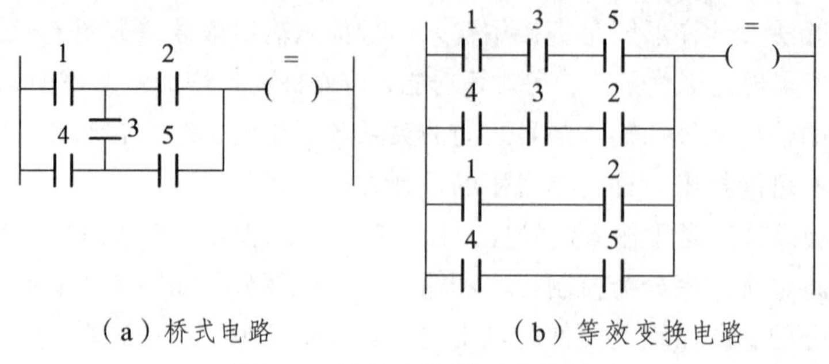

（a）桥式电路　　（b）等效变换电路

图 6-6　等效变换梯形图画法

6.3　顺序功能图

6.3.1　顺序功能图组成

顺序功能图（Sequential Function Chart，SFC）又称为功能流程图或功能图，它是描述控制系统的控制过程功能和特性的一种图形，也是设计 PLC 的顺序控制程序的有力工具。

顺序控制指令（简称顺控指令）是 PLC 生产厂家为用户提供的可使功能图编程简单化和规范化的指令。顺序控制指令可将顺序功能图转换成梯形图程序，顺序功能图是设计梯形图程序的基础。

顺序功能图主要由步、转移、动作及有向线段等元素组成。如果适当运用组成元素，就可得到控制系统的静态表示方法，再根据转移出发规则模拟系统的运行，就可以得到控制系统的动态过程。

1. 步

将控制系统的一个周期划分为若干个顺序相连的阶段，这些阶段称为步，并用编程元件来代表各步。步的符号如图 6-7（a）所示。矩形框中可写上该“步”的编号或代码。

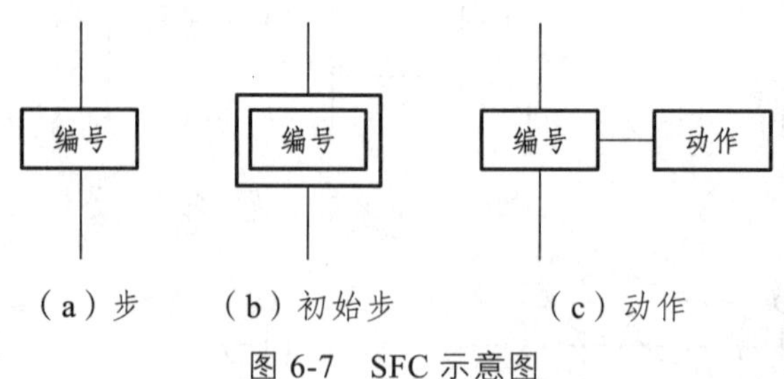

（a）步　（b）初始步　（c）动作

图 6-7　SFC 示意图

（1）初始步：与系统初始状态相对应的“步”称为初始步。初始状态一般是系统等待启动命令的状态，一个控制系统至少要有一个初始步。初始步的图形符号为双线的矩形框，如图 6-7（b）所示。在实际使用时，有时也画成单线矩形框，有时画一条横线表示功能图的开始。

（2）活动步：控制系统正处于某一步所在的阶段时，该步处于活动状态，称为活动步。当步处于活动状态时，执行相应的动作；当步处于非活动状态时，停止执行相应的非存储型的动作。

（3）与步对应的动作或命令：在每个稳定的步下，可能会有相应的动作。动作的表示方法如图 6-7（c）所示。

2. 转　移

为了说明从一个步到另一个步的变化，要用转移概念，即用一个有向线段（表示转移的方向）及一段横线来表示。转移的符号如图 6-8 所示。

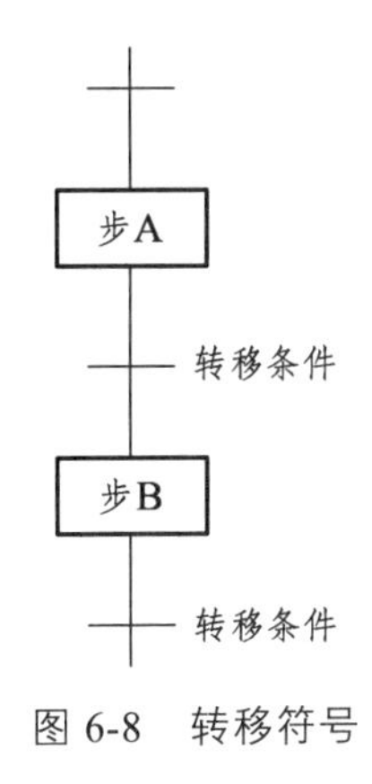

图 6-8　转移符号

转移是一种条件，当此条件成立，称为转移使能。当前转移如果能使“步”发生转移，则称为触发。一个转移能够触发必须满足：步为活动步及转移使能。转移条件是指使系统从一个步向另一个步转移的必要条件，通常用文字、逻辑语言及符号来表示。

3. 功能图的构成规则

控制系统功能图的绘制必须满足以下规则：

（1）步与步不能相连，必须用转移分开。

（2）转移与转移不能相连，必须用步分开。

（3）步与转移、转移与步间的连接采用有向线段。从上向下画时，可以省略箭头“<”，当有向线段从下往上画时，必须画上箭头，以表示方向。

（4）一个功能图至少要有一个初始步。

这里以某冲压机控制为例来说明顺序功能图的使用。冲压机的初始位置是冲头抬起，处于高位；当操作者按启动按钮时，冲头向工件冲击；当冲头到最低位置时，触动低位行程开关，然后冲头抬起，回到高位，触动高位行程开关，停止运行。图 6-9 所示为功能图表示的冲压机运行过程。冲压机的工作顺序可分为 3 个步：初始步、下冲和返回。从初始步到下冲步的转移必须满足启动信号和高位行程开关信号同时为 ON 才能发生，从下冲步到返回步，必须满足低位行程开关为 ON 才能发生。

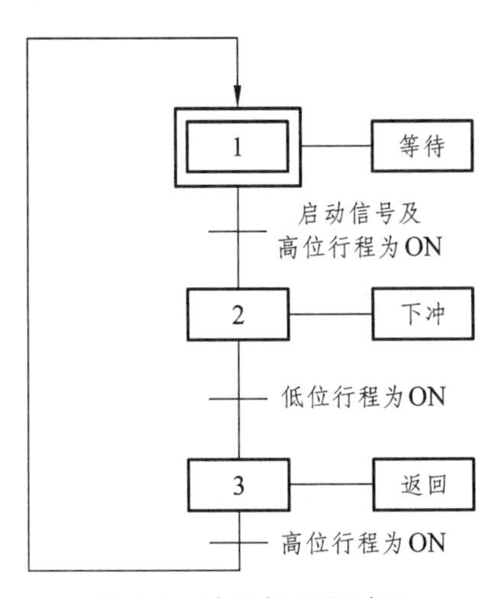

图 6-9　冲压机运行过程

6.3.2 顺序功能图绘制的注意事项

（1）两个步和两个转换不能直接相连。

两个步不能直接相连，必须用一个转换将它们隔开；两个转换也不能直接相连，必须用一个步将它们隔开。

（2）初始步必不可少。

若没有初始步，将无法表示初始状态，系统无法返回停止状态，同时初始步与它相邻步的输出变量的状态不相同。

（3）用初始脉冲将初始步变为活动步。

在顺序功能图中，只有当某步的前一步变为活动步，该步才能变成活动步。为使系统能够正常运行，必须用初始脉冲将初始步变为活动步，否则系统将无法运行。

（4）控制系统能多次重复执行同一工艺过程。

在顺序功能图中应有由步和有向连线组成的闭环回路，以体现工作周期的完整性。

6.3.3 顺序控制指令

顺序控制指令包含 3 部分：段开始指令 LSCR、段转移指令 SCRJ 和段结束指令 SCRE。

1. 段开始指令 LSCR

段开始指令的功能是标记一个顺控程序段（或一个步）的开始，其操作数是状态继电器 Sx.y（如 S0.0），Sx.y 是当前顺控程序段的标志位，当 Sx.y 为 1 时，允许该顺控程序段工作。

2. 段转移指令 SCRT

段转移指令的功能是将当前的顺控程序段切换到下一个顺控程序段，其操作数是下一个顺控程序段的标志位 Sx.y（如 S0.1）。当允许输入有效时，进行切换，即停止当前顺控程序段工作，启动下一个顺控程序段工作。

3. 段结束指令 SCRE

段结束指令的功能是标记一个顺控程序段（或一个步）的结束。每个顺控程序段都必须使用段结束指令来表示该顺控程序段的结束。

在梯形图中，段开始指令以功能框的形式编程，段转移指令和段结束指令以线圈形式编程，指令格式如表 6-2 所示。

表 6-2 顺序控制指令格式

指令名称	梯形图	STL
段开始指令 LSCR	??.? SCR	LSCR Sx.y
段转移指令 SCRT	??.? (SCRT)	SCRT Sx.y
段结束指令 SCRE	(SCRE)	SCRE

顺序控制（顺控）指令的特点如下：

（1）顺控指令仅仅对元件 S 有效，状态继电器 S 也具有一般继电器的功能。

（2）顺控程序段的程序能否执行取决于 S 是否置位，SCRE 与下一个 LSCR 指令之间的指令逻辑不影响下一个顺控程序段中程序的执行。

（3）不能把同一个 S 元件用于不同程序中。例如，如果在主程序中用了 S0.1，则在子程序中就不能再使用它。

（4）在顺控程序段中不能使用 JMP 和 LBL 指令，就是说不允许跳入、跳出或在内部跳转，但可以在顺控程序段的附近使用跳转指令。

（5）在顺控程序段中不能使用 FOR、NEXT 和 END 指令。

（6）在“步”发生转移后，所有的顺控程序段的元件一般也要复位，如果希望继续输出，可使用置位/复位指令。

（7）在使用功能图时，状态继电器的编号可以不按顺序安排。

6.3.4 顺序功能图的编程

在小型 PLC 的程序设计中，对于遇到大量的顺序控制或步进问题，如果能采用顺序功能图的设计方法，再使用顺序控制指令将其转化为梯形图程序，就可以完成比较复杂的顺序控制或步进控制。

1. 单纯顺序结构

单纯顺序结构的步进控制比较简单，其流程图及顺控指令的使用如图 6-10 所示。只要各步间的转换条件得到满足，就可以从上而下地顺序控制。

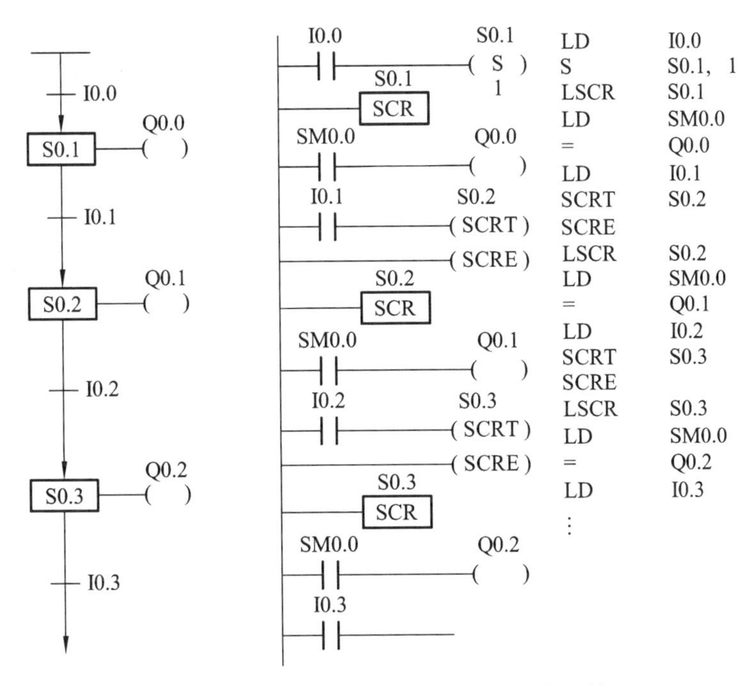

图 6-10 顺序结构的流程图与顺控指令的使用

2. 选择分支结构

某些情况下，控制流可能指向几个可能的控制流之一，这取决于哪一个转变条件首先变为真。图 6-11 所示是选择分支结构的状态流程图和顺控指令的使用。在图 6-11 中，步 S0.1 后有两条分支，分支成立条件分别为 I0.1 和 10.4，哪个分支条件成立，便从 S0.1 转向条件成立后的分支运行。

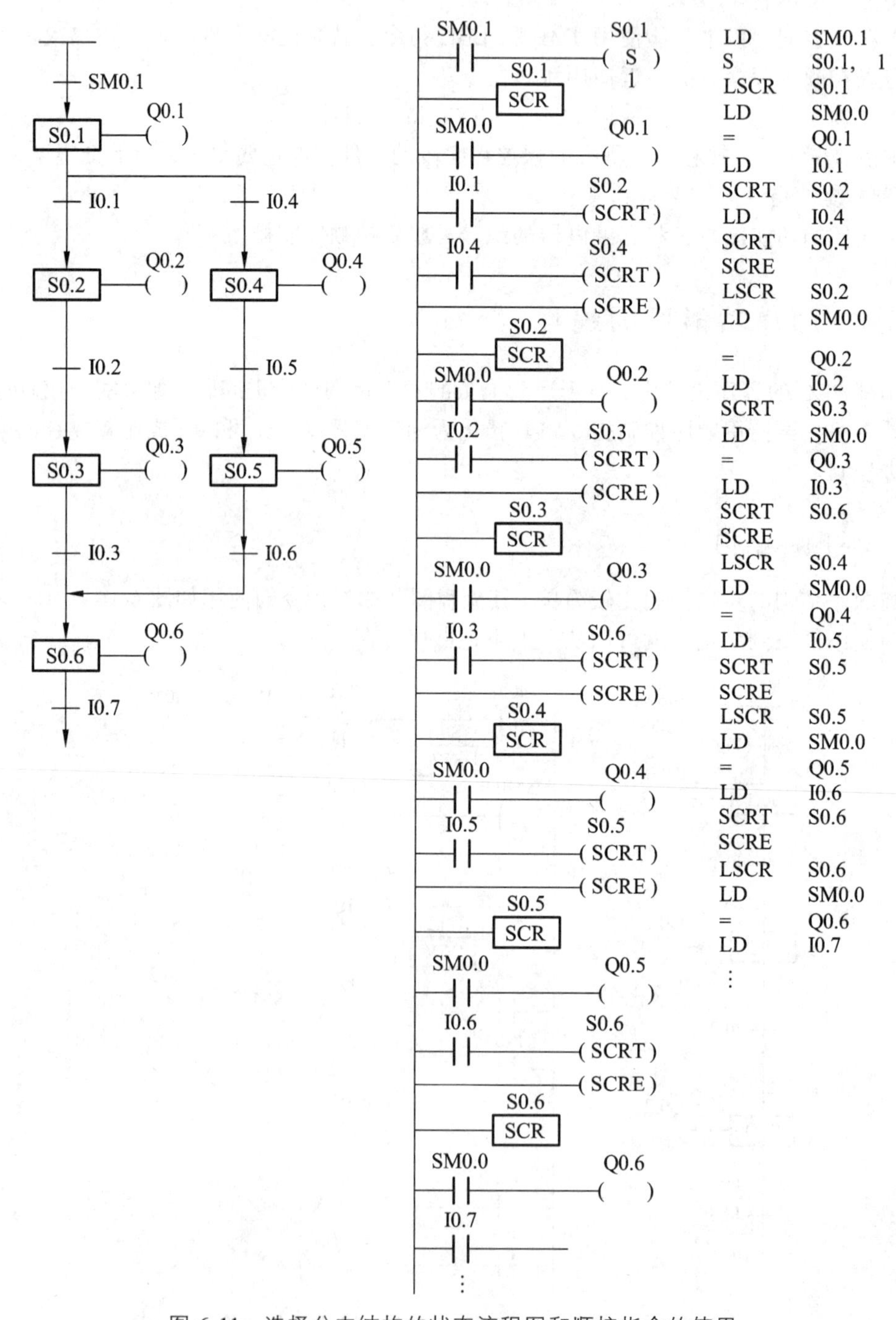

图 6-11 选择分支结构的状态流程图和顺控指令的使用

3. 并行分支结构

在状态流程图中用水平双线表示并行分支开始和结束。在设计并行结构的各个分支时，为提高系统工作效率，应尽量使各个支路的工作时间接近一致。并行分支结构的状态流程图和顺控指令的使用如图 6-12 所示。在图 6-12 中，I0.1 接通后，S0.2 和 S0.4 会同时各自开始运行，当两条分支运行到 S0.3 和 S0.5 时，当 I0.4 接通后，会从两条分支运行转移到步 S0.6，继续往下运行。

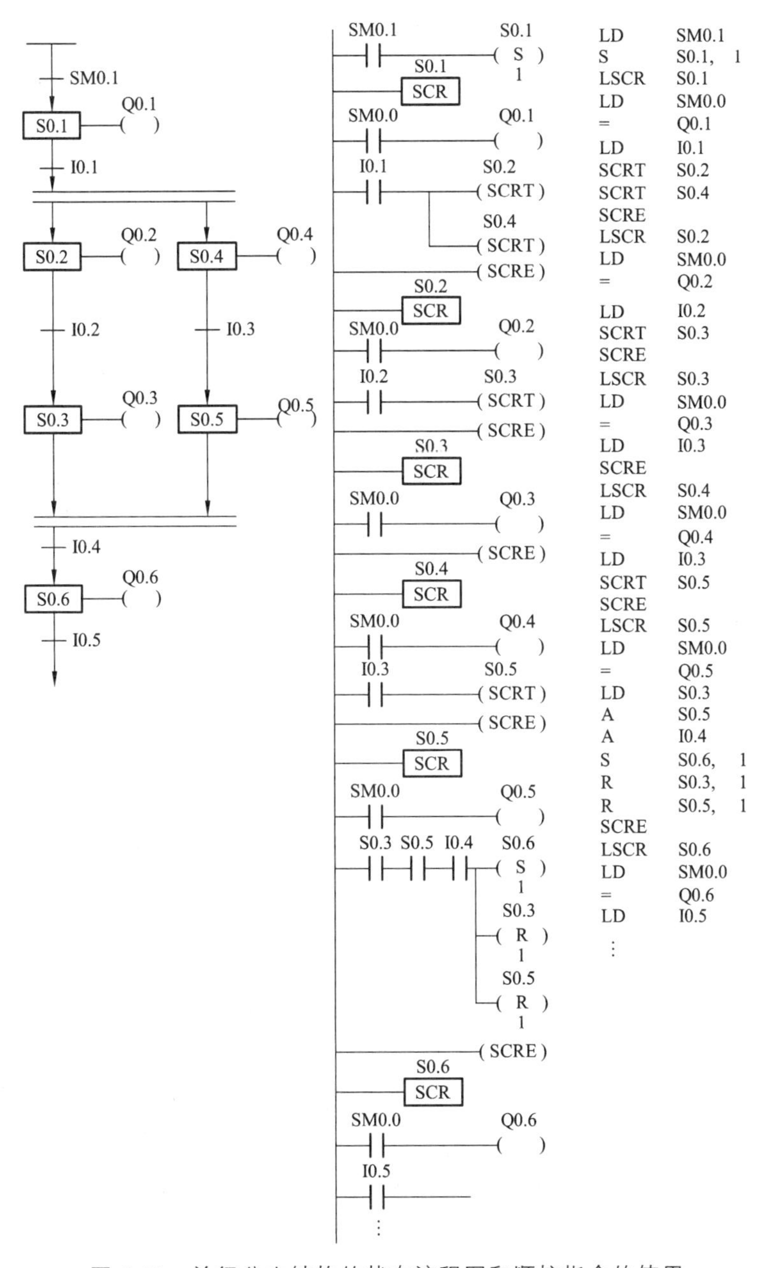

图 6-12　并行分支结构的状态流程图和顺控指令的使用

4. 循环结构

循环结构是选择分支结构的一个特例，它用于一个顺序控制过程的多次或往复运行。图 6-13 为循环结构的状态流程图及顺控指令的使用。在图 6-13 中，当 I0.3 和 I0.4 接通后，会从 S0.3 转移到 S0.1，循环执行。

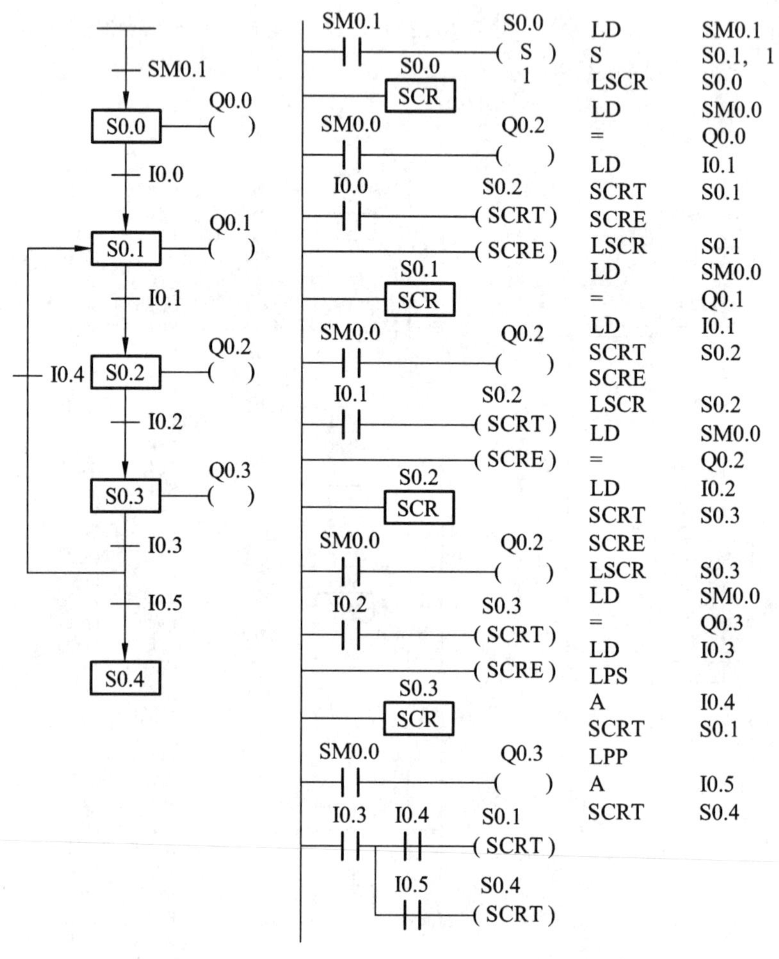

图 6-13 循环结构的状态、流程图和顺控指令的使用

5. 复合结构

在一个比较复杂的控制系统中，其状态流程图往往是复合结构，即分支中有分支、分支中有循环或循环中有分支等。复合结构状态流程的程序编写，应先编写其中的并行分支结构、循环结构部分，然后按照转移条件将各部分连接起来。

通过编写上述几个状态流程图的程序可以发现，在状态流程图中，状态寄存器会无条件地驱动某个输出元件或者定时器与计数器。而相应的程序中会出现“LD SMO.O”去驱动输出元件或者定时器与计数器。因为流程图中表示的是无条件驱动某个输出元件或者定时器和计数器，所以在编程中以“只要 PLC 处于 RUN 状态（SM0.0 = 1）时都执行此操作”来表示。

6.4 PLC 程序及调试说明

实际的 PLC 应用系统往往比较复杂，复杂系统不仅需要的 PLC 输入/输出点数多，而且为了满足生产的需要，很多工业设备都需要设置多种不同的工作方式，常见的有手动和自动（连续、单周期、单步）等工作方式。

6.4.1 复杂程序的设计方法

复杂程序的设计方法如下：

1. 确定程序的总体结构

将系统的程序按工作方式和功能分成若干部分，如公共程序、手动程序、自动程序等。手动程序和自动程序不是同时执行的，所以用跳转指令将它们分开，用工作方式的选择信号作为跳转的条件。

2. 分别设计局部程序

公共程序和手动程序相对较为简单，一般采用经验设计法进行设计；自动程序相对比较复杂，对于顺序控制系统一般采用顺序控制设计法。

3. 程序的综合与调试

进一步理顺各部分程序之间的相互关系，并进行程序的调试。

6.4.2 程序的内容和质量

1. PLC 程序的内容

程序应最大限度地满足控制要求，完成所要求的控制功能。除控制功能外，通常还应包括以下几个方面的内容：

1）初始化程序

在 PLC 上电后，一般都要做一些初始化的操作。其作用是为启动做必要的准备，并避免系统发生误动作。

2）检测、故障诊断、显示程序

应用程序一般都设有检测、故障诊断和显示程序等内容。

3）保护、联锁程序

各种应用程序中，保护和联锁是不可缺少的部分。它可以杜绝由于非法操作而引起的控制逻辑混乱，保证系统的运行更安全、可靠。

2. PLC 程序的质量

程序的质量可以由以下几个方面来衡量：

1）程序的正确性

所谓正确的程序必须能经得起系统运行实践的考验，离开这一条对程序所做的评价都是没有意义的。

2）程序的可靠性

好的应用程序可以保证系统在正常和非正常（短时掉电再复电、某些被控量超标、某个环节有故障等）工作条件下都能安全可靠地运行，也能保证在出现非法操作（如按动或误触动了不该动作的按钮）等情况下不至于出现系统控制失误。

3）参数的易调整性

易通过修改程序或参数而改变系统的某些功能。例如，有的系统在一定情况下需要变动某些控制量的参数（如定时器或计数器的设定值等），在设计程序时必须考虑怎样编写才能易于修改。

4）程序的简洁性

编写的程序应尽可能简练。

5）程序的可读性

程序不仅仅给设计者自己参阅，系统的维护人员也要阅读。另外，为了有利于交流，也要求程序有一定的可读性。

6.4.3 程序的调试

PLC 程序的调试可以分为模拟调试和现场调试。

调试之前应先对 PLC 外部接线仔细检查，确保无误。也可以用事先编写好的试验程序对外部接线做扫描通电检查来查找接线故障。

为了安全考虑，最好将主电路断开，当确认接线无误后再连接主电路，将模拟调试好的程序送入用户存储器进行调试，直到各部分的功能都正常，并能协调一致地完成整体的控制功能为止。

1. 模拟调试

（1）将设计好的程序写入 PLC 后，应先逐条仔细检查，并改正写入时出现的错误。

（2）用户程序一般先在实验室模拟调试，实际的输入信号可以用钮子开关和按钮来模拟，各输出量的“通/断”状态用 PLC 上有关的发光二极管来显示，一般不用接 PLC 实际的负载（如接触器、电磁阀等）。

（3）在调试时应充分考虑各种可能的情况，以及各种可能的进展路线，都应逐一检查，不能遗漏。

（4）发现问题后应及时修改梯形图和 PLC 中的程序，直到在各种可能的情况下输入量与输出量之间的关系完全符合要求。

（5）程序中的定时器或计数器应该选择合适的设定值。

2. 现场调试

（1）将 PLC 安装在控制现场进行联机总调试，在调试过程中将暴露出系统图和梯形图程序设计中的问题，传感器、执行器和硬接线等方面的问题，以及 PLC 的外部接线问题，应对出现的问题及时加以解决。

（2）如果调试达不到指标要求，则对相应硬件和软件部分做适当调整，通常只需要修改程序就可以达到调整的目的。

（3）全部调试通过后，经过一段时间的考验，系统就可以投入实际的运行了。

6.5 顺序功能图的应用——以交通信号灯控制为例

自从交通灯诞生以来，其内部的电路控制系统就不断地被改进，设计方法也多种多样，从而使交通灯显得更加智能化。近几年来，随着电子与计算机技术的飞速发展，电子电路分析和设计方法有了很大的改进，电子设计自动化也已经成为现代电子系统中不可缺少的工具和手段。现今 PLC 技术飞快发展，应用越来越广，在工业自动化中的地位极为重要，广泛地应用于各个行业。随着科技的发展，可编程控制器的功能日益完善，加上小型化、价格低、可靠性高，在现代工业中的作用更加突出。

6.5.1 交通灯的控制要求

1. 交通灯示意图

交通灯示意图如图 6-14 所示。

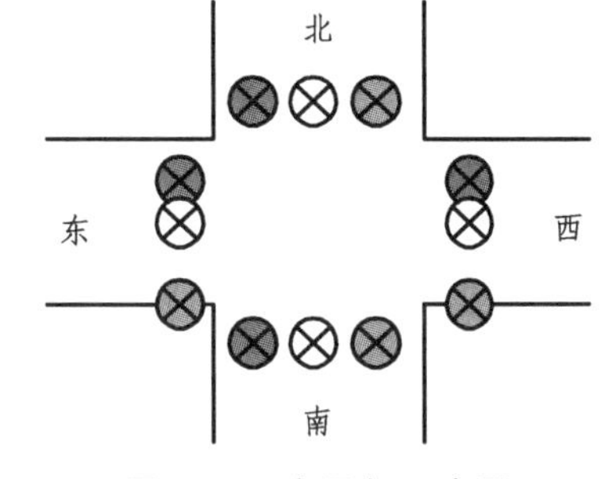

图 6-14 交通灯示意图

2. 工作要求和过程

主要工序要求如下：

（1）信号灯受启动开关控制。当启动开关接通时，信号灯系统开始工作，先南、北红灯亮，再东、西绿灯亮。当启动开关断开时，所有信号灯都熄灭。

（2）南、北绿灯和东、西绿灯不能同时亮，如果同时亮则应关闭信号灯系统，并立刻报警。

（3）南、北红灯亮 25 s，在南、北红灯亮的同时东、西绿灯也亮，并维持 20 s，到 20 s 时，东、西绿灯闪亮，闪亮 3 s 后熄灭。在东、西绿灯熄灭时，东、西黄灯亮，并维持 2 s。2 s 到时，东、西黄灯熄灭，东、西红灯亮。同时，南、北红灯熄灭，绿灯亮。

（4）东、西红灯亮维持 30 s，南、北绿灯亮维持 25 s，然后闪亮 3 s 后熄灭，同时南、北黄灯亮，维持 2 s 后熄灭，这时南、北红灯亮，东、西绿灯亮。

（5）上述动作应循环进行。

注意：要求南、北绿灯和东、西绿灯不能同时亮，否则关闭系统，并立刻报警。

3. 根据交通灯示意图模拟控制

在 PLC 交通灯模拟模块中，东、西、南、北都有 3 个控制信号灯，它们分别是：禁止通行灯（亮时为红色）、允许通行灯（亮时为绿色）、准备禁止通行灯（亮时为黄色）。所以结合交通灯实际情况可以设计交通灯模拟控制，当交通系统启动开关接通时按照工作要求运行。

南北向和东西向，均设有红灯 25 s，绿灯 20 s，绿灯闪亮 3 s 和黄灯闪亮 2 s。当东西方向的红灯点亮时，南北方向应该依次点亮绿灯，绿灯闪亮，然后黄灯点亮。反之，当南北方向的红灯点亮时，东西方向，应该依次点亮绿灯，绿灯闪亮，然后黄灯点亮。当启动开关断开时，所有信号灯都熄灭。

6.5.2 交通灯控制的设计

1. 顺序功能图

设启动按钮用 I0.0 表示，6 个工作状态分别用顺序控制继电器位 S0.0、S0.1、S0.2、S0.3、S0.4、S0.5 表示，分别用 T0、T1、T2、T3、T4、T5 表示定时器。

当 I0.0 启动按钮得电时，将激活 S0.0，进入第一步状态，在该状态南北红灯亮，东西绿灯亮，同时启动定时器 T1，T1 定时时间到时，转换条件满足，结束 S0.0 并激活 S0.1 进入下一个工作状态。在该状态南北红灯亮，东西绿灯闪亮，同时启动定时器 T2，T2 定时时间到时，转换条件满足，结束 S0.1 激活 S0.2 进入下一个工作状态。在该状态南北红灯亮，东西黄灯亮，依次激活 S0.3、S0.4、S0.5，当定时器 T6 时间到时再次激活 S0.0，不断循环执行。

顺序功能图如图 6-15 所示。

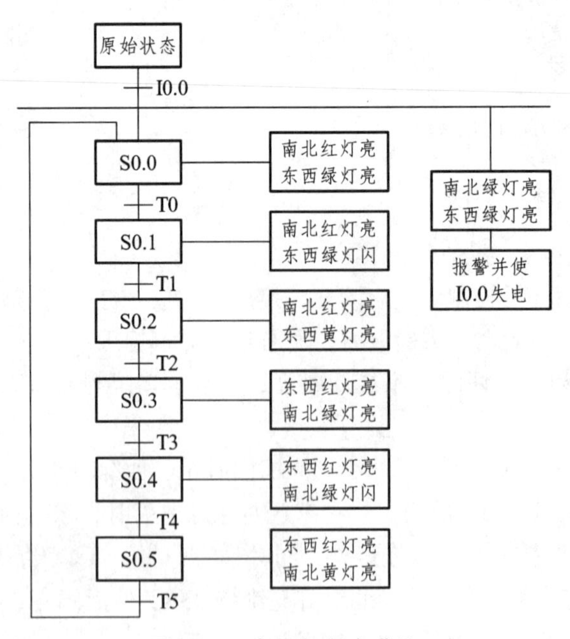

图 6-15　交通灯顺序功能

2. I/O 分配及接线图

硬件结构设计要了解各个对象的控制要求，分析对象的控制要求，确定输入/输出（I/O）接口的数量，确定所控制参数的精度及类型，如对开关量、模拟量的控制，用户存储器的存储容量等。选择合适的 PLC 机型及外设，完成 PLC 的硬件结构配置。

根据上述选型及工作要求，绘制 PLC 控制交通灯的电路接线图，编制 I/O 接口功能表，根据信号控制要求，I/O 分配如表 6-3 所示，接线如图 6-16 所示。

所谓输入/输出接口电路是 PLC 与被控对象间传递输入/输出信号的接口部件，各输入/输出点的通断态用发光二极管（LED）显示，外部接线一般接在 PLC 的接线端子上。

表 6-3 I/O 分配表

输入	输出	机内器件
	报警灯 Q0.0	T37 南北红灯 25 s
	南北红灯 Q0.1	T38 东西红灯 25 s
启动开关 I0.0	南北绿灯 Q0.2	T39 东西绿灯 20 s
	南北黄灯 Q0.3	T40 东西绿灯闪 3 s
停止开关 I0.1	东西红灯 Q0.4	T41 东西黄灯 2 s
	东西绿灯 Q0.5	T42 南北绿灯 20 s
	东西黄灯 Q0.6	T43 南北绿灯闪 3 s
		T44 南北黄灯 2 s

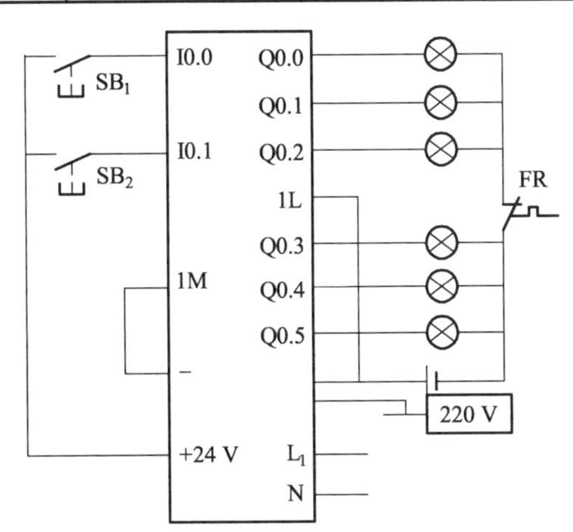

图 6-16 交通灯 PLC 外部 I/O 分配及接线图

6.5.3 编写程序

根据上述 I/O 分配表编写出的程序如下所示：

```
LD   I0.0
AN   Q0.0
ON   T37，250
LD   T37
TON T44，20
LDN T37
LD   T40
AN   T41
= Q0.3
```

```
AN    T38
TLD I0.0
AN    Q0.0
AN    T38
TON T37，250
LD    T37
TON T38，250
LDN Q0.0
A     I0.0
A     T37
TON T39，200
LD    T39
TON T40，30
LD    T40
TON T38，250
LDN Q0.0
A     I0.0
A     T37
TON T39，200
LD    T39
TON T40，30
LD    T40
TON T41，20
LD    T37
TON T42，200
LD    T42
TON T43，30
LD    T43
AN    Q0.0
A     I0.0
= Q0.1
LD    T37
= Q0.4
LD    Q0.1
AN    T39
= Q0.2
LD    T40> = I，I = 1
A     T40< = I，I = 10
= Q0.2
LD    T40> = I，I = 20
A     T40< = I，I = 30
= Q0.2
LD    Q0.4
AN    T42
= Q0.5
LD    T43> = I，I = 1
A     T43< = I，I = 10
= Q0.5
LD    T43> = I，I = 20
A     T43< = I，I = 30
= Q0.5
LD    T43
AN    T44
= Q0.6
A     Q0.5
= Q0.0
```

6.6 实践知识拓展

与本章知识有关的常见工程实践知识如下：

1. 继电器电路中的时间继电器与 PLC 的定时器有什么区别

时间继电器是用硬件实现的，其费用与个数成正比。PLC 的定时器主要是用软件实现的，硬件时钟只提供几种时基（基准时间脉冲列），通过对时钟脉冲的软件计数，达到定时的目的。现代的小型 PLC 一般都可以提供上百个定时器，与时间继电器相比，定时器具有硬件费用低、可靠性高、定时准确、重复精度高等优点。

2. 怎样对梯形图进行优化设计

在设计并联电路时，应将单个触点的支路放在下面；设计串联电路时，应将单个触点放在右边，否则将多使用一条指令。建议在有线圈的并联电路中将单个线圈放在上面，可以避免使用入栈指令 MPS 和出栈指令 MPP。在继电器电路中，若多个线圈都受某一触点串并联电路的控制，在梯形图中可设置用该电路控制的辅助继电器，它们类似于继电器电路中的中间继电器。在继电器电路中，为了减少使用的器件和触点，从而节省硬件成本，各个线圈的控制电路往往互相关联、交织在一起。如果不加改动地直接转换为梯形图，要使用大量的进栈、读栈和出栈指令。因此可以将各线圈的控制电路分离开来设计。

3. 什么情况下需要设置双重互锁

控制异步电动机正反转，星形-三角形启动的交流接触器如果同时动作，将会造成三相电源短路。梯形图中的互锁只能保证两个输出继电器不会同时为 ON，由于切换过程中电感的延时作用，可能会出现一个接触器还未断弧，另一个却已合上的现象，从而造成瞬间短路故障。如果某一接触器的主触点被断电时产生的电弧熔焊相粘连，其线圈断电后主触点仍然是接通的，这时如果另一接触器的线圈通电，仍将造成三相电源短路事故。为了防止出现上述的情况，还应在 PLC 外部设置由接触器的辅助常闭触点组成的硬件互锁电路。指令不管出现什么情况，只要一个接触器的主触点闭合，它的辅助常闭触点一定是断开的，可以有效地防止另一接触器的线圈通电。

4. 使用顺序控制功能图编程时，必须注意什么

在使用顺序控制功能图编程时，必须注意系统停止的控制方式。一般情况下可能有两种停止要求，即立即停和完成当前周期后停。对于立即停的要求，可以通过使初始状态以外的其他所有状态器同时复位来解决；完成当前周期后停的办法是按下停止按钮后，断开初始状态及与初始状态的转移目标状态之间的转移条件。

5. 顺序控制功能图程序的执行应遵循哪些规则

顺序控制功能图程序的执行应遵循相应的规则，每一程序组织单元与一任务相对应，任务负责周期性地执行程序组织单元内的程序，顺序控制功能图的动作也是以同样的周期被执行。

6. 对不安全的顺序控制功能图如何处理

如果一个完整的顺序控制功能图能分解为一个单步，该顺序控制功能图就是安全的，否则是不安全的。对于不安全的顺序控制功能图需要重新划分步，重新进行顺序功能图的绘制。

7. PLC 程序的经验设计法的思路、特点及适用场合

基本思路：在已有的典型梯形图的基础上，根据被控对象对控制的要求，通过多次反复地调试和修改梯形图，增加中间编程元件和触点，以得到一个较为满意的程序。

基本特点：没有普遍的规律可以遵循，设计所用的时间、设计的质量与编程者的经验有很大的关系。

适用场合：可用于逻辑关系较简单的梯形图程序设计。

8. 怎样将继电器电路图直接转换为 PLC 的梯形图

继电器电路图是一个纯粹的硬件电路图，改为 PLC 控制时，需要用 PLC 的外部接线图和梯形图来等效继电器电路图。在“一变二”的转换过程中，可以将 PLC 想象成一个继电器控制系统中的控制箱，其外部接线图描述了这个控制箱的外部接线，梯形图是这个控制箱的内部“电路图”，梯形图中的输入继电器和输出继电器是这个控制箱与外部世界联系的“接口继电器”，这样就可以用分析继电器电路图的方法来分析 PLC 控制系统。在分析梯形图时可以将梯形图中输入继电器的触点想象成对应的外部输入器件的触点或电路，将输出继电器的线圈想象成对应的外部负载的线圈。外部负载的线圈除了受梯形图的控制外，还可能受外部触点的控制。

应了解和掌握被控设备的工作原理、工艺过程和机械的动作情况，设计的第一步是确定 PLC 的输入信号和输出负载，在此基础上画出 PLC 的外部接线图。

继电器电路图中的交流接触器和电磁阀等执行机构用 PLC 的输出继电器来控制。按钮、操作开关和行程开关、压力继电器等的触点接在 PLC 的输入端。继电器电路图中的中间继电

器对应梯形图中的辅助继电器，时间继电器对应梯形图中的定时器。

画出 PLC 的外部接线图后，同时也确定了 PLC 的各输入信号和输出负载对应的输入继电器和输出继电器的元件号，为梯形图的设计打下了基础。

9. 将继电器电路图转换为 PLC 梯形图时，怎样实现时间继电器的瞬动触点

PLC 的定时器只有延时触点，没有与线圈的状态同步的瞬动触点，如果需要瞬动触点，可以在定时器的线圈两端并联一个辅助继电器的线圈，后者的触点相当于定时器的瞬动触点。

10. 怎样处理热继电器的过载信号

如果热继电器属于自动复位型，其触点提供的过载信号必须通过输入电路提供给 PLC，用梯形图实现过载保护。如果属于手动复位型热继电器，其常闭触点可以在 PLC 的输出电路中与控制电机的交流接触器的线圈串联，这样可以节省一个 PLC 的输入点。

习　题

1. 顺序控制功能图编程一般应用于什么场合？

2. 顺序控制功能图中状态器的三要素是什么？

3. 操作题：

（1）并行顺序控制功能图如图 6-17 所示，画出对应的梯形图和语句表。

（2）试用 PLC 设计一个控制系统，控制要求如下：开机时，先启动 M1 电动机，5 s 后才能启动 M2 电动机；停止时，先停止 M2 电动机，2 s 后才能停止 M1 电动机。

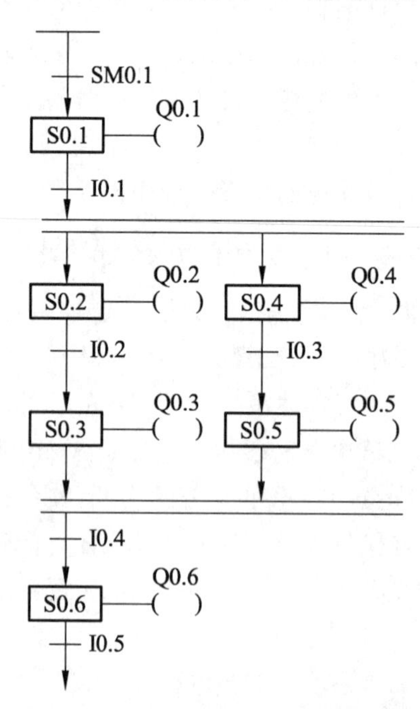

图 6-17　并行分支顺序控制功能图

第 7 章　STEP7-Micro/WIN V4.0 编程软件的使用

STEP7-V4.0 编程软件是专为西门子公司 S7-200 系列小型机而设计的编程工具软件，使用该软件可根据控制系统的要求编制控制程序并完成与 PLC 的实时通信，进行程序的下载与上传及在线监控。

7.1　STEP7-Micro/WIN 简介

7.1.1　编程软件的安装

双击 STEP7-Micro/WIN V4.0 版的安装程序 Setup.exe，根据安装时的提示逐步完成安装，进入安装程序时选择英语作为安装过程中使用的语言。

安装过程中会出现“Set PG/PC Interface”对话框，表示设置编程计算机与 PLC 的通信参数，通信参数可以在安装软件时设置，也可以在软件安装完成后再设置。安装完成后，执行菜单命令“Tools”→“Options”，在打开的对话框左边单击“General”标签，选择语言为“Chinese”。保存设置后退出 STEP 7-Micro/WIN，再次进入该软件时界面改为中文界面。

7.1.2　STEP7-Micro/WIN 软件界面和项目组成

STEP7-Micro/WIN 的中文界面如图 7-1 所示，包括菜单栏、工具栏、浏览条、指令树、输出窗口、程序编辑器等部分。浏览条中显示常用的编程按钮，包括程序块、数据块、系统块、符号表、状态表、交叉引用表及通信按钮。此外，在浏览条的工具栏中，还包括指令向导、文本显示向导等按钮，可以通过向导完成一系列设置操作。

1. 操作栏

显示编程特性的按钮控制群组：

查看：选择该类别，为程序块、符号表，状态图，数据块，系统块，交叉参考及通信显示按钮控制。

工具：选择该类别，显示指令向导、文本显示向导、位置控制向导、EM 253 控制面板和调制解调器扩展向导的按钮控制。

注释：当操作栏包含的对象因为当前窗口大小无法显示时，操作栏显示滚动按钮，使用户能向上或向下移动至其他对象。

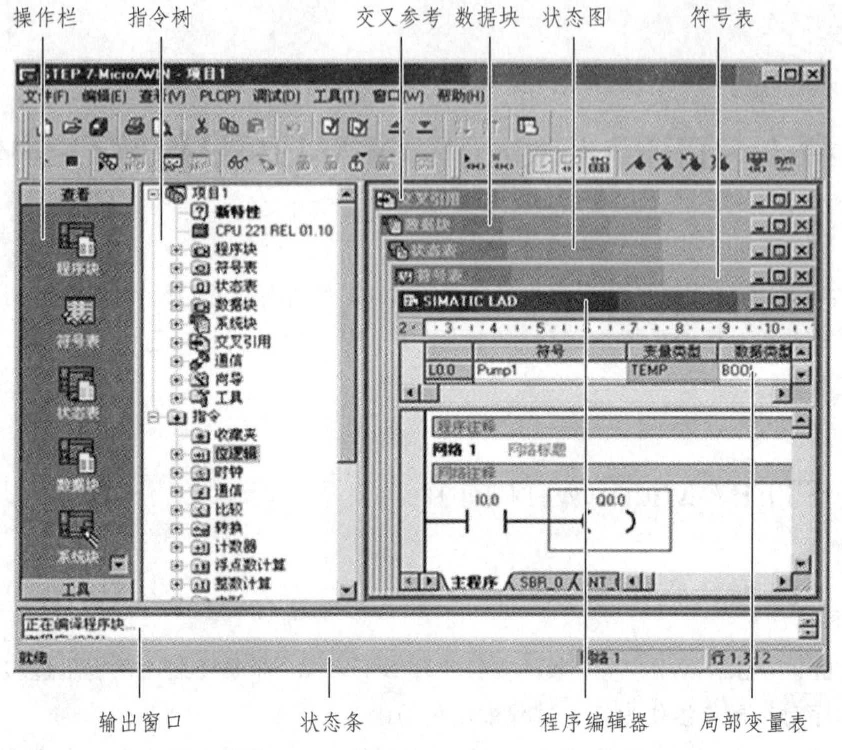

图 7-1　STEP7-Micro/WIN 的中文界面

2. 指令树

提供所有项目对象和为当前程序编辑器（LAD、FBD 或 STL）提供的所有指令的树形视图。用户可以用鼠标右键点击树中“项目”部分的文件夹，插入附加程序组织单元（POU）；也可以用鼠标右键点击单个 POU，打开、删除、编辑其属性表，用密码保护或重命名子程序及中断例行程序；还可以用鼠标右键点击树中“指令”部分的一个文件夹或单个指令，以便隐藏整个树。一旦打开指令文件夹，就可以拖放单个指令或双击，按照需要自动将所选指令插入程序编辑器窗口中的光标位置。可以将指令拖放在“偏好”文件夹中，排列经常使用的指令。

3. 交叉参考

允许用户检视程序的交叉参考和组件使用信息。

4. 数据块

允许用户显示和编辑数据块内容。

5. 状态图窗口

允许用户将程序输入、输出或变量置入图表中，以便追踪其状态。用户可以建立多个状态图，以便从程序的不同部分检视组件。每个状态图在状态图窗口中都有自己的标签。

6. 符号表／全局变量表窗口

允许用户分配和编辑全局符号（即可在任何 POU 中使用的符号值，不只是建立符号的 POU），可以建立多个符号表。可在项目中增加一个 S7-200 系统符号预定义表。

7. 输出窗口

在用户编译程序时提供信息。当输出窗口列出程序错误时，可双击错误信息，会在程序编辑器窗口中显示适当的程序网络。

8. 状态条

提供用户在 STEP7-Micro/WIN 中操作时的操作状态信息。

9. 程序编辑器窗口

包含用于该项目的编辑器（LAD、FBD 或 STL）的局部变量表和程序视图。如果需要，用户可以拖动分割条，扩展程序视图，并覆盖局部变量表。当用户在主程序一节（MAIN）之外，建立子程序或中断例行程序时，标记出现在程序编辑器窗口的底部。可点击该标记，在子程序、中断和 OB1 之间移动。

10. 局部变量表

包含用户对局部变量所赋的值（即子程序和中断例行程序使用的变量）。在局部变量表中建立的变量使用暂时内存，地址赋值由系统处理，变量的使用仅限于建立此变量的 POU。

11. 菜单栏

允许用户使用鼠标或键击执行操作，可以定制"工具"菜单，在该菜单中增加自己的工具。

12. 工具条

为最常用的 STEP7-Micro/WIN 操作提供便利的鼠标访问。用户可以定制每个工具条的内容和外观。

7.1.3 建立通信连接

建立编程计算机与 PLC 之间的通信连接有两种方式：通过 PPI 多主站电缆直接连接，或者通过带有 MPI 电缆的 CP 通信卡连接。其中使用 PPI 多主站电缆是比较常用和经济的方式。将 RS-232/PPI 多主站电缆 RS-232 端（标识为 PC）接到计算机的串行通信口，RS-485 端（标识为 PPI）接到 S7-200 CPU 的端口，然后设置电缆的 DIP 拨码开关。

打开 STEP 7-Micro/WIN 软件，单击左边的“通信”（Communication）图标，打开“通信”对话框，如图 7-2 所示。对话框右侧显示编程计算机将通过 PC/PPI 电缆尝试与 CPU 通信，本地编程计算机的网络通信地址为 0。单击对话框左下方的“设置 PG/PC 接口”（Set PG/PC Interface），可以设置计算机与 PLC 的通信方式，如图 7-3 和图 7-4 所示。

设置好参数后，在“通信”窗口中双击“双击刷新”图标，STEP 7-Micro/WIN 自动搜寻所连接的 S7-200 站并显示 CPU 的型号、版本号和网络地址。选择需要连接的站并确认后，便成功建立了计算机与 PLC 之间的通信。

建立了计算机与 PLC 的通信后，可以在 STEP7-Micro/WIN 软件中确认或修改原来设置的通信参数。单击浏览条中的“系统块”（System Block）图标，在“通信端口”选项中设置通信参数，系统块的参数下载到 PLC 后生效，如图 7-5 所示。

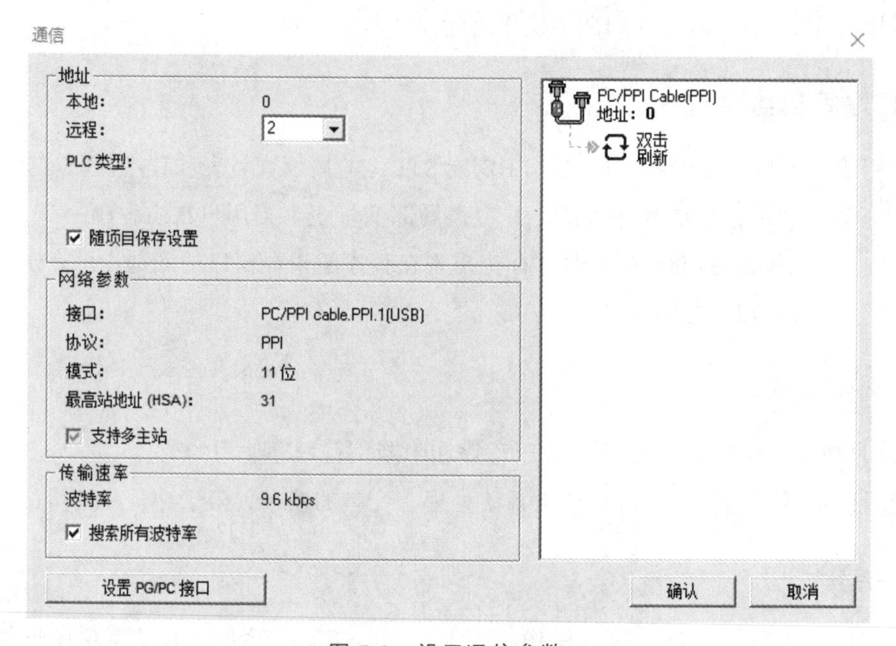

图 7-2　设置通信参数

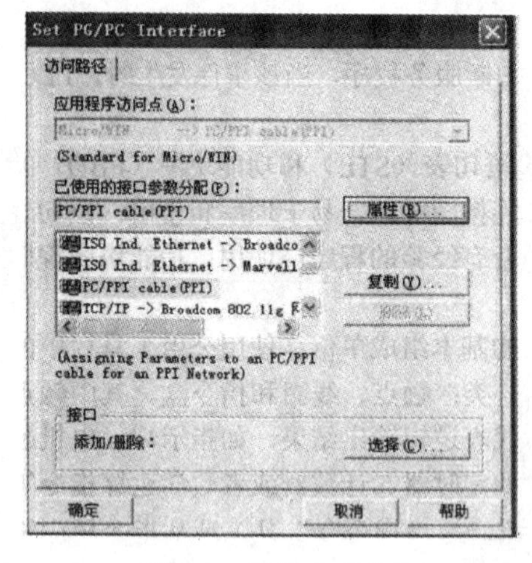

图 7-3　通信方式选择

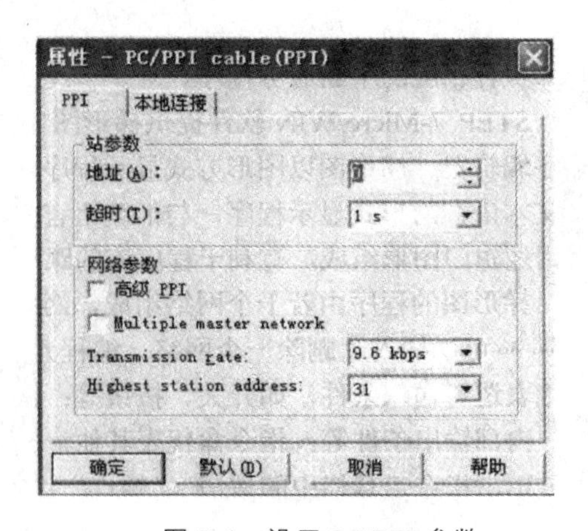

图 7-4　设置 PC/PPI 参数

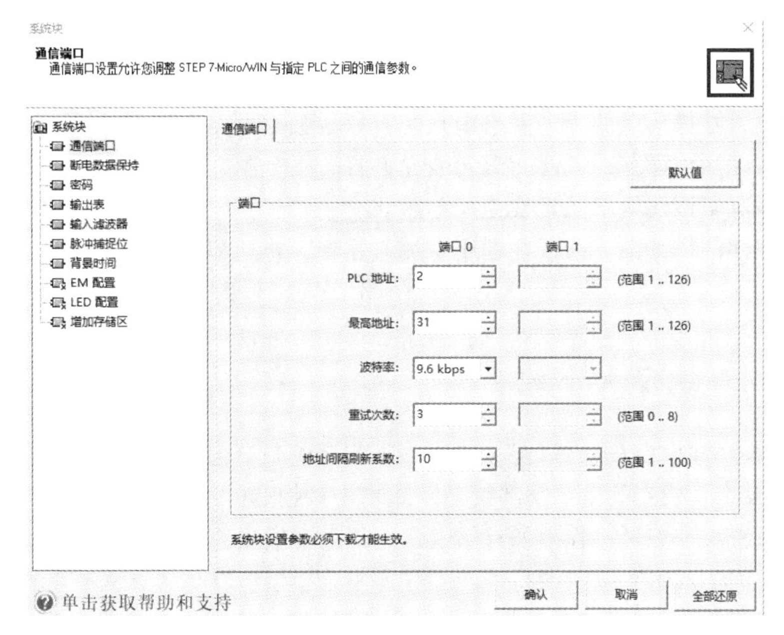

图 7-5 改变通信参数

7.1.4 项目创建和程序编写

单击标准工具栏上的“新建”按钮，或者使用菜单命令“文件”→“新建”，可以创建一个新的项目。如要打开一个已有项目，可以单击标准工具栏上的按钮，或者使用菜单命令“文件”→“打开”，选择需要打开的项目即可。

使用菜单命令“工具”→“选项”，可以选择默认的程序编辑器，包括梯形图、语句表或者功能块图编辑器。此外，还可以选择编程指令集和助记符集，默认情况下是 SIMATIC 指令集，英语助记符。

S7-200 PLC 的控制程序由主程序、子程序以及中断服务程序组成。主程序也叫作 OB1，在 PLC 的每个扫描周期顺序执行一次。

子程序只有被主程序、中断服务程序或者其他的子程序调用时才被执行。通常程序要实现某一重复功能时，可以使用子程序来实现，这样可以避免在主程序的不同位置多次使用相同的程序代码，减少了程序的长度，并且可以缩短主程序的扫描周期。

中断服务程序由操作系统调用而不是被主程序调用，只有当特定的中断事件发生时才被执行。用户可以为一个预先定义好的中断事件设计中断服务程序，当该事件发生时，PLC 会立即执行相应的中断服务程序。

STEP 7-Micro/WIN 软件提供梯形图（LAD）、语句表（STL）和功能块图（FBD）3 种程序编辑器。梯形图以图形方式显示程序，与电气连接图类似，易于理解和使用；语句表按照文本语言的形式显示程序，与汇编语言类似，适合有经验的程序员使用；功能块图程序由通用逻辑门图形组成，有利于程序流的跟踪。

梯形图的程序由若干个网络组成，网络是程序的基本组成单位，使用公用工具栏中的按钮可以插入、删除一个网络。编程元件分为 3 类：触点、线圈和指令盒。其中触点通常代表逻辑输入条件，如开关、按钮等；线圈通常代表逻辑输出结果，如指示灯、电机启动器、内部输出条件等；指令盒代表其他一些指令，如定时器、计数器或者数学运算指令等。输入编程元件后，在编程元件上方或下方输入该元件的参数。使用连接线可以构成结构复杂的梯形图。注意，在梯形图的一个网络中只能有一块独立电路，否则编译时会出现“无效网络或网络太复杂无法编译”的错误。语句表允许将若干个独立电路对应的语句放在同一个网络中，但这种情况下该网络不能转换为梯形图。

为了提高程序的可读性，通常在程序中加入注释，包括程序块的注释、网络的标题和注释等。

7.1.5 程序编译和下载

使用菜单命令“PLC”→“编译”，可以编译程序编辑器窗口的当前块（程序块或者数据块）；使用菜单命令“PLC”→“全部编译”或单击按钮可以编译当前项目中所有的程序块、数据块和系统块。编译过程中如有错误，编译后在输出窗口中显示出错误的个数、位置和产生错误的原因。双击某条错误将跳转到程序中该错误所在位置，只有将程序中的错误全部改正后，才能将程序下载到 PLC 中。

建立了计算机与 PLC 的连接，并且程序编译成功后，便可将程序下载到 PLC 中。使用菜单命令“文件”→“下载”，或者单击按钮弹出“下载”对话框，如图 7-6 所示，可以在对话框中设置关于下载的选项，选择是否下载程序块、系统块、数据块。下载程序时应保证 STEP7-Micro/WIN 中设置的 CPU 型号和版本与实际的 CPU 相同，否则将出现警告信息，程序无法下载。使用菜单命令“PLC”→“信息”可以获取实际连接的 CPU 信息。下载程序时 PLC 自动切换到 STOP 模式。

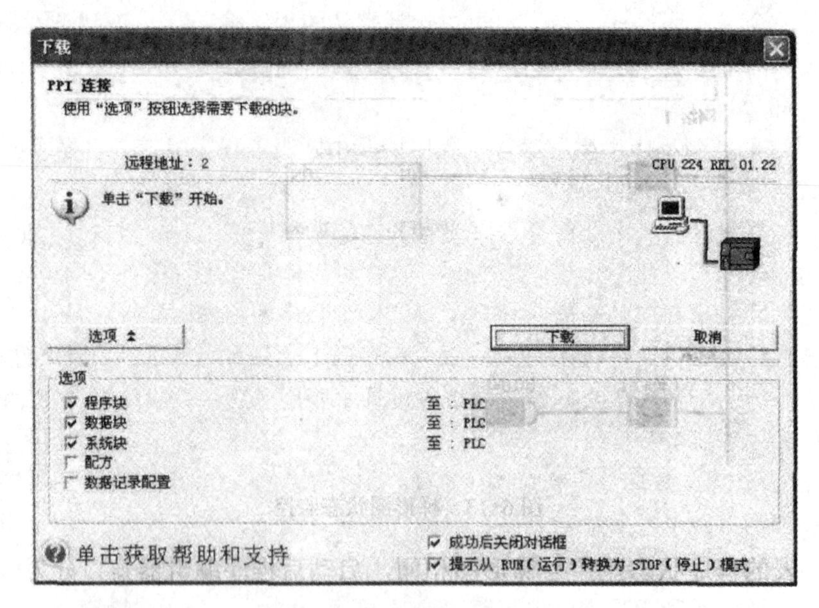

图 7-6 程序下载

与下载程序相对应，可以将 PLC 中的程序（包括数据块、系统块和程序块）上载到计算机中，使用菜单命令“文件”→“上载”，或者单击标准工具栏上的按钮弹出“上载”对话框，可以在对话框中设置上载程序的参数。如果上载程序时正在编辑另外一个项目，STEP7-Micro/WIN 会提示是否保存当前编辑的项目，为了避免原来的程序被覆盖，最好用一个新建的空项目来保存上载的程序。

7.1.6 程序监控与调试

程序监控是指显示程序在 PLC 中运行时显示有关 PLC 数据的当前值和能流状态的信息。在用户程序的运行过程中，数据的动态改变可以在程序编辑器中显示，如果需要同时监控的变量不能在程序编辑器中同时显示，可以使用状态表或者趋势图监控程序的运行状态。

1. 程序状态监控

在运行 STEP 7-Micro/WIN 的计算机与 PLC 之间建立起通信连接，并将程序下载到 PLC 后，使用菜单命令“调试”→“开始程序状态监控”，或者单击调试工具栏上的按钮，即可打开程序状态监控功能。下面分别介绍在梯形图和语句表程序编辑器中监控程序运行的方法。

在梯形图程序编辑器中监控程序，有两种不同的数据采集模式，使用菜单命令“调试”→“使用执行状态”，这时 STEP7-Micro/WIN 实时显示被监控的数据值；如果不选择“使用执行状态”，这时 STEP7-Micro/WIN 在经过多个 PLC 扫描周期后，采集一次被监控数据的值，然后在屏幕上刷新显示，这些最终显示的数值可能不会反映该操作数的所有数值变化。

将 CPU 置于 RUN 模式，这时程序中各编程元件的颜色发生变化，以此来表示元件不同的状态。灰色表示导线中没有能流、指令没有被执行。如果某操作数为 1，对应的常开触点和线圈变为蓝色，中间出现蓝色方块，有能流通过的导线也变为蓝色。指令盒指令有能流输入且该指令被成功执行时，该指令方框变为蓝色。定时器或计数器变为绿色时表示该定时器或计数器中含有有效数据，如图 7-7 所示。红色表示指令执行时出现了错误。

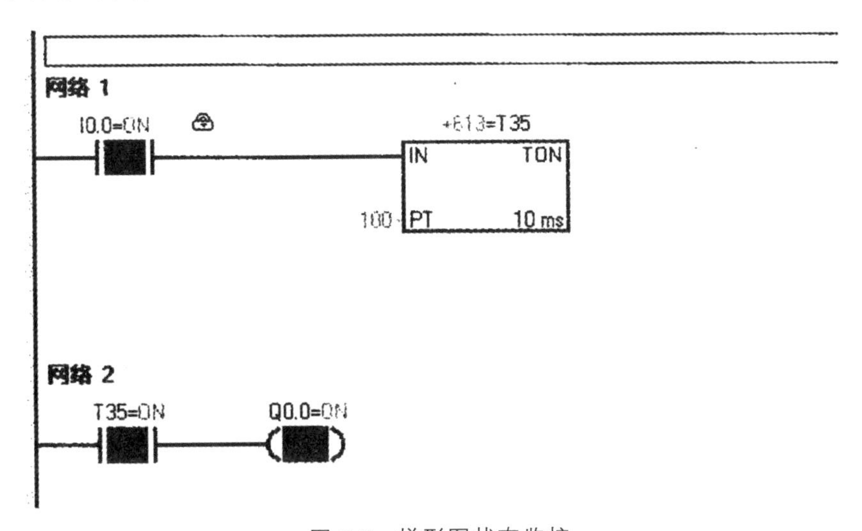

图 7-7 梯形图状态监控

启动语句表的程序状态监控与梯形图相同，启动后程序编辑器窗口分为代码区和状态区，状态信息从位于程序编辑器顶端的第一条 STL 语句开始显示。STEP 7-Micro/WIN 不断地刷新屏幕上的数值，单击调试工具栏上的按钮，可使当前值保持在屏幕上，再次单击该按钮时刷新继续。

使用菜单命令“工具”→“选项”，单击左边的“程序编辑器”栏，可以设置程序编辑器的字体、颜色和其他显示选项。

2. 状态表监控

状态表用来在程序运行时读写、强制改变和监控程序中的数据。单击浏览条中的“状态表”图标或者使用菜单命令“编辑”→“插入”→“状态表”新建一个状态表，在同一个项目中可以存储最多 32 个状态表，多个状态表之间通过底部的标签来回切换。

在状态表中输入地址或已经定义的符号名，从而可以监控或者修改程序中的变量值，在地址栏中输入地址有两种方法：一种是直接在地址栏中输入地址，但在状态表中数据常数、累加器和高速计数器属于无效数据，不能被状态表监控；另一种是在程序块中选中程序代码的一部分，单击鼠标右键，在弹出的快捷菜单中选择“创建状态表”，这时 STEP 7-Micro/WIN 自动新建一个状态表，其中包含选中程序代码的所有有效操作数，如图 7-8 所示。

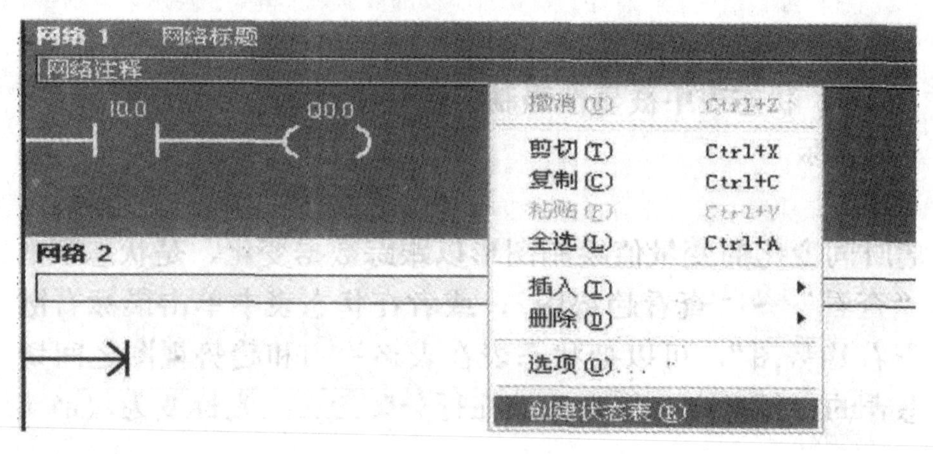

图 7-8 创建状态表

在状态表中监控程序中的数据，还需要选择数据的类型，数据类型可以是二进制位、二进制数、十六进制数、整数或 ASCII 码，如图 7-9 所示。注意，定时器或计数器数据可以选择是二进制位还是有符号整数，如果将定时器或计数器数据显示为位，则会显示它们的输出状态（输出接通或关断）；如果将定时器或计数器显示为有符号整数，则会显示它们的当前值。

状态表

	地址	格式	当前值	新值
1	I0.0	位	2#1	
2	Q0.0	位	2#1	
3	T35	有符号	+13988	
4		有符号		
5		有符号		

用户定义1

图 7-9 状态表监控

程序运行时，使用菜单命令“调试”→“开始状态表监控”或单击调试工具按钮 ，可以启动状态表连续监控功能，状态表中的数据随着程序运行不断更新，再次单击按钮 则停止监控过程。单击调试工具栏上的按钮，此时变为单次读取模式，状态表中只显示当前数据值，而不随程序的运行而更新。注意，如果已经启动了状态表连续监控功能，单次读取功能则被禁止使用。

在程序运行的过程中，可以对程序中的某些变量强制性地赋值。S7-200 CPU 允许强制性地给所有的 I/O 点赋值，此外还可以最多改变 16 个 V、M、AI、AQ 存储区中的数据。一旦使用强制功能，程序运行过程中每次扫描都会将指定值重新赋给该变量，直至该变量被取消强制。所有被强制的数值永久性地存储在 CPU 的 E^2PROM 中。强制功能覆盖立即读和立即写指令，如果 CPU 进入 STOP 模式，输出仍被设为指定值。

按钮 表示该地址被显性强制，程序运行中每次扫描都会将指定值重新赋给该地址，直至该地址被取消强制。

如果地址是一个被显性强制的较大地址的一部分，该地址则被认为是隐性强制。例如，如果 VW0 被强制，则 VB0 就被隐性强制（VB0 是 VW0 的第一个字节），必须先取消强制 VW0，VB0 才能被取消强制。

例如，如果 VW0 被显性强制，则 VW1 的一部分也被强制（VW1 的第一个字节是 VW0 的第二个字节），必须先取消强制 VW0，VW1 才能被取消强制。

若在状态表中为某地址赋值，应将强制值输入该地址的“新值”栏中，然后单击调试按钮即可。如果希望将状态表中的全部地址清除强制，可单击取消强制按钮，取消全部强制。此外在状态表中，还可以使用“读取全部强制”功能，单击按钮，状态表中被显性强制、隐性强制或部分强制的所有地址的“当前值”栏中显示一个强制图标。

3. 趋势图监控

趋势图用随时间变化的变量值绘制图形以跟踪数据变化，是状态表的一种视图形式。使用菜单命令“查看”→“查看趋势图”，或者在状态表中单击鼠标右键，在弹出的快捷菜单中选择“查看趋势图”，可以把状态表在表格视图和趋势视图之间切换，趋势图中显示的行号与状态表的行号对应。将光标放在行分隔线上，光标变为双箭头时，上下拖动可调整行距。

使用趋势图采集数据前，状态表必须处在连续监控状态，使用菜单命令“调试”→“暂停趋势图”，或者单击调试工具栏上的按钮 可以保持趋势图数据不变。

在趋势图中单击鼠标右键，在弹出的快捷菜单中选择“时基”，可以更改趋势图的时间基准，整个趋势图中的数据都会被清除并用新的时间基准重新显示。在趋势图的某行单击鼠标右键，在弹出的快捷菜单中选择“属性”，可以更改行变 M 的地址、显示格式和显示值的范围。

4. 在运行模式下编辑程序

在 RUN 模式下编辑程序，可以在 S7-200 CPU 不转换至 STOP 模式时对程序做出修改并将改动下载至 PLC。只有 CPU 2241.10 或更高版本支持在 RUN 模式下编辑程序。

PLC 处在 RUN 模式时，使用菜单命令“调试”→“RUN 模式下编辑程序”，此时如果当前打开的项目与 PLC 中的程序不同，则提示上载 PLC 中的程序进行编辑。在 RUN 模式下编辑程序，会出现一个跟随鼠标移动的 PLC 图标，程序编辑完成后将程序块下载到 PLC 中，数据块和系统块不能被下载。

7.1.7 出错处理

使用菜单命令“PLC”→“信息”，可以查看出错信息。S7-200 系列 PLC 将错误分为非致命错误和致命错误。

非致命错误是指用户程序结构、用户程序执行或者扩展 I/O 模块引起的错误，包括程序编译错误、I/O 错误以及程序执行错误。

致命错误会导致 S7-200 停止程序执行。当检测到一个致命错误时，PLC 将切换到 STOP 模式，SF 指示灯变红，同时 STOP 指示灯点亮，关闭输出。消除致命错误后，可以用以下方法重新启动 PLC：将 PLC 断电后再通电；在 STEP 7-Micro/WIN 菜单命令中选择“PLC”→“上电复位”，可以强制 CPU 启动并清除所有致命错误。

7.1.8 系统块设置

S7-200 系统块包括通信端口、断点数据保持、密码保护、输出表、输入滤波器、脉冲捕捉等功能设置。

通过设置通信端口可以调整 STEP7-Micro/WIN 与 PLC 之间的通信参数，包括 PLC 的地址、通信速率等。

断电数据保持区用来设置 CPU 掉电时如何保存数据，用户可以保存 V、M、T、C 存储区的数据，最多可以设置 6 个保护范围。注意在定时器中，只有保持型接通延时定时器（TONR）可以被保存，而且对于定时器和计数器来说，只有当前值可定义为保持，CPU 每次上电时，定时器和计数器位均被清除。如果将 M 存储区的前 14 个字节（MB0 ~ MB13）设置为数据保持功能，CPU 在掉电时会自动地将其中的内容保存到 CPU 内置的 E^2PROM 中，达到永久保存的目的，默认情况下 MB0 ~ MB13 不被断电保持。

在密码保护选项中，用户可以设置密码来限制访问 S7-200 CPU 的内容或者限制使用某些功能，如限制读/写用户数据、限制上载或下载程序等。

输出表选项允许用户在 PLC 从 RUN 转到 STOP 状态时，设置每个数字量输出点的状态以及模拟量的输出值。对于数字量或模拟量输出，可以将输出保持为程序运行到最后的状态，或者根据实际需要指定输出变量的值。

输入滤波器用来对数字量或模拟量输入进行滤波，以排除噪声干扰对输入变量值的影响。对于数字量，可以设置变量的输入延迟时间，输入状态改变时，输入必须在延迟时间内保持在新状态，才被认为有效；对于模拟量，可以对单个模拟量输入通道选择软件滤波，应先定义滤波功能的采样数和死区值（当前输入值与平均值之差大于死区值时，输入值直接跳变为当前值），采样数和死区值对所有的模拟 M 输入通道均有效，滤波后的数值是采样数目的平均值。

脉冲捕捉功能用来捕捉速度很快的输入信号变化，如果脉冲信号在程序的一个扫描周期中到达，CPU 可能会丢失这个脉冲。使用脉冲捕捉功能，可以提高检测短脉冲信号的可靠性。

7.1.9 使用向导功能

STEP 7-Micro/WIN 提供了若干向导功能（见表 7-1），通过使用向导，可以简化程序编写过程，方便地设置调制解调器等硬件模块。STEP 7-Micro/WIN 提供以下向导功能：

表 7-1　STEP 7-Micro/WIN 提供的向导功能

序号	向导名称	向导作用
1	高速计数器指令向导	完成高速计数器的初始化配置，完成高速计数器初始化子程序
2	网络读（NETR）或网络写（NETW）指令向导	完成多个 S7-200 PLC 之间的网络通信配置，生成网络读写子程序
3	PID 指令向导	生成 PID 子程序
4	文本显示向导	配置 S7-200 文本显示器
5	位置控制向导	配置 S7-200 PLC 内置 PTO/PWM 发生器或 EM253 位置控制模块，在应用程序中使用运动控制功能
6	调制解调器扩展向导	设置调制解调器或者 EM241 调制解调器模块，将本地 S7-200 PLC 与远程设备连接
7	以太网向导	配置 CP243-1 以太网模块，将 S7-200PLC 与以太网网络连接
8	AS-i 向导	生成 AS-i 通信程序，在用户程序 AS-i 与 AS-i 主站模块之间传输数据
9	Internet 向导	配置 CP243-1IT 模块，将 S7-200 PLC 与以太网或 Internet 网络连接
10	配方向导	组织和定义配方，生成子程序用于用户程序和 PLC 存储卡之间读取和写入配方
11	数据记录向导	配置一组 S7-200 PLC 的存储区单元，保存用户应用项目中的数据

（1）高速计数器是一种硬件计数器，计数频率不受 PLC 扫描速率限制，可以处理高达 30 kHz 的外部事件。通过使用高速计数器指令向导，可以根据向导提示自动生成高速计数器的初始化程序。注意在使用高速计数器指令向导之前，必须编译程序。

（2）网络读和网络写指令用于网络中的 PLC 之间的数据交换，网络读指令从远程 PLC 中的指定地址读取配置好的一定数量的数据，网络写指令向远程 PLC 中的指定地址写入配置好的一定数量的数据。在使用高速计数器指令向导之前，程序必须被编译，且处于符号编址模式。网络读/写指令向导使用步骤如下：

① 指定希望配置的网络操作数目，向导允许配置最多 24 项独立的网络操作。

② 指定 PLC 通信端口号和向导生成的子程序名称，PLC 必须设置为用 PPI 主站模式通信。

③ 指定网络操作的具体参数，包括数据交换字节数，远程 PLC 地址等。

④ 分配 V 存储区，对于配置的每一项网络操作，要求有 12 个字节的 V 存储区。

⑤ 生成代码，要在程序中使能网络通信，需要在主程序中调用执行向导生成的子程序。

（3）文本显示向导用来配置 S7-200 文本显示器，文本显示器可以在程序或者操作员控制下显示用户信息和 PLC 数据，用户通过此向导可以配置文本显示器的键盘工作状态、语言选项和可设密码保护的 PLC 控制功能。文本显示向导使用步骤如下：

① 选择文本显示器的型号以及版本。

② 以 TD200 3.0 版本为例，使能菜单、密码及设置更新速率，如果在向导中使能了某项菜单，当用户的应用程序运行时，在文本显示器中能够使用该菜单，反之则不能使用。更新速率决定文本显示器轮询 PLC 监视报警和 PLC 数据改动的时间间隔。

③ 选择提示语言和标准菜单使用语言，以及用户定义信息使用的字符集。

④ 配置文本显示器键盘的按键，TD200C 的标准面板提供了 4 个置位按键和 1 个【Shift】键，可用于控制 PLC 内的总共 8 个 V 存储区（TD100C 的标准配置是 2 个位）。

⑤ 定义用户菜单。

⑥ 定义报警选项。

（4）位置控制向导配置 S7-200 PLC 内置 PTO/PWM 发生器或者 EM253 位置控制模块，在应用程序中使用运动控制功能，S7-200 PLC 有两个内置脉冲串输出（PTO）/脉冲宽度调制（PWM）发生器，支持的最大脉冲速率为 100 kHz。如果需要更高级的高速位置控制，则可配置 EM253 位置模块，该模块支持的最大脉冲速率为 200 kHz。

（5）调制解调器扩展向导设置调制解调器或者 EM241 调制解调器模块，将本地 S7-200 PLC 与远程设备连接；以太网向导配置 CP 243-1 以太 M 模块，将 S7-200 PLC 与以太网网络连接；AS-i 向导生成 AS-i 通信子程序，在用户程序与 AS-i 主站模块之间传输数据；Internet 向导配置 CP 243-1 IT 模块，将 S7-200 PLC 与以太网/Internet 网络连接。它们的使用方法大致相同，通过对通信模块参数的设置，最终生成相应的子程序供用户主程序调用，实现相应的通信功能。

（6）配方向导引导用户完成配方定义设置，并生成子程序用于在用户程序和 PLC 存储卡之间读取和写入配方，在用户项目下载到 PLC 时，项目中的配方信息会储存到 PLC 的 E^2PROM 存储卡中。

（7）数据记录向导用于配置一组 PLC 的存储区单元，它们保存了用户项目中的数据。此向导会创建一个数据记录子程序，用于将选择的存储单元的实时数据写入 PLC 存储卡中。将装有 STEP7-Micro/WIN 的 PC 与 PLC 相连，使用软件中的 S7-200 Explorer 工具可以直接访问存储在 PLC 存储卡中的数据。PLC 存储卡中的数据记录可作为 CSV 格式的文件由 Microsoft Excel 读取。

7.2 数据类型与数据格式

7.2.1 数据类型

S7-200 PLC 处理的数据有 3 类：常数、数据存储器中的数据、数据对象中的数据。不同的数据对象具有不同的数据类型，在指定数据类型时，需要确定数据的大小和数据位的结构。S7-200 PLC 基本数据类型如表 7-2 所示。

表 7-2　S7-200 PLC 基本数据类型

基本数据类型		位数	数据范围
布尔型		1	0，1
无符号数	字节型（Byte）	8	0 ~ 255
	字型（Word）	16	0 ~ 65 535
	双字型（DWord）	32	0 ~（$2^{32}-1$）
有符号数	字节型（Byte）	8	− 128 ~ 127
	整数型（Int）	16	− 32 768 ~ 32 767
	双整数型（Dint）	32	-2^{31} ~（$2^{31}-1$）
实数型（Real）		32	$-3.402\ 823\times10^{38}$ ~ $1.175\ 495\times10^{-38}$（负数） $1.175\ 495\times10^{-38}$ ~ $3.402\ 823\times10^{38}$（正数）

PLC 中的开关量或数字量可以用一位二进制数表示，也称为布尔型变量，该二进制数为 1 表示梯形图中对应元件的线圈“通电”，其常开触点接通，常闭触点断开；为 0 表示线圈“断电”，其常开触点断开，常闭触点接通。

8 位二进制数组成一个字节，其中第 0 位为最低位，第 7 位为最高位。两个字节组成一个字，两个字组成一个双字。

整数占用两个字节的存储空间，它分为有符号整数和无符号整数。将整数化为二进制形式，无符号整数没有符号位，可以用二进制数的所有位表示该整数的大小；有符号整数把二进制数的第一位作为符号位，符号位为 0 表示正数，为 1 表示负数，其余位表示该整数的大小。

实数（浮点数）由 32 位单精度数表示，其格式按照 ANSI/IEEE754-1985 标准中所描述的形式，如图 7-10 所示。实数按照双字长度来存取，对于 S7- 200 PLC 来说，实数精确到小数点后第 6 位。

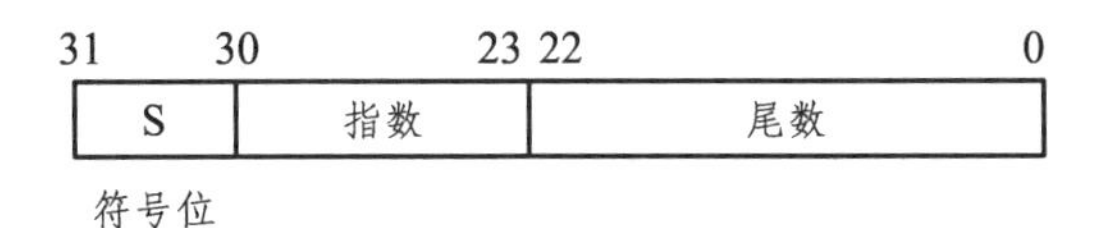

图 7-10　实数格式

字符串由一系列 ASCII 码字符组成，每个字符占用一个字节的存储空间。字符串的第一个字节定义了字符串的长度，也就是字符串中字符的个数。一个字符串可以包括 0 ~ 254 个字符，再加上长度字节，所以一个字符串的最大长度为 255 个字节，而一个字符串常量的最大长度为 126 个字节。常见数据类型的书写格式如下：

（1）二进制常数的书写格式为“2#二进制数值”，如 2#0000 0001 0000 0101。

（2）十进制常数的书写格式为“十进制数值”，如 100。

（3）十六进制常数的书写格式为“16#二进制数值”，如 16#89 A0。

（4）实数的书写格式如图 7-10 所示，如 10.8。

（5）字符串的书写格式为“ASCII 码文本”，如“success”。

7.2.2 数据格式

位存储单元的地址包括存储区标识符、字节地址和位号，如 I0.0 表示输入映像寄存器区中第 0 个字节的第 0 位。

字节地址包括存储区标识符、字节长度、字节号，如 QB0 表示输出映像寄存器区的第 0 个字节，包括 Q0.0 ~ Q0.7 共 8 位，Q0.7 为最高位，Q0.0 为最低位。

字地址包括存储区标识符、字长度、字号，如 QW0 包括 QB0 与 QB1 两个字节，QB0 为高字节，QB1 为低字节。

双字地址包括存储区标识符、双字长度、双字号，如 QD0 包括 QB0 ~ QB3 四个字节，QB0 为高字节，QB3 为低字节。

数据对象的地址由存储区标识符和元件号组成，如 T35。

字、字节和双字的比较如图 7-11 所示。

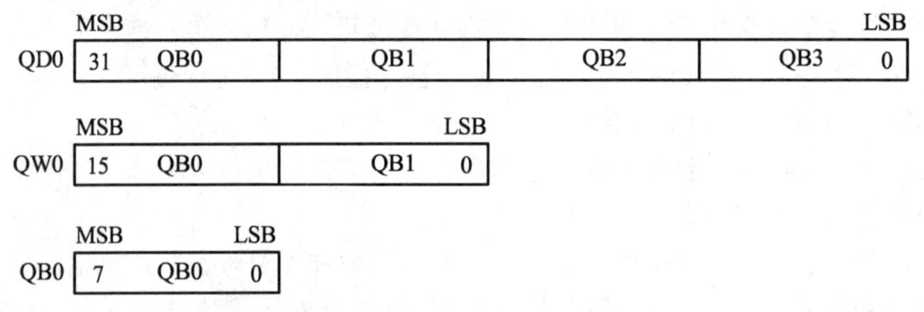

图 7-11 字、字节和双字比较

7.3 STEP7-Micro/WIN V4.0 编程软件使用实例

7.3.1 PLC 程序的生成与写入

本文以三相异步电动机启停程序为例，来说明 STEP7-Micro/WIN V4.0 编程软件的使用方法。梯形图如图 7-12 所示。

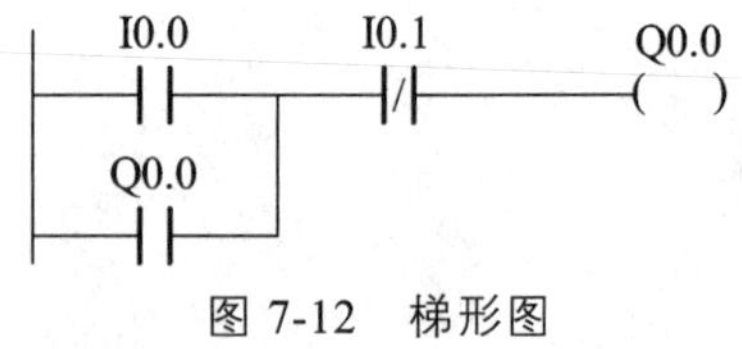

图 7-12 梯形图

1. 打开新项目

双击 STEP7-Micro/WIN 图标，或从“开始”菜单选择“SIMATIC>STEP 7 Micro/WIN”启动应用程序，会打开一个新 STEP 7-Micro/WIN 项目。

2. 打开现有项目

从 STEP7-Micro/WIN 中，使用文件菜单，选择下列选项之一：

（1）打开：允许浏览至一个现有项目，并且打开该项目。

（2）文件名称：如果用户最近在一项目中工作过，该项目在"文件"菜单下列出，可直接选择，不必使用“打开”对话框。

3. 进入编程状态

单击左侧查看中的程序块，进入编程状态。

4. 选择编程语言

打开菜单栏中的“查看”，选择梯形图语言；也可选 STL（语句表）、FBD（功能块）。

（1）选择 MAIN 主程序，在网络 1 中输入程序，如图 7-13 所示。

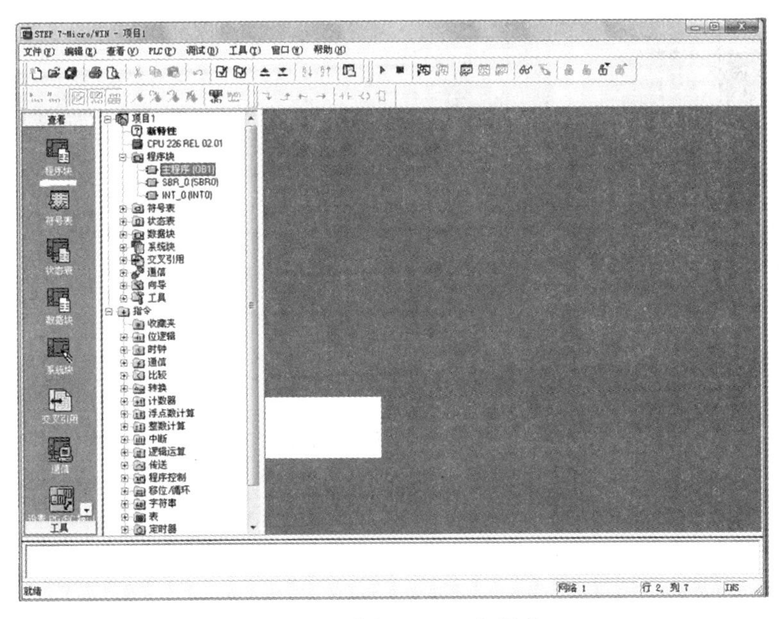

图 7-13　选择 MAIN 主程序

（2）单击网络 1 中的“├──→”，从菜单栏或指令树中选择相关符号，如图 7-14 所示。如在指令树中，可在指令中双击位逻辑，从中选择常开触点符号，再选择常闭触点符号，再选择输出线圈符号；将光标移到常开触点下面，单击菜单栏中的常开触点，左移光标完成梯形图，如图 7-15 所示。

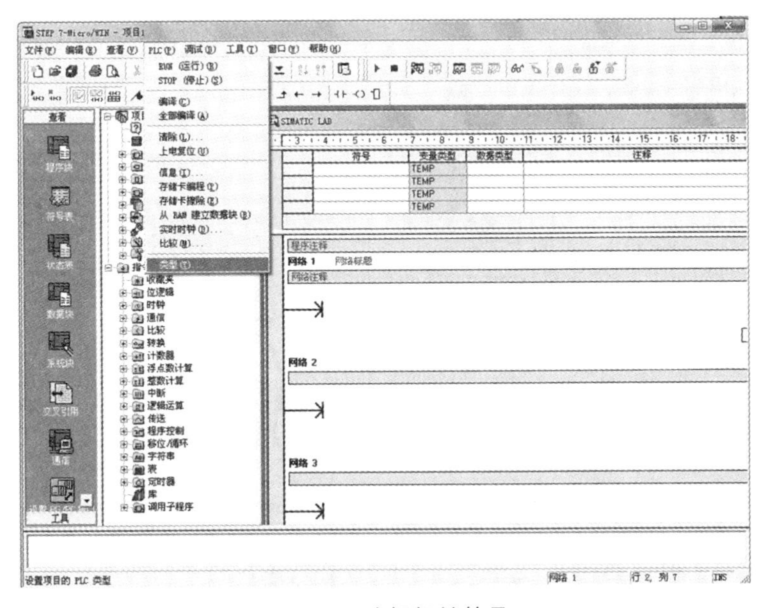

图 7-14　选择相关符号

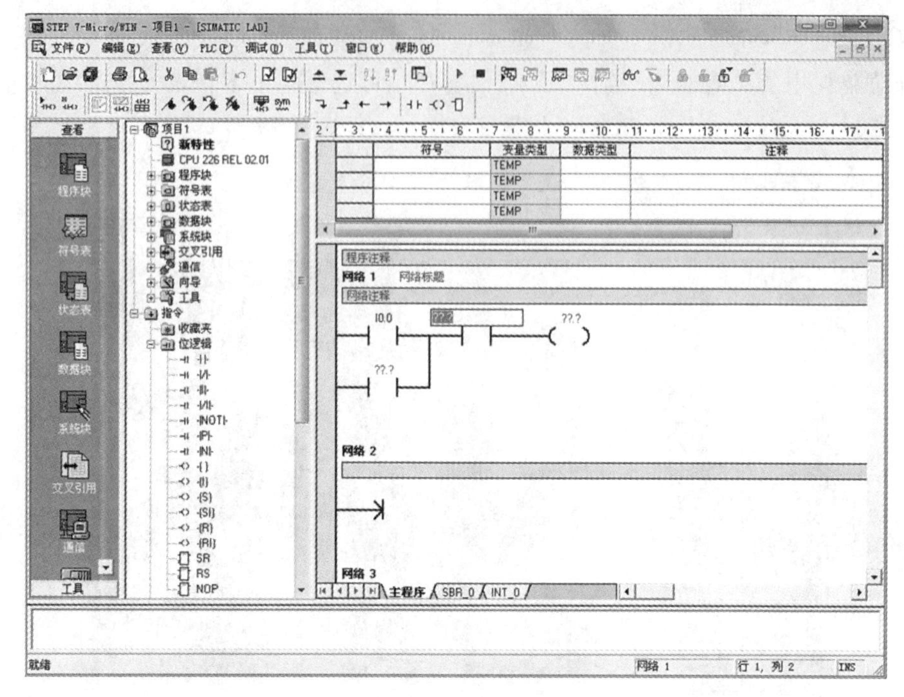

图 7-15　完成梯形图

（4）给各符号加器件号：逐个选择“？？？”，输入相应的器件号。

（5）保存程序：点击菜单栏“File”（文件）→“Save”（保存），输入文件名，保存。

（6）编译：使用菜单“PLC”→“编译”或“PLC”→“全部编译”命令，或者用工具栏按钮☑或☑执行编译功能。编译完成后在信息窗口会显示相关的结果，以便于修改。

5. 建立 PC 与 PLC 的通信连接线路并完成参数设置

（1）连接 PC：连接时应将 PC/PPI 电缆的一端与计算机的 COM 端相接，另一端与 S7-200PLC 的 PORT0 或 PORT1 端口相连，如图 7-16 所示。

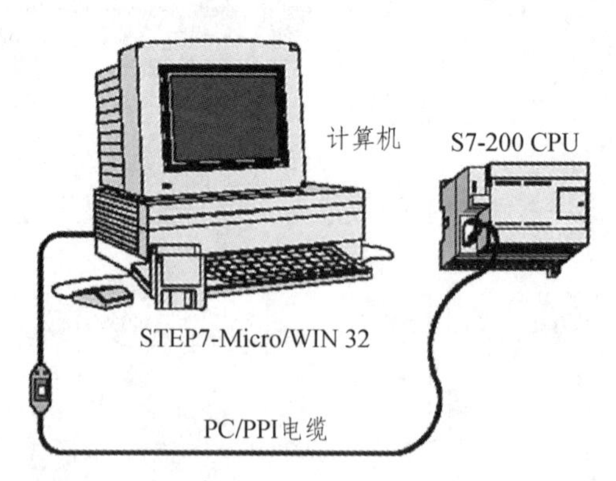

图 7-16　建立 PC 与 PLC 的通信连接

（2）参数设置：设置 PC/PPI 电缆小盒中的 DIP 开关，将通信的波特率设置为 9.6 kHz；将 PLC 的方式开关设置在 STOP 位置，给 PLC 上电。打开 STEP7-Micro/WIN 32 软件并点击菜单栏中的“PLC”→“类型”，弹出“PLC 类型”窗口，单击“读取 PLC”检测是否成功，或者从下拉菜单中选择 CPU226，单击“通信”按钮，系统弹出“通信”窗口，双击 PC/PPI 电缆的图标，检测通信成功与否，如图 7-17，图 7-18 所示。

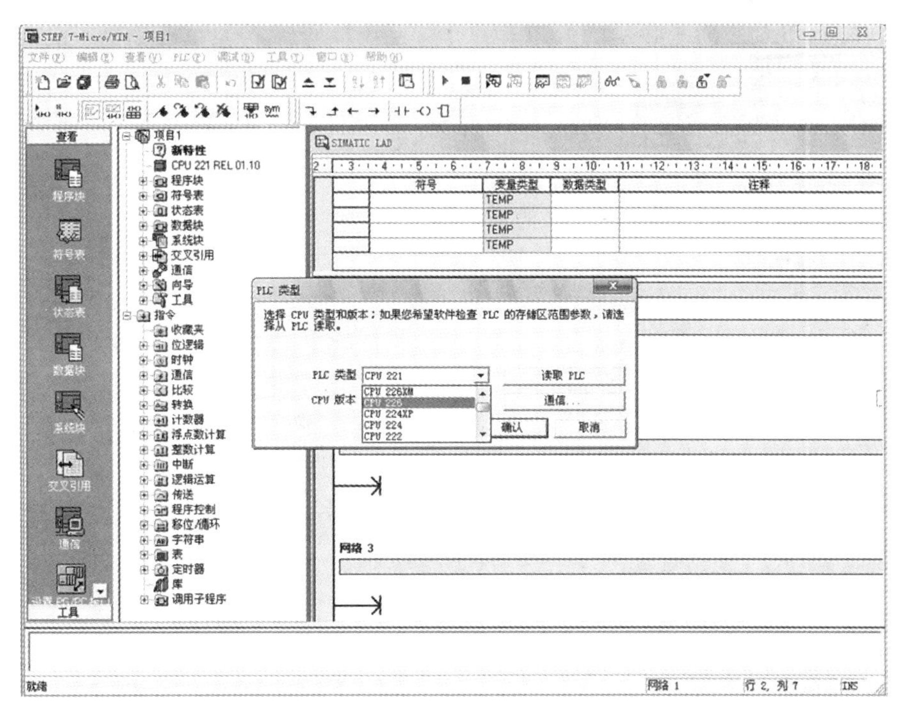

图 7-17　PLC 类型窗口

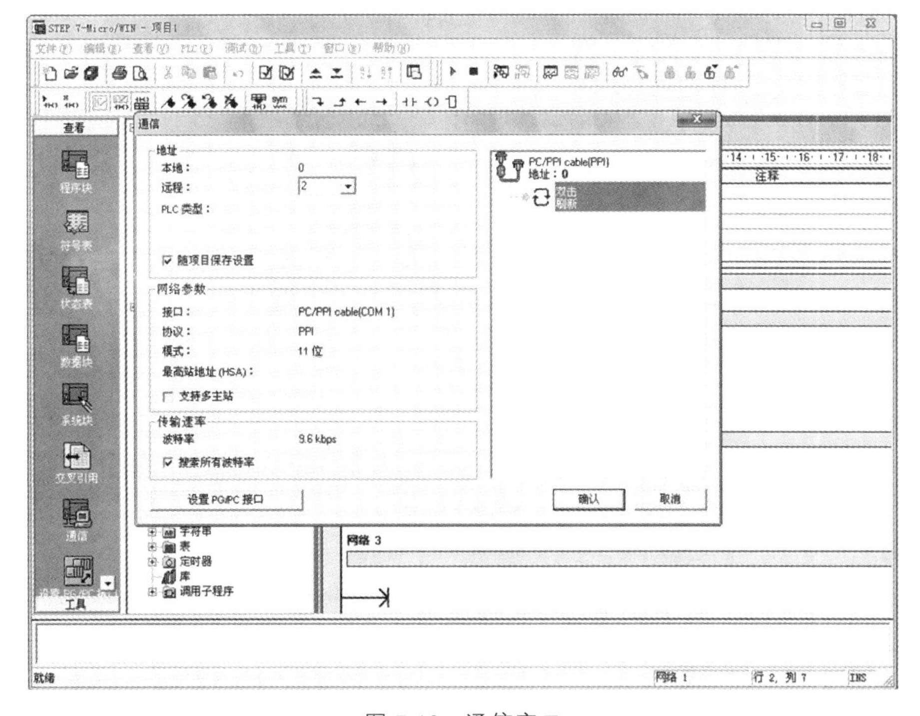

图 7-18　通信窗口

6. 下装程序

如果用户已经成功地在运行 STEP7-Micro/WIN 的个人计算机和 PLC 之间建立了通信，就可以将程序下载至该 PLC。请遵循下列步骤：

（1）下载至 PLC 之前，必须核实 PLC 位于“停止”模式。检查 PLC 上的模式指示灯，如果 PLC 未设为“停止”模式，点击工具条中的“停止”按钮。

（2）点击工具条中的“下载”按钮，或选择“文件”→“下载”，出现“下载”对话框。

（3）根据默认值，在初次发出下载命令时，“程序代码块”“数据块”和“CPU 配置”（系统块）复选框被选择。如果您不需要下载某一特定的块，清除该复选框。

（4）点击“确定”，开始下载程序。

（5）如果下载成功，一个确认框会显示以下信息：下载成功。继续执行步骤（12）。

（6）如果 STEP7-Micro/WIN 中用于您的 PLC 类型的数值与实际使用的 PLC 不匹配，会显示以下警告信息：“为项目所选的 PLC 类型与远程 PLC 类型不匹配。继续下载吗？”

（7）欲纠正 PLC 类型选项，选择“否”，终止下载程序。

（8）从菜单条选择“PLC”→“类型”，调出“PLC 类型”对话框。

（9）从下拉列表方框选择纠正类型，或单击“读取 PLC”按钮，由 STEP 7-Micro/WIN 自动读取正确的数值。

（10）点击“确定”，确认 PLC 类型，并清除对话框。

（11）点击工具条中的“下载”按钮，重新开始下载程序，或从菜单条选择“文件”→“下载”。

（12）一旦下载成功，在 PLC 中运行程序之前，必须将 PLC 从 STOP（停止）模式转换回 RUN（运行）模式。点击工具条中的“运行”按钮，或选择“PLC”→“运行”，转换回 RUN（运行）模式。

7. 运行和调试程序

（1）将 CPU 上的 RUN / STOP 开关拨到 RUN 位置，CPU 上的黄色 STOP 状态指示灯灭，绿色指示灯亮。

（2）在 STEP7-Micro/WIN 软件中使用菜单命令“PLC”→“RUN（运行）”和“PLC”→“STOP（停止）”，或者工具栏按钮 和 ，来改变 CPU 的运行状态。

（3）接通 I0.0 对应的按钮，观察运行结果。

8. 监控程序状态

（1）程序在运行时可以用菜单命令中“调试”→“开始程序状态监控”或者工具栏按钮对程序状态监控进行监控。强制输入 I0.0 置位，再观察运行结果并监控程序；强制 I0.1 置位，再观察运行结果并监控程序。最后取消强制。

（2）也可使用菜单命令中“查看”→“组件”→“状态表”或单击浏览条“查看”中“状态表”图标，打开状态图表，输入需监控的元件进行监控。

使用菜单命令中“调试”→“状态表”或单击工具栏按钮打开状态图表，输入需监控的元件进行监控，如图 7-19 所示。

状态图

	地址	格式	当前数值	新数值
1		带符号		
2		带符号		
3		带符号		
4		带符号		
5		带符号		

图 7-19　状态图

9. 建立符号表

在“引导条”单击“符号表”图标，或点击“查看”→“组件”→“符号表”项，打开符号表，将直接地址编号（如 I0.0）用具有实际含义的符号（如正向启动按钮）代替。

10. 符号寻址

在菜单中点击“查看”→“符号寻址”，编写程序时可以输入符号地址或绝对地址，使用绝对地址时它们将被自动转换为符号地址，在程序中将显示符号地址。观察程序变化。

最后，改变信号状态，再观察运行结果并监控程序。

7.3.2　PLC 控制程序的上传

可选用以下 3 种方式进行程序上传：

（1）点击“上载”按钮。

（2）选择菜单命令“文件”→“上载”。

（3）按快捷键组合[Ctrl+U]。

要上载 PLC 至编辑器，PLC 通信必须正常运行。确保网络硬件和 PLC 连接电缆正常操作。选择想要的块（程序块、数据块或系统块），选定要上载的程序组件就会从 PLC 复制到当前打开的项目，用户就可保存已上载的程序。

习　题

1. IEC 61131-3 标准定义了哪几种编程语言？
2. 一个 S7-200 PLC 的编程项目由哪几部分组成？
3. 程序监控有几种常用方式？它们各有什么特点？
4. 常见的数据类型有哪些？

第 8 章　西门子 PLC 的常用扩展模块

8.1　扩展模块介绍

当主机的 I/O 点数不够用或需要进行特殊功能的控制时，通常要进行 I/O 的扩展。I/O 扩展包括 I/O 点数的扩展和功能模块的扩展。不同的 CPU 有不同的扩展规范，其主要受 CPU 的寻址能力限制。

8.1.1　S7-200 CPU 数字量扩展模块

常用的数字量扩展模块有三类，即输入扩展模块、输出扩展模块、输入/输出扩展模块。S7-200 PLC 数字量扩展模块如表 8-1 所示。

表 8-1　S7-200 PLC 数字量扩展模块

类型	型号	输入点数/类型	输出点数/类型
输入扩展模块	EM221	8 输入/DC 24 V 光电隔离	
	KM221	8 输入/AC 120/230 V	
输出扩展模块	EM222		8 输出/DC 24 V 晶体管型
	EM222		8 输出/继电器型
	EM222		8 输出/AC120/230 V 晶闸管型
输入/输出扩展模块	EM223	4 输入/DC 24 V 光电隔离	4 输出/DC 24 V 晶体管型
	EM223	4 输入/DC 24 V 光电隔离	4 输出/继电器型
	EM223	8 输入/DC 24 V 光电隔离	8 输出/DC 24 V 晶体管型
	KM223	8 输入/DC 24 V 光电隔离	8 输出/继电器型
	EM223	16 输入/DC 24 V 光电隔离	16 输出/DC 24 V 晶体管型
	EM223	16 输入/DC 24 V 光电隔离	16 输出/继电器型

8.1.2　S7-200 主机的模拟量扩展模块

当需要完成某些特殊功能的控制任务时，CPU 主机可以连接扩展模块，利用这些扩展模块进一步完善 CPU 的功能。常用的扩展模块有两类，即模拟量扩展模块与特殊功能模块。模拟量扩展模块、模拟量输入扩展模块、模拟量输出扩展模块、模拟量输入/输出扩展模块的型号与用途如表 8-2 所示。

表 8-2　模拟量扩展模块型号及用途

分类	型号	I/0 规格	功能及用途
模拟量输入扩展模块	EM231	AI4×12 位	4 路模拟输入，12 位 A-D 转换
		AI4×热电偶	4 路热电偶模拟输入
		A14×RTD	4 路热电阻模拟输入
模拟量输出扩展模块	EM232	AQ2×12 位	2 路模拟输出
模拟量输入/输出扩展模块	EM235	AI4/AQ1×12	4 路模拟输入，1 路模拟输出，12 位转换

1. 模拟量输入模块

模拟量输入在过程控制中的应用很广，如常用的温度、压力、速度、流量、酸碱度、位移的各种工业检测都是对应于电压、电流的模拟量值，再通过一定运算（PID）后，控制生产过程达到一定的目的。模拟量输入电平大多是从传感器通过变换后得到的，模拟量的输入信号为 4～20 mA 的电流信号或 1～5 V、－10～10 V、0～10 V 的直流电压信号。而 PLC 只能接收数字量信号，为实现模拟量控制，必须先对模拟量进行模-数（A-D）转换，将模拟信号转换成 PLC 所能接收的数字信号。模拟量输入单元一般由滤波、A-D 转换器、光耦合器隔离等组成，其原理框图如图 8-1 所示。

图 8-2 所示为 EM231 模拟量输入模块，其主要由滤波、A-D 转换器、光耦合器隔离、内部电路组成。当输入信号通过滤波、运算放大器的放大和量程变换后，转换成 A-D 转换器能够接收的电压范围，经过 A-D 转换器后的数字量信号，再经光耦合器隔离后进入 PLC 的内部电路。根据 A-D 转换的分辨率不同，模拟量输入单元能提供 8 位、10 位、12 位或 16 位等精度的各种位数的数字量信号并传送给 PLC 以进行处理。

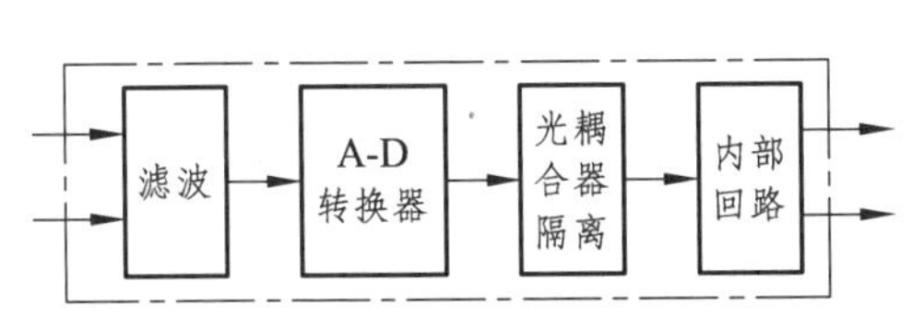

图 8-1　模拟量输入单元原理框图

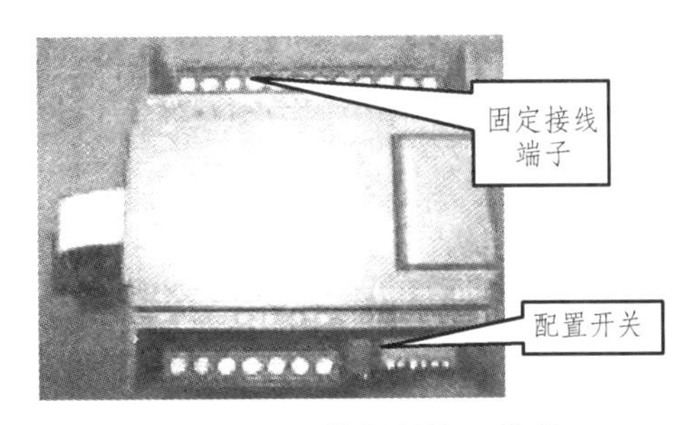

图 8-2　EM231 模拟量输入模块

2. 模拟量输出模块

模拟量输出模块是将中央处理器的二进制数字信号转换成 4～20 mA 的电流输出信号或 0～10 V、1～5 V 的电压输出信号，并提供给执行机构，以满足生产过程现场连续信号的控制要求，模拟量输出单元一般由光耦合器隔离、D-A 转换器和信号驱动等组成，其原理框图如图 8-3 所示。图 8-4 所示为 EM232 模拟量输出模块，一般具有 2 路或 4 路模拟量输出通道。

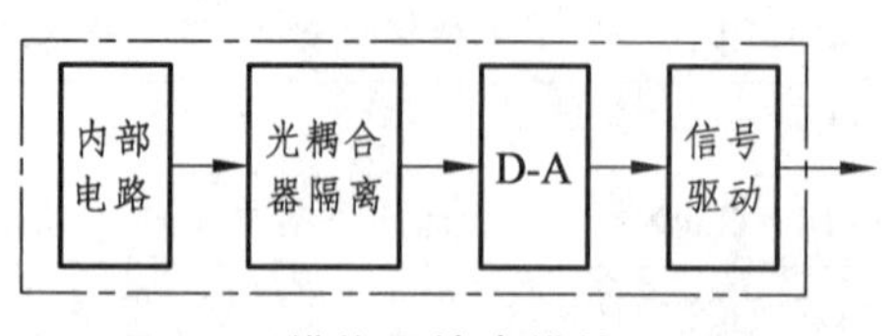

图 8-3　模拟量输出模块原理图

图 8-4　EM232 模拟量输出模块

3. 模拟量输入/输出模块

图 8-5 所示为 EM235 模拟量输入/输出模块，其具有 4 模拟量输入通道、1 路模拟量输出通道。

图 8-5　EM235 模拟量输入/输出模块

该模块的模拟量输入功能同 EM231 模拟量输入模块，技术参数也基本相同。电压输入范围有所不同，单极性为 0 ~ 10 V、0 ~ 5 V、0 ~ 1 V、0 ~ 500 mV、0 ~ 100 mV、0 ~ 50 mV；双极性为 ± 10 V、± 5 V、± 2.5 V、± 1 V、± 500 mV、± 250 mV、± 100 mV、± 50 mV、± 25 mV。该模块的模拟量输出功能同 EM232 模拟量输出模块，技术参数也基本相同。

4. 模拟量模块的接线

（1）CPU224XP 本身集成有 2 路电压输入和 1 路模拟量输出，接线方法如图 8-6 所示。

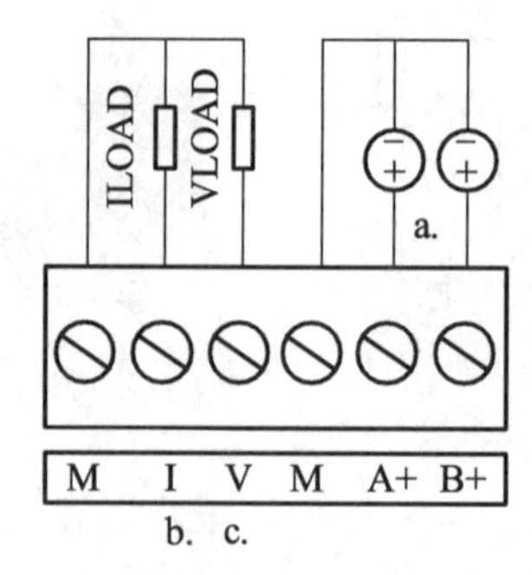

图 8-6　CPU224XP 集成模拟量接线图

2 路电压输入接线分别为 A +和 M、B +和 M，此时只能输入 ± 10 V 电压信号。1 路模拟量输出信号，如果是电流输出将负载接在 1 和 M 端子之间，如果是电压输出将负载接在 1 和 M 端子之间。

（2）模拟量输入模块 EM231、模拟量输出模块 EM232 和模拟量输入/输出模块 EM235 的应用接线图如图 8-7 所示。

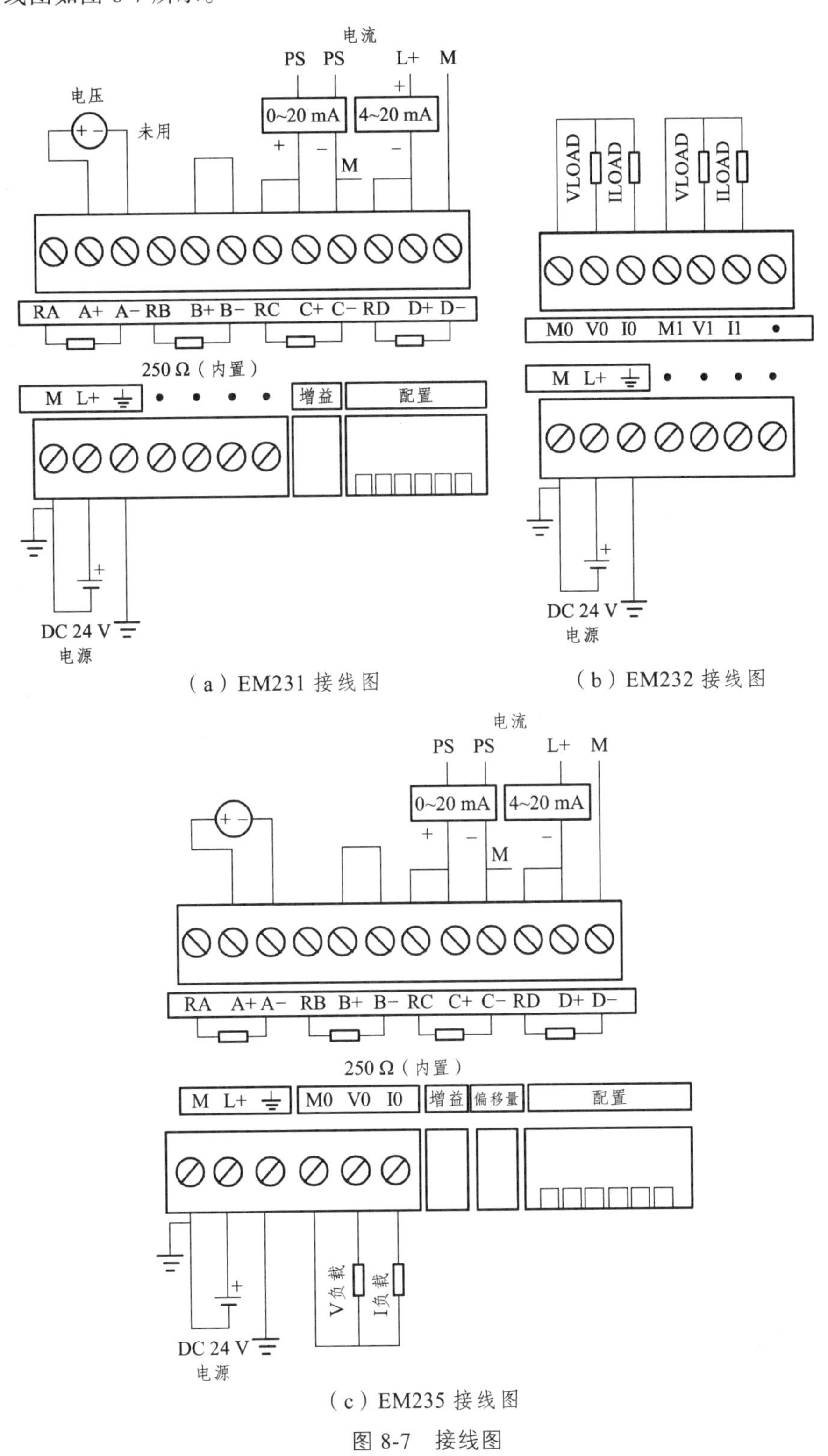

（a）EM231 接线图

（b）EM232 接线图

（c）EM235 接线图

图 8-7　接线图

8.1.3 特殊功能模块

S7-200 主机的特殊功能模块有多种类型，如 EM253 位置控制模块、EM277 Profibus-DP 模块、EM241 调制解调器模块、CP243-1 以太网模块、CP243-2 AS-I 接口模块等，如图 8-8 所示。

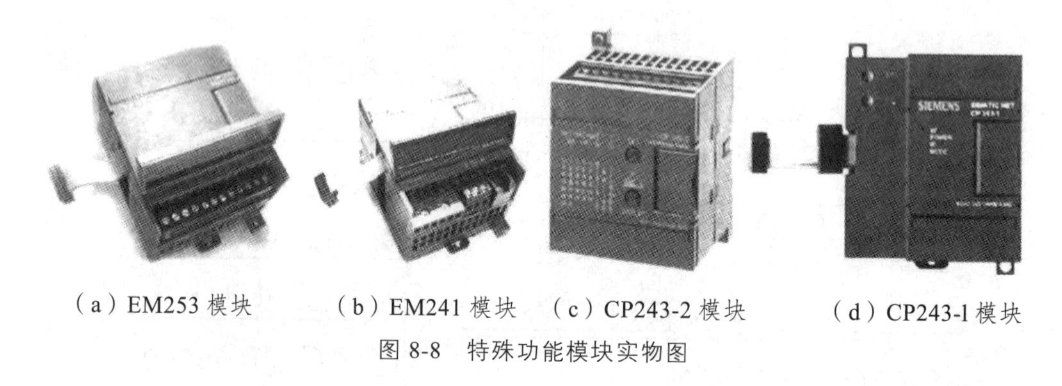

（a）EM253 模块　（b）EM241 模块　（c）CP243-2 模块　（d）CP243-1 模块

图 8-8　特殊功能模块实物图

8.2 扩展模块的应用

8.2.1 I/O 点数扩展和编址

S7-200 CPU22X 系列的每种主机所提供的本机 I/O 点的 I/O 地址都是固定的，进行扩展时，可以在 CPU 右边连接多个扩展模块，每个扩展模块的组态地址编号均取决于各模块的类型和该模块在 I/O 链中所处的位置，与输出模块的地址不会冲突，模拟量控制模块地址也不会影响数字量。编址方法与原则如下：

（1）同类型输入或输出的模块按顺序进行编址。

（2）数字量模块总是保留以 8 位（1 个字节）递增的过程映像寄存器空间。如果模块没有给保留字节中每一位提供相应的物理点，那些未用位不能分配给 I/O 链中的后续模块。对于输入模块，这些保留字节中未使用的位会在每个输入刷新周期中被清零。

（3）模拟量 I/O 点总是以两点递增的方式来分配空间。如果 CPU 或模块在为物理 I/O 点分配地址时未用完 1 个字节，那些未用的位也不能分配给 I/O 链中的后续模块。

例如，某一控制系统选用 CPU224，系统所需的输入/输出点数为数字量输入 24 点、数字量输出 20 点、模拟量输入 6 点和模拟量输出 2 点。

本系统可有多种不同模块的选取组合，并且各模块在 I/O 链中的位置排列方式也可能有多种，图 8-9 所示为其中的一种模块连接形式，表 8-3 所示为其对应的各模块的编址情况。

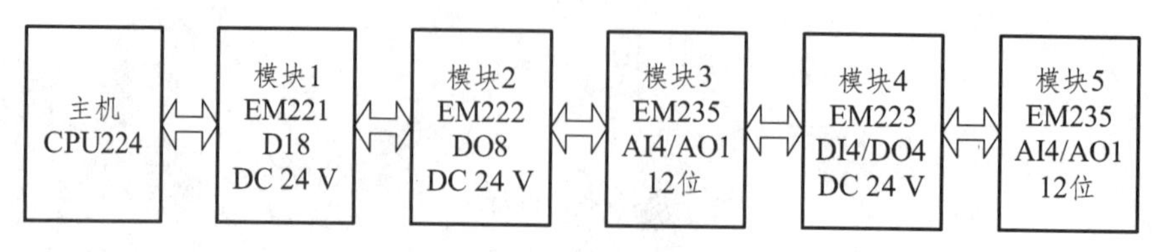

图 8-9　模块连接形式

表 8-3　各模块的编址

主机 I/O		模块 1 I/O	模块 2 I/O	模块 3 I/O	模块 4 I/O	模块 5 I/O
I0.0	Q0.0	I2.0	Q2.0	AIWO AQW0	I3.0 Q3.0	AIW8 AQW4
I0.1	Q0.1	I2.1	Q2.1	AIW2	I3.1 Q3.1	AIW10
I0.2	Q0.2	I2.2	Q2.2	AIW4	I3.2 Q3.2	AIW12
I0.3	Q0.3	I2.3	Q2.3	AIW6	I3.3 Q3.3	AIW14
I0.4	Q0.4	I2.4	Q2.4			
I0.5	Q0.5	I2.5	Q2.5			
I0.6	Q0.6	I2.6	Q2.6			
I0.7	Q0.7	I2.7	Q2.7			
I1.0	Q1.0					
I1.1	Q1.1					
I1.2						
I1.3						
I1.4						
I1.5						

8.2.2　模拟量扩展模块的应用

1. 模拟量输入/输出映像寄存器

S7-200 的模拟 S 输入电路是将外部输入的模拟信号（电流或电压）转换成 1 个字长（16 位）的数字量（0 ~ 32 000）存入模拟量输入映像寄存器区域，可以用区域标识符（AI）、数据长度（W）和模拟通道的起始地址读取这些量，其格式为 AIW [起始字节地址]。因为模拟输入量为 1 个字长（16 位），即 2 个字节，且从偶数字节开始存放，所以必须从偶数字节地址读取这些值，如 AIW0、AIW2、AIW4 等。模拟量输入值为只读数据。

S7-200 CPU 的模拟量输出电路是将模拟量输出映像寄存器区域的 1 个字长（16 位）的数字量（0 ~ 32 000）转换为模拟量信号（电流或电压）输出，可用区域标识符（AQ）、数据长度（W）和模拟通道的起始地址存储这些量，其格式为 AQW [起始字节地址]。因为模拟输出量为 1 个字长（16 位），即 2 个字节，且从偶数字节开始存放，如 AQW0、AQW2、AQW4 等。模拟量输出值是只写数据，对模拟量输入/输出是以 2 个字（W）为单位分配地址，每路模拟量输入/输出占用 1 个字（2 个字节）。如果有 3 路模拟量输入，需分配 4 个字（AIW0、AIW2、AIW4、AIW6），其中没有被使用的字 AIW6，不可被占用或分配给后续模块。如果有 1 路模拟量输出，需分配 2 个字（AQW0、AQW2），其中没有被使用的字 AQW2，不可被占用或分配给后续模块。

模拟量输入/输出的地址编号范围根据 CPU 的型号不同而有所不同，CPU222 为 AIW0 ~ AIW30/AQW0 ~ AQW30，CPU224/226 为 AIW0 ~ AIW62/AQW0 ~ AQW62。

2. PLC 模拟量扩展模块的应用

在工业控制中，某些输入量（如压力、温度、流量、转速等）是模拟量，某些执行机构（如电动调节阀、变频器等）要求 PLC 输出模拟信号。模拟量首先被传感器和变送器转换为标准量程的电流或电压，如直流 4 ~ 20 mA、1 ~ 5 V 或 0 ~ 10 V 等。PLC 用 A-D 转换器将它们转换成数字量。带正负号的电流或电压在 A-D 转换后用二进制补码表示。D-A 转换器将 PLC 的数字输出量转换为模拟电压或电流，再去控制执行机构。模拟量 I/O 模块的主要任务就是实现 A-D 转换（模拟量输入）和 D-A 转换（模拟量输出），如图 8-10 所示。

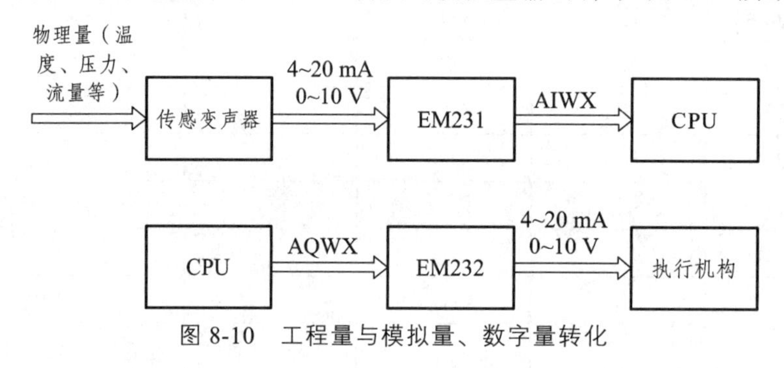

图 8-10 工程量与模拟量、数字量转化

1）模拟量输入模块 EM231 的应用

（1）EM231 模块接线。通过 A-D 模块，S7_200CPU 可以将外部的模拟量（电流或电压）转换成 1 个字长（16 位）的数字量（0 ~ 32 000）。

图 8-11 所示为 EMM1 的端子接线及 DIP 开关示意图。

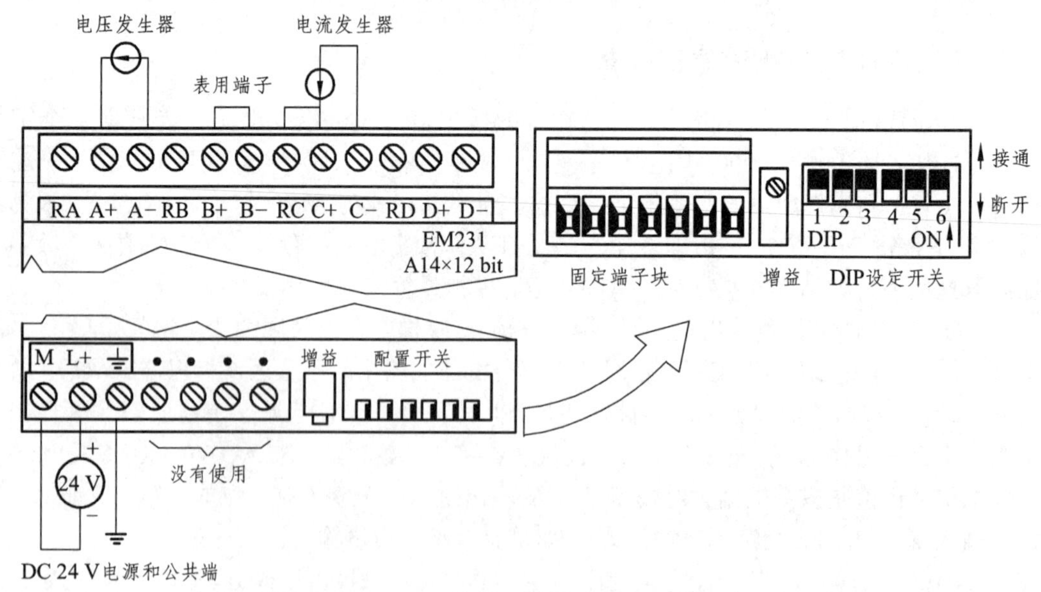

图 8-11 EM231 的端子接线及 DIP 开关示意图

（2）EM231 模块的配置校准，使用 KM23I 和 KM235 输入模拟量时，要先进行模块的配置和校准。通过调整模块中的 DIP 开关，可以设定输入模拟量的种类（电流、电压）以及模拟量的输入范围、极性，如表 8-4 所示。

表 8-4　EM231 选择模拟量输入范围的开关表

<table>
<tr><td colspan="3">单极性</td><td rowspan="2">满量程输入</td><td rowspan="2">分辨率</td><td colspan="3" rowspan="2">双极性</td><td rowspan="3">满量程输入</td><td rowspan="3">分辨率</td></tr>
<tr><td>SW1</td><td>SW2</td><td>SW3</td></tr>
<tr><td rowspan="3">ON</td><td>OFF</td><td>ON</td><td>0 ~ 10 V</td><td>2.5 mV</td><td>SW1</td><td>SW2</td><td>SW3</td></tr>
<tr><td rowspan="2">ON</td><td rowspan="2">OFF</td><td>0 ~ 5 V</td><td>1.25 mV</td><td rowspan="2">OFF</td><td>OFF</td><td>ON</td><td>± 5 V</td><td>2.5 mV</td></tr>
<tr><td>0 ~ 20 mA</td><td>5 μA</td><td>ON</td><td>OFF</td><td>± 2.5 V</td><td>1.25 mV</td></tr>
</table>

注：双极性信号就是信号在变化的过程中要经过“零”单极性不过“零”。由于模拟量转换为数字量是有符号整数，所以双极性信号对应的数值会有负数在 S7-200 中，单极性模拟量输入/输出信号的数值范围是 0 ~ 32 000，双极性模拟量信号的数范围是 − 32 000 ~ +32 000。

设定模拟量输入类型后，需要进行模块的校准，此操作需通过调整模块中的“增益调整”电位器来实现。校准调节影响所有的输入通道。即使在校准以后，如果模拟量多路转换器之前的输入电路元件值发生变化，从不同通道读入同一个输入信号，其信号值也会有微小的不同。校准输入的步骤如下：

① 切断模块电源，用 DIP 开关选择需要的输入范围。

② 接通 CPU 和模块电源，使模块稳定 15 min。

③ 用一个变送器、一个电压源或电流源，将零值信号加到模块的一个输入端。

④ 读取该输入通道在 CPU 中的测量值。

⑤ 调节模块上的 OFFSET（偏置）电位器，直到读数为零或需要的数字值。

⑥ 将一个工程量的最大值（或满刻度模拟量信号）接到某一个输入端子，调节模块上的 GAIN（增益）电位器，直到读数为 32 000 或需要的数字值。

⑦ 必要时重复上述校准偏置和增益的过程。

如输入电压范围是 0 ~ 10 V 的模拟量信号，则对应的数字量结果应为 0 ~ 32 000；电压为 0 V 时，数字量不一定是 0，可能有 1 个偏置值，如图 8-12 所示。

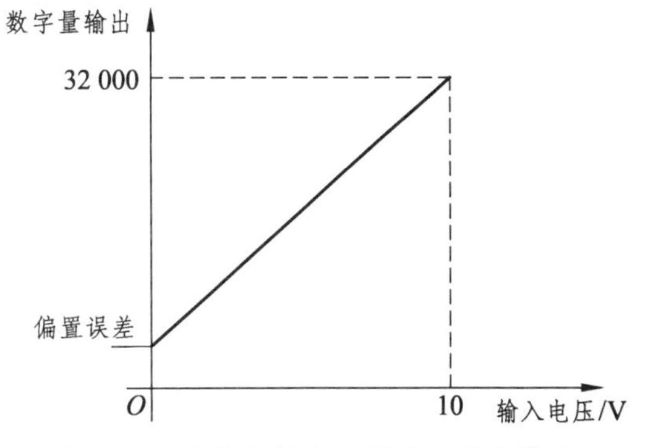

图 8-12　模拟量输入与数字量输出关系

（3）输入模拟量的读取。每个模拟量占用 1 个字长（16 位），其中数据占 12 位。依据输入模拟量的极性，数据格式有所不同，如图 8-13 所示。

对于单极性数据格式（0 ~ 10 V、0 ~ 5 V），其最大值为 $2^{15} - 2^{3} = 32\ 760$，差值为 $32\ 760 - 32\ 000 = 760$，可以通过调偏差/增益系统完成。

模拟量转换为数字量的 12 位读数是左对齐的。对单极性格式，最高位为符号位，最低 3 位是精度位，即 A-D 转换是以 8 为单位进行的；对双极性格式，最低 4 位为精度位，即 A-D 转换是以 16 为单位进行的。

模拟量输入模块有两个参数容易混淆，即模拟量转换的分辨率和模拟量转换的精度（误差）。分辨率是 A-D 转换芯片的转换精度，即用多少位的数值来表示模拟量。若 S7-200 模拟量模块的转换分辨率是 12 位，能够反映模拟量变化的最小单位是满量程的 $1/2^{12}$（即 1/4 096）。模拟量转换的精度除了取决于 A-D 转换的分辨率，还受到转换芯片外围电路的影响。在实际应用中，输入的模拟量信号会有波动、噪声和干扰，内部模拟电路也会产生噪声、漂移，这些都会对转换的最后精度造成影响。这些因素造成的误差要大于 A-D 芯片的转换误差。

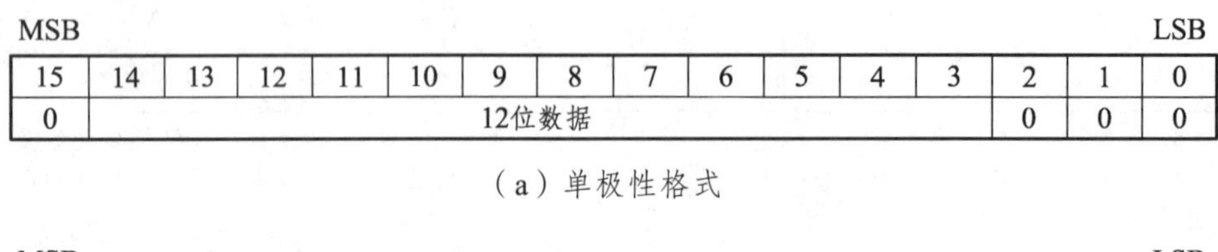

MSB … LSB

15	14	13	12	11	10	9	8	7	6	5	4	3	2	1	0
0	12位数据												0	0	0

（a）单极性格式

MSB … LSB

15	14	13	12	11	10	9	8	7	6	5	4	3	2	1	0
12位数据												0	0	0	0

（b）双极性格式

图 8-13　模拟量输入数据格式

在读取模拟量时，利用数据传送指令 MOV_W，可以从指定的模拟量输入通道将其读取到内存中，然后根据极性，利用移位指令或整数除法指令将其规格化，以便于处理数据值部分。

2）模拟量输出模块 EM232 的应用

（1）EM232 模块接线。通过 D-A 模块，S7-200 CPU 把 1 个字长（16 位）的数字量（0 ~ 32 000）按比例转换成电流或电压。图 8-14 所示为模拟量输出 EM232 端子接线及内部结构。

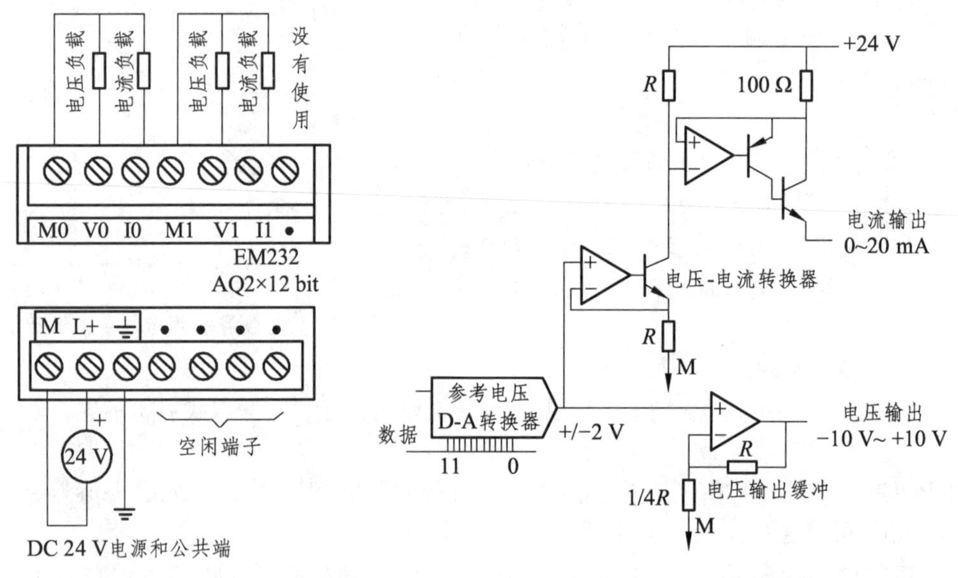

（a）EM232 端子接线　　（b）WEM232 内部结构

图 8-14　模拟量输出 EM232 端子接线及内部结构

（2）模拟量的输出。模拟量的输出范围为 – 10 ~ +10 V 和 0 ~ 20 mA（由接线方式决定），对应的数字量分别为 – 32 000 ~ +32 000 和 0 ~ 32 000。

图 8-15 所示模拟量数据输出值是左对齐的。对于单极性格式，最高位是符号位，0 表示正值；对于双极性格式，最低 4 位是 4 个连续的 0，在转换为模拟量输出值时将自动屏蔽，而不会影响输出信号值。

3）模拟量数据的处理

模拟量输入信号的整定。通过模拟量输入模块转换后的数字信号直接存储在 S7-200PLC 的模拟量输入存储器 AIW 中，但在数值上并不相等，必须经过某种转换才能使用。这种将模拟量输入模块转换后的数字信号在 PLC 内部按一定函数关系进行转换的过程称为模拟量输入信号的整定。

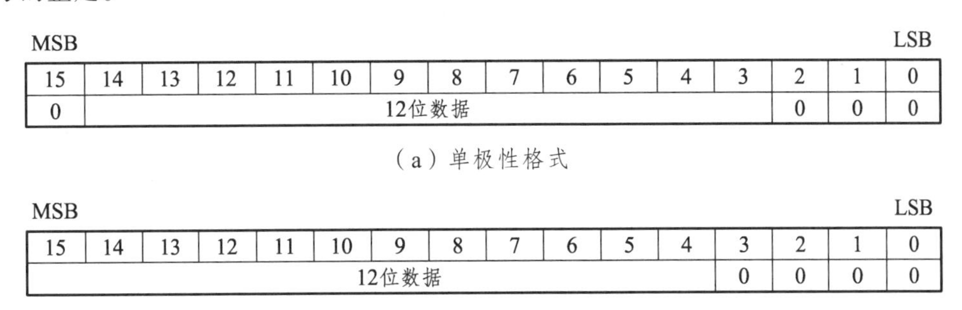

MSB　　　　　　　　　　　　　　　　　　　　　　　　LSB

15	14	13	12	11	10	9	8	7	6	5	4	3	2	1	0
0	12位数据												0	0	0

（a）单极性格式

MSB　　　　　　　　　　　　　　　　　　　　　　　　LSB

15	14	13	12	11	10	9	8	7	6	5	4	3	2	1	0
12位数据												0	0	0	0

（b）双极性格式

图 8-15　模拟量数据输出

模拟量输入信号的整定通常需要考虑以下几个问题：

（1）模拟量输入值的数字量表示方法。模拟量输入值的数字量表示方法即模拟量输入模块数据的位数是多少，是否从数据字的第 0 位开始。若不是，应进行移位操作使数据的最低位排列在数据字的第 0 位上，以保证数据的准确性。如 EM231 模拟量输入模块，在单极性信号输入时，模拟量的数据值是从第 3 位开始的，因此数据整定的任务是把该数据字右移 3 位。

（2）模拟量输入值的数字量表示范围。该范围由模拟量输入模块的转换精度决定。如果输入量的范围大于模块可能表示的范围，则可以使输入量的范围限定在模块表示的范围内。

（3）系统偏移量的消除。系统偏移量是指在无模拟量信号输入情况下由测量元件的测量误差及校拟量输入模块的转换死区所引起的，具有一定数值的转换结果。消除这一偏移量的方法是在硬件中进行调整（如调整 EM231 中偏置电位器）或使用 PLC 的运算指令消除。

（4）过程量的最大变化范围。过程量的最大变化范围与转换后的数字量最大变化范围应有一一对应的关系，这样就可以使转换后的数字量精确地反映过程量的变化，如用 0 ~ 0FH 反映 0 ~ 10 V 的电压与用 0 ~ FFH 反映 0 ~ 10 V 的电压相比较，后者的灵敏度或精确度显然要比前者高得多。

（5）标准化问题。从模拟量输入模块采集到的过程量都是实际的工程量，其幅度、范围和测量单位都不同，在 PLC 内部进行数据运算之前，必须将这些值转换为无量纲的标准格式。

（6）数字量滤波问题。电压、电流等模拟量常常会因为现场干扰而产生较大波动，这种波动经 A-D 转换后亦反映在 PLC 的数字量输入端。若仅用瞬时采样值进行控制计算，将会产生较大误差，因此有必要进行滤波。

工程上的数字滤波方法有平均值滤波、去极值平均滤波以及惯性滤波法等。

（7）模拟量输出信号的整定。在 PLC 内部进行模拟量输入信号处理时，通常把模拟量输入模块转换后的数字量转换为标准工程量，经过工程实际需要的运算处理后，可得出上下限报警信号及控制信息。报警信息经过逻辑控制程序可直接通过 PLC 的数字量输出点输出，而控制信息需要暂存到模拟量存储器 AQWX 中，经模拟量输出模块转换为连续的电压或电流信号输出到控制系统的执行部件，以便进行调节。模拟量输出信号的整定就是要将 PLC 的运算结果按照一定的函数关系转换为模拟量输出寄存器中的数字值，以备模拟量输出模块转换为现场需要的输出电压或电流。

已知在某温度控制系统中由 PLC 控制温度的升降。当 PLC 的模拟量输出模块输出 10 V 电压时，要求系统温度达到 500 °C，现 PLC 的运算结果为 200 °C，则应向模拟量输出存储器 AQWX 写入的数字量为多少？这就是一个模拟量输出信号的整定问题。

显然，解决这一问题的关键是要了解模拟量输出模块中的数字量与模拟量之间的对应关系，这一关系通常为线性关系。如 EM232 模拟量输出模块输出的 0 ~ 10 V 电压信号对应的内部数字量为 0 ~ 32 000。上述运算结果 200 度所对应的数字量可用简单的算术运算程序得出。

例如，某管道水的压力是 0 ~ 1 MPa，通过变送器转化成 4 ~ 20 mA 输出，经过 EM231 的 A-D 转换，0 ~ 20 mA 对应的数字量范围是 0 ~ 32 000，当压力大于 0.8 MPa 时指示灯亮 1。工程量与模拟量、模拟量与数字量的对应关系如图 8-16 所示。

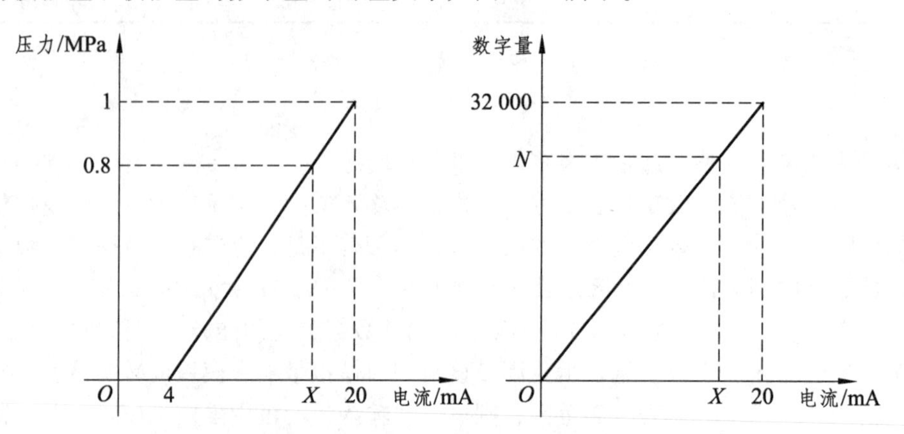

图 8-16　工程量与模拟量、模拟量与数字量的对应关系

0.8 MPa 时的电流值为 x = [（20 – 4）×（0.8 – 0）/（1 – 0）] +4；

0.8 MPa 时的信号量为 x = 16.8 mA；

对应的数字量是 N = [（32 000 – 0）×（16.8 – 0）/（20 – 0）]+0；

0.8 MPa 时的数字量 N = 26 880。PLC 程序如图 8-17 所示。

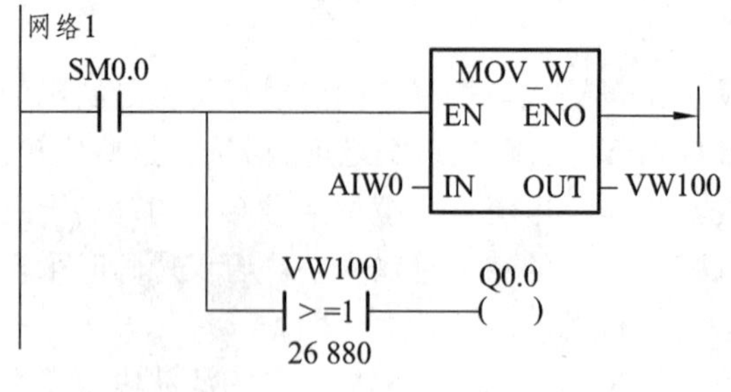

图 8-17　PLC 程序

4）使用模拟量模块时的注意事项

（1）模拟量模块有专用的扁平电缆与 CPU 通信，并通过此电缆由 CPU 向模拟量模块提供 DC 5 V 的电源。此外，模拟量模块必须外接 DC 24 V 电源。

（2）每个模拟量模块能同时输入/输出电流或者电压信号。当模拟量模块的输入点/输出点有信号输入或者输出时，LED 指示灯不会亮，这点与数字量模块不同，因为西门子模拟量模块上的指示灯没有与电路相连。

（3）一般电压信号比电流信号容易受干扰，应优先选用电流信号。电压型的模拟量信号，由于输入端的内阻很高（S7-200 的模拟量模块为 10 MΩ），极易引入干扰。一般电压信号用于控制设备柜内的电位器设置，或者距离非常近、电磁环境好的场合。电流型信号不容易受到传输线沿途的电磁干扰，因而在工业现场获得广泛的应用。电流信号可以传输比电压信号远得多的距离。

（4）对于模拟量输出模块，电压型和电流型输出信号的接线不同，各自的负载接到各自的端子上。

（5）模拟量输出模块总是要占据两个通道的输出地址。即便有些模块（EM235）只有一个实际输出通道，也要占用两个通道的地址。在编程计算机和 CPU 实际联机时，使用 Micro/WIN 的菜单命令“PLC”→“信息（Information）”，可以查看 CPU 和扩展模块的实际 I/O 地址分配。

第 9 章　S7-200 安装接线与维修

PLC 在设计时对软件和硬件均采用了一系列的抗干扰措施，工作可靠性高，在一般工业环境下正常使用，平均无故障时间可达几万小时。但在 PLC 的运行过程中，由于机械故障（如配线开路、接线端子的松动等）、各模块板上元器件的故障、在过于恶劣的环境条件下（如强电磁干扰、超温、超湿、过欠电压）或安装使用不当，都有可能导致 PLC 内部信息的破坏，引起控制紊乱。因此，正确的安装、必要的定期维护、选择合理的抗干扰措施，能够有效地提升 PLC 控制系统运行的可靠性。

9.1　安装接线

9.1.1　PLC 模块安装

安装或拆卸 PLC 的各种模块和相关设备时，必须首先切断电源，否则可能会导致设备损坏或使人身安全受到伤害。下面介绍 PLC 的安装方法。

1. 模块的安装

S7-200 PLC 既可以安装在一块面板上，又可以安装在 DIN 导轨上，利用总线连接电缆可以很容易地把 I/O 模块和 PLC 或其他的模块（如通信模块、特殊功能模块等）连接在一起。安装时一定要注意周围的环境。其安装环境应具备以下条件：

（1）环境温度范围为 0 °C ~ 55 °C。

（2）环境湿度范围为 35% ~ 85%（RH）。

（3）周围没有易燃或腐蚀性气体。

（4）没有过多的粉尘和金属屑。

（5）不应该有过度的振动和冲击。

（6）没有水的溅射。

（7）不能受日光直射。

图 9-1 所示为 S7-200 PLC 典型的安装方法。面板直接安装，安装固定螺孔便于用螺钉将模块安装在柜板上，模块装在 CPU 右边，相互之间用总线连接电缆连接，在剧烈振动的情况下具有较好效果。标准导轨安装，将模块卡装在紧挨 CPU 右侧的导轨上，通过总线连接电缆与 CPU 互相连接。S7-200 PLC 和扩展模块采用自然对流散热方式，在每个单元的上方和下方都必须留有一定的空间。图 9-2 所示为 S7-200 PLC 水平和垂直空间要求。

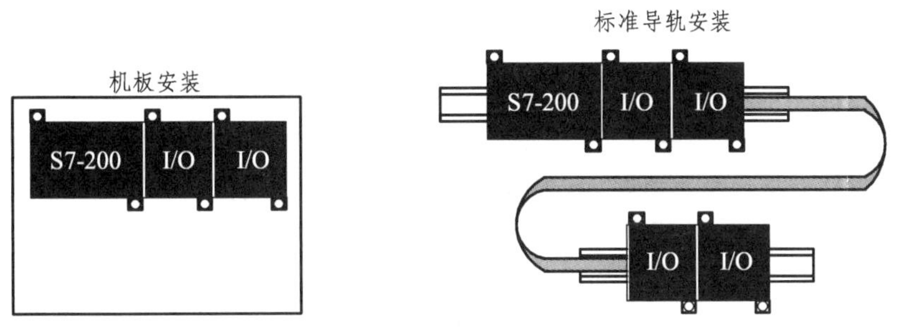

图 9-1　S7-200 PLC 的安装方法

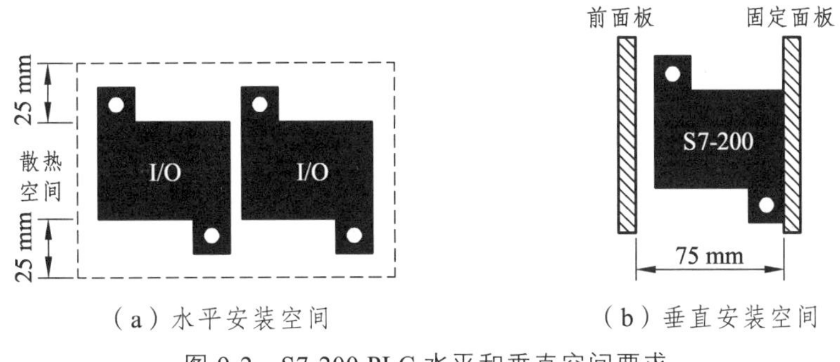

（a）水平安装空间　　（b）垂直安装空间

图 9-2　S7-200 PLC 水平和垂直空间要求

2. 布线接线

1）布　线

外部电缆布线时应遵循以下原则：

（1）使用多芯信号电缆时，要避免将 PLC 的 I/O 接线和其他控制接线组合在同一根电缆中。

（2）如果各接线架平行，则各接线架之间至少相隔 300 mm，如图 9-3（a）所示。如果 I/O 接线和动力电缆必须敷设在同一电缆沟，则需要用接地薄钢板将其相互屏蔽，如图 9-3（b）所示。

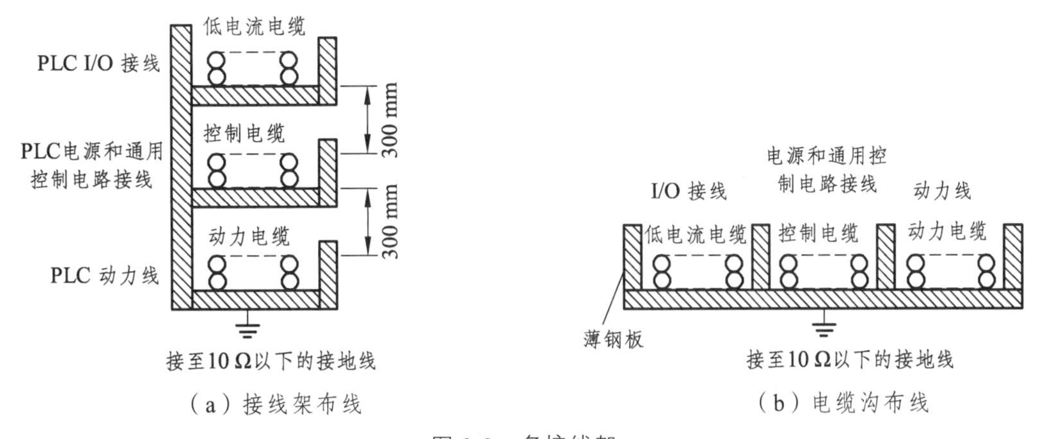

（a）接线架布线　　（b）电缆沟布线

图 9-3　多接线架

2）正确使用导线

S7-200 模块采用的是 0.5 ~ 1.5 mm 的导线。尽量使用短导线(最长 500 m 屏蔽线，或 300 m 非屏蔽线)。导线要尽量成对使用，用一根中性或公共导线与一根控制线或信号线相配对。将交流线和大电流的直流线与小电流的信号线隔开。PLC 保持与动力电缆 200 mm 以上距离，如图 9-4 所示。

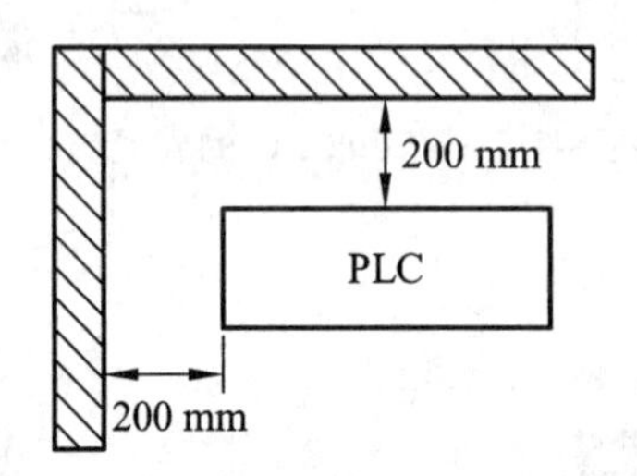

图 9-4　PLC 与动力电缆的距离

3）识别接线端子

正确地识别和划分 S7-200 模块的接线端子，并在线端留缓冲线圈。

4）接　线

在对 S7 - 200 PLC 接线时，要确保所有的电器符合国家和地区的电气标准。同时不要将连接器的螺钉拧得过紧，最大的扭矩不要超过 0.36 N · m。

5）安装隔离和保护设施

（1）针对闪电式浪涌电流安装合适的浪涌电流抑制设备。

（2）外部电源不能与 DC 输出端子并联用作输出负载，这可能导致反向电流冲击输出。除非在安装时使用二极管或其他隔离栅。

（3）控制设备在不安全条件下使用可能会失灵，导致被控制设备的误操作。这样的误动作会导致严重的人身伤害和设备损坏。可以考虑使用独立于 PLC 之外的紧急停机功能、机电过载保护设备或其他冗余保护。

9.1.2　控制单元输入/输出端子接线

输入/输出端子接线的关键是要构成闭合回路，同时要求输入线应尽可能远离输出线、高压线及用电设备。

1. 数字量 I/O 接线

对于数字量 I/O 接线，其输入都是 24 V 直流电，支持源型（或称 NPN 型，信号电流从模块内向输入器件流出）和漏型（或称 PNP 型，信号电流从输入器件流入）。两种接法的区别是电源公共端接 24 V 直流电源的负极［漏型输入见图 9-5（a）］或者正极［源型输入见图 9-5（b）］。

其输出端子有 24 V 直流（晶体管）和继电器触点。相对 CPU 的输出端子而言，凡是 24 V 直流供电的 CPU 都是晶体管输出［见图 9-6（a）］，而 220 V 交流电供电的 CPU，都是继电器输出［见图 9-6（b）］。直流晶体管输出端子只有源型输出一种。继电器输出的连接端子没有电流方向性，它既可以连接直流信号，也可以连接交流信号，但是不能接 380 V 的交流电压。

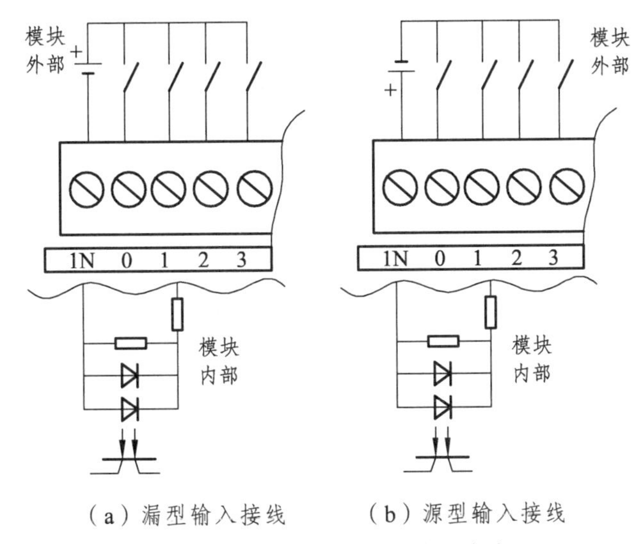

（a）漏型输入接线　　（b）源型输入接线

图 9-5　数字量 I/O 输入端子接线

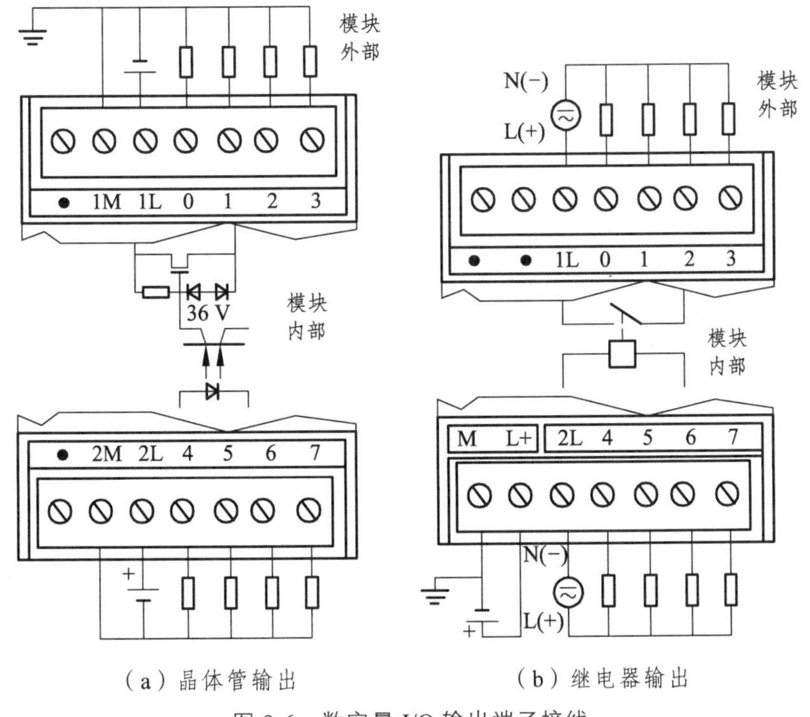

（a）晶体管输出　　（b）继电器输出

图 9-6　数字量 I/O 输出端子接线

2. 模拟量 I/O 扩展模块接线

模拟量 I/O 扩展模块接线，该类端子用于输入和输出电压、电流信号，其信号量程（电压一般为 - 10 ~ 0 V，电流为 0 ~ 20 mA）由 DIP 开关拨至 ON 时或 OFF 时设定。

模拟量 I/O 扩展模块需要 24 V 直流电源，可用 CPU 传感器电源供电，也可用外接电源供电。模拟量输入接线如图 9-7 所示，外部传感器可由外接电源供电或 CPU 传感器电源供电（必须符合规格要求）。模拟量输出接线如图 9-8 所示，电压型和电流型信号的接法不同，各自的负载应接到不同的端子上。

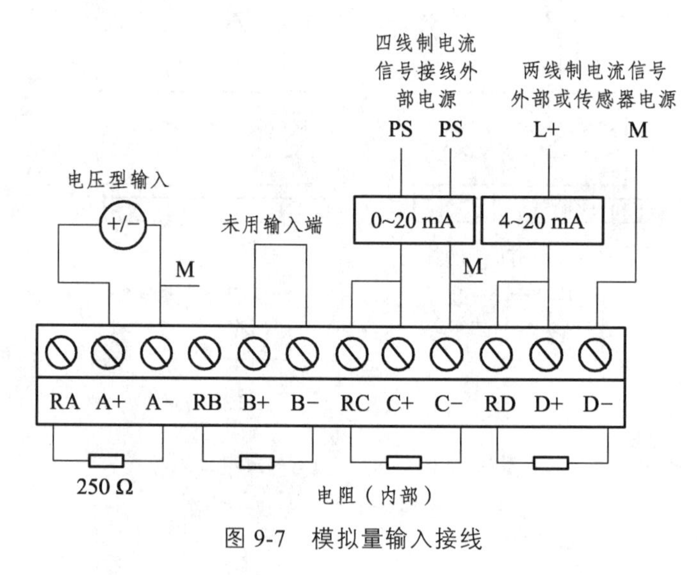

图 9-7 模拟量输入接线

注意：电流信号与电压信号接线的区别为了抑制共模干扰，信号的负端要连接到扩展模块的电源输入的 M 端子上。

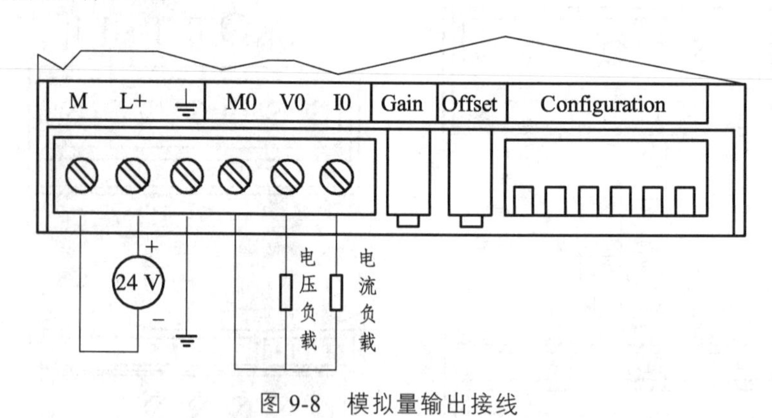

图 9-8 模拟量输出接线

3. 接线端子安装、拆卸

S7-200 安装现场接线端子有接线端子排和可拆卸的端子连接器两种。为保证安装的快捷与方便，安装时，建议使用西门子公司制造的接线端子排和端子连接器。

选用接线端子排（见图 9-9）可使现场安装接线和拆卸保持相对固定，安装便捷可靠。

选用时，参照 S7-200 系统手册中规定的订货号选用相应端子排，其安装和拆卸与下面叙述的端子连接器的安装和拆卸过程相同。

采用可拆卸的端子连接器（见图 9-10）可以保证安装和拆卸 S7-200 CPU 和 I/O 模块时现场接线固定不变，提高安装效率和可靠性，其安装步骤为：

（1）抬起 CPU 或扩展模块的端子上盖。

（2）确保端子连接器的引线与 CPU 或扩展模块上的引线相符合，将模块上的插针与端子排边缘的小孔对正。

（3）把端子连接器向下压入 CPU 或扩展模块，直到连接器被扣住。

其拆卸步骤为：

（1）抬起 CPU 或扩展模块的端子上盖。

（2）如图 9-10 所示，把螺丝刀插入端子块中央的槽口中，按安装的相反过程打开端子上盖，用力向下压并撬出端子连接器。

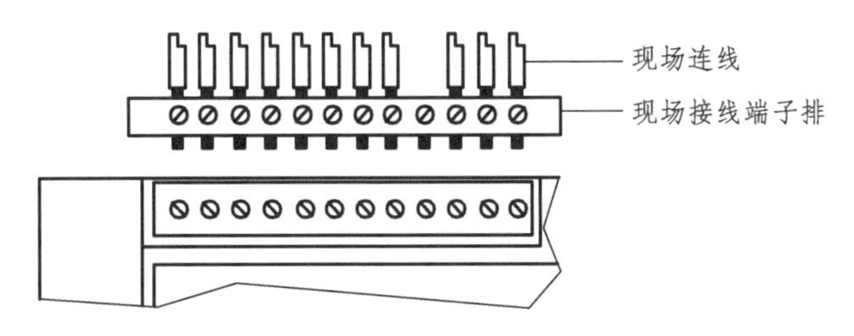

图 9-9　可选现场接线端子排

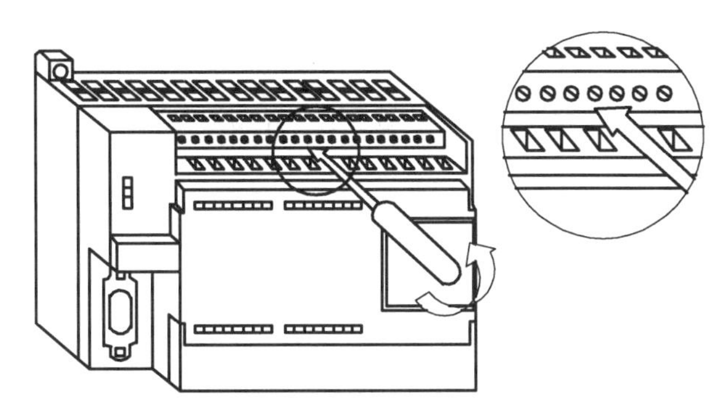

图 9-10　可拆卸端子连接器

9.1.3　电源安装与接线

S7-200 PLC 无论 CPU 还是各种模块都需要合适的电源供电才能正常工作，电源形式有交流电和直流电两种。在 S7-200 PLC 系统中，凡是标记 L1/N 的电源端子均是交流电源端子，凡是标记 L+/M 的电源端子均是直流电源端子。

1. 交流供电

S7-200 的 CPU 的交流供电有 110 V/220 V，交流供电接法如图 9-11 所示。

（1）用一个单相开关将电源与 CPU、所有的输入电路和输出（负载）电路隔离。

（2）用一台过电流保护设备保护 CPU 的电源、输出端子以及输入端子，也可以为每个输出端子加上熔断器进行范围更广的保护。

（3）当使用 PLC 24 V（DC）传感器电源时，由于该传感器电源具有短路保护功能，可以取消输入端子的外部过电流保护。

（4）将 S7-200 的所有地线端子和新近接地点相连接，以获得最好的抗干扰能力。建议使用 1.5 mm^2 的电线连接到独立导电点上（亦称点接地）。

（5）本机单元的直流传感器电源可用作本机单元的输入和扩展 DC 输入以及扩展继电器线圈供电，这一传感器电源具有短路保护功能。

（6）在大部分的安装中，如果把传感器的供电 M 端接于地，可以获得最佳的噪音抑制。

2. 直流供电

S7-200 的 CPU 的直流供电大多采用 24 V，直流供电接法如图 9-12 所示。

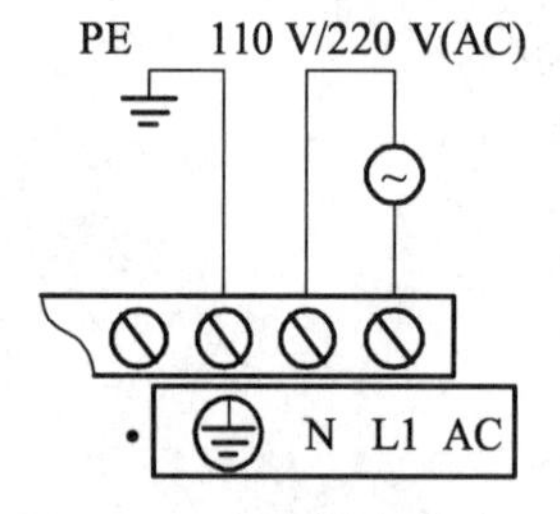

图 9-11　交流供电接法

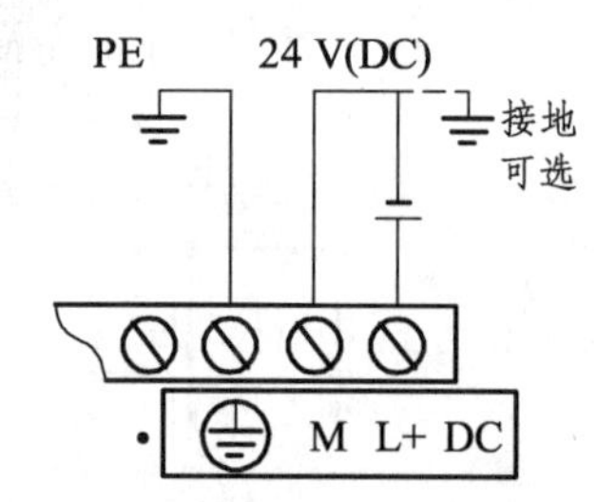

图 9-12　直流供电接法

（1）用一个单相开关将电源同 CPU、所有的输入电路和输出（负载）电路隔离开。

（2）用过电流保护设备保护 CPU 电源、输出端子以及输入端子，也可以在每个输出端子加上熔断器进行过电流防护。

（3）使用 24 V（DC）传感器电源时，可以取消输入端子的外部过电流保护，因为传感器电源内部具有限流功能。

（4）确保 DC 电源有足够的抗冲击能力，以保证在负载突变时，可以维持一个稳定的电压，这时需要一个外部电容。

（5）在大部分的应用中，把所有的 DC 电源接地，可以得到最佳的噪声抑制。在未接地 DC 电源的公共端与保护地之间接电阻与电容并联电路。电阻提供静电释放通路，电容提供高额噪声通路，它们的典型值是 4700 pF。

（6）将 S7-200 所有的接地端子同新近接地点连接，以获得最好的抗干扰能力。建议所有的接地端子都使用 1.5 mm^2 的导线连接到独立导电点上（亦称点接地）。

（7）24 V（DC）电源回路与设备之间，以及 120 V/230 V（AC）电源与危险环境之间，必须提供安全电气隔离。

注意：在图 9-11 和图 9-12 中，PE 是保护地（屏蔽地），可以连接到三相五线制的地线，或者机柜金属壳，或者大地。PE 绝不可以连接交流电源的零线 N（即中性线），为了抑制干扰可以把 CPU 直流电源的 M 端与 PE 连接，但在接地不理想的情况下最好不要这样做。

3. 隔离电路接地与电路参考点

使用隔离电路时的接地与电路参考点应遵循的规则如下：

（1）应该为每一个安装电路选一个参考点（0 V），这些不同的参考点可能会连接在一起。这种连接可能会导致预想不到的电流，它们会导致逻辑错误或电路损坏。产生不同参考电势的原因经常是由于接地点在物理区域上被分隔得太远。当相距很远的设备被通信电缆或传感器连接起来时，由电缆线和地之间产生的电流就会流经整个电路，即使在很短的距离内，大型设备的负载电流也可以在其与地电势之间产生变化，或者通过电磁作用直接产生不可预知的电流。那些选定参考点不正确的电源，相互之间的电路中有可能产生毁灭性的电流，以致设备损坏。

（2）当把几个具有不同地电位的 CPU 连到一个 PPI 网络时，应该采用隔离 RS-485 中继器。

（3）S7-200 系列产品已在特定点上安装了隔离元件，以防止安装中所不期望的电流产生。当使用者打算安装时，应考虑到哪些地方有这些隔离元件，哪些地方没有。同时，也应考虑到相关电源之间的隔离以及其他设备的隔离，还有相关电源的参考点都在什么位置。

（4）最好选择一个接地参考点，并且用隔离元件来阻隔可能产生不可预知电流的无用的电流回路。在暂时性连接中，可引入新的电路参考点，例如编程器与 CPU 连接时。

（5）在现场接地时，一定要随时注意接地的安全性，并且要正确地操作隔离保护设备。

（6）在大部分的安装中，如果把传感器的供电 M 端子接地，可以获得最佳的噪声抑制。

S7-200 的隔离特性如下：

（1）CPU 逻辑参考点与 DC 传感器提供的 M 点类似。

（2）CPU 逻辑参考点与采用 DC 电源供电的 CPU 输入电源提供的 M 点类似。

（3）CPU 通信端口与 CPU 逻辑口（DP 口除外）具有同样的参考点。

（4）模拟输入/输出与 CPU 逻辑不隔离，模拟输入采用差动插入，并提供低压公共模式的滤波电路。

（5）逻辑电路与地之间的隔离为 500 V（AC）。

（6）DC 数字输入/输出与 CPU 逻辑之间的隔离为 500 V（AC）。

（7）DC 数字 I/O 组的端子之间隔离为 500 V（AC）。

（8）继电器输出、AC 输出/输入与 CPU 逻辑之间的隔离为 1 500 V（AC）。

（9）继电器输出组的端子之间隔离为 1 500 V（AC）。

（10）AC 电源线和零线与地、CPU 逻辑以及所有的 I/O 之间的隔离为 1 500 V（AC）。

以上是 S7-200 的隔离特性，其中某些特性对于特殊产品可能会有所不同。请参考 S7-200 系统手册，从中可以查到相应产品的电路中包含哪些隔离元件及其隔离级别。级别小于 1 500 V（AC）的隔离元件只能用作功能隔离，而不能用作安全隔离层。

9.1.4 抑制电路的设计

为避免强电磁干扰，不要将 PLC 安装在高压设备或电源、变频器设备的附近。

在电感性负载中要加入抑制电路，用于抑制在切断电源时电压的升高，可以采用下面的方法来设计具体的抑制电路。设计的有效性取决于实际的应用，因此必须调整参数，以适应具体的应用。要保护所有的器件参数与实际应用相符合。

1. 直流晶体管输出模块的保护

S7-200 直流晶体管输出内部包含了能适应多种安装的齐纳二极管。对于大电感或频率开关的感性负载，还可以使用外部抑制二极管来防止击穿内部二极管，也可以采用外接齐纳二极管组成抑制电路。若外加直流电压为 24 V，则选择击穿电压为 8.2 V，功率为 5 W 的齐纳二极管。二极管抑制如图 9-13 和图 9-14 所示。

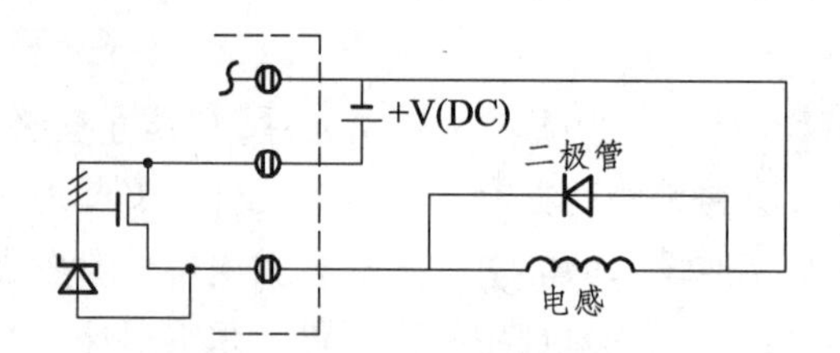

图 9-13　直流晶体管输出的普通二极管抑制

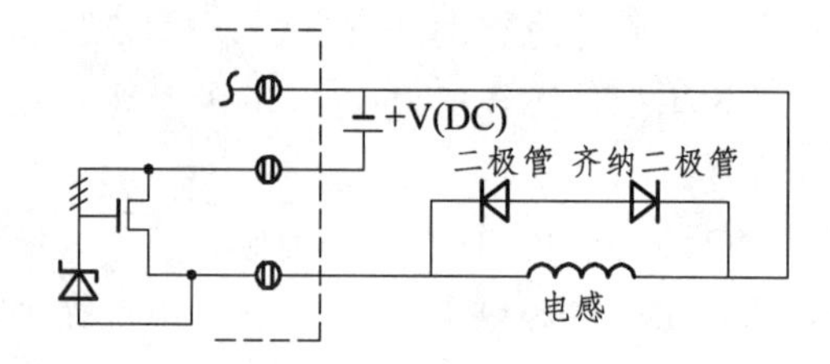

图 9-14　直流晶体管输出的齐纳二极管抑制

当晶体管由导通变为截止时，由于续流二极管为电感能量的释放提供了电流通道，因此在电感两端不会形成高压。对于含齐纳二极管的抑制电路，由于齐纳二极管的电压特性，也可抑制电感两端的高压产生，因而也就不会危害到晶体管了。

2. 继电器输出模块的保护

对继电器输出模块的保护主要有两个方面：一方面是对继电器触点的保护，使电感在断电时不会产生高电压加到继电器的触点上；另一方面是对电源的保护，使为继电器提供电压的电源不受高电压的冲击。抑制高电压的主要办法是在感性负载两端并联 RC 吸收电路。对交流电源除了用 RC 吸收之外，还可以并联压敏电阻，以消除电压冲击。

直流负载 RC 抑制电路的参考值为 $R = 120\ \Omega$，$C = 0.5\ \mu F$。

交流负载电压为 115 V/230 V（AC）时，对于每 10 W 的静态负载，RC 抑制电路的参考值：$R > 0.5\ \Omega$，$C = 0.002 \sim 0.005\ \mu F$。此时压敏电阻的工作电压比正常的线电压高出至少 20%。保护电路如图 9-15、图 9-16 所示。

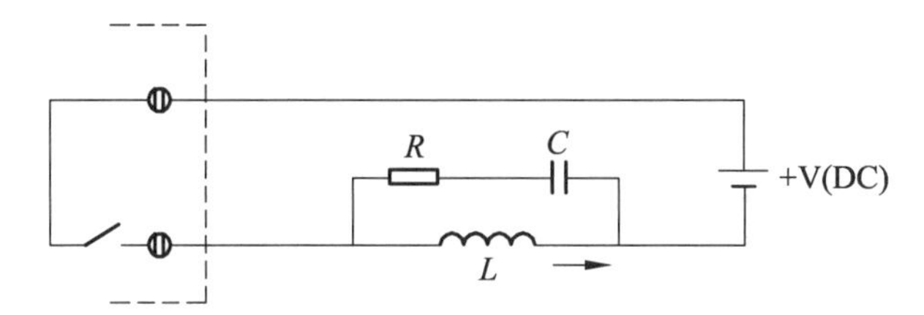

图 9-15　继电器驱动 DC 负载上跨接电阻电容网络保护电路

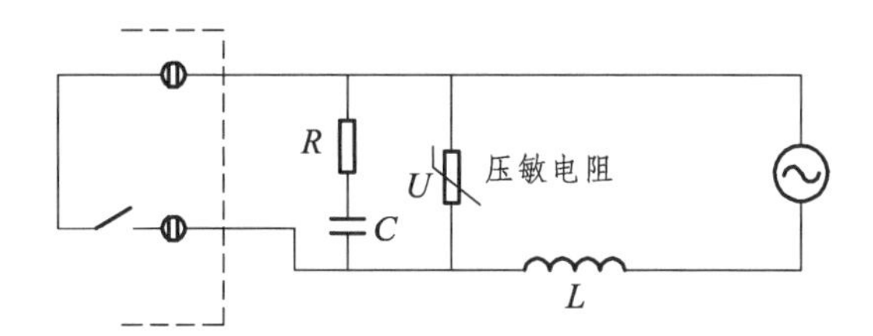

图 9-16　AC 负载继电器或 AC 输出跨接电阻电容网络保护电路

9.1.5　系统试运行

1. 上电前的检查

PLC 系统在上电前必须进行细致的检查，这种检查通常除操作者（接线者）自己检查之外，还需要另一个不参与操作的人员做复检。检查的主要内容有以下几个方面：

1）接线检查

（1）电源输入线连接是否正确，尤其是要确定是否有短路的故障。

（2）各输入/输出线（包括电源线）的配线是否正确，连接是否牢固。

（3）各连接电缆的连接是否正确和可靠，插头座之间是否已经锁紧。

（4）端子排上各压接端之间是否有短路或压接松动的现象。

（5）系统中各功能单元的装配是否正确和牢固。

2）设置的检查

（1）输入电源电压的设定（有的 PLC 没有这种设置，只能使用 220 V）检查。这一步看似简单，但因忽视这一点而造成的事故屡有发生，应该引起用户的注意。

（2）根据当前 PLC 实际使用的方式，将 PLC 上的工作方式选择开关设置为“条件运行”“暂停”或“运行”。

（3）设置开关，在“条件运行”方式下，应置“开放”（ON）位置，其他方式通常置于“封闭”（OFF）位置。如果有外接存储器，也应检查安装是否正确。

2. 试运行过程

在上电前检查并确认无误时，可以加电试运行。其过程大致如下：

（1）闭合电源开关，此时“电源”的绿色指示灯应亮。

（2）一般情况下，首次上电均是先做“条件运行”工作，因此可在“条件运行”状态下，用强制 ON/OFF 功能检查输出配线是否正确，或用输入单元的指示（I/O 监视、I/O 多端子监视等）功能检查输入配线和信号是否正常。

（3）将编程器的工作方式选择开关设在“监视”或“运行”位置，此时“运行”的绿色指示灯应亮。

（4）按原编程时设计的工作顺序，检查和校核 PLC 工作是否正常，是否符合原设计要求。

（5）若发现所编程序有错或不符合设计要求的地方，应逐条记录下来，然后加以分析、修改、补充或删除，最后重复第（4）步。如此反复，直至系统完全合乎原设计要求为止。

（6）为进一步验证所编用户软件的正确性，应构造一个整个控制系统的实验环境，或直接在所控制系统上做“空运行”，模拟实际系统可能出现的各种状态和顺序，检查 PLC 工作是否正常。

（7）最后在实际系统中做试运行，设计者应随时监视系统的工作情况，遇到有不合适的地方（如延时时间不合适、互锁条件不充分等），应及时记录下来，或随时停止工作，以便做进一步的修改。这种试运行的时间应足够长，因为系统的有些状态出现的次数很少，只有经相当长时间的运行才会出现一次，试运行的具体时间应视本系统的复杂程度和对可靠性的要求不同而异。简单系统一般应有 2～3 天的时间，复杂系统可长达数周乃至数月。

9.2 维　修

9.2.1 日常维护

PLC 的主要构成元器件是以半导体器件为主体，考虑到环境条件恶劣会使 PLC 元件变质，有必要对其进行日常维护与定期检修。定期标准维护检查时间为半年至一年一次。当外部环境条件较差时，可以根据情况把间隔缩短。PLC 定期维护主要内容如表 9-1 所示。

表 9-1　PLC 定期维护主要内容

检修项目	检修内容	判断标准
供电电源	在电源端处测量电压波动范围是否在标准范围内	电压波动范围：85%～110%供电电压
外部环境	环境温度	0 °C～55 °C
	环境湿度 积尘情况	35%～85%（RH），不结露 不积尘
I/O 用电源	在 I/O 端子处测量电压波动范围是否在标准范围内	按照各 I/O 的规格为标准
安装状态	各单元是否可靠固定	无松动
	电缆的连接器是否完全插紧	无松动
	外部配线的螺钉是否松动	无松动
有寿命元件	继电器、存储器等	按照各元件的规格为标准
备份电池	备份电他是否定期更换	按照电池使用时间为标准

PLC 日常维护内容：断电除尘；工作环境，检查供电电源质量、周围温度、结露等；安装状态，检查连接是否松动；接地；寿命元件状态，如输出继电器电气寿命阻性负载时 30 万次，感性负载时 10 万次，机械寿命 1000 万次；电池寿命，在正常情况下，PLC 内的电池寿命约为 5 年，若环境温度高，寿命会缩短，须提前更换。

更换电池时，先给 PLC 充电 1 min 以上，然后在 3 min 之内更换完毕。更换电池步骤如下：

（1）切断电源。

（2）打开电池盖。

（3）拔下备份电池插头，并拉出导线，取下电池。

（4）安装新电池并将它连接到 PLC 插座上。

（5）盖好电池盖。

（6）接通 PLC 电源。

9.2.2 硬件故障诊断基本知识与故障处理指南

PLC 系统在长期运行中，可能会出现一些故障。PLC 自身故障可以靠自诊断来判断，外部故障则主要根据程序来分析。常见 PLC 故障有电源系统故障、主机故障、通信系统故障、模块故障、软件故障等。

1. 常见故障的总体检查与处理

总体检查的目的是找出故障点的大方向，然后再逐步细化，确定具体故障点，达到消除故障的目的。常见 PLC 故障的总体检查的流程如图 9-17 所示。

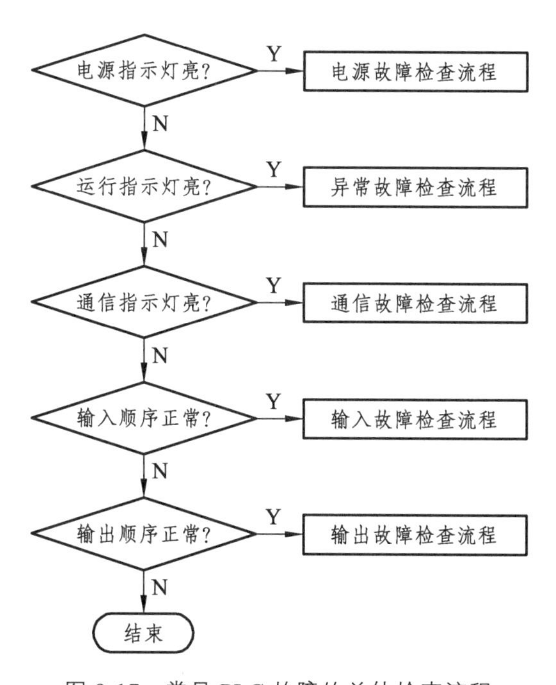

图 9-17　常见 PLC 故障的总体检查流程

1）电源故障的检查与处理

对于 PLC 系统主机电源、模块电源中，任何电源显示不正常时，都要进入电源故障检查流程。如果各部分功能正常，只能是 LED 显示有故障，否则应先检查外部电源。如果外部电源无故障，再检查系统内部电源指示灯亮，这时需要进行异常故障检查，检查与处理如表 9-2 所示。

表 9-2　电源故障的检查与处理

故障现象	故障原因	解决办法
电源指示灯不亮	指示灯坏或熔断器断	更换器件
	无供电电压	加入电源电压，检查电源接线和插座
	供电电压超限	调整电源电压在规定范围内
	电源坏	更换电源

2）异常故障的检查与处理

PLC 系统最常见的故障是停止运行（运行指示灯灭）、不能启动、工作无法进行，但是电源指示灯亮。这时，需要进行异常故障检查，检查与处理如表 9-3 所示。

表 9-3　异常故障的检查与处理

故障现象	故障原因	解决办法
不能启动	供电电压超过上限	降压
	供电电压低于下限	升压
	内存自检系统出错	清内存，初始化
	CPU、内存板故障	更换 CPU、内存板
工作不稳定 频繁停机	供电电压接近上、下极限	调整电压
	主机系统模块接触不良	清理周围灰尘，重插
	CPU、内存板内元件松动	清理周围灰尘，按压元件
	CPU、内存板故障	更换 CPU、内存板
与编程器 （计算机） 通信不上	通信电缆插接松动	按紧后重新联机
	通信电缆故障	更换电缆
	内存自检出错	内存清零，拔去记忆电池 几分钟再联机
	通信口参数不对	检查参数和开关，重新设定
	主机通信故障	更换主机或通信部件
	编程器通信口故障	更换编程器
程序不能装入	内存没有初始化	内存清零，重写
	CPU、内存板故障	更换 CPU、内存板

3）通信故障的检查与处理

通信是PLC网络工作的基础。PLC网络的主站、各从站的通信处理器、通信模块都有工作正常指示。当通信不正常时，需要进行通信故障检查，检查与处理如表9-4所示。

表9-4　通信故障的检查与处理

故障现象	故障原因	解决办法
单一模块不通信	接插不好	按紧
	模块故障	更换模块
	组态不好	重新组态
从站不通信	分支通信电缆故障	拧紧接插件或更换
	通信处理器松动	拧紧
	通信处理器地址开关错	重新设置
	通信处理器故障	更换处理器

4）输入/输出故障的检查与处理

输入/输出模块直接与外部设备相连，是容易出故障的部位。虽然输入/输出模块故障容易判断，更换快，但是必须查明原因，往往故障都是由于外部原因造成损坏的，如果不及时查明故障原因，及时消除故障，对PLC系统危害很大。检查与处理如表9-5和表9-6所示。

表9-5　输入故障的检查与处理

故障现象	故障原因	解决办法
输入模块单点损坏	过电压，特别是高压串入	消除过电压和串入的高压
输入全部不接通	未加外部输入电源	接通电源
	外部输入电压过低	加额定电源电压
	端子螺钉松动	将螺钉拧紧
	端子板连接器接触不良	将端子板锁紧或更换
输入全部不关断	输入回路不良	更换模块
特定编号输入不接通	输入接通时间短	更换输入端子
	OUT指令使用了该输入号	修改程序
	输入器件不良	更换器件
	输入配线断线	检查输入配线，排除故障
	端子螺钉松动	将螺钉拧紧
	端子连接器接触不良	将端子板锁紧或更换
	输入继电器不良	更换器件
	输入回路不良	更换模块

表 9-6　输出故障的检查与处理

故障现象	故障原因	解决办法
输出模块单点损坏	过电压，特别是高压串入	消除过电压和串入的高压
输出全部不接通	未加负载电源	接通电源
	负载电源电压低	加额定电源电压
	端子螺钉松动	将螺钉拧紧
	端子板连接器接触不良	将端子板锁紧或更换
	熔断器熔断	更换器件
	I/O 总线插座接触不良	更换器件
	输出回路不良	更换模块
输出全部不关断	输出回路不良	更换模块
特定编号输出不接通	输出接通时间短	更换输出编号
	程序中继电器号重复	修改程序
	输出器件不良	更换器件
	输出配线断线	检查输出配线，排除故障
	端子螺钉松动	将螺钉拧紧
	端子连接器接触不良	将端子板锁紧或更换
	输出继电器不良	更换模块
	输出回路不良	更换模块
特定编号输出不关断	程序中输出指令的继电器号重复	修改程序
	输出继电器不良	更换模块
	漏电流或残余电压使其不能关断	更换负载或加负载电阻
	输出回路不良	更换模块

2. S7-200 PLC 的故障处理指南

对于具体的 PLC 的故障检查可能有一定的特殊性。有关 S7-200 的故障检查和处理方法如表 9-7 所示。

表 9-7　S7-200 的故障检查和处理方法

故障现象	故障原因	解决办法
输出不工作	输出的电气浪涌 使被控设备损坏	当接到感性负载时 需要接入抑制电路
	程序错误	修改程序
	接线松动或不正确	检查接线是否正确、可靠
	输出过载	检查输出的负载
	输出被强制	检查 CPU 是否有被强制的 I/O

续表

故障现象	故障原因	解决办法
系统故障灯亮	用户程序错误	检查指令的使用是否正确
	电气干扰	检查接线、接地是否良好 高压走线
	元器件损坏	找出原因，更换器件
电源损坏	电源线引入过电压	给系统加上抑制电路
电子干扰	不合适的接地	纠正不正确的接地系统
	在控制柜内交叉配线	纠正不良接地和高低压间不合理的布线，把 24 V（DC）传感器电源的 M 端子接地
	对快速信号配置了输入滤波器	增加系统数据块中的输入滤波器的延迟时间

PLC 是一种可靠性、稳定性极高的控制器，只要按照其技术规范安装和使用，出现故障的概率极低。但是，一旦出现了故障，一定要按上述步骤进行检查、处理，特别是检查由于外部设备故障造成的损坏，一定要查清故障原因，待故障排除以后再试运行。

思考题

1. S7-200 模块安装的环境要求有哪些？模块安装的方式有哪些？
2. S7-200 的电源端子如何识别？采用交流电和直流电供电时，在连接时各应注意什么？
3. S7-200 的日常维护与定期检修内容有哪些？
4. 简述 S7-200 常见硬件故障检查的流程。
5. S7-200 的故障检查和处理方法有哪些？

第 10 章　西门子 PLC 通信技术基础

作为一款功能强大的控制器，西门子 PLC 不仅具有基本的逻辑运算能力，而且部分 PLC 还集成了通信接口及相应的通信协议。通过这些接口，PLC 与其他设备可以非常方便地进行组网，实现高速、稳定的数据交换，从而提高自动化控制系统中的各个站点工作效率，降低生产成本。

本章将主要介绍西门子 PLC 各种协议的通信原理以及具体的应用。在介绍西门子 PLC 通信方法之前，先来了解一下通信的基础知识。

10.1　通信的基础知识

广义上来说，通信就是信息的传递。根据信号方式的不同，通信可分为模拟通信和数字通信。什么是模拟通信呢？如在电话通信中，用户线上传送的电信号是随着用户声音大小的变化而变化的，这个变化的电信号无论在时间上还是在幅度上都是连续的，这种信号称为模拟信号。在用户线上传输模拟信号的通信方式称为模拟通信。数字信号与模拟信号不同，它是一种自变量离散，因变量也离散的负载数字信息的信号，电报信号就属于数字信号。现在最常见的数字信号是幅度取值只有两种（用 0 和 1 代表）的波形，称为二进制信号。数字通信是指用数字信号作为载体来传输信息，或者用数字信号对载波进行数字调制后再传输的通信方式。

数字通信与模拟通信相比具有明显的优点：首先是抗干扰能力强，只要噪声绝对值不超过某一门限值，接收端便可判别脉冲的有无，以保证通信的可靠性；其次是远距离传输仍能保证质量。因此数字通信成为近年来通信领域研究的重点。

数字通信有时也称为数据通信。它是把数据的处理和传输合为一体，实现数字信息的接收、存储、处理和传输，并对信息流加以控制、校验和管理的一种通信形式。计算机与通信线路及设备结合起来实现人与计算机、计算机与计算机之间的通信，不仅使各用户计算机的利用率大大提高，而且极大地扩展了计算机的应用范围，并使各用户实现计算机软硬件资源与数据资源的共享。对计算机的远距离实时控制和对数据的远距离收集等项工作，也都可以利用数据通信来进行。下面先来了解一下关于通信的一些常用的概念。

10.1.1　常用术语

1. 信息和数据

信息是消息所包含的内容，它的载体是数字、文字、语音、图形、图像等。计算机及其外围设备产生和交换的信息都是以二进制的代码来表示的字母、数字或控制符号。

数据是传输的二进制代码，它是传递信息的载体。

数据与信息的区别在于数据仅涉及事物的表示形式，而信息涉及这些数据的内容和解释。

2. 比特率

在数字信道中，比特率是数字信号的传输速率，它用单位时间内传输的二进制代码的有效位（bit）数来表示，其单位为每秒比特数（b/s）、每秒千比特数（kb/s）或每秒兆比特数（Mb/s）来表示。

3. 波特率

波特率指数据信号对载波的调制速率,它用单位时间内载波调制状态改变的次数来表示，其单位为波特（Baud）。波特率与比特率的关系为：比特率 = 波特率 × 单个调制状态对应的二进制位数。

显然，两相调制（单个调制状态对应 1 个二进制位）的比特率等于波特率，四相调制（单个调制状态对应 2 个二进制位）的比特率为波特率的两倍，八相调制（单个调制状态对应 3 个二进制位）的比特率为波特率的三倍，依次类推。

4. 信道容量

信道容量指单位时间内信道上所能传输的最大比特数，单位为 b/s。

5. 基带信号与基带传输

基带信号（Baseband Signal）直接用两种不同的电压来表示数字信号 1 和 0，因此将对应矩形电脉冲信号的固有频率称为基带，相应的信号称为基带信号。

基带传输（Baseband Transmission）指通过有线信道直接传输基带信号，一般用于传输距离较近的数字通信系统，如基带局域网系统。

6. 宽带信号

宽带信号（Wideband Signal）用多组基带信号 1 和 0 分别调制不同频率的载波，并由这些分别占用不同频段的调制载波组成。

10.1.2 常用通信介质

传输介质在自动控制设备、计算机、计算机网络设备间起互联和通信作用，为数据信号提供从一个节点传送到另一个节点的物理通路。网络中采用的传输介质可分为有线和无线传输介质两大类。就目前来说，有线网络的应用还是比较广泛的，但是无线通信应该是以后发展的方向。有线的通信介质主要有双绞线、同轴电缆和光纤等。

1. 双绞线

双绞线（Twisted Pair）是把两条互相绝缘的铜导线扭绞起来组成一条通信线路，它既可减小流过电流所辐射的能量，也可防止来自其他通信线路上信号的干涉。双绞线分屏蔽和无屏蔽两种。双绞线的线路损耗较大，传输速率低，但价格便宜，安装容易，常用于对通信速率要求不高的网络连接中。

2. 同轴电缆

同轴电缆（Coaxial Cable）由一对同轴导线组成。同轴电缆频带宽，损耗小，具有比双绞线更强的抗干扰能力和更好的传输性能。按特性阻抗值不同，同轴电缆可分为基带（用于传输单路信号）和宽带（用于同时传输多路信号）两种。同轴电缆是目前 LAN 局域网与有线电视网中普遍采用的比较理想的传输介质。

3. 光　纤

目前，在计算机网络中十分流行使用易弯曲的石英玻璃纤维作为传输介质，它以介质中传输的光波（光脉冲信号）作为信息载体，因此又将其称为光导纤维，简称光纤（Optical Fiber）或光缆（Optical Cable）。

光缆由能传导光波的石英玻璃纤维（纤芯）、外加包层（硅橡胶）和保护层构成。在光缆一头的发射器使用发光二极管（UED，Light Emitting Diode）或激光（Laser）来发射光脉冲，在光缆另一头的接收器使用光敏半导体管探测光脉冲。

4. 无线通信

无线通信技术的研究也成为了国内外通信界关注的热点。下一代无线通信的主流是随时随地的无线通信系统和无缝的高质量无线业务，其关键技术主要包括软件无线电、智能天线与 MIMO 技术、OFDM 技术以及 IPv6 技术。随着移动用户数的剧增和互联网的迅速普及，人们希望能随时随地接入不同的无线网络，获得各种各样的服务，而不受时间地点的限制，且要求的数据传输速率更高。

10.1.3　数据通信方式

在数据通信中，信息的基本通信方式可分为并行通信和串行通信。在自动控制系统中，串行通信以成本低廉、抗干扰能力强等优点得到了广泛的使用。

1. 并行通信

一条信息的各位数据被同时传送的通信方式称为并行通信。并行通信的特点是：各数据位同时传送，传送速度快、效率高，但是抗干扰能力差。有多少数据位就需多少数据线，如图 10-1 所示。这种方式传送成本高，且只适用于近距离（相距数米）的通信，如在计算机内部的数据通信通常以并行方式进行。

2. 串行通信

一条信息的各位数据被逐位按顺序传送的通信方式称为串行通信。串行通信的特点是：各数据位按顺序传送，一般只需要两根传输线，因此成本低，但传送速度慢。串行通信的距离可以从几米到几千米。

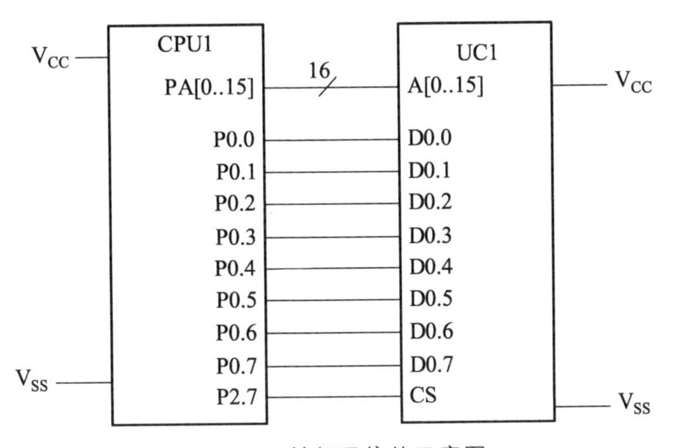

图 10-1　并行通信的示意图

从图 10-2 中可以看出，串行通信只需发送和接收两根线，数据位按顺序逐位传送，这样要比并行通信省去许多电缆。

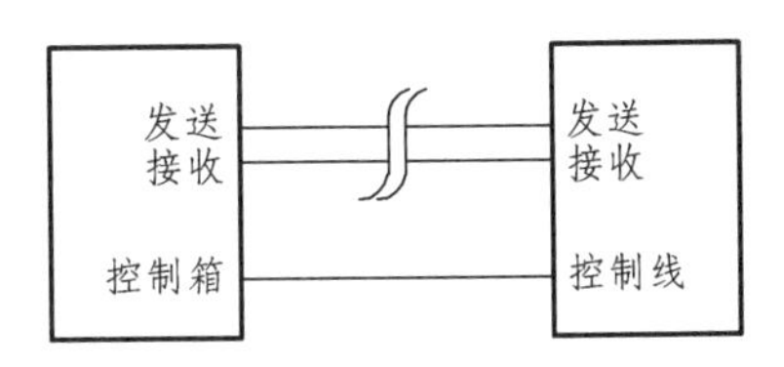

图 10-2　串行通信示意图

串行通信又可分为单工通信、半双工通信和全双工通信。

1）单工通信

单工通信是指只允许数据在一个方向上传输，又称为单向通信。例如，无线电广播和电视广播都是单工通信。目前这种方式在通信中已很少使用。

2）半双工通信

半双工通信允许数据在两个方向上传输，但在任何一个时刻，只允许数据在一个方向上传输，它实际上是一种可切换方向的单工通信。这种方式一般用于计算机网络的非主干线路中。通常所说的 RS-485 接口通信即属于半双工通信。

如图 10-3 所示，在控制线的作用下，在某个时刻，或者是 A 向 B 发送数据，B 接收；或者是 B 向 A 发送数据，A 接收。

3）全双工通信

全双工通信允许数据同时在两个方向上传输，又称为双向同时通信，即通信的双方可以同时发送和接收数据。例如，现代电话通信提供了全双工传送。这种通信方式主要用于计算机与计算机之间的通信。通常所说的 RS422 接口通信和 RS-232 通信就属于全双工通信。全双工通信的原理如图 10-4 所示。

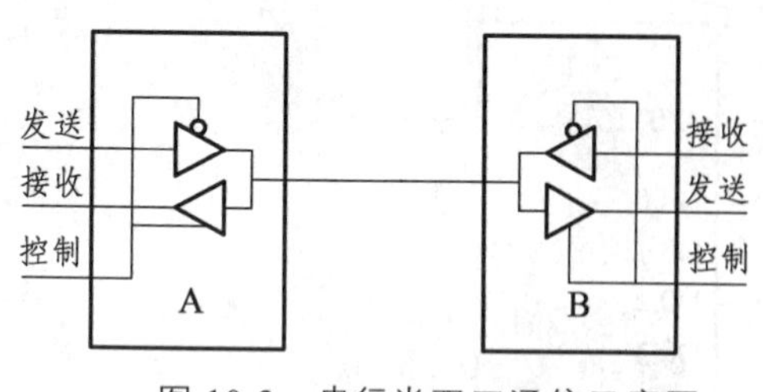

图 10-3　串行半双工通信示意图

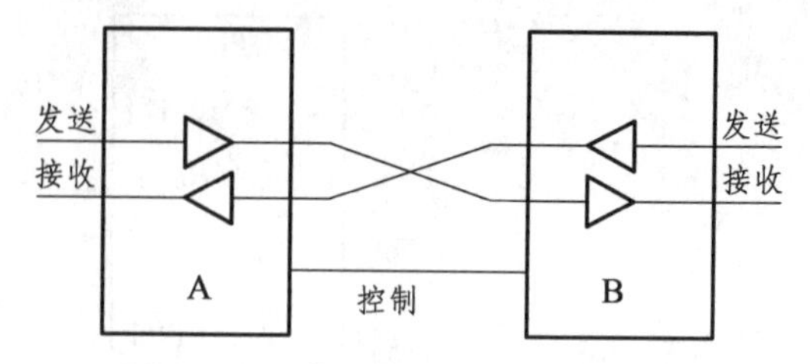

图 10-4　串行全双工通信示意图

10.1.4　串行通信接口标准

常用的串行数据接口主要有 RS-232、RS-422 与 RS-485 等，最初都是由电子工业协会（EIA）制定并发布的。RS-232 在 1962 年发布，命名为 EIA-232-E，作为工业标准，以保证不同厂家产品之间的兼容。RS-422 由 RS-232 发展而来，它是为弥补 RS-232 通信距离短、速率低等不足而提出的。为扩展应用范围，EIA 又于 1983 年在 RS422 基础上制定了 RS-485 标准，增加了多点、双向通信能力，即允许多个发送器连接到同一条总线上，同时增加了发送器的驱动能力和冲突保护特性，扩展了总线共模范围，后命名为 TIA/EIA-485-A 标准。由于 EIA 提出的建议标准都是以 RS 作为前缀，所以在通信工业领域，仍然习惯将上述标准以 RS 作前缀称谓。

1. RS-232C 接口

RS-232C 主要应用在计算机和控制设备的通信中。RS-232C 接口标准对信号的电平、物理接口等做了明确的规定。

RS-232C 一般使用 9 针或 25 针的接口，外形呈 D，通常所用的是 D 型 9 针的接口，如图 10-5 所示。但是实际使用中多数只用到其中的 3 根：发送、接收和公共地线。由于不需要同步信号，因此 RS-232C 采用的是全双工异步通信。RS-232C 使用负逻辑，用 －15 ~ －5 V 表示 1，而用+5 ~ +15 V 表示 0，最大通信距离一般在 15 m 左右，传输速率最高为 20 kb/s，且只能进行一对一通信。

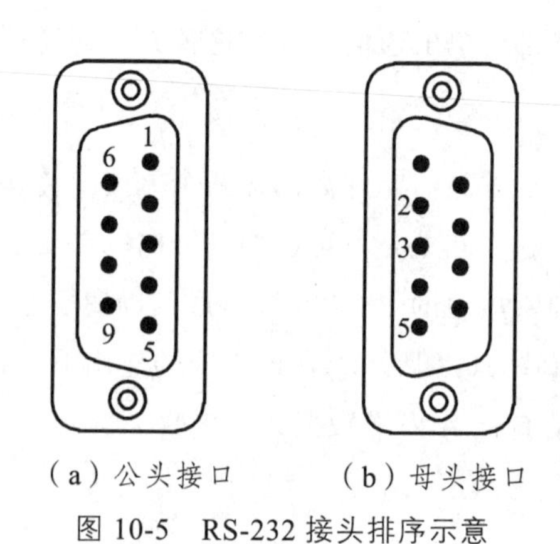

（a）公头接口　　（b）母头接口

图 10-5　RS-232 接头排序示意

2. RS-422 接口

RS-422 接口采用 4 根线来传输数字信号，如图 10-6 所示。其中 2 根线作为发送数据用，另外 2 根线作为接收数据用。作发送数据用的 2 根线分别用 TX+和 TX－表示；作接收数据用的 2 根线分别用 RX+和 RX－表示。RS-422 接口不使用公共线。

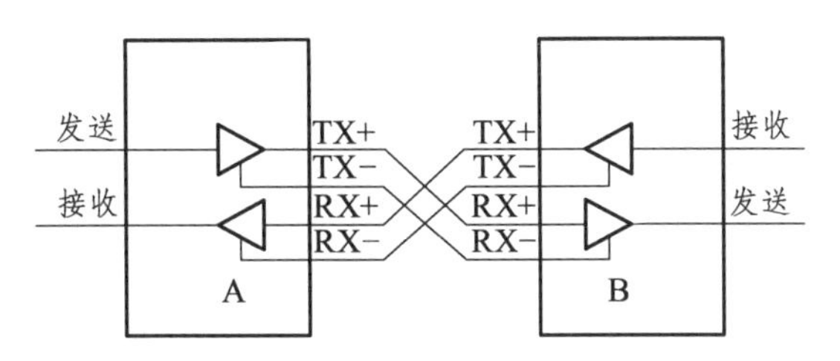

图 10-6 RS-422 接线示意图

与 RS-232 接口不同的是，RS-422 接口只有电气标准，外形上没有物理标准；可以是 D 型的，也可以是普通的端子排形式。

TX+和 TX－、RX+和 RX－均采用差分、平衡驱动电路来传输数字信号 1 或者 0。TX+和 TX－发送的信号互为反相，若两者差值高于某个既定的电平信号，则认为线路发送的是信号 1；若两者差值低于另一个既定的电平信号，则认为线路发送的是信号 0。这个既定电平信号由线路事先规定。RX+和 RX－的情况同 TX+和 TX－。通过 TX+和 TX－、RX+和 RX－线路可以同时实现数据的发送和接收，因此 RS-422 属于全双工通信。

由于采用了差分平衡传输，RS-422 的抗共模干扰的能力远远大于 RS-232C，传输距离和传输速率也大大增加。当传输速率达到最大 10 Mb/s 时，传输距离仅有 12 m；若传输速率为 100 kb/s，则最大传输距离可达到 1 200 m。

3. RS-485 接口

如图 10-7 所示，RS-485 接口的传输线通常仅有 2 根，分别用 A+、B-来表示。逻辑 1 以 A+、B－两线间的电压差为+2～+6 V 表示；逻辑 0 以两线间的电压差为－2～－6 V 表示；RS-485 采用的也是差分平衡传输，但是在同一时刻，电路上只能发送或只能接收，所以 RS-485 是半双工通信。除了抗共模干扰能力强，RS-485 的最大优点就是由于仅采用 2 根信号线，极大地降低了通信成本。

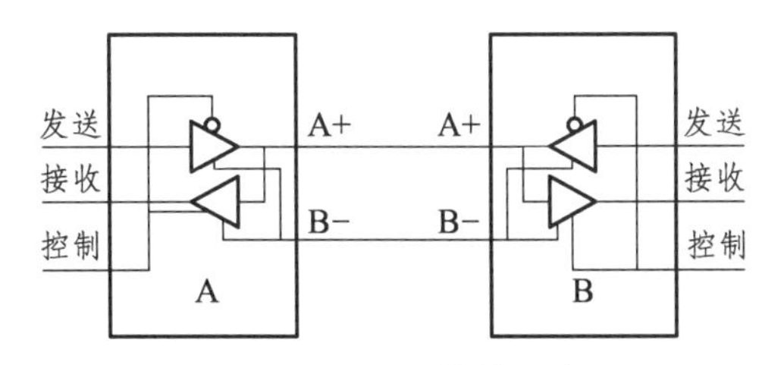

图 10-7 RS-485 接线示意图

通过 RS-485 接口和双绞线可以组成串行网络，实现远距离传输，且每个子网内可以分布 32 个站；利用 RS-485 中继器可以连接更多的站点。

RS-422 与 RS-485 标准只对接口的电气特性做出规定，而不涉及接插件、电缆或协议，在此基础上用户可以建立自己的高层通信协议。因此无论在工业场合（如制造业、过程控制）或者日常民用（如视频监控），许多厂家都建立了一套高层通信协议，或公开或单独使用。基于 RS-485 通信的现场总线技术在生产制造、过程控制、运动控制、人机接口（HMI）等领域发挥着重要作用。例如，PROFIBUS、DeviceNet、CAN 等总线就是各厂家根据不同的应用场合开发的现场总线通信协议。

10.1.5 通信网络

通信并不局限于点到点的形式，更多的情况是要实现多点通信。这就需要按照一定的规则来组建网络以实现资源的共享。

网络，就是用双绞线、光纤等传输介质将各个孤立的工作站或主机相连在一起，组成数据链路，从而达到资源共享和通信的目的。通信主机、通信协议、连接主机的物理链路是网络必不可少的三大组成部分。

1. ISO/OSI 网络参考模型

对于网络的架构，国际标准化组织 ISO 提出了一个 OSI 七层网络参考模型：

第一层为物理层，即物理通信设备，在该层通信信道上传输的是原始比特流。

第二层为数据链路层，主要任务是加强物理层传输原始比特的功能，使之对网络层显现为一条无错线路。数据链路层以帧为单位传输数据。

第三层为网络层，对子网的运行进行控制，其中一个关键问题是确定分组从数据源端到目的地如何选择路由。

第四层为传输层，基本功能是从会话层接收数据，在必要时把它分成较小的单元，传输给网络层，并且确保到达对方的各段信息正确无误，而且这些任务都必须高效率地完成。

第五层为会话层，允许不同机器上的用户建立会话关系。

第六层为表示层，完成某些特定的功能，由于这些功能常被请求，因此人们希望找到通用的解决办法，而不是让每个用户来实现。

第七层为应用层，包含大量人们普遍需要的协议。

ISO/OSI 七层网络结构仅仅是一种参考模型。这个模型首先是一个计算机系统互联的规范，是指导生产厂家和用户共同遵守的中立的规范；其次这个规范是开放的，任何人均可以免费使用；再次这个规范是为开放系统设计的，使用这个规范的系统必须向其他使用这个规范的系统开放；还有，这个规范仅供参考，可在一定的范围内根据需要进行适当调整。目前许多网络包括互联网使用的都是基于 TCP/IP 的网络结构。

2. TCP/IP 的网络结构

TCP/IP（Transmission Control Protocol/Internet Protocol）叫作传输控制/网际协议，又叫网络通信协议，是在 20 世纪 60 年代由麻省理工学院和一些商业组织为美国国防部开发的协议，它是一种面向可靠连接的网络，即便遭到如核攻击等破坏了大部分网络，TCP/IP 仍然能够维持有效的通信。这个协议也是 Internet 国际互联网络的基础。

TCP/IP 是互联网中使用的最普遍的通信协议。虽然从名字上看 TCP/IP 包括两个协议：传输控制协议（TCP）和网际协议（IP），但 TCP/IP 实际上是一组协议，它包括上百个各种功能的协议，如远程登录、文件传输和电子邮件等，而 TCP 和 IP 是保证数据完整传输的两个基本的重要协议。通常说 TCP/IP 是 Internet 协议族，而不单单是 TCP 和 IP。

TCP/IP 同时具备了可扩展性和可靠性的需求，但是牺牲了速度和效率。Internet 公用化以后，人们开始发现全球网的强大功能。Internet 的普遍性是 TCP/IP 至今仍然使用的原因。

用户机的操作系统一般自带 TCP/IP，从而使该网络协议在全球广泛应用。

基于 TCP/IP 的网络并没有使用 ISO 网络模型中的全部七层，其实仅使用了四层：物理层、数据链路层、网络层及应用层。这种简化型的网络结构加快了网络的传输速度，扩大了网络的应用范围。以前以太网仅仅被应用在像办公室这样的环境下，而如今，工业以太网技术日渐成熟，不仅在企业管理、车间调度，甚至在现场设备之间都可以通过 TCP/IP 来实现数据的高速传输。

3. 网络类型

根据拓扑结构，网络类型可分为总线型、星型、环型、树型；而按照地域，可以分为城域网、广域网、局域网等。局域网是最常见、应用最广的一种网络，通常大家在工作中组建的几乎都是局域网。现在局域网随着整个计算机网络技术的发展和提高得到充分的应用和普及，几乎每个单位都有自己的局域网，甚至有的家庭中都有自己的小型局域网。局域网在计算机数量配置上没有太多的限制，少的可以只有两台，多的可达几百台。这种网络的特点就是：连接范围窄、用户数少，但是配置容易、连接速率高。目前局域网最快的速率要算现今的 10 Gb/s 以太网了。IEEE 的 802 标准委员会定义了多种主要的局域网：以太网（Ethernet）、令牌环网（Token Ring）、光纤分布式接口网络（FDDI）、异步传输模式网（ATM）以及最新的无线局域网（WLAN）。

10.2 西门子工业网络通信

10.2.1 工业网络通信概述

随着计算机、PLC、通信等技术的飞速发展，基于现场总线、以太网等技术的工业网络正逐渐被应用到工业现场。现代企业迫切要求建立一个能覆盖从现场级到企业级的统一的工业网络，通过该网络，各种现场设备的数据可以利用现场总线实现实时的交换、报警、归档、打印等；工作人员可以通过工业以太网对远程控制点的温度、压力、流量等参数实现远程控制，并能够随时监控现场设备的执行情况，对远程控制点的数据进行归档整理、保存，随时准备调用；而在企业级层面上，各个部门通过普通的以太网实现信息共享、协调工作，甚至可以将现场的数据通过互联网实现异地传输与监控。

工业以太网和现场总线技术是工业网络通信中的两大关键技术。这两者的性能好坏直接影响了整个企业网络的稳定性、快速性。

现场总线技术是随着电子、仪器仪表、计算机技术和网络技术的发展而在 20 世纪 80 年代中期产生的，现场总线技术以其鲜明的特点和优点很快进入各个领域。国外各大控制设备制造商也相继开发了不同的现场总线，但这些现场总线难以形成统一的标准，这从一定程度上影响了现场总线的推广应用。

国际电工委员会 IEC 早在 1984 年就开始着手制定现场总线的国际标准，但十多年来，国际上一些大公司从自身利益出发，围绕着现场总线的国际标准问题进行了大战，其结局是以妥协而告终。至 1999 年底，国际标准的现场总线已有 12 种之多，包括过程现场总线

PROFIBUS、基金会现场总线 FF、LonWorks、CAN 总线等，世界上许多自动化技术生产商都推出了支持某种主流现场总线标准的产品。

如今，PLC 在许多设备的控制系统中已得到广泛应用，现场总线的应用也要借助于 PLC。现场总线中，ControlNet、PROFIBUS 等本身就是 PLC 的主要供货商支持的，而且这些现场总线技术和产品已集成到 PLC 系统中，成为 PLC 系统中的一部分或者成为 PLC 系统的延伸部分。

工业以太网技术近年来得到了长足的发展，并已成为事实上的工业标准。一般来讲，工业以太网是指技术上与商用以太网（IEEE802.3 标准）兼容，但在产品设计时，在材质的选用、产品的强度、适用性以及实时性、可互操作性、可靠性、抗干扰性和本质安全等方面是能够满足工业现场要求的。

随着以太网通信速率的不断提高和全双工交换式以太网的诞生，以太网的非确定性问题已经解决，使其不仅在企业级的生产管理中，甚至车间、现场设备中也得到了广泛应用。如西门子公司的 PROFINET，采用的是 RJ45 接口屏蔽双绞线传输，它符合 IEEE 802 以太网标准，现在已经发展成为现场总线的一种，通过西门子的转换设备，可以将原有的 PROFIBUS5 现场总线系统无缝连接到 PROFINET 网络中，大大降低了企业的网络升级成本，使得工业以太网在工业现场也能得到更加有效的利用，提高了整个网络的稳定性和快速性。

工业以太网使用的协议包括 TCP/IP、UDP、ISO 等，其中以 TCP/IP 使用最为广泛，因为 TCP/IP 是互联网默认的协议标准，使得工业以太网可以非常方便地连接到互联网上。如今许多 DCS 和 PLC 生产厂家纷纷在自己的产品上集成了符合 TCP/IP 的工业以太网接口或者推出了连接工业以太网的专用模块。

10.2.2 西门子工业网络

西门子（Siemens）公司作为全球知名 PLC 厂商，正在不断改进和提高其 PLC 产品的通信能力和组网能力。为此，西门子公司推出了大量的、具有不同功能的通信模块，甚至某些 PLC 自身即集成了许多通信接口，用户通过简单的组态，即可组建基于 PROFIBUS 的现场总线网络或者 PROFINET 的工业以太网网络。

目前，西门子工业网络通信中采用了多种通信协议，包括 PPI 通信协议、MPI（多点接口）通信协议、自由通信协议、PROFIBUS 通信协议、PROFINET 通信协议和 ASI 通信协议等，每种协议都有相应的模块支持，甚至许多 PLC 本身就同时支持 MPI、PROFIBUS、PROFINET 协议。以 S7315-2PN/DP PLC 为例，该 PLC 不仅集成了 PROFIBUS-DP、MPI 接口，还集成了 PROFINET 接口；利用 S7315-2PN/DP 既可以组建一个工业以太网，又可以组建 PROFIBUS-DP 网络。

西门子 PPI、MPI、PROFIBUS 等协议均是在物理层为 RSM85 的基础上开发的。由于具有相同的信号电气标准，所以它们可以使用相同的通信电缆、连接端子。其中 PH、MPI 为非开放协议，用户无法了解其协议具体内容；而 PROFIBUS 为开放协议，用户可以了解其协议内容。

工业以太网技术近年来得到了长足的发展，并已成为事实上的工业标准。一般来讲，工业以太网是指技术上与商用以太网（IEEE 802.3 标准）兼容，但在产品设计时，在材质的选用、产品的强度、适用性以及实时性、可互操作性、可靠性、抗干扰性和本质安全等方面是能够满足工业现场要求的。

随着以太网通信速率的不断提高和全双工交换式以太网的诞生，以太网的非确定性问题已经解决，使其不仅在企业级的生产管理甚至车间、现场设备中也得到了广泛应用。如西门子公司的 PROFINET，采用的是 RJ45 接口屏蔽双绞线传输，它符合 IEEE 802 以太网标准，现在已经发展成为现场总线的一种，通过西门子的转换设备，可以将原有的 PROFIBUS 5 现场总线系统无缝连接到 PROFINET 网络中，大大降低了企业的网络升级成本，使得工业以太网在工业现场也能得到更加有效的利用，提高了整个网络的稳定性和快速性。

工业以太网使用的协议包括 TCP/IP、UDP、ISO 等，其中以 TCP/IP 使用最为广泛，因为 TCP/IP 是互联网默认的协议标准，使得工业以太网可以非常方便地连接到互联网上。如今许多 DCS 和 PLC 生产厂家纷纷在自己的产品上集成了符合 TCP/IP 的工业以太网接口或者推出连接工业以太网的专用模块。

10.3 S7-200 PLC 的基本通信

10.3.1 S7-200 PLC CPU 之间的通信

S7-200 PLC CPU 之间最简单易用的通信方式就是 PPI 通信。近来以太网和 Modem 通信也获得越来越多的应用。表 10-1 所示列出了 S7-200 PLC CPU 之间的主要通信方式。

表 10-1 S7-200 PLC CPU 之间的主要通信方式

通信方式	介质	本地端用设备	通信协议	通信速率（b/s）	数据量	本地需做工作	远端需做工作	远端需用设备	特点
PPI	RS-485	RS-485 网络部件	PPI	9.6 k 19.2 k 187.5 k	较少	编程（或编向导）	无	RS-485 网络部件	简单、可靠、经济
Ethernet	以太网	CP243-1 扩展块（RJ45 接口）	S7	10 M/ 100 M	大	编程向导编程	编程向导编程	CP243-1 扩展块（RJ45 口）	速度高
无线电	无线电波	无线电台	自定（自由口）	1 200 ~ 115.2 k	中等	自由口编程	自由口编程	无线电台	多站联网时编程较复杂

10.3.2 S7 -200 PLC 与 S7 -300/400 PLC 之间的通信

S7-200 与 S7 -300/400 之间最常用和最可靠的是 PROF1 BUS - DP 通信，以太网也越来越多地采用，其他不常用。表 10-2 列出了 S7-200 PLC 与 S7 -300/400 PLC 之间的主要通信方式。

表 10-2　S7 -200 PLC 与 S7 -300/400 PLC 之间的主要通信方式

通信方式	介质	本地需用设备	通信协议	通信速率/(b/s)	数据量	本地需做工作	远端需做工作	远端需用设备	特点
PROFIBUS-DP	RS-485	EM277 扩展模块 RS-485 网络部件	PR0FIBU5-DP	9.6 k～12 M	中等	无	配置或编程	PR0FIBUS-DP 模板/带 DP 口的 CPU	可靠，速度高；仅作从站
MPI	RS-485	RS-485 硬件	MPI	9.6 k 19.2 k 187.5 k	较少	无	编程	CPU 上的 MPIP	少用，仅作从站
Ethernet	以太网	CP243-1 扩展模块（RJ45 接口）	S7	10M/100M	大	编程向导配置编程	配置和编程	以太网模板/带以太网口的 CPU	速度快

10.3.3　S7-200 PLC 与西门子驱动装置之间的通信

S7-200 与西门子 MicroMaster 系列变频器（如 MM440、MM420、MM430 及 MM3 系列、新的 SINAMICS G110）用 USS 通信协议通信。

可以使用 STEP7-Micro/WIN32 V3.2 以上版本指令库中的 USS 库指令，简单方便地实现通信。

10.3.4　S7-200 PLC 与第三方 HMI/SCADA 软件之间的通信

S7 -200 与第三方 HMI/SCADA 软件之间的通信，主要有以下几种方法：

（1）OPC 方式（PC Access VI. 0）。

（2）PROFIBUS-DPO。

（3）Modbus RTU（可以直接连接到 CPU 通信口上，或者连接到 EM 241 模块上，后者需要 Modem 拨号功能）。

如果监控软件是 VB/VC 应用程序，可以采用如下几种方法：

（1）PC 上安装西门子的 PC Access V1.0 软件，安装后在目录中提供了连接 VB 的例子。

（2）Modbus RTU 通信（可以直接连接到 CPU 通信口上，或者连接到 EM Ml 模块上，后者需要 Modem 拨号功能）。

（3）S7-200 采用自由口功能，通过确定的通信协议（如 Modbus RTU）或其他自定义协议通信。

如果 VB/VC 应用程序能够通过计算机访问 PROFIBUS-DP 网络，可以使用 PROFIBUS-DP 方式。

S7-200 与第三方 HMI/SCADA 软件（上位机）之间的通信方式，取决于对方的通信硬件和软件能力。有关事宜请咨询第三方提供商。

10.3.5 S7-200 PLC 与第三方 PLC 之间的通信

S7-200 与第三方的 PLC 设备通信可以采用以下主要方式：

（1）PROFIBUS-DP。如果对方能作 PROFIBUS-DP 主站，采用此方式最为方便可靠。

（2）Modbus RTU。如果对方能做 Modbus RTU 主站，可使用此方式。

（3）自定义协议（自由口）。

10.3.6 S7-200 PLC 与第三方 HMI（操作面板）之间的通信

如果第三方厂商的操作面板支持 PPI、PROFIBUS-DP、MPI、ModbusRTU 等 S7-200 支持的通信方式，也可以和 S7-200 连接通信。

西门子不测试第三方的 HMI 与 S7-200 之间的连接，有相关的问题必须咨询第三方 HMI 的提供者。

10.3.7 S7-200 PLC 与第三方变频器之间的通信

S7-200 如果和第三方变频器通信，需要按照对方的通信协议，在本地用自由口编程。如果对方支持 Modbus，需要 S7-200 侧按主站协议用自由口编程。

10.3.8 S7-200 PLC 与其他串行通信设备之间的通信

S7-200 可以与其他支持串行通信的设备（如串行打印机、仪表等）通信。如果对方是 RS-485 接口，可以直接连接；如果是 RS-232 接口，则需要转换。此种通信都需要按照对方的通信协议，使用自由口模式编程。

10.4 西门子 S7 -200 PLC 的自由口通信应用基础

所谓自由口就是建立在 RS -485 半双工硬件基础上的串行通信功能，其字节传输格式为：1 个起始位、7 位或 8 位数据、1 个可选的奇偶校验位、1 个停止位。凡支持此格式的通信对象，一般都可以与 S7 - 200 通信。在自由口模式下，通信协议完全由通信对象或者用户决定。

10.4.1 S7-200 PLC 的自由口通信简介

S7-200 CPU 上的通信口（Port0、Portl）可以工作在“自由口”模式下。选择自由口模式后，用户程序就可以完全控制通信端口的操作，通信协议也完全受用户程序控制。通过自由口方式，S7- 200 可以与串行打印机、条码阅读器等通信。S7 -200 PLC 的 CPU 上的通信口在电气上是标准的 RS-485 半双工串行通信口。因此，此串行字符通信的格式同样包括：

（1）1 个起始位。

（2）7 或 8 位字符（数据字节）。

（3）1 个奇/偶校验位，或者没有校验位。

（4）1 个停止位。

自由口通信速波特率可以设置为 1 200 b/s、2 400 b/s、4 800 b/s、9 600 b/s、19 200 b/s、38 400 b/s、57 600 b/s 或 112 500 b/s。凡是符合这些格式的串行通信设备，都可以和 S7-200 CPU 通信。S7-200 PLC 可以通过自由口通信协议访问下列设备：打印机、调制解调器、第三方 PLC 及条形码等。

10.4.2 S7-200 PLC 自由口通信口硬件

RS-485 通信，采用正负两根信号线作为传输线路，两线之间的电压差为+2 ~ +6 V 表示逻辑“1”；两线间的电压差为 – 2 ~ – 6 V 表示逻辑“0”。RS-485 接口为 9 针 D 型接口，共 9 只引脚，具体定义如表 10-3 所示。

表 10-3　DB9 引脚定义

连接器	针	定义	说明
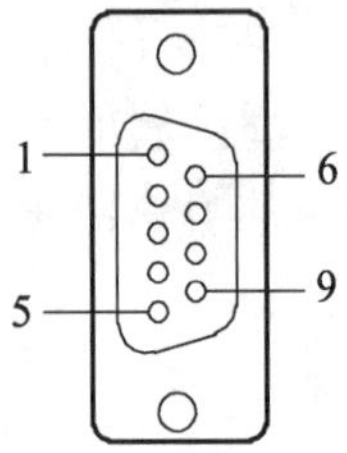	1	屏蔽	机壳接地
	2	24 V 返回	逻辑地
	3	RS-485 信号 B	RS-485 信号 B
	4	发送申请	RTS
	5	5 V 返回	逻辑地
	6	+5 V	+5 V，100 Ω串联电阻
	7	+24 V	+24 V
	8	RS-485 信号 A	RS-485 信号 A
	9	不用	10 位协议选择（输入）
	连接器外壳	屏蔽	机壳接地

S7-200 PLC 自由口通信的通信电缆与接头最好使用 PROFIBUS 网络电缆和 PROFIBUS 总线连接器，若要求不高，可选择市场上的 DB9 接插件。PROFIBUS 网络电缆和 PROFIBUS 总线连接器如图 10-8 所示。自由口通信时，只需要将两个接插件的 3 和 8 角对连即可。其连接如图 10-9 所示。

PROFIBUS 网络电缆为紫色，在拨开外皮与里面的屏蔽层后，可以看到颜色分别为红色、绿色的两根电缆。在打开 PROFIBUS 总线连接器后，可以看见 4 个接线端子，其中两个标示为“A”，颜色为绿色；另外两个标示为“B”，颜色为红色。“A”“B”分别组成一组进线与一组出线，PROFIBUS 总线连接器上的箭头，指向接头内部的为进线；指向接头外部的为出线。

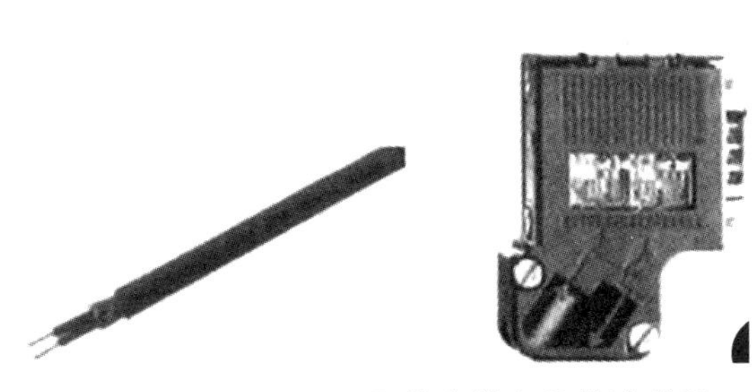

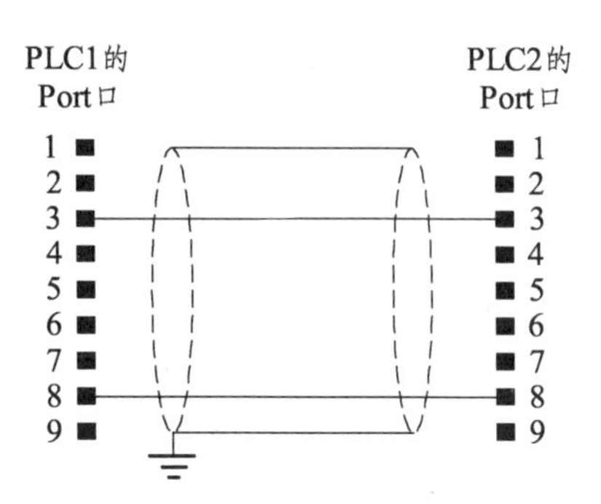

图 10-8　PROFIBUS 网络电缆和总线连接器　　　图 10-9　自由口通信连线

在制作通信电缆时，如果是进线，只要将 PROFIBUS 总线连接器进线端的“A”和“B”，分别与 PROFIBUS 网络电缆的绿色和红色线连接即可；如果是出线，只要将 PROFIBUS 总线连接器出线端的“A”和“B”，分别与 PROFIBUS 网络电缆的绿色和红色线连接即可。

10.4.3　S7 -200 PLC 与自由口通信相关的中断

表 10-4 所示列出了与自由口通信相关的中断。

表 10-4　与自由口通信相关的中断

中断号	定义	中断号	定义
8	端口 0：接收字符	24	端口 1：接收字符
9	端口 0：发送完成	25	端口 1：发送完成
23	端口 0：接收信息完成	26	端口 1：接收信息完成

10.4.4　S7-200 PLC 的自由口通信要点

应用自由口通信要先把通信口定义为自由口模式，同时设置相应的通信波特率和通信格式。用户程序通过特殊存储器 SMB30（对端口 0）、SMB130（对端口 1）控制通信口的工作模式。

CPU 通信口工作在自由口模式时，通信口不支持其他通信协议（比如 PPI），此端口不能再与编程软件 Micro/WIN 通信。CPU 停止时，自由口不能工作，Micro/WIN 就可以与 CPU 通信。

通信口的工作模式是可以在运行过程中由用户程序重复定义的。如果调试时需要在自由口模式与 PPI 模式之间切换，可以使用 SM0.7 的状态决定通信口的模式，该状态反映的是 CPU 运行状态开关的位置（在 RUN 时 SM0.7 = “1”，在 STOP 时 SM0.7 = “0”）。

自由口通信的核心指令是发送（XMT）和接收（RCV）指令。在自由口通信常用的中断有“接收指令结束中断”“发送指令结束中断”以及通信端口缓冲区接收中断。用户程序使用通信数据缓冲区和特殊存储器与操作系统交换相关的信息。

XMT 和 RCV 指令的数据缓冲区类似，起始字节为需要发送或接收的字符个数，随后是数据字节本身。如果接收的消息中包括了起始或结束字符，则它们也算数据字节。调用 XMT

和 RCV 指令时，只需要指定通信口和数据缓冲区的起始字节地址。

XMT 和 RCV 指令与网络上通信对象的“地址”无关，而仅对本地的通信端口操作。如果网络上有多个设备,消息中必然包含地址信息,这些包含地址信息的消息才是 XMT 和 RCV 指令的处理对象。

S7-200 的通信端口是半双工 RS-485 芯片，XMT 指令和 RCV 指令不能同时有效，即不能同时收发数据。

10.4.5 S7-200 PLC 自由口通信实现步骤

1. 作为主站实现自由口通信步骤

作为主站，实现自由口通信步骤如下：

（1）根据自由口协议定义发送缓冲区。

（2）在 CPU 首次扫描中设置相关通信参数，如：波特率、端口等。

（3）在 CPU 首次扫描中连接“接收完成中断”和“发送消息”中断。

（4）启用发送 XMT 指令，把缓冲区数据发送出去。

（5）在发送完成中断程序里，调用接收 RCV 指令。

（6）在接收完成中断程序里，判断接收是否正确，如果正确，调用发送 XMT 指令，重新请求数据；如果不正确，可考虑再次重发一次请求。

2. 作为从站实现自由口通信步骤

作为从站，实现自由口通信步骤如下：

（1）在 CPU 首次扫描中设置相关通信参数，如：波特率、端口等。

（2）在 CPU 首次扫描中连接“接收完成中断”和“发送消息”中断。

（3）启用接收 RCV 指令，等待主站发送过来的请求。

（4）在接收完成中断程序里，判断接收是否正确，如果正确，将接收的数据相应的放到缓冲区里，并调用发送 XMT 指令；如果不正确，重新调用接收 RCV 指令。

（5）在发送完成中断程序里，调用接收 RCV 指令。

第 11 章　三菱 PLC 的介绍与应用

可编程控制器（Programmable Controller）是计算机家族中的一员，是为工业控制应用而设计制造的。早期的可编程控制器称作可编程逻辑控制器（Programmable Logic Controller），简称 PLC，它主要用来代替继电器实现逻辑控制。

11.1　三菱 FX2N 系列 PLC 的系统配置

三菱电机现有的 FX 系列产品样本中仅有 FX1S、FX1N、FX2N 和 FX2NC 这四个子系列。FX 系列的适应面广，FX2N 和 FX2NC 最多扩展 256 个 I/O 点，并且有很强的网络通信功能，能够满足大多数要求较高的系统的需要，是国内使用最广泛的 PLC 系列产品之一，本节主要介绍 FX2N 系列 PLC。

11.1.1　FX2N 系列 PLC 的型号

FX2N 型号标注：FX_{2N}---？ ----？ ----？ ----？

①　②　③　④

① 表示输入输出总点数。

② 表示单元类型（M——基本单元；E——输入输出混合扩展单元与扩展模块；EX——输入专用扩展模块；EY——输出专用扩展模块）。

③ 表示输出形式（R——继电器输出；T——晶体管输出；S——双向晶闸管输出）。

④ 表示特殊品种的区别，如表 11-1 所示。

表 11-1　FX2N 型号特殊品种位标注含义

特殊品种位标注符号	含义	特殊品种位标注符号	含义
D	DC 电源，DC 输出	A1	AC 电源，AC 输入（AC 100 ~ 120 V）或 AC 输出
H	大电流输出扩展模块（1 A/1 点）	V	立式端子排的扩展模块
C	接插口输入输出方式	F	输入滤波时间常数为 1 ms 的扩展模块
L	TTL 输入扩展模块	S	独立端子（无公共端）扩展模块
无符号	AC 电源、DC 输入、横式端子排、标准输出（继电器输出型为 2 A/1 点、晶体管输出型为 0.5 A/1 点、双向晶闸管输出型为 0.3 A/1 点）		

例如型号为 FX2N- 48 MR- D 的 PLC 属于 FX2N 系列，有 48 个 I/O 点的基本单元，继电器输出型，使用 DC 24 V 电源。

11.1.2 FX2N 基本单元

FX2N 系列基本单元按输入输出点数有 16 点、32 点、48 点、64 点、80 点与 128 点，用户存储器容量可扩展到 16 k 步，FX2N 各基本单元规格如表 11-2 所示。

表 11-2 FX2N 系列基本单元（AC 电源 DC 输入）

型 号			输入点数	输出点数	扩展模块可用点数
继电器输出	晶闸管输出	晶体管输出			
FX2N-16 MR	FX2N-16 MS	FX2N-16 MT	8	8	24 ~ 32
FX2N-32 MR	FX2N-32 MS	FX2N-32 MT	16	16	24 ~ 32
FX2N-48 MR1	FX2N-48 MS	FX2N-48 MT	24	24	48 ~ 64
FX2N-64 MR1	FX2N-64 MS	FX2N-64 MT	32	32	48 ~ 64
FX2N-80 MR	FX2N-80 MS	FX2N-80 MT	40	40	48 ~ 64
FX2N-128 MR		FX2N-128 MT	64	64	48 ~ 64

图 11-1 所示是 FX2N-64 MR 基本单元外形，基本单元由内部电源、内部 CPU、内部输入输出接口及程序存储器（RAM）组成。

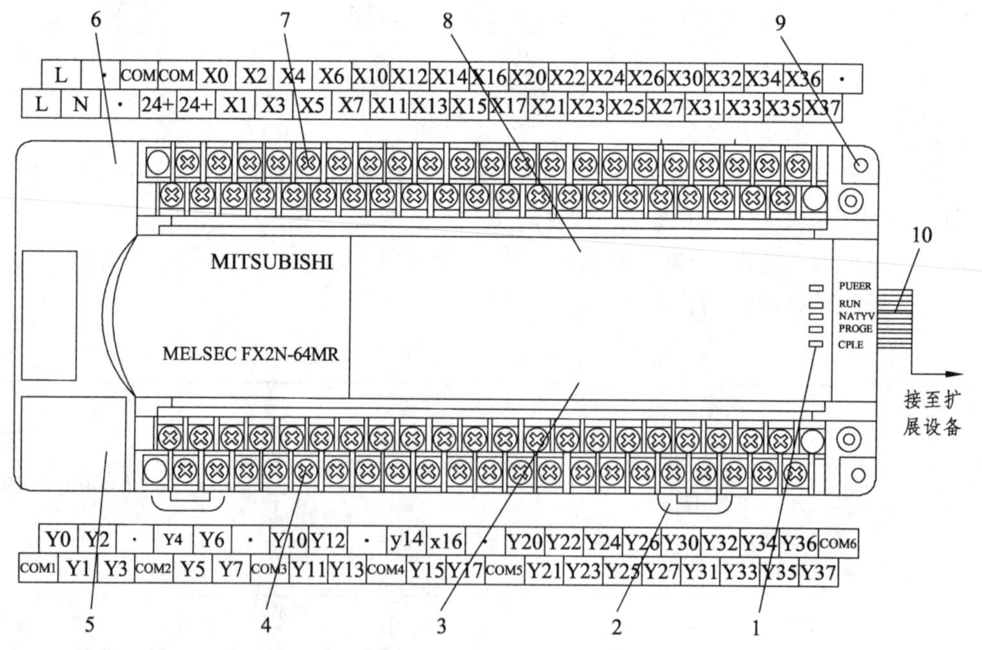

1—动作指示灯；2—DIN 导轨装卸卡子；3—输出动作指示灯；4—输出用装卸式端子；5—外围设备接线插座盖板；6—面板盖；7—电源、辅助电源、输入信号用装卸式端子；8—输入指示灯；9—安装孔（4-f4.5）；10—扩展设备接线插座板

图 11-1 FX2N-64 MR 基本单元外形

11.1.3 三菱 FX2N 系列 PLC 的编程元件

1. 输入继电器（X0 ~ X177）

PLC 的输入端子是从外部开关接收信号的窗口。输入继电器最多可达 128 点，采用八进制编号，且不能用程序驱动。

2. 输出继电器（Y0 ~ Y177）

PLC 的输出端子是向外部负载输出信号的窗口。输出继电器最多可达 128 点，采用八进制编号。外部负载的驱动必须由输出继电器实行。

3. 辅助继电器（M）

（1）通用辅助继电器 M0 ~ M499（500 点）。

（2）停电保持辅助继电器 M500 ~ M1023（524 点）。

（3）特殊辅助继电器 M8000 ~ M8255（256 点）。

4. 状态元件（S）

在步进顺控系统的编程中状态元件 S 是重要的软元件。它与后述的步进顺控指令 STL 组合使用。有以下四种类型：

初始状态 S0 ~ S9（10 点）；回零 S10 ~ S19（10 点）；通用 S20 ~ S499（480 点）；保持 S500 ~ S899（400 点）。

5. 指针（P / I）

（1）分支指令用指针 P0 ~ P63（64 点）。

（2）中断用指针 I0□□ ~ I8□□（9 点）。“□”用来指示某个中断程序的入口位置。

6. 定时器（T）

在 PLC 内，定时器是根据时钟脉冲累积计时的，时钟脉冲有 1 ms、10 ms、100 ms，当所计时间到达设定值时，其输出触点动作。定时器的元件号及其设定值和动作如下：

（1）T0 ~ T245

100 ms 定时器 T0 ~ T199（200 点），设定值 0.1 ~ 3276.7 s。

10 ms 定时器 T200 ~ T245（46 点），设定值 0.01 ~ 327.67 s。

（2）积算定时器（T246 ~ T255）

1 ms 积算定时器 T246 ~ T249（4 点） 设定值 0.001 ~ 32.767 s，中断动作	100 ms 积算定时器 T250 ~ T256 （6 点）

7. 计数器（C）

内部信号计数器是在执行扫描操作时对内部元件（如 X、Y、M、S、T 和 C）的信号进行计数的计数器。

1）16 bit 增计数器

有两种类型的 16 bit 二进制增计数器：

通用：C0 ~ C99（100 点）;

停电保持用：C100 ~ C199（100 点）;

其设定值为 K1 ~ K32767。

2）32 bit 双向计数器

有两种 32 bit 的增/减计数器：

通用计数器 C200 ~ C219（20 点）;

保持计数器 C220 ~ C234（15 点）;

其设定值为 –2 147 483 648 ~ +2 147 483 647，计数的方向由特殊辅助继电器 M8200 ~ M8234 决定。若特殊辅助继电器接通（置 1）时为减计数，否则为增计数。

3）高速计数器

虽然 C235 至 C255（共 21 点）都是高速计数器，但它们共享同一个 PLC 上的 6 个高速计数输入端（X0 ~ X5）。

8. 数据寄存器（D）（字）

可编程控制器用于模拟量控制、位置量控制、数据 I／O时需要许多数据寄存器贮存参数及工作数据。

1）通用数据寄存器 D0 ~ D199（200 点）

只要不写入其他数据，已写入的数据不会变化。但是，PLC 状态由运行（RUN）→停止（STOP）时，全部数据均清零。

2）停电保持数据寄存器 D200 ~ D511（312 点）

同上，除非改写，否则原有数据不会丢失。不论电源接通与否，PLC 运行与否，其内容都不变化。在两台 PLC 做点对点的通信时，D490 ~ D509 被用作通信操作。

3）特殊数据寄存器 D8000 ~ D8255（256 点）

数据寄存器供监控 PLC 中各种元件的运行方式之用。其内容在电源接通（ON）时，写入初始化值（全部先清零，然后由系统 ROM 安排写入初始化值）。

4）文件寄存器 D1000 ~ D2999（2000 点）

文件寄存器实际上是一类专用数据寄存器，用于贮存大量的数据，例如采集数据、统计计算数据、多组控制参数等。

9. 变址寄存器（V / Z）（字）

变址寄存器的作用类似于 Z80 中的变址寄存器 IX、IY，通常用于修改软元件的元件号。V 与 Z 都是 16 bit 数据寄存器。

11.1.4 PLC 的编程语言

1. 梯形图语言（LD）

梯形图语言是 PLC 程序设计中最常用的编程语言。它是与继电器线路类似的一种编程语言。由于电气设计人员对继电器控制较为熟悉，因此，梯形图编程语言得到了广泛的应用。

2. 指令表语言（IL）

指令表编程语言是与汇编语言类似的一种助记符编程语言，和汇编语言一样由操作码和操作数组成。在无计算机的情况下，适合采用 PLC 手持编程器对用户程序进行编制。同时，指令表编程语言与梯形图编程语言图一一对应，在 PLC 编程软件下可以相互转换。

指令表编程语言的特点是：采用助记符来表示操作功能，容易记忆，便于掌握；在手持编程器的键盘上采用助记符表示，便于操作，可在无计算机的场合进行编程设计；与梯形图有一一对应关系。其特点与梯形图语言基本一致。

3. 功能模块图语言（FBD）

功能模块图语言是与数字逻辑电路类似的一种 PLC 编程语言。采用功能模块图的形式来表示模块所具有的功能，不同的功能模块有不同的功能。

功能模块图编程语言的特点：以功能模块为单位，分析理解控制方案简单容易；功能模块是用图形的形式表达功能，直观性强，对于具有数字逻辑电路基础的设计人员很容易掌握；对规模大、控制逻辑关系复杂的控制系统，由于功能模块图能够清楚表达功能关系，使编程调试时间大大减少。

4. 顺序功能流程图语言（SFC）

顺序功能流程图语言是为了满足顺序逻辑控制而设计的编程语言。编程时将顺序流程动作的过程分成步和转换条件，根据转移条件对控制系统的功能流程顺序进行分配，一步一步地按照顺序动作。每一步代表一个控制功能任务，用方框表示。在方框内含有用于完成相应控制功能任务的梯形图逻辑。这种编程语言使程序结构清晰，易于阅读及维护，大大减轻了编程的工作量，缩短了编程和调试时间，适用于系统的规模较大、程序关系较复杂的场合。

顺序功能流程图编程语言的特点：以功能为主线，按照功能流程的顺序分配，条理清楚，便于对用户程序理解；避免梯形图或其他语言不能顺序动作的缺陷，同时也避免了用梯形图语言对顺序动作编程时，由于机械互锁造成用户程序结构复杂、难以理解的缺陷；用户程序扫描时间也大大缩短。

5. 结构化文本语言（ST）

结构化文本语言是用结构化的描述文本来描述程序的一种编程语言，它是类似于高级语言的一种编程语言。在大中型的 PLC 系统中，常采用结构化文本来描述控制系统中各个变量的关系。主要用于其他编程语言较难实现的用户程序编制。

结构化文本编程语言采用计算机的描述方式来描述系统中各种变量之间的各种运算关系，完成所需的功能或操作。大多数 PLC 制造商采用的结构化文本编程语言与 BASIC 语言、PASCAL 语言或 C 语言等高级语言相类似，但为了应用方便，在语句的表达方法及语句的种类等方面都进行了简化。

结构化文本编程语言的特点：采用高级语言进行编程，可以完成较复杂的控制运算；需要有一定的计算机高级语言的知识和编程技巧，对工程设计人员要求较高；直观性和操作性较差。

不同型号的 PLC 编程软件对以上 5 种编程语言的支持种类是不同的，早期的 PLC 仅仅支持梯形图编程语言和指令表编程语言。目前的 PLC 对梯形图（LD）、指令表（STL）、功能模块图（FBD）编程语言都是支持的。比如，SIMATIC STEP7 MicroWIN V3.2。

在 PLC 控制系统设计中，要求设计人员不但对 PLC 的硬件性能有一定的了解，还要了解 PLC 支持编程语言的种类。

11.2 PLC 的基本指令及编程

11.2.1 LD、LDI、OUT 指令

掌握 LD、LDI、OUT 指令形式与功能；
掌握 LD、LDI、OUT 指令的编程方法。

1. 指令形式与功能

表 11-3 指令形式与功能

符号名称	功能	操作元件
LD 取	常开触点逻辑运算起始	X、Y、M、S、T、C
LDI 取反	常闭触点逻辑运算起始	X、Y、M、S、T、C
OUT 输出	线圈驱动	Y、M、S、T、C

2. 指令使用说明

（1）LD 和 LDI 指令用于将常开和常闭触点接到左母线上。

（2）LD 和 LDI 在电路块分支起点处也会使用。

（3）OUT 指令是对输出继电器、辅助继电器、状态继电器、定时器、计数器的线圈驱动指令，不能用于驱动输入继电器，因为输入继电器的状态是由输入信号决定的。

（4）OUT 指令可做多次并联使用，如图 11-2 所示。

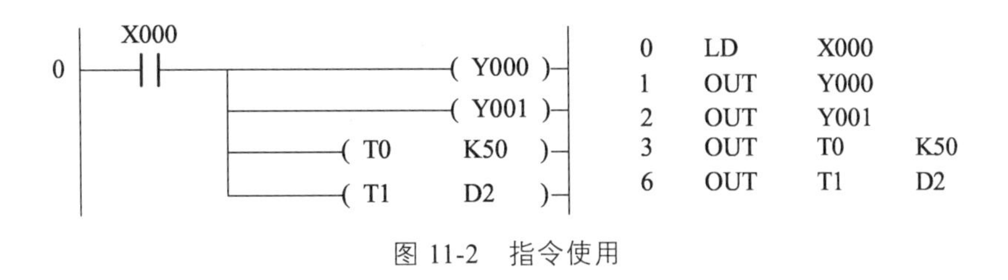

图 11-2　指令使用

11.2.2　AND、ANI 指令

掌握 AND、ANI 指令形式与功能；
掌握 AND、ANI 指令的编程方法。

1. 指令形式与功能

表 11-4　指令形式与功能

符号名称	功能	操作元件
AND 与	常开触点串联连接	X、Y、M、S、T、C
ANI 与非	常闭触点串联连接	X、Y、M、S、T、C

2. 指令举例

如图 11-3 所示，① 当 X000 接通、X002 接通时，Y000 接通；② X001 断开、X003 接通时，Y002 接通；③ 常开 X004 接通、X005 断开时，Y003 接通；④ X006 断开、X007 断开，同时达到 2.5 s 时间，T1 接通，Y4 接通。

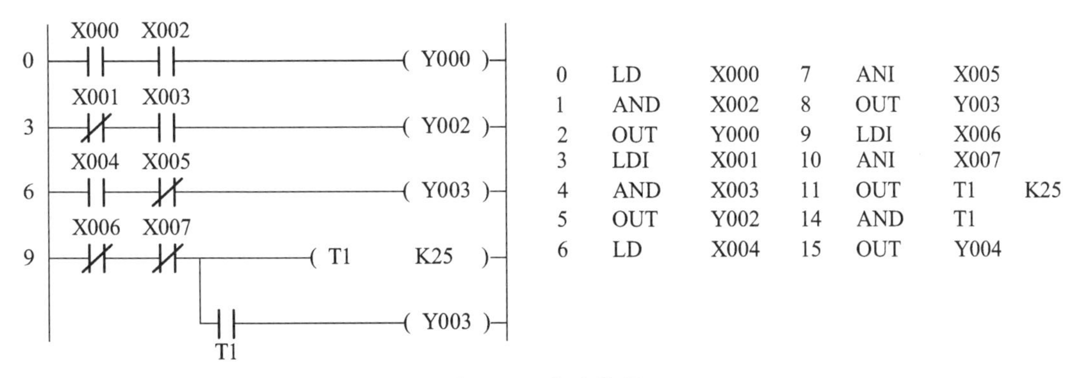

图 11-3　指令使用

3. 指令使用说明

AND、ANI 指令可进行 1 个触点的串联连接，串联触点的数量不受限制，可以连续使用。OUT 指令之后，通过触点对其他线圈使用 OUT 指令，称之为纵接输出。这种纵接输出如果顺序不错，可多次重复使用；如果顺序颠倒，就必须要用我们后面要学到的指令（MPS/MRD/MPP），如图 11-4 所示。

```
 | X000  X002  T1                          |  0  LD   X000   4  OUT  Y004
0|--| |---| |-+-| |-------------( Y000 )---|  1  AND  X002   5  MPP
 |            |                            |  2  MPS          6  OUT  T1   K20
 |            +-------------( T1     K20 )-|  3  AND  T1
```

图 11-4　指令使用

当继电器的常开触点或常闭触点与其他继电器的触点组成的电路块串联时，也使用 AND 指令或 ANI 指令。

11.2.3　OR、ORI 指令

掌握 OR、ORI 指令形式与功能；

掌握 OR、ORI 指令的编程方法。

1. 指令形式与功能

表 11-5　指令形式与功能

符号名称	功能	操作元件
OR 或	常开触点并联连接	X、Y、M、S、T、C
ORI 或非	常闭触点并联连接	X、Y、M、S、T、C

2. 指令举例

如图 11-5 所示，① 当 X000 或 X003 接通时，Y001 接通；② 当 X002 断开或 X004 接通时，Y003 接通；③ 当 X004 接通或 X001 断开时，Y000 接通；④ 当 X003 或 X002 断开时，Y006 接通。

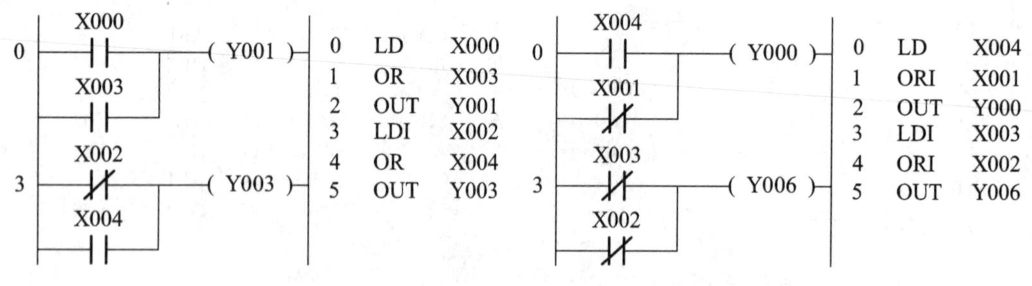

图 11-5　指令使用

3. 指令使用说明

（1）OR、ORI 指令用作 1 个触点的并联连接指令。

（2）OR、ORI 指令可以连续使用，并且不受使用次数的限制。

（3）OR、ORI 指令是从该指令的步开始，与前面 LD、LDI 指令步进行并联连接。

（4）当继电器的常开触点或常闭触点与其他继电器的触点组成的电路块并联时，也可以用这两个指令。

11.2.4 ORB、ANB 指令

掌握 ORB、ANB 指令形式与功能；
掌握 ORB、ANB 指令的编程方法。

1. 指令形式与功能

表 11-6 指令形式与功能

符号名称	功能	操作元件
ORB	常开触点块的并联连接	X、Y、M、S、T、C
ANB	常闭触点块的串联连接	X、Y、M、S、T、C

2. 指令举例

如图 11-6 所示，① X000 与 X001、X002 与 X003、X004 与 X005 任一电路块接通，Y001 接通；② X000 或 X001 接通，X002 与 X003 接通或 X004 接通，Y000 都可以接通。

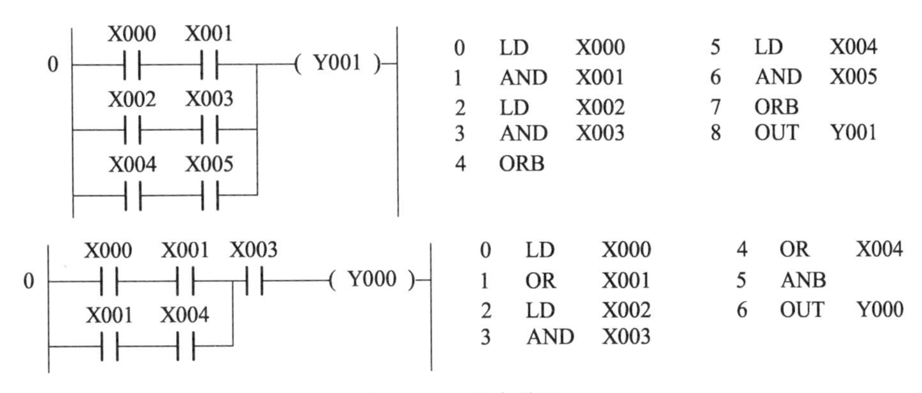

图 11-6 指令使用

3. 指令使用说明

（1）ORB、ANB 无操作软元件 2 个以上的触点串联连接的电路称为串联电路块。

（2）将串联电路并联连接时，分支开始用 LD、LDI 指令，分支结束用 ORB 指令。

（3）ORB、ANB 指令，是无操作元件的独立指令，它们只描述电路的串并联关系。

（4）有多个串联电路时，若对每个电路块使用 ORB 指令，则串联电路没有限制。

（5）若多个并联电路块按顺序和前面的电路串联连接时，则 ANB 指令的使用次数没有限制。

（6）使用 ORB、ANB 指令编程时，也可以采取 ORB、ANB 指令连续使用的方法，但只能连续使用不超过 8 次，在此建议不使用此法。

11.2.5 SET、RST 指令

掌握 SET、RST 指令形式与功能；
掌握 SET、RST 指令的编程方法。

在前面的学习中我们了解到了自锁，自锁可以使动作保持。那么下面我们要学习的指令也可以做到自锁控制，并且是在 PLC 控制系统中经常用到的指令。

SET 指令：称为置位指令，功能为驱动线圈输出，使动作保持，具有自锁功能。

RST 指令：称为复位指令，功能为清除保持的动作，以及寄存器的清零。

1. 指令形式与功能

表 11-7　指令形式与功能

符号名称	功能	操作元件
SET	置位指令	X、Y、M、S、T、C
RST	复位指令	X、Y、M、S、T、C

2. 指令举例

如图 11-7 所示，① X000 接通时，Y000 接通并自保持接通；② 当 X001 接通时，Y000 清除保持。

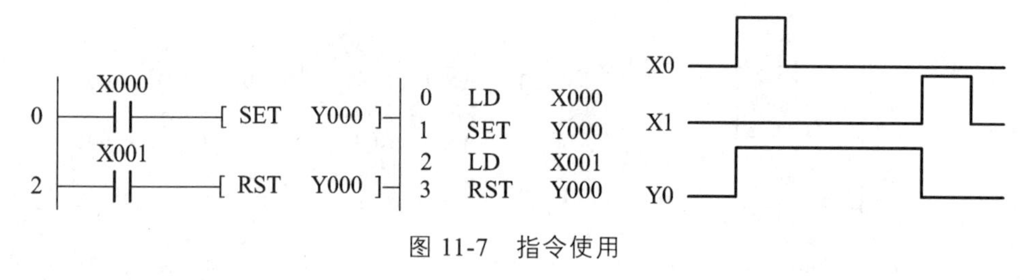

图 11-7　指令使用

3. 指令使用说明

（1）在上述程序中，X000 如果接通，即使断开，Y000 也保持接通；X001 接通，即使断开，Y000 也不接通。

（2）用 SET 指令使软元件接通后，必须要用 RST 指令才能使其断开。

（3）如果二者对同一软元件操作的执行条件同时满足，则复 0 优先。

（4）对数据寄存器 D、变址寄存器 V 和 Z 的内容清零时，也可使用 RST 指令。

（5）积算定时器 T63 的当前值复位和触点复位也可用 RST。

11.2.6　PLS、PLF 指令

掌握 PLS、PLF 指令形式与功能；

掌握 PLS、PLF 指令的编程方法。

1. 相关理论知识

脉冲微分指令主要进行信号变化的检测，即从断开到接通的上升沿和从接通到断开的下降沿信号的检测，如果条件满足，则被驱动的软元件产生一个扫描周期的脉冲信号。

PLS 指令：上升沿微分脉冲指令，当检测到逻辑关系的结果为上升沿信号时，驱动的操作软元件产生一个脉冲宽度为一个扫描周期的脉冲信号。

PLF 指令：下降沿微分脉冲指令，当检测到逻辑关系的结果为下降沿信号时，驱动的操作软元件产生一个脉冲宽度为一个扫描周期的脉冲信号。

2. 指令形式与功能

表 11-8　指令形式与功能

符号名称	功能	操作元件
PLS	上升沿微分脉冲指令	X、Y、M、S、T、C
PLF	下降沿微分脉冲指令	X、Y、M、S、T、C

3. 指令举例

如图 11-8 所示，① 当检测到 X000 的上升沿时，PLS 的操作软元件 M0 产生一个扫描周期的脉冲，Y000 接通一个扫描周期；② 当检测到 X001 的上升沿时，PLF 的操作软元件 M1 产生一个扫描周期的脉冲，Y1 接通一个扫描周期。

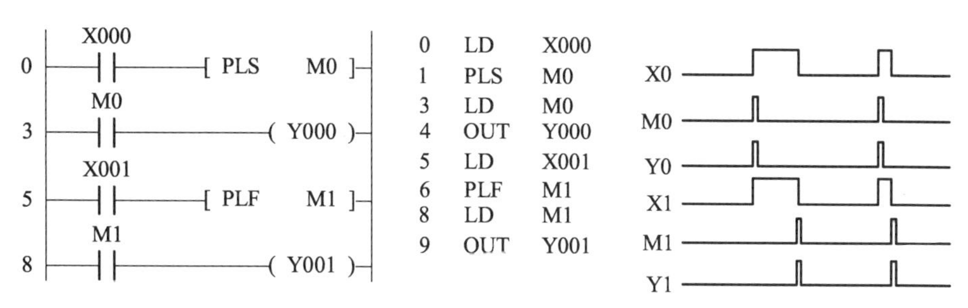

图 11-8　指令使用

4. 指令使用说明

（1）PLS 指令驱动的软元件只在逻辑输入结果由 OFF 到 ON 时动作一个扫描周期。

（2）PLF 指令驱动的软元件只在逻辑输入结果由 ON 到 OFF 时动作一个扫描周期。

（3）特殊辅助继电器不能作为 PLS、PLF 的操作软元件。

11.2.7　INV、NOP、END 指令

掌握 INV、NOP、END 指令形式与功能；

掌握 INV、NOP、END 指令的编程方法。

1. 指令形式与功能

INV 指令：是将即将执行 INV 指令之前的运算结果反转的指令，无操作软元件。

NOP 指令：称为空操作指令，无任何操作元件，其主要功能是在调试程序时，用其取代一些不必要的指令，即删除由这些指令构成的程序。另外，在程序中使用 NOP 指令，可延长扫描周期。若在普通指令与指令之间加入空操作指令，可编程序控制器可继续工作，就如同没有加入 NOP 指令一样；若在程序执行过程中加入空操作指令，则在修改或追加程序时可减少步序号的变化。

END 指令：称为结束指令，无操作元件。其功能是输入输出处理和返回到 0 步程序。

2. 指令举例

如图 11-9 所示，X000 接通，Y000 断开；X000 断开，Y000 接通。

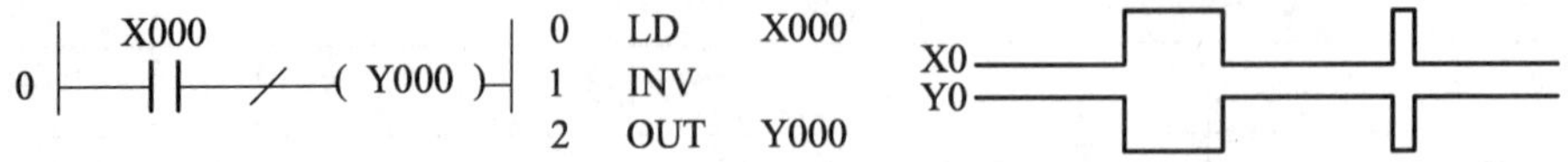

```
        X000                       0  LD    X000
0  |----| |------/----( Y000 )-|   1  INV
                                   2  OUT   Y000
```

图 11-9　指令举例

3. 指令使用说明

（1）编写 INV 取反指令需要前面有输入量，INV 指令不能直接与母线相连接，也不能如 OR、ORI、ORP、ORF 单独并联使用。

（2）可以多次使用，只是结果只有两个，要么通要么断。

（3）INV 指令只对其前的逻辑关系取反。

（4）在将程序全部清除时，存储器内指令全部成为 NOP 指令。

（5）若将已经写入的指令换成 NOP 指令，则电路会发生变化。

（6）可编程序控制器反复进行输入处理、程序执行、输出处理，若在程序的最后写入 END 指令，则 END 以后的其余程序步不再执行，而直接进行输出处理。

（7）在程序中没 END 指令时，可编程序控制器处理完其全部的程序步。

（8）在调试期间，在各程序段插入 END 指令，可依次调试各程序段程序的动作功能，确认后再删除各 END 指令。

（9）可编程序控制器在 RUN 开始时首次执行是从 END 指令开始；执行 END 指令时，也刷新监视定时器，检测扫描周期是否过长。

11.2.8　LDP、LDF、ANDP、ANDF、ORP、ORF 指令

掌握 LDP、LDF、ANDP、ANDF、ORP、ORF 指令形式与功能；

掌握 LDP、LDF、ANDP、ANDF、ORP、ORF 指令的编程方法。

1. 指令形式与功能

LDP：上升沿检测运算开始（检测到信号的上升沿时闭合一个扫描周期）。

LDF：下降沿检测运算开始（检测到信号的下降沿时闭合一个扫描周期）。

ANDP：上升沿检测串联连接（检测到位软元件上升沿信号时闭合一个扫描周期）。

ANDF：下降沿检测串联连接（检测到位软元件下降沿信号时闭合一个扫描周期）。

ORP：脉冲上升沿检测并联连接（检测到位软元件上升沿信号时闭合一个扫描周期）。

ORF：脉冲下降沿检测并联连接（检测到位软元件下降沿信号时闭合一个扫描周期）。

上述 6 个指令的操作软元件都为 X、Y、M、S、T、C。

2. 指令举例

如图 11-10 所示，X000 或 X001 由 OFF→ON 时，M1 仅闭合一个扫描周期；X002 由 OFF→ON 时，M2 仅闭合一个扫描周期。

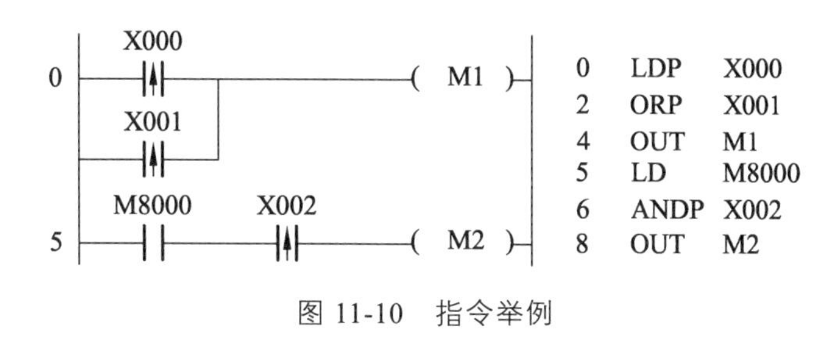

图 11-10 指令举例

如图 11-11 所示，在上面程序里，X000 或 X001 由 ON→OFF 时，M0 仅闭合一个扫描周期；X002 由 ON→OFF 时，M1 仅闭合一个扫描周期。所以上述两个程序都可以使用 PLS、PLF 指令来实现。

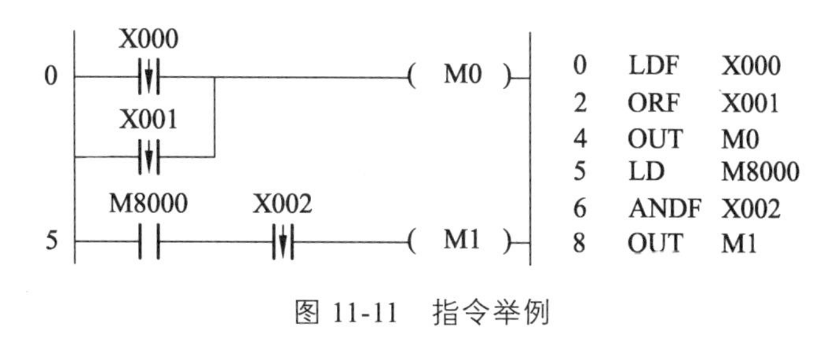

图 11-11 指令举例

11.3 三菱 PLC 的功能指令及编程

11.3.1 应用指令的基本格式

1. 位元件与字元件

像 X、Y、M、S 等只处理 ON/OFF 信息的软元件称为位元件，而像 T、C、D 等处理数值的软元件则称为字元件，一个字元件由 16 位二进制数组成。

位元件可以通过组合使用，4 个位元件为一个单元，通用表示方法是由 Kn 加起始的软元件号组成，n 为单元数。例如 K2 M0 表示 M0 ~ M7 组成两个位元件组（K2 表示 2 个单元），它是一个 8 位数据，M0 为最低位。如果将 16 位数据传送到不足 16 位的位元件组合（n<4）时，只传送低位数据，多出的高位数据不传送，32 位数据传送也一样。在做 16 位数操作时，参与操作的位元件不足 16 位时，高位的不足部分均作 0 处理，这意味着只能处理正数（符号位为 0），在做 32 位数处理时也一样。被组合的元件首位元件可以任意选择，但为避免混乱，建议采用编号以 0 结尾的元件，如 S10，X0，X20 等。

2. 数据格式

在 FX 系列 PLC 内部，数据是以二进制（BIN）补码的形式存储，所有的四则运算都使用二进制数。二进制补码的最高位为符号位，正数的符号位为 0，负数的符号位为 1。FX 系列 PLC 可实现二进制码与 BCD 码的相互转换。

为更精确地进行运算，可采用浮点数运算。在 FX 系列 PLC 中提供了二进制浮点运算和十进制浮点运算，并设有将二进制浮点数与十进制浮点数相互转换的指令。二进制浮点数采用编号连续的一对数据寄存器表示，例如 D11 和 D10 组成的 32 位寄存器中，D10 的 16 位加上 D11 的低 7 位共 23 位为浮点数的尾数，而 D11 中除最高位的前 8 位是阶位，最高位是尾数的符号位（0 为正，1 是负）。十进制的浮点数也用一对数据寄存器表示，编号小的数据寄存器为尾数段，编号大的为指数段，例如使用数据寄存器（D1，D0）时，表示数为：

$$\text{十进制浮点数} = 〔\text{尾数 D0}〕\times 10^{〔\text{指数 D1}〕}$$

其中，D0、D1 的最高位是正负符号位。

3. 数据长度

功能指令可处理 16 位数据或 32 位数据。处理 32 位数据的指令是在助记符前加“D”标志，无此标志即为处理 16 位数据的指令。注意 32 位计数器（C200 ~ C255）的一个软元件为 32 位，不可作为处理 16 位数据指令的操作数使用。如图 11-13 所示，若 MOV 指令前面带“D”，则当 X1 接通时，执行 D11D10→D13D12（32 位）。在使用 32 位数据时建议使用首编号为偶数的操作数，不容易出错。

4. 表示格式

功能指令表示格式与基本指令不同。功能指令用编号 FNC00 ~ FNC294 表示，并给出对应的助记符（大多用英文名称或缩写表示）。例如 FNC45 的助记符是 MEAN（平均），若使用简易编程器时键入 FNC45，若采用智能编程器或在计算机上编程时也可键入助记符 MEAN。

有的功能指令没有操作数，而大多数功能指令有 1 ~ 4 个操作数。如图 11-12 所示为一个计算平均值指令，它有三个操作数，[S]表示源操作数，[D]表示目标操作数，如果使用变址功能，则可表示为[S・]和[D・]。当源或目标不止一个时，用[S1・]、[S2・]、[D1・]、[D2・]表示。用 n 和 m 表示其他操作数，它们常用来表示常数 K 和 H，或作为源和目标操作数的补充说明，当这样的操作数多时可用 n1、n2 和 m1、m2 等来表示。

图 11-12 中源操作数为 D0、D1、D2，目标操作数为 D4Z0（Z0 为变址寄存器），K3 表示有 3 个数，当 X0 接通时，执行的操作为［（D0）+（D1）+（D2）］÷3→（D4Z0），如果 Z0 的内容为 20，则运算结果送入 D24 中。

功能指令的指令段通常占 1 个程序步，16 位操作数占 2 步，32 位操作数占 4 步。

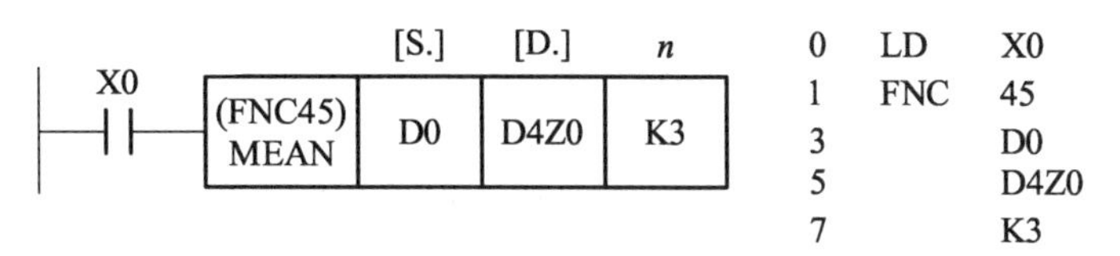

图 11-12 计算平均值指令

5. 执行方式

功能指令有连续执行和脉冲执行两种类型。如图 11-13 所示，指令助记符 MOV 后面有“P”表示脉冲执行，即该指令仅在 X1 接通（由 OFF 到 ON）时执行（将 D10 中的数据送到 D12 中）一次；如果没有“P”则表示连续执行，即该在 X1 接通（ON）的每一个扫描周期指令都要被执行。

图 11-13 指令助记符 MOV

11.3.2 条件跳转与主程序结束指令

掌握条件跳转与主程序结束指令形式与功能；
掌握条件跳转与主程序结束指令的编程方法。

1. 相关理论知识

条件跳转指令 CJ（P）的编号为 FNC00，操作数为指针标号 P0 ~ P127，其中 P63 为 END 所在步序，不需标记。指针标号允许用变址寄存器修改。CJ 和 CJP 都占 3 个程序步，指针标号占 1 步。

如图 11-14 所示，当 X20 接通时，则由 CJ P9 指令跳到标号为 P9 的指令处开始执行，跳过了程序的一部分，减少了扫描周期。如果 X20 断开，跳转不会执行，则程序按原顺序执行。

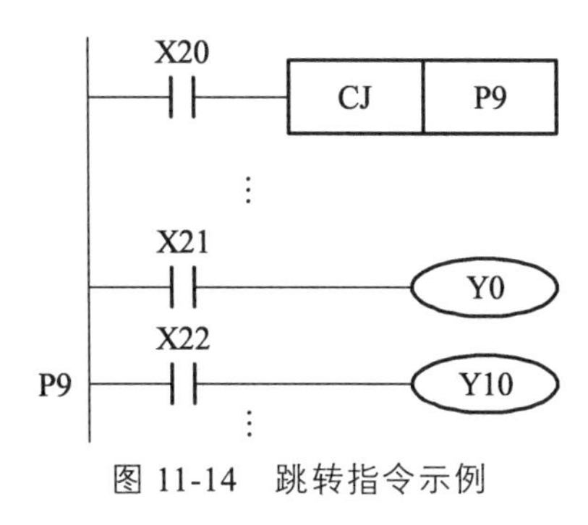

图 11-14 跳转指令示例

2. 使用跳转指令时注意事项

（1）CJP 指令表示为脉冲执行方式。

（2）在一个程序中一个标号只能出现一次，否则将出错。

（3）在跳转执行期间，即使被跳过程序的驱动条件改变，但其线圈（或结果）仍保持跳转前的状态，因为跳转期间根本没有执行这段程序。

（4）如果在跳转开始时定时器和计数器已在工作，则在跳转执行期间它们将停止工作，到跳转条件不满足后又继续工作。但对于正在工作的定时器 T192 ~ T199 和高速计数器 C235 ~ C255，不管有无跳转仍连续工作。

（5）若积算定时器和计数器的复位（RST）指令在跳转区外，即使它们的线圈被跳转，但对它们的复位仍然有效。

主程序结束指令 FEND 的编号为 FNC06，无操作数，占用 1 个程序步。FEND 表示主程序结束，当执行到 FEND 时，PLC 进行输入/输出处理，监视定时器刷新，完成后返回起始步。

3. 使用 FEND 指令时注意事项

（1）子程序和中断服务程序应放在 FEND 之后。

（2）子程序和中断服务程序必须写在 FEND 和 END 之间，否则出错。

11.3.3 子程序调用与返回指令

掌握子程序调用与返回指令形式与功能；

掌握子程序调用与返回指令的编程方法。

1. 相关理论知识

子程序调用指令 CALL 的编号为 FNC01，操作数为 P0 ~ P127，此指令占用 3 个程序步。

子程序返回指令 SRET 的编号为 FNC02。无操作数，占用 1 个程序步。

如图 11-15 所示，如果 X0 接通，则转到标号 P10 处去执行子程序。当执行 SRET 指令时，返回到 CALL 指令的下一步执行。

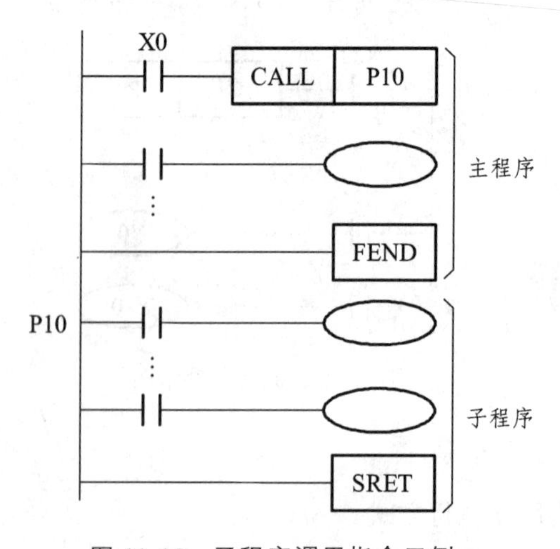

图 11-15 子程序调用指令示例

2. 使用子程序调用与返回指令时注意事项

（1）转移标号不能重复，也不可与跳转指令的标号重复。
（2）子程序可以嵌套调用，最多可 5 级嵌套。

11.3.4 循环与移位指令

掌握循环与移位指令形式与功能；
掌握循环与移位指令的编程方法。

1. 相关理论知识

循环指令共有两条：循环起点指令 FOR，编号为 FNC08，占 3 个程序步；循环结束指令 NEXT，编号为 FNC09，占用 1 个程序步，无操作数。

在程序运行时，位于 FOR ~ NEXT 间的程序反复执行 *n* 次（由操作数决定）后再继续执行后续程序。循环的次数 $n = 1 \sim 32\,767$。如果 *n* 取值为 $-32\,767 \sim 0$，则当作 $n = 1$ 处理。

如图 11-16 所示为一个二重嵌套循环，外层执行 5 次，如果 D0Z 中的数为 6，外层 A 每执行一次则内层 B 将执行 6 次。

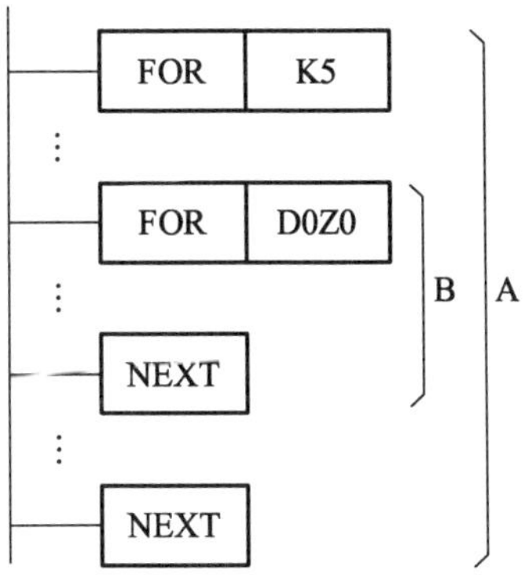

图 11-16 二重嵌套循环

2. 使用循环指令时应注意

（1）FOR 和 NEXT 必须成对使用。
（2）FX2N 系列 PLC 可循环嵌套 5 层。
（3）在循环中可利用 CJ 指令在循环没结束时跳出循环体。
（4）FOR 应放在 NEXT 之前，NEXT 应在 FEND 和 END 之前，否则均会出错。

11.3.5 比较指令

掌握比较指令形式与结构；

1. 相关理论知识

掌握比较指令的编程方法。

比较指令包括 CMP（比较）和 ZCP（区间比较）两条。

（1）比较指令 CMP（D）、CMP（P）的编号为 FNC10，是将源操作数[S1.]和源操作数[S2.]的数据进行比较，比较结果用目标元件[D.]的状态来表示。如图 11-17 所示，当 X1 为接通时，把常数 K100 与 C20 的当前值进行比较，比较的结果送入 M0 ~ M2 中。X1 为 OFF 时不执行，M0 ~ M2 的状态也保持不变。

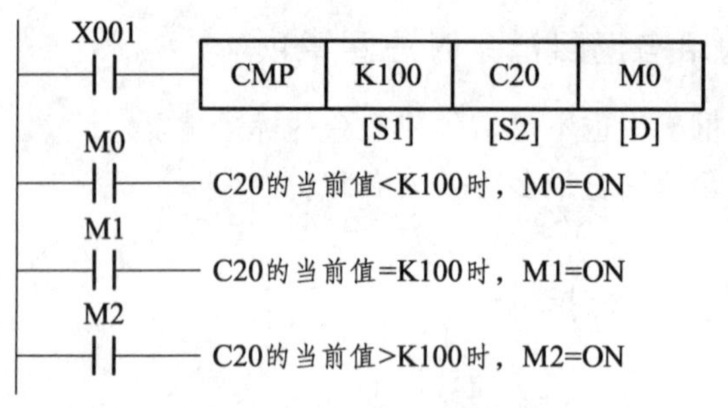

图 11-17　比较指令示例

（2）区间比较指令 ZCP（D）、ZCP（P）的编号为 FNC11，指令执行时源操作数[S.]与[S1.]和[S2.]的内容进行比较，并将比较结果送到目标操作数[D.]中。如图 11-18 所示，当 X0 为 ON 时，把 C30 当前值与 K100 和 K120 相比较，将结果送 M3、M4、M5 中；X0 为 OFF 时，ZCP 不执行，M3、M4、M5 不变。

2. 使用比较指令 CMP/ZCP 注意事项

（1）[S1.]、[S2.]可取任意数据格式，目标操作数[D.]可取 Y、M 和 S。

（2）使用 ZCP 时，[S2.]的数值不能小于[S1.]。

（3）所有的源数据都被看成二进制值处理。

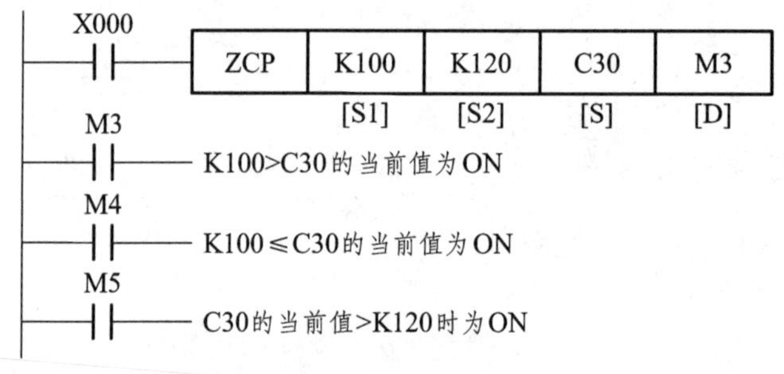

图 11-18　区间比较指令示例

3. LD 触点比较指令

LD 触点比较指令的助记符、代码、功能如表 11-9 所示。

表 11-9　LD 触点比较指令

功能指令代码	助记符	导通条件	非导通条件
FNC224	（D）LD=	[S1.]=[S2.]	[S1.]≠[S2.]
FNC225	（D）LD>	[S1]>[S2.]	[S1.]≤[S2.]
FNC226	（D）LD<	[S1.]< [S2.]	[S1.]≥[S2.]
FNC228	（D）LD<>	[S1.]≠[S2.]	[S1.]=[S2.]
FNC229	（D）LD≤	[S1.]≤[S2.]	[S1.]>[S2.]
FNC230	（D）LD≥	[S1.]≥[S2.]	[S1.]<[S2.]

如图 11-19 所示为 LD = 指令的使用，当计数器 C10 的当前值为 200 时驱动 Y10。其他 LD 触点比较指令不在此一一说明。

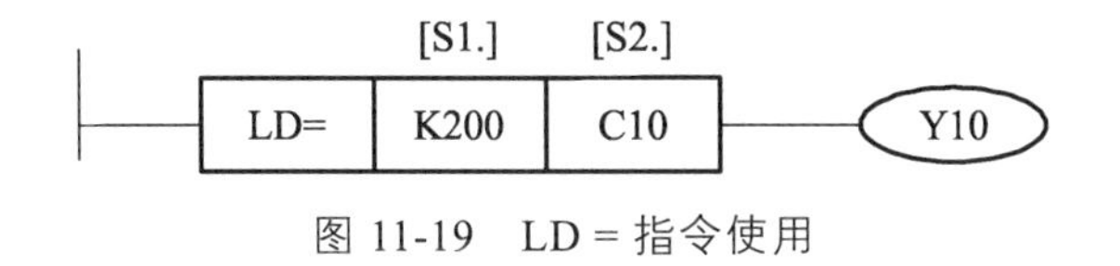

图 11-19　LD = 指令使用

4. AND 触点比较指令

AND 触点比较指令的助记符、代码、功能如表 11-10 所示。

表 11-10　AND 触点比较指令

功能指令代码	助记符	导通条件	非导通条件
FNC232	（D）AND =	[S1.] = [S2.]	[S1.]≠[S2.]
FNC233	（D）AND>	[S1]>[S2.]	[S1.]≤[S2.]
FNC234	（D）AND<	[S1.]< [S2.]	[S1.]≥[S2.]
FNC236	（D）AND<>	[S1.]≠[S2.]	[S1.] = [S2.]
FNC237	（D）AND≤	[S1.]≤[S2.]	[S1.]>[S2.]
FNC238	（D）AND≥	[S1.]≥[S2.]	[S1.]<[S2.]

如图 11-20 所示为 AND = 指令的使用，当 X0 为 ON 且计数器 C10 的当前值为 200 时，驱动 Y10。

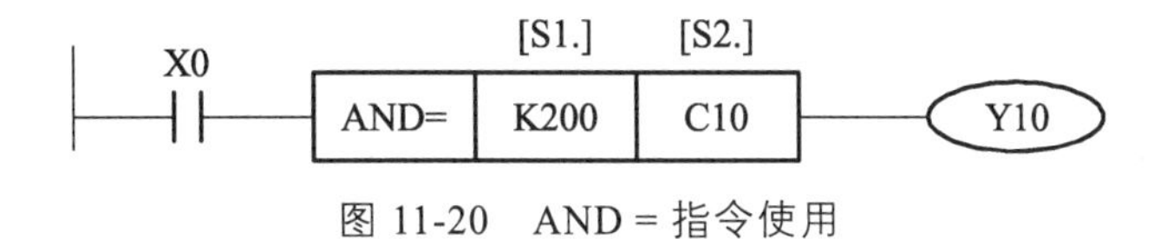

图 11-20　AND = 指令使用

5. OR 触点比较指令

该类指令的助记符、代码、功能列于表 11-11 中。

表 11-11　OR 触点比较指令

功能指令代码	助记符	导通条件	非导通条件
FNC240	（D）OR =	[S1.] = [S2.]	[S1.]≠[S2.]
FNC241	（D）OR>	[S1]>[S2.]	[S1.]≤[S2.]
FNC242	（D）OR<	[S1.]< [S2.]	[S1.]≥[S2.]
FNC244	（D）OR<>	[S1.]≠[S2.]	[S1.] = [S2.]
FNC245	（D）OR≤	[S1.]≤[S2.]	[S1.]>[S2.]
FNC246	（D）OR≥	[S1.]≥[S2.]	[S1.]<[S2.]

如图 11-21 所示，当 X1 处于 ON 或计数器的当前值为 200 时，驱动 Y0。

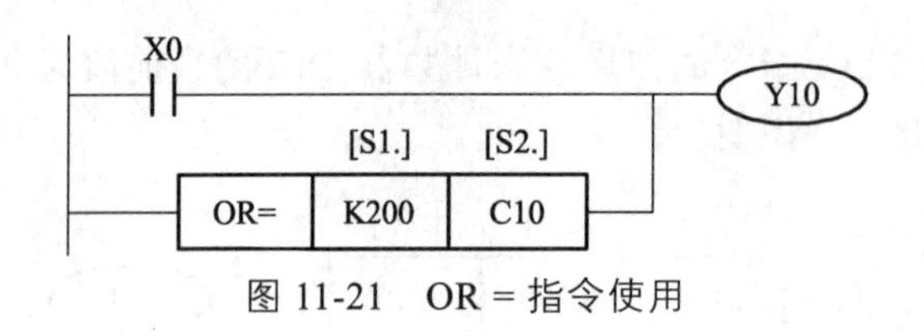

图 11-21　OR = 指令使用

触点比较指令源操作数可取任意数据格式。16 位运算占 5 个程序步，32 位运算占 9 个程序步。

11.3.6　传送指令

掌握传送指令形式与机构；
掌握传送指令的编程方法。

1. 相关理论知识

传送指令 MOV（D）、MOV（P）的编号为 FNC12，该指令的功能是将源数据传送到指定的目标。如图 11-22 所示，当 X0 为 ON 时，则将[S.]中的数据 K100 传送到目标操作元件[D.]即 D10 中。在指令执行时，常数 K100 会自动转换成二进制数。当 X0 为 OFF 时，指令不执行，数据保持不变。

2. 使用 MOV 指令时注意事项

图 11-22　MOV 指令使用

（1）源操作数可取所有数据类型，目标操作数为 KnY、KnM、KnS、T、C、D、V、Z。

（2）16 位运算时占 5 个程序步，32 位运算时则占 9 个程序步。

3. 移位传送指令

SMOV、SMOV（P）指令的编号为 FNC13。该指令的功能是将源数据（二进制）自动转换成 4 位 BCD 码，再进行移位传送，传送后的目标操作数元件的 BCD 码自动转换成二进制数。如图 11-23 所示，当 X0 为 ON 时，将 D1 中右起第 4 位（m1 = 4）开始的 2 位（m2 = 2）BCD 码移到目标操作数 D2 的右起第 3 位（n = 3）和第 2 位，然后 D2 中的 BCD 码会自动转换为二进制数，而 D2 中的第 1 位和第 4 位 BCD 码不变。

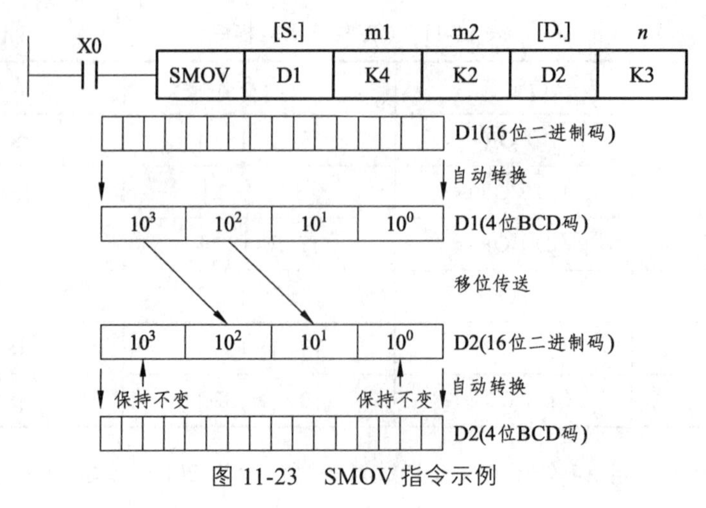

图 11-23　SMOV 指令示例

使用移位传送指令时应该注意：

（1）源操作数可取所有数据类型，目标操作数为 KnY、KnM、KnS、T、C、D、V、Z。

（2）SMOV 指令只有 16 位运算，占 11 个程序步。

4. 取反传送指令

CML（D）、CML（P）指令的编号为 FNC14。它是将源操作数元件的数据逐位取反并传送到指定目标。如图 11-24 所示，当 X0 为 ON 时，执行 CML，将 D0 的低 4 位取反向后传送到 Y3 ~ Y0 中。

图 11-24　CML 指令示例

使用取反传送指令 CML 时应注意：

（1）源操作数可取所有数据类型，目标操作数可为 KnY、KnM、KnS、T、C、D、V、Z，若源数据为常数 K，则该数据会自动转换为二进制数。

（2）16 位运算占 5 个程序步，32 位运算占 9 个程序步。

5. 块传送指令

BMOV、BMOV（P）指令的 ALCE 编号为 FNC15，是将源操作数指定元件开始的 n 个数据组成数据块传送到指定的目标。如图 11-25 所示，传送顺序既可从高元件号开始，也可从低元件号开始，传送顺序自动决定。若用到需要指定位数的位元件，则源操作数和目标操作数的指定位数应相同。

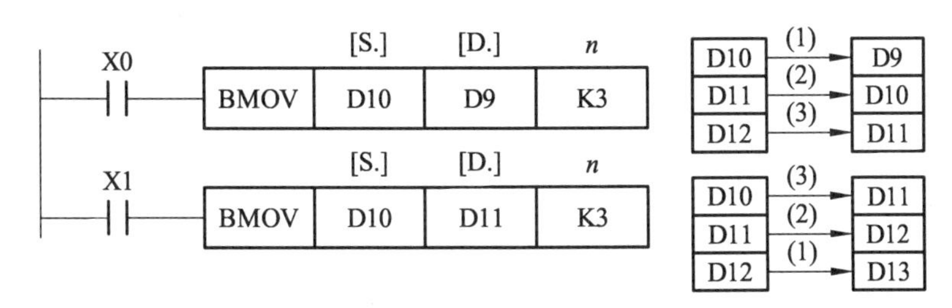

图 11-25　BMOV 指令示例

使用块传送指令时应注意：

（1）源操作数可取 KnX、KnY、KnM、KnS、T、C、D 和文件寄存器，目标操作数可取. KnT、KnM、KnS、T、C 和 D。

（2）只有 16 位操作，占 7 个程序步。

（3）如果元件号超出允许范围，数据仅传送到允许范围的元件。

6. 多点传送指令

FMOV（D）、FMOV（P）指令的编号为 FNC16。它的功能是将源操作数中的数据传送到指定目标开始的 n 个元件中，传送后 n 个元件中的数据完全相同。如图 11-26 所示，当 X0 为 ON 时，把 K0 传送到 D0 ~ D9 中。

图 11-26　FMOV 指令示例

使用多点传送指令 FMOV 时应注意：

（1）源操作数可取所有的数据类型，目标操作数可取 KnX、KnM、KnS、T、C 和 D，n 小于等于 512。

（2）16 位操作占 7 个程序步，32 位操作则占 13 个程序步。

（3）如果元件号超出允许范围，数据仅送到允许范围的元件中。

11.3.7　算术运算指令

掌握算术运算指令形式与结构；

掌握算术运算指令的编程方法。

1. 加法指令 ADD（D）、ADD（P）

加法指令 ADD（D）、ADD（P）指令的编号为 FNC20。它是将指定的源元件中的二进制数相加结果送到指定的目标元件中去。如图 11-27 所示，当 X0 为 ON 时，执行（D10）+（D12）→（D14）。

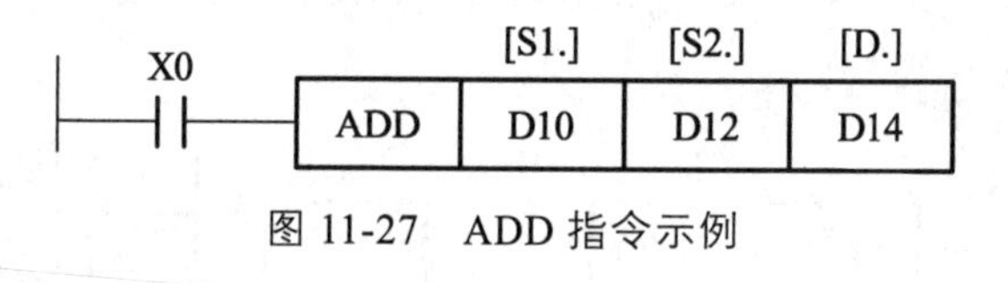

图 11-27　ADD 指令示例

2. 减法指令 SUB（D）、SUB（P）

减法指令 SUB（D）、SUB（P）指令的编号为 FNC21。它是将[S1.]指定元件中的内容以二进制形式减去[S2.]指定元件的内容，其结果存入由[D.]指定的元件中。

图 11-28　SUB 指令示例

当 X0 为 ON 时，执行（D10）→（D12）→（D14），如图 11-28 所示。

使用加法和减法指令时应该注意：

（1）操作数可取所有数据类型，目标操作数可取 KnY、KnM、KnS、T、C、D、V 和 Z。

（2）16 位运算占 7 个程序步，32 位运算占 13 个程序步。

（3）数据为有符号二进制数，最高位为符号位（0 为正，1 为负）。

（4）加法指令有三个标志：零标志（M8020）、借位标志（M8021）和进位标志（M8022）。

当运算结果超过 32 767（16 位运算）或 2 147 483 647（32 位运算），则进位标志置 1；当运算结果小于 – 32 767（16 位运算）或 – 2 147 483 647（32 位运算），借位标志就会置 1。

3. 乘法指令 MUL（D）、MUL（P）

乘法指令 MUL（D）、MUL（P）指令的编号为 FNC22，数据均为有符号数。如图 11-29 所示，当 X0 为 ON 时，将二进制 16 位数[S1.]、[S2.]相乘，结果送[D.]中，D 为 32 位，即（D0）×（D2）→（D5，D4）（16 位乘法）；当 X1 为 ON 时，（D1，D0）×（D3，D2）→（D7，D6，D5，D4）（32 位乘法）。

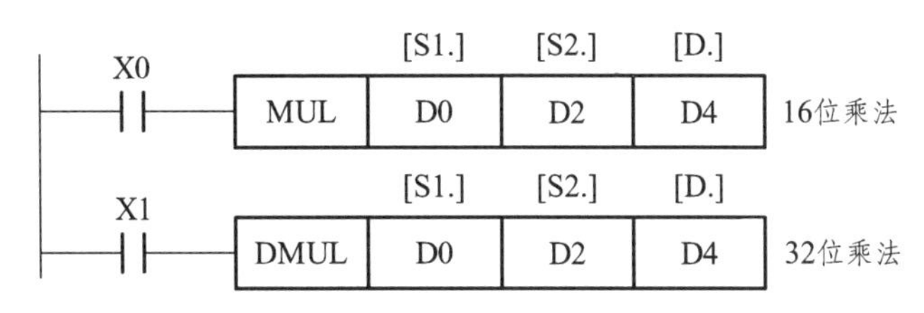

图 11-29　MUL 指令示例

4. 除法指令 DIV（D）、DIV（P）

除法指令 DIV（D）、DIV（P）指令的编号为 FNC23。其功能是将[S1.]指定为被除数，[S2.]指定为除数，将除得的结果送到[D.]指定的目标元件中，余数送到[D.]的下一个元件中。如图 11-30 所示，当 X0 为 ON 时，（D0）÷（D2）→（D4）商，（D5）余数（16 位除法）；当 X1 为 ON 时，（D1，D0）÷（D3，D2）→（D5，D4）商，（D7，D6）余数（32 位除法）。

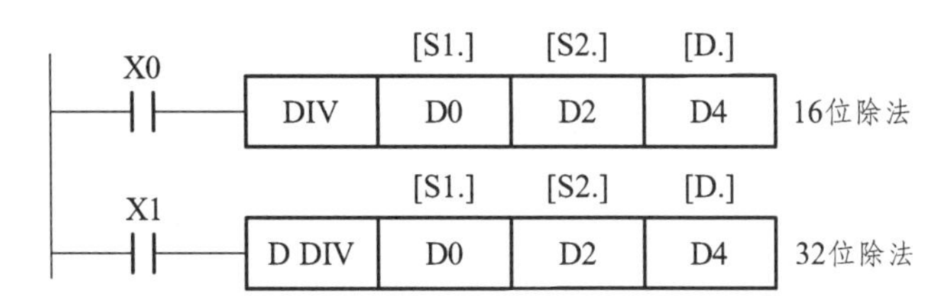

图 11-30　DIV 指令示例

使用乘法和除法指令时应注意：

（1）源操作数可取所有数据类型，目标操作数可取 KnY、KnM、KnS、T、C、D、V 和 Z，要注意 Z 只有 16 位乘法时能用，32 位不可用。

（2）16 位运算占用了 7 个程序步，32 位运算为 13 个程序步。

（3）32 位乘法运算中，如果用位元件作目标，则只能得到乘积的低 32 位，高 32 位将丢失，这种情况下应先将数据移入字元件再运算；除法运算中将位元件指定为[D.]，则无法得到余数，除数为 0 时发生运算错误。

（4）积、商和余数的最高位为符号位。

第 12 章　西门子 S7-200PLC 的实验与实训

12.1　PLC 基本技能实训

实训 1　软件的介绍及应用

1. 软件安装

（1）双击光盘里的文件夹“STEP7WINV4SP3”中的 SETUP.EXE 执行文件。

（2）打开此文件，进行软件的安装。

（3）在弹出的语言选择对话框中选择“英语”，然后点击“下一步”。

（4）选择安装路径，并点击“下一步”。

（5）等待软件安装，完成后点击“完成”，并重启计算机。

2. 软件使用

（1）双击桌面上的快捷方式图标，打开编程软件。

（2）选择工具菜单“Tools”选项下的“Options”。

（3）在弹出的对话框选中选择“Chinese”，然后点击“OK”，退出程序后重新启动。

（4）重新打开编程软件，此时为汉化界面，如图 12-1 所示。

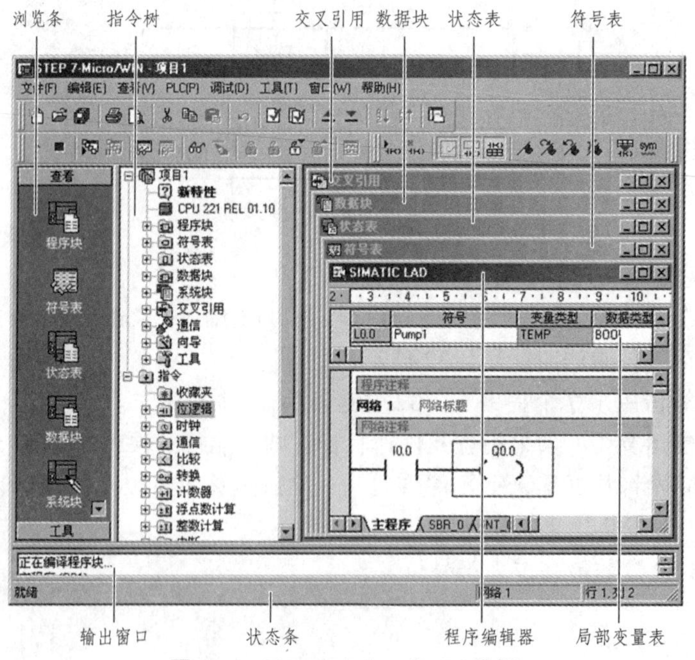

图 12-1　STEP7-Micro/WIN 界面

3. 创建工程

（1）点击“新建项目”按钮。

（2）选择“文件”（File）→“新建”（New）菜单命令。

（3）按[Ctrl+N]快捷键组合。在菜单“文件”下单击“新建”，开始新建一个程序。

（4）在程序编辑器中输入指令。

从指令树拖放：

① 选择指令，如图 12-2 所示。

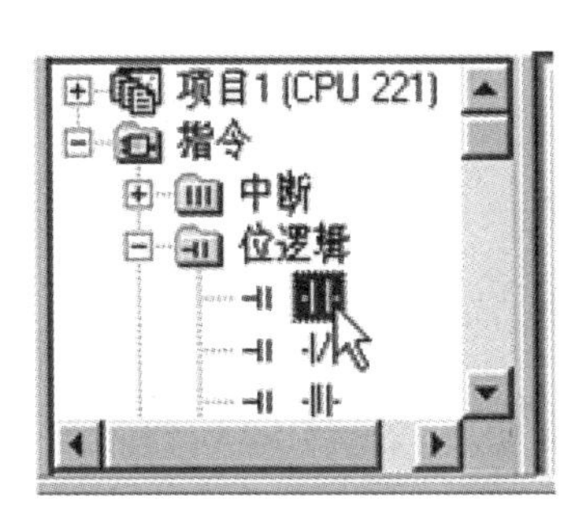

图 12-2　选择指令

② 将指令拖曳至所需的位置，如图 12-3 所示。

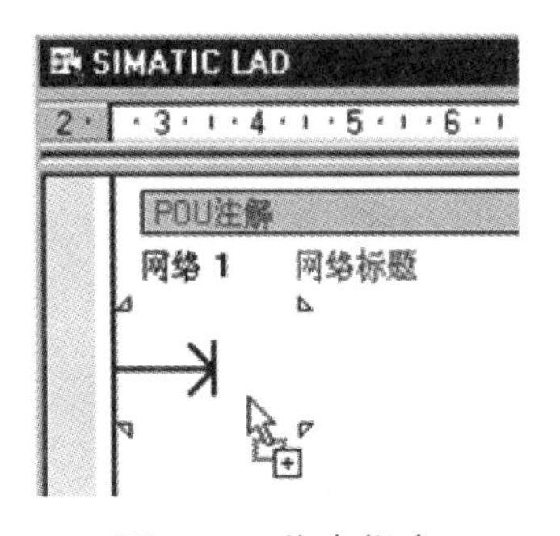

图 12-3　拖曳指令

③ 松开鼠标按钮，将指令放置在所需的位置，如图 12-4 所示。

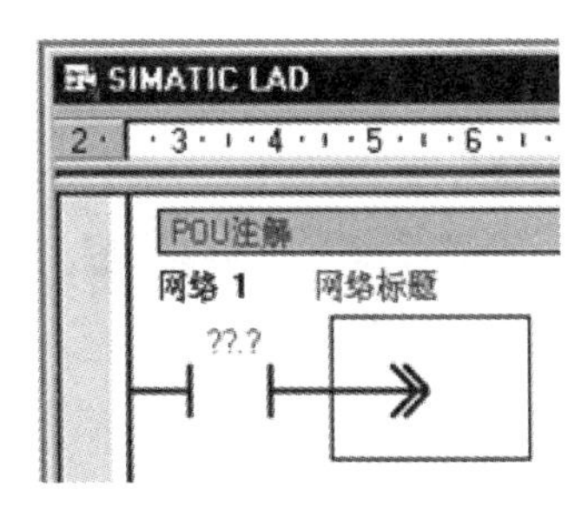

图 12-4　松开鼠标按钮

④ 或双击该指令，将指令放置在所需的位置，如图 12-5 所示。

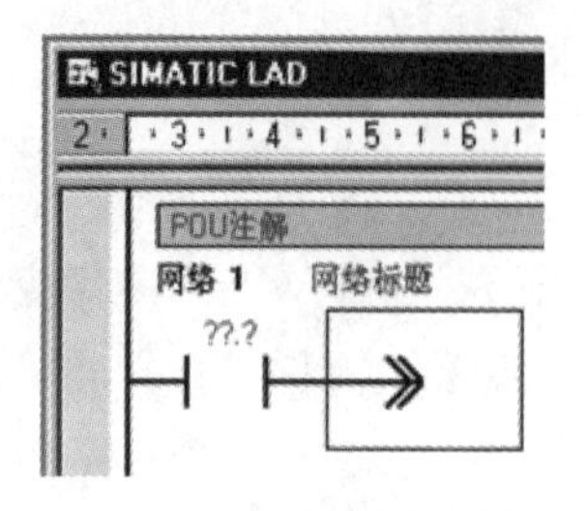

图 12-5　双击该指令

注：光标会自动阻止用户将指令放置在非法位置（例如放置在网络标题或另一条指令的参数上）。

从指令树双击：

① 使用工具条按钮或功能键。

② 在程序编辑器窗口中将光标放在所需的位置，一个选择方框在位置周围出现，如图 12-6 所示。

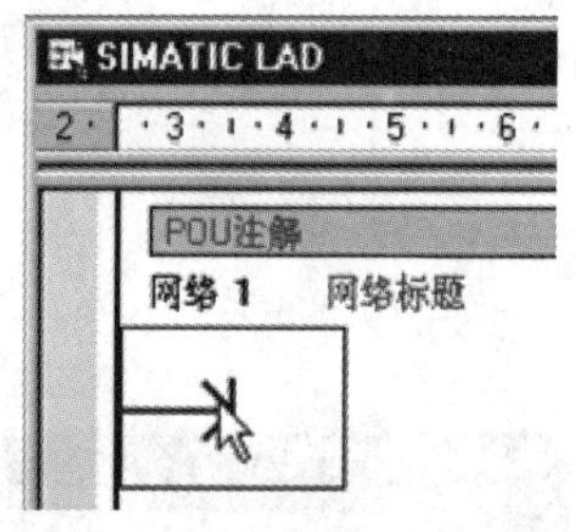

图 12-6　出现选择方框

③ 或者点击适当的工具条按钮，或使用适当的功能键（F4 = 触点、F6 = 线圈、F9 = 方框）插入一个类属指令，如图 12-7 所示。

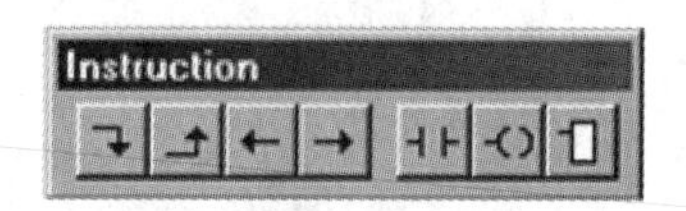

图 12-7　插入类属指令

④ 出现一个下拉列表，滚动或键入开头的几个字母，浏览至所需的指令，如图 12-8 所示。双击所需的指令或使用[Enter]键插入该指令，如果此时您不选择具体的指令类型，则可返回网络，点击类属指令的助记符区域（该区域包含？？？，而不是助记符），或者选择该指令并按[Enter]键，将列表调回。

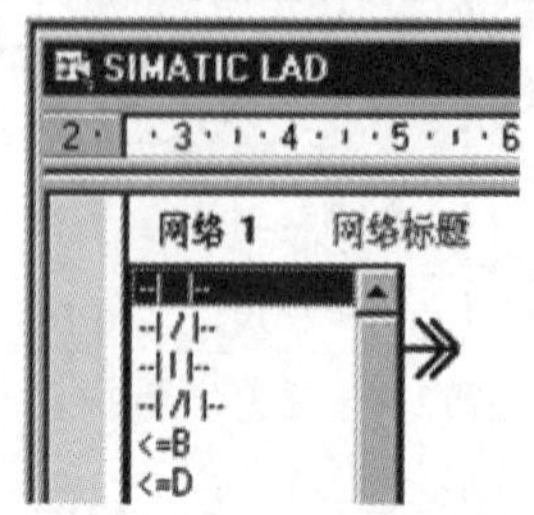

图 12-8　浏览所需的指令

（5）输入地址。

① 当用户在 LAD 中输入一条指令时，参数开始用问号表示，例如“？？.？”或“？？？？”（见图 12-9）表示参数未赋值。用户可以在输入元素时为该元素的参数指定一个常数或绝对值、符号或变量地址，或者以后再赋值。如果有任何参数未赋值，程序将不能正确编译。

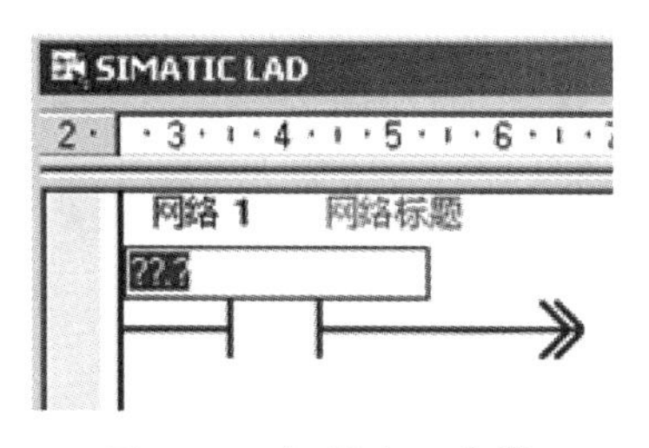

图 12-9　问号表示参数

② 指定地址。欲指定一个常数数值（例如 100）或一个绝对地址（例如 I0.1），只需在指令地址区域中键入所需的数值（用鼠标或[Enter]键选择键入的地址区域），如图 12-9 所示。

（6）错误指示。

红色文字显示语法错误，如图 12-10 所示。

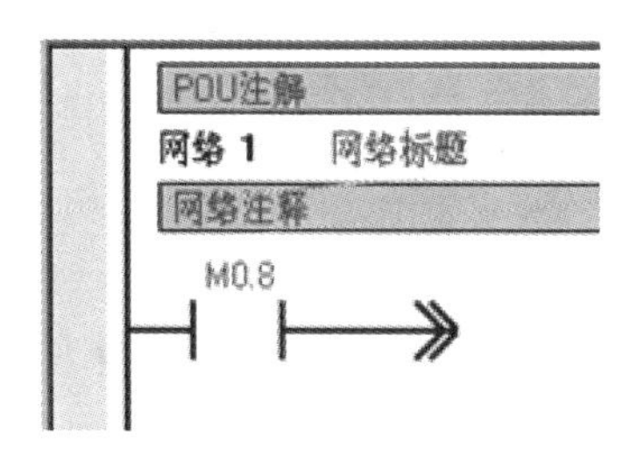

图 12-10　显示语法错误

注：当用户用有效数值替换非法地址值或符号时，字体自动更改为默认字体颜色（黑色，除非用户已定制窗口）。一条红色波浪线位于数值下方，表示该数值或是超出范围或是不适用于此类指令，如图 12-11 所示。

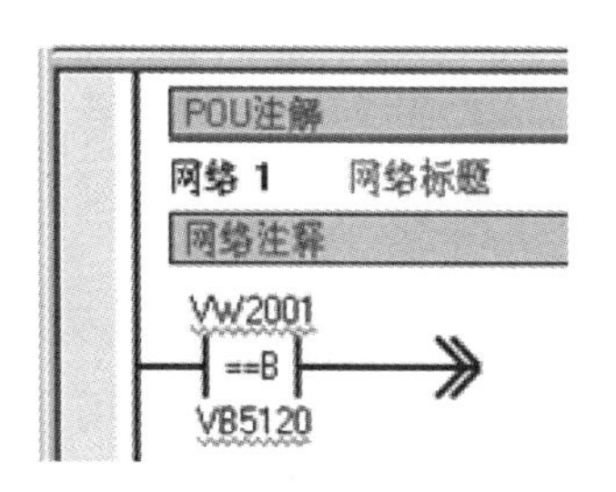

图 12-11　红色波浪线标识

一条绿色波浪线位于数值下方，表示正在使用的变量或符号尚未定义，如图 12-12 所示。STEP7-Micro/WIN 允许用户在定义变量和符号之前写入程序。用户可随时将数值增加至局部变量表或符号表中。

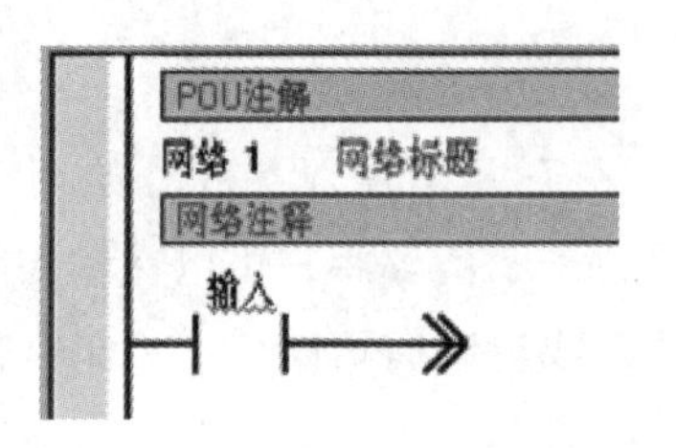

图 12-12　绿色波浪线标识

（7）程序编译。

① 用工具条按钮或 PLC 菜单进行编译，如图 12-13 所示。

图 12-13　程序编译

②“编译”允许用户编译项目的单个元素。当选择“编译”时，带有焦点的窗口（程序编辑器或数据块）是编译窗口，另外两个窗口不编译。

③“全部编译”对程序编辑器、系统块和数据块进行编译。当您使用“全部编译”命令时，哪一个窗口是焦点是无关紧要的。

（8）程序保存。

① 使用工具条上的“保存”按钮保存作业，或从“文件”菜单选择“保存”和“另存为”选项保存程序，如图 12-14 所示。

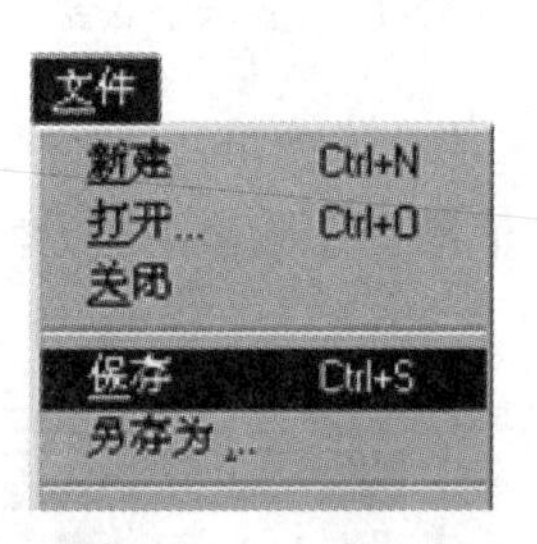

图 12-14　程序保存

②“保存”选项允许在作业中快速保存所有改动（初次保存一个项目时，会被提示核实或修改当前项目名称和目录的默认选项）。

③“另存为”选项允许用户修改当前项目的名称或目录位置。

④ 当用户首次建立项目时，STEP7-Micro/WIN 提供默认值名称“Project1.mwp”。可以接受或修改该名称，如果接受该名称，下一个项目的默认名称将自动递增为“Project2.mwp”。

STEP7-Micro/WIN 项目的默认目录位置是位于“Microwin”目录中的称作“项目”的文件夹，也可以不接受该默认位置。

4. 通信设置

（1）使用 PC/PPI 连接，可以接受安装 STEP7-Micro/WIN 时在“设置 PG/PC 接口”对话框中提供的默认通信协议。否则，从“设置 PG/PC 接口”对话框中为个人计算机选择另一个通信协议，并核实参数（站址、波特率等）。在 STEP7-Micro/WIN 中，点击浏览条中的“通信”图标，或从菜单选择“检视”→“组件”→“通信”，如图 12-15 所示。

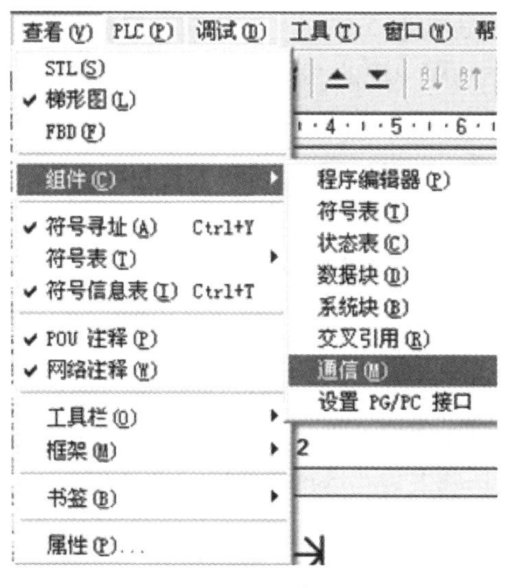

图 12-15　通信设置

（2）从“通信”对话框的右侧窗格，单击显示“双击刷新“的蓝色文字，如图 12-16 所示。

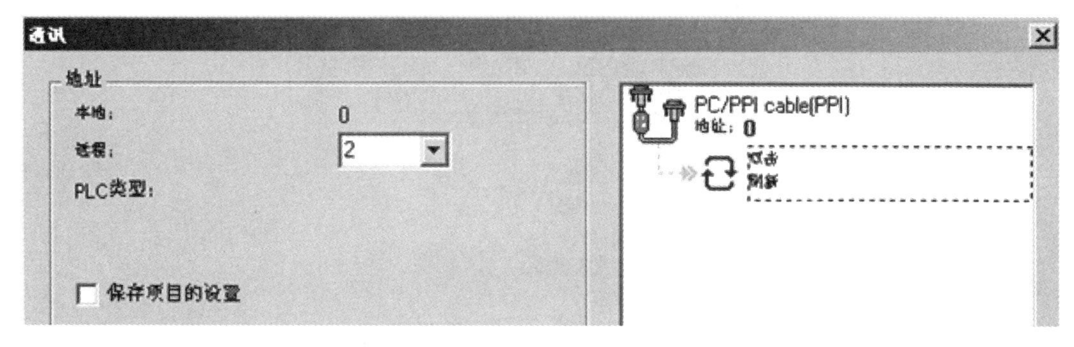

图 12-16　显示“双击刷新”蓝色文字

（3）如果成功地在网络上的个人计算机与设备之间建立了通信，窗格会显示一个设备列表（及其模型类型和站址）。

（4）STEP7-Micro/WIN 在同一时间仅与一个 PLC 通信，同时会在 PLC 周围显示一个红色方框，说明该 PLC 目前正在与 STEP 7-Micro/WIN 通信。用户可以双击另一个 PLC，更改为与该 PLC 通信。

（5）程序下载。

① 从个人计算机将程序块、数据块或系统块下载至 PLC 时，下载的块内容覆盖目前在 PLC 中的块内容（如果 PLC 中有）。在用户开始下载之前，应核实希望覆盖 PLC 中的块。

② 下载至 PLC 之前，必须核实 PLC 位于“停止”模式。检查 PLC 上的模式指示灯。如果 PLC 未设为“停止”模式，点击工具条中的“停止”按钮，或选择“PLC”→“停止”。

③ 点击工具条中的“下载”按钮，或选择“文件”→“下载”，出现“下载”对话框。

④ 根据默认值，在您初次发出下载命令时，“程序代码块”“数据块”和“CPU 配置”（系统块）复选框被选择。如果用户不需要下载某一特定的块，清除该复选框。

⑤ 点击“确定”开始下载程序。

⑥ 如果下载成功，一个确认框会显示以下信息：下载成功。

⑦ 如果 STEP 7-Micro/WIN 中用的 PLC 类型的数值与实际使用的 PLC 不匹配，会显示以下警告信息：“为项目所选的 PLC 类型与远程 PLC 类型不匹配。继续下载吗？”

⑧ 欲纠正 PLC 类型选项，选择“否”，终止下载程序。

⑨ 从菜单条选择“PLC”→“类型”，调出“PLC 类型”对话框。

⑩ 可以从下拉列表方框选择纠正类型，或单击“读取 PLC”按钮，由 STEP 7-Micro/WIN 自动读取正确的数值。

⑪ 点击“确定”，确认 PLC 类型，并清除对话框。

⑫ 点击工具条中的“下载”按钮，重新开始下载程序，或从菜单条选择“文件”→“下载”。

⑬ 一旦下载成功，在 PLC 中运行程序之前，必须将 PLC 从 STOP（停止）模式转换回 RUN（运行）模式。点击工具条中的“运行”按钮，或选择“PLC”→“运行”，转换回 RUN（运行）模式。

（6）调试和监控。

① 当成功地在运行 STEP 7-Micro/WIN 的编程设备和 PLC 之间建立通信并向 PLC 下载程序后，就可以利用“调试”工具栏的诊断功能。可点击工具栏按钮或从“调试”菜单列表选择项目，选择调试工具，如图 12-17 所示。

设置 PLC 为运行模式
设置 PLC 为停止模式
切换程序状态监控
切换程序状态监控暂停
切换状态表监控
切换趋势图监控暂停
状态表单次读取
状态表全部写入
强制 PLC 数据
取消强制 PLC 数据
状态表取消全部强制
状态表读取全部强制数据
切换趋势图监控打开与关闭

图 12-17　调试工具栏与菜单列表

② 在程序编辑器窗口中采集状态信息的不同方法。

点击“切换程序状态监控”按钮，或选择菜单命令“调试”（Debug）→“程序状态”（Program

Status），如图 12-18 所示，在程序编辑器窗口中显示 PLC 数据状态。状态数据采集按以前选择的模式开始。

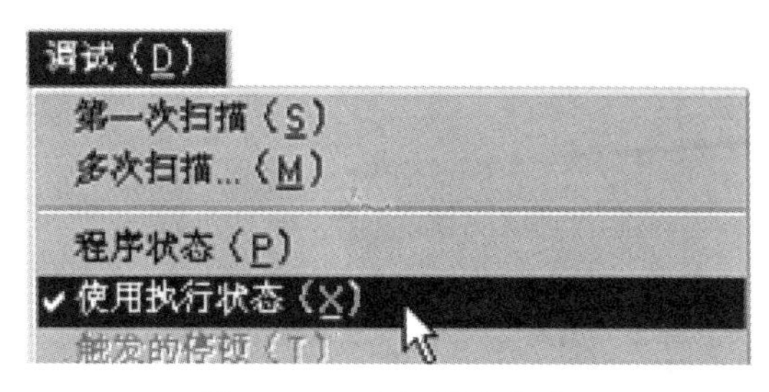

图 12-18　选择程序状态

LAD 和 FBD 程序有两种不同的程序状态数据采集模式。“选择调试”（Debug）→“使用执行状态”（Use Execution Status）菜单命令会在打开和关闭之间切换状态模式选择标记。必须在程序状态监控操作开始之前选择状态模式。

③ STL 程序中程序状态监控。

打开 STL 中的状态监控时，程序编辑器窗口被分为一个代码区（左侧）和一个状态区（右侧）。可以根据希望监控的数值类型定制状态区。

在 STL 状态监控中共有三个可用的数据类别：

操作数：每条指令最多可监控三个操作数。

逻辑堆栈：最多可监控四个来自逻辑堆栈的最新数值。

指令状态位：最多可监控十二个状态位。

“工具”（Tools）→“选项”（Options）对话框的 STL 状态标记允许选择或取消选择任何此类数值类别。如果选择一个项目，该项目不会在“状态”显示中出现。

（7）对输入及输出器件编号。

第一输入和输出，包括定时器、计数器、内置寄存器等都有一个唯一的对应编号，不能混用。如图 12-19，图 12-20 所示。

状态图

	地址	格式	当前值	新数值
1	I0.0	位	2#1	
2	I0.2	位	2#1	
3		带符号		
4	VW0	带符号	+16095	
5	T32	位	2#0	
6	T32	带符号	+0	

CHT1

图 12-19　状态图

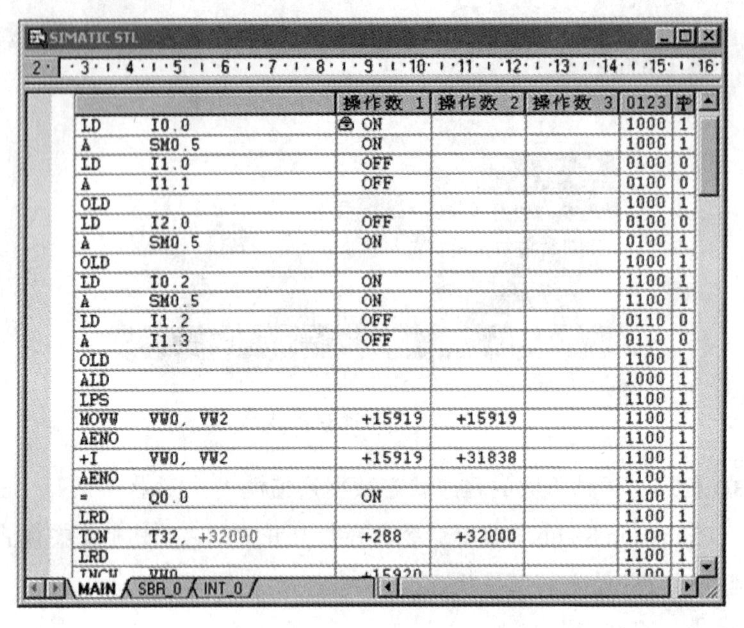

		操作数 1	操作数 2	操作数 3	0123	中
LD	I0.0	ON			1000	1
A	SM0.5	ON			1000	1
LD	I1.0	OFF			0100	0
A	I1.1	OFF			0100	0
OLD					1000	1
LD	I2.0	OFF			0100	0
A	SM0.5	ON			0100	1
OLD					1000	1
LD	I0.2	ON			1100	1
A	SM0.5	ON			1100	1
LD	I1.2	OFF			0110	0
A	I1.3	OFF			0110	0
OLD					1100	1
ALD					1000	1
LPS					1100	1
MOVW	VW0, VW2	+15919	+15919		1100	1
AENO					1100	1
+I	VW0, VW2	+15919	+31838		1100	1
AENO					1100	1
=	Q0.0	ON			1100	1
LRD					1100	1
TON	T32, +32000	+288	+32000		1100	1
LRD					1100	1

图 12-20　SIMATIC STL

5. 画出梯形图

根据控制系统的动作要求，画出梯形图。

梯形图设计规则：

（1）触点应画在水平线上，并且根据自左至右、自上而下的原则和对输出线圈的控制路径来绘画。

（2）不包含触点的分支应放在垂直方向，以便于识别触点的组合和对输出线圈的控制路径。

（3）在有几个串联回路相并联时，应将触点多的那个串联回路放在梯形图的最上面；在有几个并联回路相串联时，应将触点最多的并联回路放在梯形图的最左面。这种安排所编制的程序简洁明了，语句较少。

（4）不能将触点画在线圈的右边。

6. 将梯形图转化为程序

把继电器梯形图转变为可编程控制器的编码，当完成梯形图以后，下一步是把它的编码编译成可编程控制器能识别的程序。

这种程序语言是由序号（即地址）、指令（控制语句）、器件号（即数据）组成。地址是控制语句及数据所存储或摆放的位置，指令告诉可编程控制器怎样利用器件做出相应的动作。

（1）在编程方式下用键盘输入程序。

（2）编程及设计控制程序。

（3）测试控制程序的错误并修改。

（4）保存完整的控制程序。

实训 2　电动机点动控制实训

1. 实验目的

（1）了解传统的电气控制的特点。

（2）熟悉电机点动控制电路，并进行设计、安装与调试。

2. 实验元器件

表 12-1　实验元器件

序号	名　称	型号与规格	数量	备注
1	三相异步电动机	DQ20-1（AC 380 V）	1	
2	交流接触器	LC1-E0610 M5N-AC 220 V	1	施耐德
3	热继电器及底座	JRS1D-25/Z（0.63 ~ 1 A）	1	
4	自复位按钮	Y090-A16-11SY	1	绿
5	自复位按钮	Y090-A16-11SY	1	红
6	直插式保险丝座	RT14-20	5	
7	直插保险丝	3 A	5	
8	辅助触头	LA1-EN11	1	施耐德

3. 外部接线

接线如图 12-21 所示。

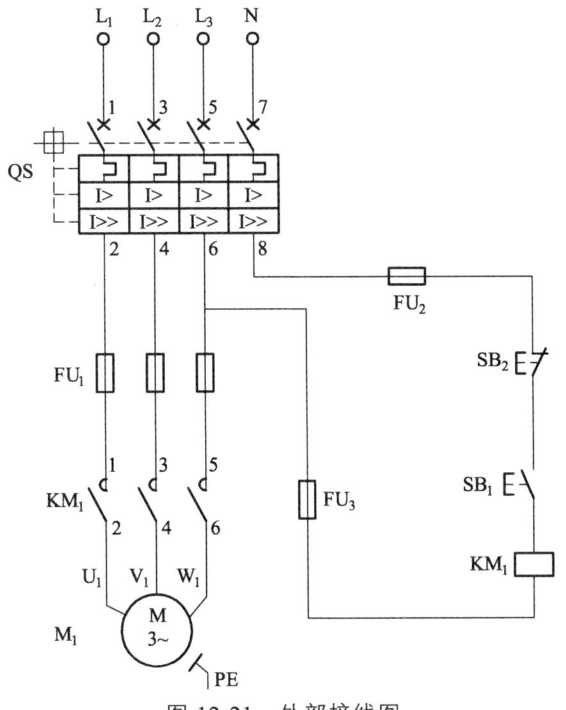

图 12-21　外部接线图

4. 操作步骤及实验现象

按一下启动按钮，则电源上电；按住按钮 SB_1，则接触器 KM_1 线圈得电，电机开始转动；松开按钮 SB_1，则电机停止转动。

实训 3　电动机自锁控制实训

1. 实验目的

（1）了解传统的电气控制的特点。

（2）熟悉电机基本控制电路，并进行设计、安装与调试。

2. 实验元器件

表 12-2　实验元器件

序号	名　称	型号与规格	数量	备注
1	三相异步电动机	DQ20-1（AC 380 V）	1	
2	交流接触器	LC1-E0610 M5N-AC 220 V	1	施耐德
3	热继电器及底座	JRS1D-25/Z（0.63～1 A）	1	
4	自复位按钮	Y090-A16-11SY	1	绿
5	自复位按钮	Y090-A16-11SY	1	红
6	直插式保险丝座	RT14-20	5	
7	直插保险丝	3 A	5	
8	辅助触头	LA1-EN11	1	施耐德

3. 外部接线

接线如图 12-22 所示。

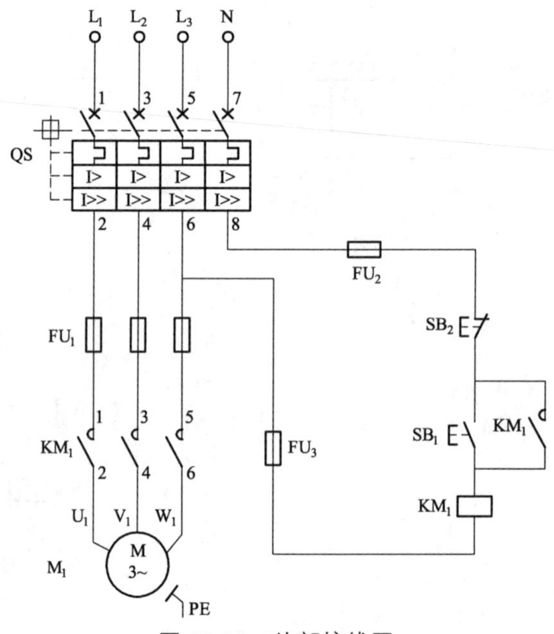

图 12-22　外部接线图

4. 操作步骤及实验现象

电源上电之后，按一下按钮 SB_1，则接触器 KM_1 线圈得电自锁，电机开始转动；按一下按钮 SB_2，电机停止转动。

实训 4 电动机正反转控制实训

1. 实验目的

（1）了解传统电气控制的特点。

（2）熟悉电机按钮连锁控制电路，并进行设计、安装与调试。

2. 实验元器件

表 12-3 实验元器件

序号	名 称	型号与规格	数量	备注
1	三相异步电动机	DQ20-1（AC 380 V）	1	
2	交流接触器	LC1-E0610 M5N-AC 220 V	1	施耐德
3	热继电器及底座	JRS1D-25/Z（0.63 ~ 1 A）	1	
4	自复位按钮	Y090-A16-11SY	1	绿
5	自复位按钮	Y090-A16-11SY	1	红
6	直插式保险丝座	RT14-20	5	
7	直插保险丝	3 A	5	
8	辅助触头	LA1-EN11	1	施耐德

3. 外部接线

接线如图 12-23 所示。

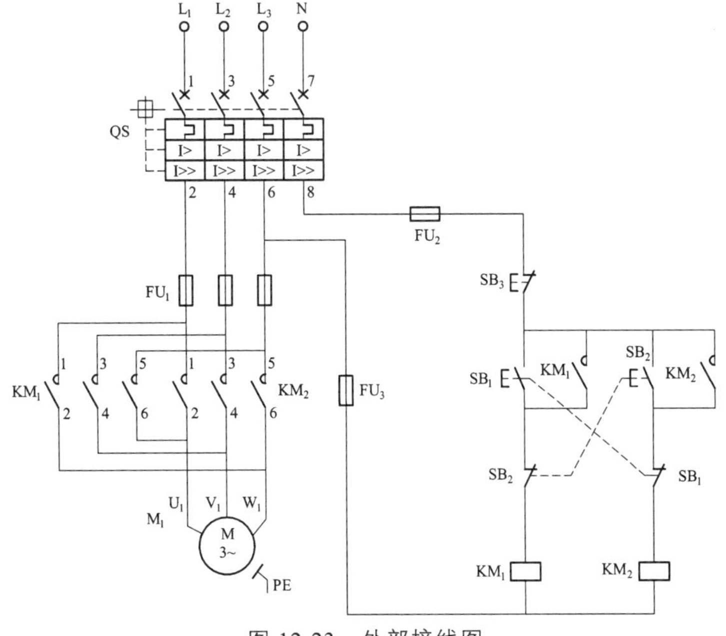

图 12-23 外部接线图

4. 操作步骤及实验现象

按一下 SB_1，则电机启动正转，之后按一下 SB_2，则电机开始反转。

实训 5　电动机星三角（Y/△）启动控制实训

1. 实验目的

（1）了解传统的电气控制的特点。

（2）熟悉电机按钮连锁控制电路，并进行设计、安装与调试。

2. 实验元器件

表 12-4　实验元器件

序号	名　称	型号与规格	数量	备注
1	三相异步电动机	DQ20-1（AC 380 V）	1	
2	交流接触器	LC1-E0610 M5N-AC 220 V	1	施耐德
3	热继电器及底座	JRS1D-25/Z（0.63～1 A）	1	
4	自复位按钮	Y090-A16-11SY	1	绿
5	自复位按钮	Y090-A16-11SY	1	红
6	直插式保险丝座	RT14-20	5	
7	直插保险丝	3 A	5	
8	辅助触头	LA1-EN11	1	施耐德

3. 外部接线

接线如图 12-24 所示。

4. 操作步骤及实验现象

按一下 SB1，接触器 KM1 和 KM3 的线圈得电吸合，则电机 Y 型启动且时间继电器线圈得电开始延时；当延时时间到之后，KM1 和 KM2 的线圈得电吸合，电机转为△全速运行。

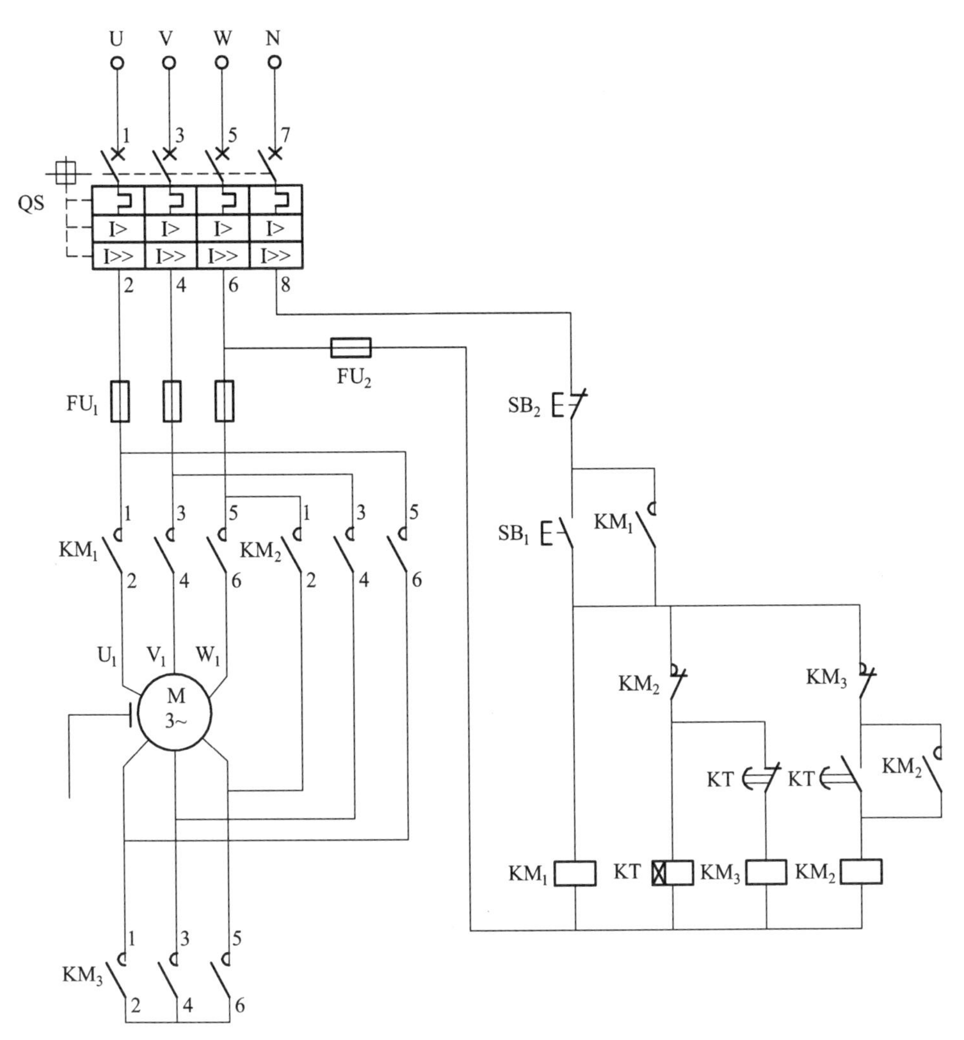

图 12-24 外部接线图

实训 6 PLC 仿真实训

仿真 1 PLC 控制三相异步电机正反转

1. 实验目的

掌握 PLC 控制三相异步电机正反转的方法和 PLC 控制电机星形-三角形运行的方法。

2. 控制及操作要求

（1）正确按照接线图接好电气线路。

（2）S_1为正转启动按钮，S_2为停止按钮，S_3为反转启动按钮，KA 为中间继电器，KM 为接触器。

（3）打开 PLC 电源，将对应程序下载进去，下载完毕后将 PLC 的“RUN/STOP”开关拨至“RUN”状态，按一下按钮 S_1，则 M_1 电机正转启动，再按一下停止按钮 S_2，则电机停止转动，再按一下反转按钮 S_3，则 M_1 电机反转启动，按一下停止按钮 S_2，则电机停止转动。

3. 实验总结

（1）总结 PLC 控制三相异步电机正反转的操作方法。

（2）总结接线的注意事项。

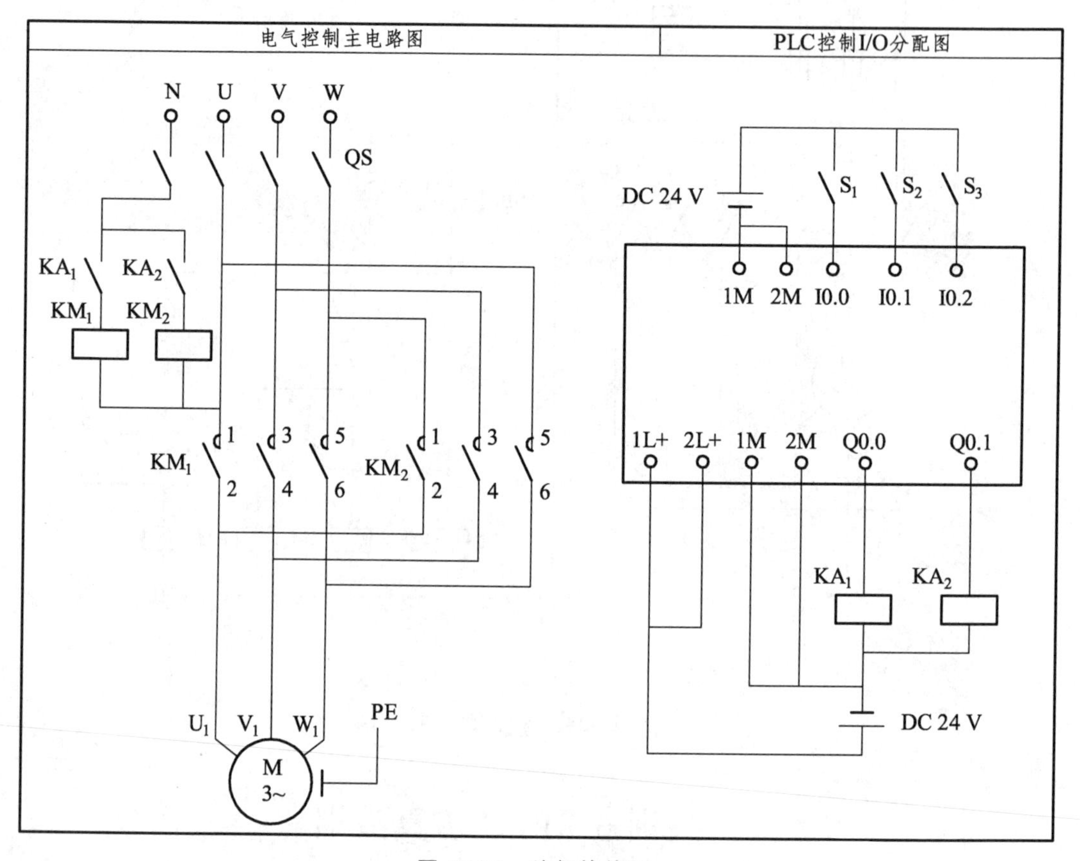

图 12-25　外部接线图

仿真 2　PLC 控制三相异步电机 Y-△启动

1. 实验目的

掌握 PLC 控制三相异步电机 Y-△启动的方法。

2. 控制及操作要求

（1）正确按照接线图接好电气线路。

（2）S_1 为启动按钮，S_2 为停止按钮，KA 为中间继电器，KM 为接触器。

（3）打开 PLC 电源，将对应程序下载进去，下载完毕后将 PLC 的“RUN/STOP”开关拨至“RUN”状态，按一下启动按钮 S_1，则 KM_1 和 KM_2 线圈得电吸合，M_1 电机星形启动，5 s 之后，KM_1 和 KM_3 线圈得电吸合，自动转为△全电压运行。按一下停止按钮 S_2，则电机停止转动。

3. 实验总结

（1）总结 PLC 控制三相异步电机 Y-△启动控制方法。

（2）总结接线的注意事项。

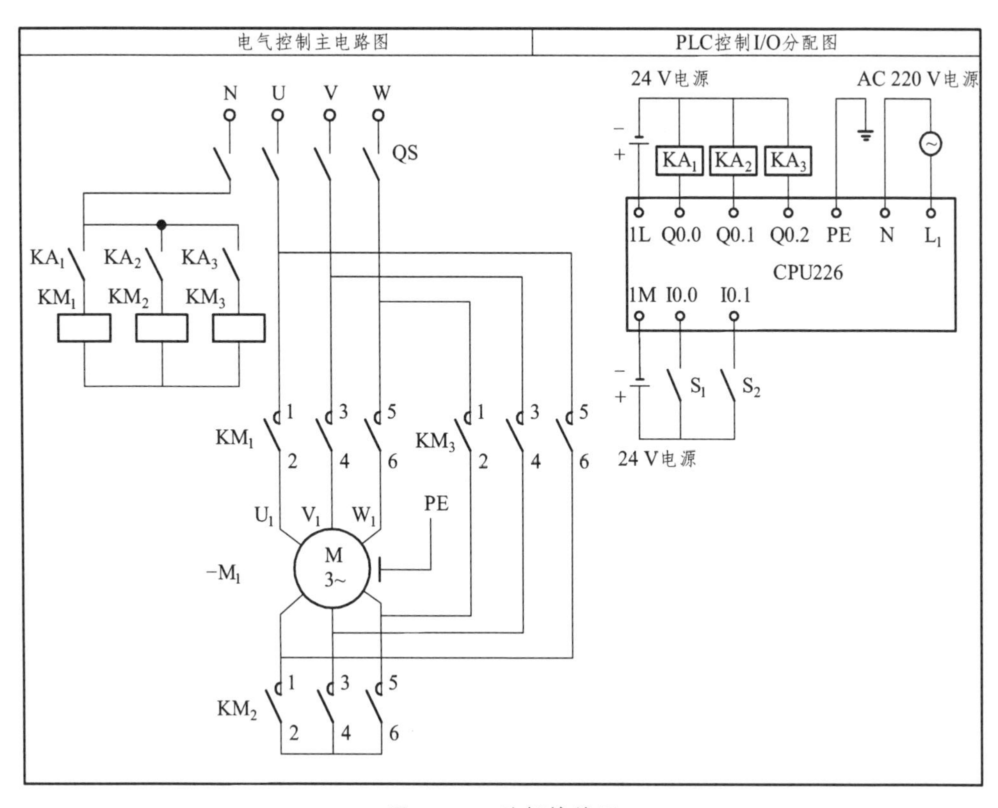

图 12-26　外部接线图

12.2　PLC 控制应用实训

实训 1　基本指令练习

实验 1　与或非逻辑功能实验

1. 实验目的

（1）熟悉 PLC S7-200 系列编程控制器的外部接线方法。

（2）了解编程软件 STEP7 的编程环境，了解软件的使用方法。

（3）掌握与、或、非逻辑功能的编程方法。

2. 在基本指令编程练习区完成接线

基本指令编程练习区中的接线孔，通过防转座插锁紧线与 PLC 的主机相应的输入输出插孔相接。Ii 为输入点，Qi 为输出点。

其中下面两排 I0.0 ~ I1.5 为输入按键和开关，上边一排 Q0.0 ~ Q1.5 是 LED 指示灯，接 PLC 主机输出端，用以模拟输出负载的通与断。

3. 编制梯形图并写出程序

通过程序判断 Q0.1、Q0.2、Q0.3、Q0.4 的输出状态，然后输入程序并运行，加以验证。

实验参考程序如表 12-5 所示。

表 12-5　实验参考程序

步序	指令	器件号	说　明	步序	指令	器件号	说　明
0	LD	I0.1	输入	0	LDI	I0.1	
1	AN	I0.3	输入	1	ANI	I0.0	
2	=	Q0.1	与门输出	2	=	Q0.3	或非门输出
0	LD	I0.1		0	LDI	I0.1	
1	O	I0.3		1	OI	I0.3	
2	=	Q0.2	或门输出	2	=	Q0.4	与非门输出

梯形图参考图如图 12-27 所示。

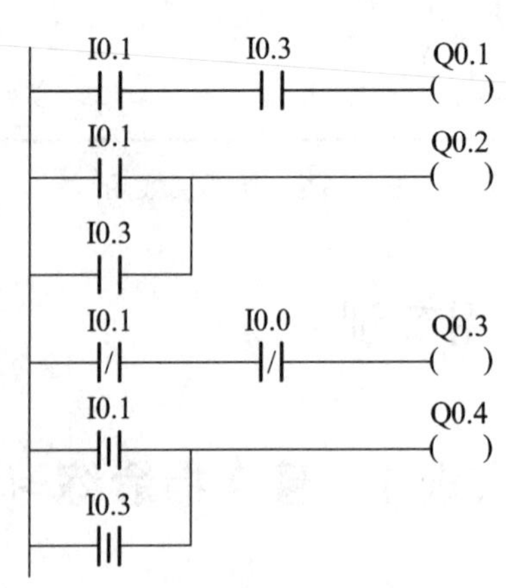

输入接线	I0.1	I0.3
	I0.1	I0.3

输出接线	Q0.1	Q0.2	Q0.3	Q0.4
	Q0.1	Q0.2	Q0.3	Q0.4

图 12-27　梯形图

4. 实验步骤

梯形图中的 I0.1、I0.3 分别对应控制实验单元输入开关 I0.1、I0.3。

通过专用的 PC/PPI 电缆连接计算机与 PLC 主机。打开编程软件 STEP7，逐条输入程序，检查无误后，将所编程序下载到主机内，并将可编程控制器主机上的 STOP/RUN 开关拨到 RUN 位置，运行指示灯点亮，表明程序开始运行，有关的指示灯将显示运行结果。

拨动输入开关 I0.1、I0.3，观察输出指示灯 Q0.1、Q0.2、Q0.3、Q0.4 是否符合与、或、非逻辑的正确结果。

实验 2　定时器/计数器功能实验

在基本指令的编程练习实验区完成本实验。

1. 实验目的

掌握定时器、计数器的正确编程方法，并学会定时器和计数器扩展方法，用编程软件对可编程控制器的运行进行监控。

2. 编制梯形图并写出实验程序

1）定时器的实验

定时器的控制逻辑是经过时间继电器的延时动作，然后产生控制作用。其控制作用同一般延时继电器。

实验参考程序如表 12-6 所示。

表 12-6　实验参考程序

步序	指令	器件号	说　明
0	LD	I0.1	输入
1	TON	T37	延时 5 s
2		+50	
3	LD	T37	
4	=	Q0.0	延时时间到，输出
5	END		程序结束

梯形图参考图如图 12-28 所示。

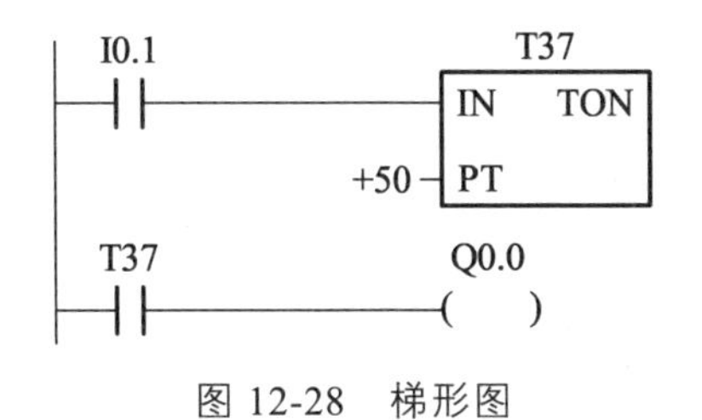

图 12-28　梯形图

2）定时器扩展实验

由于 PLC 的定时器和计数器都有一定的定时范围和计数范围。如果需要的设定值超过机器范围，我们可以通过几个定时器和计数器的串联组合来扩充设定值的范围。

实验参考程序如表 12-7 所示。

表 12-7　实验参考程序

步序	指令	器件号	说明
0	LD	I0.0	输入
1	TON	T37	延时 5 s
2		+50	
3	LD	T37	
4	TON	T38	延时 3 s
5		+30	
6	LD	T38	
7	=	Q0.0	延时时间到，输出
8	END		程序结束

定时器扩展的梯形图如图 12-29 所示。

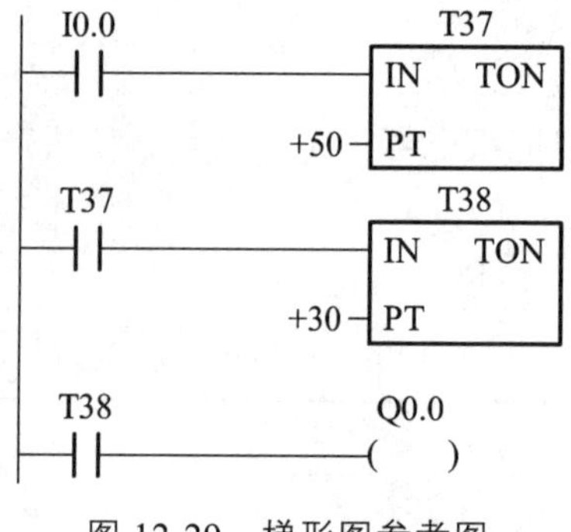

图 12-29　梯形图参考图

3）计数器实验

西门子 S7-200 系列的内部计数器分为加计数器，减计数器和加减计数器三种。实验参考程序如表 12-8 所示。

表 12-8　实验参考程序

步序	指令	器件号	说明	步序	指令	器件号	说明
0	LD	I0.1	输入	7		+30	计数 30 次
1	LD	I0.0	复位	8	LD	I2.0	加计数器计数
2	CTU	CO		9	LD	I2.1	减计数器计数
3		+20	开始计数 20	10	LD	I2.2	计数器复位
4	LD	I0.2	输入	11	CTUD	C48	
5	LD	I0.1	计数器复位			+3	计数器输出
6	CTD	C1					

计数器实验参考图如图 12-30。

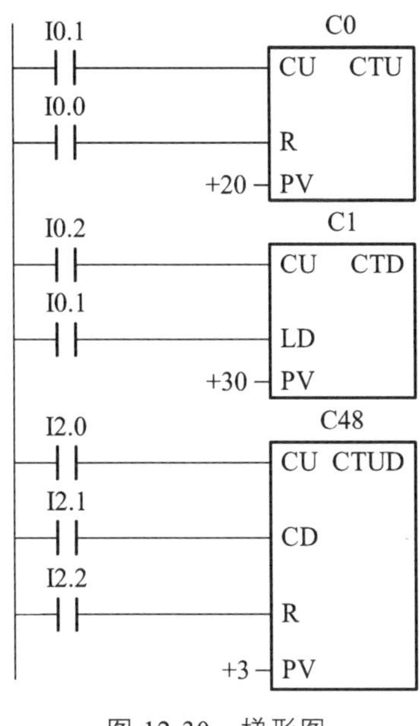

图 12-30 梯形图

4）计数器的扩展实验

计数器的扩展与定时器扩展的方法类似（程序略）。

实训 2 数码显示控制

1. 实验目的

了解并掌握 LED 数码显示控制中的应用及其编程方法。

2. 控制要求

在智能抢答器控制实验区完成本实验。按下启动按钮后，由八组 LED 发光二极管模拟的八段数码管开始显示：先是一段段显示，显示次序是 A、B、C、D、E、F、G、H 段；随后显示数字及字符，显示次序是 0、1、2、3、4、5、6、7、8、9、A、B、C、D、E、F，再返回初始显示，依次循环。

3. 输入输出接线表

表 12-9 输入输出接线表

输入接线	SD							
	I0.0							
输出接线	A	B	C	D	E	F	G	H/违规
	Q0.0	Q0.1	Q0.2	Q0.3	Q0.4	Q0.5	Q0.6	Q0.7

4. 实验程序

略。

5. 实验设备

（1）安装了 STEP7-Micro/WIN32 编程软件的计算机 1 台。
（2）PC/PPI 编程电缆 1 根。
（3）锁紧导线若干。

6. 预习要求

阅读实验指导书，复习教材中有关的内容。

7. 报告要求

整理出运行和监视程序时出现的现象。

实训 3　抢答器控制

1. 实验目的

用基本指令来实现智能抢答动作的模拟。

2. 控制要求

有 4 个抢答台，分别为 1 号，2 号，3 号，4 号，在主持人的支持下，参赛人通过抢先按下抢答按钮回答问题。当主持人按下抢答按钮后，抢答开始，并限定时间，最先按下按钮的由七段数码管显示该台台号，其他抢答按钮无效，如果在限定的时间内各参赛人在 30 s 内均不能回答，此后再按下无效。如果在主持人未按下开始按钮（SD）之前，有人按下抢答按钮，则属违规（灯 H 闪烁），在显示该台台号时，违规指示灯闪亮，其他按钮无效。各台号数字显示的消除，及违规指示灯（灯 H）的关断，都要通过主持人手动复位。此处的手动复位操作是直接将 PLC 的 Run/Stop 开关关掉，同时将开始按钮（SD）断开。

3. 智能抢答器的模拟实验面板图

见实验挂箱。

4. 输入输出接线表

表 12-10　输入输出接线表

<table>
<tr><td rowspan="2">输入接线</td><td colspan="2">SD</td><td colspan="2">1</td><td colspan="2">2</td><td>3</td><td>4</td></tr>
<tr><td colspan="2">I0.0</td><td colspan="2">I0.2</td><td colspan="2">I0.3</td><td>I0.4</td><td>I0.5</td></tr>
<tr><td rowspan="2">输出接线</td><td>A</td><td>B</td><td>C</td><td>D</td><td>E</td><td>F</td><td>G</td><td>H</td></tr>
<tr><td>Q0.0</td><td>Q0.1</td><td>Q0.2</td><td>Q0.3</td><td>Q0.4</td><td>Q0.5</td><td>Q0.6</td><td>Q0.7</td></tr>
</table>

5. 实验程序

略。

6. 实验设备

（1）安装了 STEP7-Micro/WIN32 编程软件的计算机 1 台。
（2）PC/PPI 编程电缆 2 根。
（3）锁紧导线若干。

7. 预习要求

阅读实验指导书，复习教材中有关的内容。

8. 报告要求

整理出运行和监视程序时出现的现象。

实训 4　天塔之光控制

1. 实验目的

用 PLC 构成闪光灯控制系统。

2. 控制要求

合上启动按钮后，按以下规律显示：L1、L2、L9→L1、L5、L8→L1、L4、L7→L1、L3、L6→L1→L2、L3、L4、L5→L6、L7、L8、L9→L1、L2、L6→L1、L3、L7→L1、L4、L8→L1、L5、L9→L1→L2、L3、L4、L5→L6、L7、L8、L9→L1、L2、L9……，如此循环。

3. 天塔之光的实验面板图

见实验挂箱。

4. 输入输出接线列表

表 12-11　输入输出接线列表

输入接线	启动	复位							
	I0.0	I0.1							
输出接线	L1	L2	L3	L4	L5	L6	L7	L8	L9
	Q0.0	Q0.1	Q0.2	Q0.3	Q0.4	Q0.5	Q0.6	Q0.7	Q1.0

5. 实验程序

略。

6. 实验设备

（1）安装了 STEP7-Micro/WIN32 编程软件的计算机 1 台。
（2）PC/PPI 编程电缆 1 根。
（3）锁紧导线若干。

7. 预习要求

阅读实验指导书，复习教材中有关的内容。

8. 实验报告要求

整理出运行和监视程序时出现的现象。

实训 5 音乐喷泉控制

1. 实验目的

用 PLC 构成喷泉控制系统。

2. 控制要求

合上启动按钮后，按以下规律显示 1、2、3、4、5、6、7、8→1、2→3、4→5、6→7、8→1、2、3→2、3、4→3、4、5→4、5、6→5、6、7→6、7、8→1，2，3，4，5，6，7，8→1、2……，如此循环。

3. 喷泉的模拟实验面板图

见实验箱。

4. 输入输出接线表

表 12-12 输入输出接线表

<table>
<tr><td rowspan="2">输入接线</td><td colspan="8">SD</td></tr>
<tr><td colspan="8">I0.0</td></tr>
<tr><td rowspan="2">输出接线</td><td>1</td><td>2</td><td>3</td><td>4</td><td>5</td><td>6</td><td>7</td><td>8</td></tr>
<tr><td>Q0.1</td><td>Q0.2</td><td>Q0.3</td><td>Q0.4</td><td>Q0.5</td><td>Q0.6</td><td>Q0.7</td><td>Q1.0</td></tr>
</table>

5. 实验程序

略。

6. 实验设备

（1）安装了 STEP7-Micro/WIN32 编程软件的计算机 1 台。

（2）PC/PPI 编程电缆 1 根。

（3）锁紧导线若干。

7. 预习要求

阅读实验指导书，复习教材中有关的内容。

8. 报告要求

整理出运行和监视程序时出现的现象。

实训 6　十字路口交通灯控制

1. 实验目的

熟练使用各种基本指令，根据控制要求，掌握 PLC 的编程方法和程序调试方法，使学生了解用 PLC 解决一个实际问题的全过程。

2. 十字路口交通灯控制实验面板图

面板图见实验挂箱。实验面板图中，甲模拟东西向车辆行驶状况，乙模拟南北向车辆行驶状况，东西南北四组红绿黄三色发光二极管模拟十字路口的交通灯。

3. 控制要求

信号灯受一个启动开关控制，当启动开关接通时，信号灯系统开始工作，且先南北红灯亮，东西绿灯亮。当启动开关断开时，所有信号灯都熄灭。

南北红灯亮维持 25 s，东西绿灯亮维持 20 s。到 20 s 时，东西绿灯闪亮，闪亮 3 s 后熄灭。在东西绿灯熄灭时，东西黄灯亮，并维持 2 s。到 2 s 时，东西黄灯熄灭，东西红灯亮，同时，南北红灯熄灭，绿灯亮。

东西红灯亮维持 25 s，南北绿灯亮维持 20 s，然后闪亮 3 s 后熄灭。同时南北黄灯亮，维持 2 s 后熄灭，这时南北红灯亮，东西绿灯亮，周而复始。

4. 输入输出接线列表

表 12-13　输入输出接线列表

<table>
<tr><td rowspan="2">输入接线</td><td colspan="8">SD</td></tr>
<tr><td colspan="8">I0.0</td></tr>
<tr><td rowspan="2">输出接线</td><td>南北 G</td><td>南北 Y</td><td>南北 R</td><td>东西 G</td><td>东西 Y</td><td>东西 R</td><td>甲</td><td>乙</td></tr>
<tr><td>Q0.0</td><td>Q0.1</td><td>Q0.2</td><td>Q0.3</td><td>Q0.4</td><td>Q0.5</td><td>Q0.7</td><td>Q0.6</td></tr>
</table>

5. 工作过程

当启动开关 SD 合上时，I0.0 触点接通，Q0.2 得电，南北红灯亮；同时 Q0.2 的动合触点闭合，Q0.3 线圈得电，东西绿灯亮。1 s 后，T49 的动合触点闭合，Q0.7 线圈得电，模拟东西向行驶车的灯亮。维持到 20 s，T43 的动合触点接通，与该触点串联的 T59 动合触点每隔 0.5 s 导通 0.5 s，从而使东西绿灯闪烁。又过 3 s，T44 的动断触点断开，Q0.3 线圈失电，东西绿灯灭；此时 T44 的动合触点闭合、T47 的动断触点断开，Q0.4 线圈得电，东西黄灯亮，Q0.7 线圈失电，模拟东西向行驶车的灯灭。再过 2 s 后，T42 的动断触点断开，Q0.4 线圈失电，东西黄灯灭；此时启动累计时间达 25 s，T37 的动断触点断开，Q0.2 线圈失电，南北红灯灭，T37 的动合触点闭合，Q0.5 线圈得电，东西红灯亮，Q0.5 的动合触点闭合，Q0.0 线圈得电，南北绿灯亮。1 s 后，T50 的动合触点闭合，Q0.6 线圈得电，模拟南北向行驶车的灯亮。又经过 25 s，即启动累计时间为 50 s 时，T38 动合触点闭合，与该触点串联的 T59 的触点每隔 0.5 s 导通 0.5 s，从而使南北绿灯闪烁；闪烁 3 秒，T39 动断触点断开，Q0.0 线圈失电，南北绿灯灭；此时 T39 的动合触点闭合，T48 的动断触点断开，Q0.1 线圈得电，南北黄灯亮，Q0.6 线圈失电，模拟南北向行驶的灯灭。维持 2 s 后，T40 动断触点断开，Q0.1 线圈失电，南北黄灯灭。这时启动累计时间达 5 s，T41 的动断触点断开，T37 复位，Q0.3 线圈失电，即维持了 30 s 的东西红灯灭。

上述工作过程会周而复始地进行。

6. 实验程序

略。

7. 实验设备

（1）安装了 STEP7-Micro/WIN32 编程软件的计算机 1 台。
（2）PC/PPI 编程电缆 1 根。
（3）锁紧导线若干。

8. 预习要求

阅读实验指导书，复习教材中有关的内容。

9. 报告要求

整理出运行和监视程序时出现的现象。

实训 7　水塔水位控制

1. 实验目的

用 PLC 构成水塔水位自动控制系统。

2. 实验内容

当水池水位低于水池低水位界（S4 为 ON 表示），阀 Y 打开进水（Y 为 ON），定时器开始定时。4 s 后，如果 S4 还不为 OFF，那么阀 Y 指示灯闪烁，表示阀 Y 没有进水，出现故障，S3 为 ON 后，阀 Y 关闭（Y 为 OFF）。当 S4 为 OFF 且水塔水位低于水塔低水位界时，S2 为 ON，电机 M 运转抽水；当水塔水位高于水塔高水位界时，电机 M 停止。

3. 水塔水位控制的实验面板图

见实验挂箱。

4. 输入输出接线列表

表 12-14　输入输出接线列表

输入接线	S1	S2	S3	S4
	I0.0	I0.1	I0.2	I0.3
输出接线	M1	Y		
	Q0.0	Q0.1		

5. 实验程序

略。

6. 实验设备

（1）安装了 STEP7-Micro/WIN32 编程软件的计算机 1 台。
（2）PC/PPI 编程电缆 1 根。
（3）锁紧导线若干。

7. 预习要求

阅读实验指导书，复习教材中有关的内容。

8. 报告要求

整理出运行和监视程序时出现的现象。

12.3　PLC 的综合实训

实训 1　自动送料装车/四节传送系统控制

1. 实验目的

通过使用各基本指令，进一步熟悉掌握 PLC 的编程和程序调试。

2. 控制要求

在自动送料装车系统的模拟实验区完成本实验。自动配料系统由四级传送带、料卡、料位检测与送料、车位和吨位检测等环节组成。其控制要求如下：

1）初始状态

灯 L1 灭，灯 L2 亮，表明允许汽车开进装料。电动机 M1、M2、M3、M4 皆为 OFF。

2）装车系统

进料。如料斗中料不满（S1 为 OFF 时），5 s 后 D4 指示灯亮，表示进料；当料满（S1 为 ON 时）终止进料。

装车。当汽车开进到装车位置（位置开关 SQ1 为 ON 时）灯 L1 亮，灯 L2 灭，同时启动 M4，2 s 后启动 M3，2 s 后启动 M2，再经过 2 s 启动 M1，再经过 2 s D2 灯亮，表示打开料斗。当车满时（位置开关 SQ2 为 ON 时）D2 灯灭，2 s 后 M1 停止，M2 在 M1 停止 2 s 后停止，M3 在 M2 停止 2 s 后停止，M4 在 M3 停止 2 s 后停止，同时灯 L1 灭，灯 L2 亮，表示汽车可以开走。

停机控制系统。按下停止按钮 SB2，整个系统终止运行。

3. 自动配料模拟实验面板

SB1、SB2、S1，SQ1、SQ2、A、B、C、D 分别接输入端的 I0.0、I0.1、I0.2、I0.3、I0.4、I0.5、I0.6、I0.7、I1.0；L1、L2、D2、D3、D4、M1、M2、M3、M4 分别接主机输出端 Q0.2、Q0.3、Q0.1、Q1.0、Q0.0、Q0.4、Q0.5、Q0.6、Q0.7。其中为了节省输出端子，故用一个输出点 Q0.2 和车在位信号 D1（所以在本实验中 D1 信号与红灯 L1 为同步信号）。电动机 M1，M2，M3、M4 用信号灯来模拟，车到位、车装到吨位、负载和故障用按钮来模拟控制，放料、进料、电机的停转和运行用发光二极管来模拟，启动、停止和料满用按钮来模拟控制。

4. 输入输出接线列表

表 12-15 输入输出接线列表

输入接线	SB1	SB2	S1	SQ1	SQ2	A	B	C	D
	I0.0	I0.1	I0.2	I0.3	I0.4	I0.5	I0.6	I0.7	I1.0
输出接线	D4	D2	L1/D1	L2	M1	M2	M3	M4	D3
	Q0.0	Q0.1	Q0.2	Q0.3	Q0.4	Q0.5	Q0.6	Q0.7	Q1.0

5. 实验程序

略。

6. 实验设备

（1）安装了 STEP7-Micro/WIN32 编程软件的计算机 1 台。

（2）PC/PPI 编程电缆 1 根。
（3）锁紧导线若干。

7. 预习要求

阅读实验指导书，复习教材中有关的内容。

8. 实验报告要求

整理出运行和监视程序时出现的现象。

实训 2　四节传送带控制

1. 实验目的

通过使用各基本指令，进一步熟悉掌握 PLC 的编程和程序调试。

2. 控制要求

在四节传送带的模拟实验区完成本实验。四节传送带有一个用四条皮带运输机的传送系统，分别用四台电动机带动，控制要求如下：

启动（SB1）时先启动最末一条皮带机，经过 5 s 延时，再依次启动其他皮带机。

停止（SB2）时应先停止最前一条皮带机，待料运送完毕后依次停止其他皮带机。

当某条皮带机发生故障时，该皮带机及其前面的皮带机立即停止，而该皮带机以后的皮带机待运完后才停止。例如 M2 故障，M1、M2 立即停，经过 5 s 延时后，M3 停，再过 5 s，M4 停。

当某条皮带机上有重物时，该皮带机前面的皮带机停止，该皮带机运行 5 s 后停，而该皮带机以后的皮带机待料运完后才停止。例如，M3 上有重物，M1、M2 立即停，再过 5 s，M4 停。

3. 四节传送模拟实验面板

SB1、SB2、S1，SQ1、SQ2、A、B、C、D 分别接输入端的 I0.0、I0.1、I0.2、I0.3、I0.4、I0.5、I0.6、I0.7、I1.0；L1、L2、D2、D3、D4、M1、M2、M3、M4 分别接主机输出端 Q0.2、Q0.3、Q0.1、Q1.0、Q0.0、Q0.4、Q0.5、Q0.6、Q0.7，其中为了节省输出端子，故用一个输出点 Q0.2 和车在位信号 D1（所以在本实验中 D1 信号与红灯 L1 为同步信号）。电动机 M1，M2，M3、M4 用信号灯来模拟，车到位、车装到吨位、负载和故障用按钮来模拟控制，放料、进料、电机的停转和运行用发光二极管来模拟，启动、停止和料满用按钮来模拟控制。

4. 输入输出接线列表

表 12-16　输入输出接线列表

输入接线	SB1	SB2	S1	SQ1	SQ2	A	B	C	D
	I0.0	I0.1	I0.2	I0.3	I0.4	I0.5	I0.6	I0.7	I1.0
输出接线	D4	D2	L1/D1	L2	M1	M2	M3	M4	D3
	Q0.0	Q0.1	Q0.2	Q0.3	Q0.4	Q0.5	Q0.6	Q0.7	Q1.0

5. 实验程序

略。

6. 实验设备

（1）安装了 STEP7-Micro/WIN32 编程软件的计算机 1 台。
（2）PC/PPI 编程电缆 1 根。
（3）锁紧导线若干。

7. 预习要求

阅读实验指导书，复习教材中有关的内容。

8. 实验报告要求

整理出运行和监视程序时出现的现象。

实训 3　多种液体混合装置控制

1. 实验目的

熟练使用各条基本指令，通过对工程实例的模拟，熟练地掌握 PLC 的编程和程序调试。

2. 输入输出接线列表

表 12-17　输入输出接线列表

输入接线	SB1	SL1	SL2	SL3	SB2
	I0.1	I0.2	I0.3	I0.4	I0.5
输出接线	YV1	YV2	YV3	YKM	
	Q0.0	Q0.1	Q0.2	Q0.3	

液面传感器用钮子开关来模拟，启动、停止用动合按钮来实现，液体 A 阀门、液体 B 阀门、混合液阀门的打开与关闭以及搅匀电机的运行与停转用发光二极管的点亮与熄灭来模拟。

3. 控制要求

在液体混合装置的模拟控制实验区完成本实验。由实验面板图可知，SL1、SL2、SL3 为液面传感器，液体 A、B 与混合液阀门由电磁阀 YV1、YV2、YV3 控制，YKM 为搅匀电机。

拨上启动开关，装置就开始按下列约定的规律操作：

液体 A 阀门打开，液体 A 流入容器。当液面到达 SL2 时，SL2 接通，关闭液体 A 阀门，打开液体 B 阀门。液面到达 SL1 时，关闭液体 B 阀门，搅匀电机开始搅匀。搅匀电机工作 6 s 后停止搅动，混合液体阀门打开，开始放出混合液体。当液面下降到 SL3 时，SL3 由接通变为断开，再过 2 s 后，容器放空，混合液阀门关闭，开始下一周期。

4. 实验程序

略。

5. 实验设备

（1）安装了 STEP7-Micro/WIN32 编程软件的计算机 1 台。
（2）PC/PPI 编程电缆 1 根。
（3）锁紧导线苦干。

6. 预习要求

阅读实验指导书，复习教材中有关的内容。

7. 报告要求

整理出运行和监视程序时出现的现象。

实训 4　步进电机系统控制

1. 实验目的

了解 PLC 在步进电机控制中的应用，掌握 PLC 编程的思想和方法。

2. 控制要求

本实验在步进电机控制模拟的实验区来完成。该实验在步进电机的控制区来完成，A、B、C、D 为脉冲输入端，其控制要求按照 A→B→C→D→A→B 循环。

3. 输入输出接线图

表 12-18　输入输出接线图

<table>
<tr><td rowspan="3">输入接线</td><td colspan="4">SD</td></tr>
<tr><td colspan="4">I0.0</td></tr>
<tr><td colspan="4">启动</td></tr>
<tr><td rowspan="3">输出接线</td><td>A</td><td>B</td><td>C</td><td>D</td></tr>
<tr><td>Q0.1</td><td>Q0.2</td><td>Q0.3</td><td>Q0.4</td></tr>
<tr><td>电机绕组</td><td>电机绕组</td><td>电机绕组</td><td>电机绕组</td></tr>
</table>

4. 编制梯形图并写出实验程序

略。

5. 实验设备

（1）安装了 STEP7-Micro/WIN32 编程软件的计算机 1 台。

（2）PC/PPI 编程电缆 1 根。
（3）锁紧导线若干。

6. 预习要求

阅读实验指导书，复习教材中有关的内容。

7. 报告要求

整理出运行和监视程序时出现的现象。

实训 5　装配流水线控制

1. 实验目的

了解移位指令在控制系统中的应用编程方法。

2. 实验原理

使用移位指令，可以大大简化程序设计。移位指令的功能如下：若在输入端输入一连串脉冲信号，在移位脉冲作用下，脉冲信号依次移到移位寄存器的各个继电器中，并将这些继电器的状态输出。其中，每个继电器可在不同的时间内得到由输入端输入的一连串脉冲信号。

3. 控制要求

在装配流水线的模拟控制实验区完成本实验。在本实验中，传送带共有 16 个工位。工件从 1 号位装入，依次经过 2 号位、3 号位……16 号工位。最后工件分别在 A（操作 1）、B（操作 2）、C（操作 3）3 个工位完成 3 种装配操作，经最后一个工位后送入仓库。注：其他工位均用于传送工件。

4. 装配流水线模拟控制的实验面板图

详见实验箱，实验箱中的 A ~ H 表示动作输出（用 LED 发光二极管模拟），右侧框中的 A ~ G 表示各个不同的操作工位。

5. 输入输出接线列表

表 12-19　输入输出接线列表

输入接线	启动	移位	复位					
	I0.0	I0.1	10.2					
输出接线	A	B	C	D	E	F	G	H
	Q0.4	Q0.5	Q0.6	Q0.0	Q0.1	Q0.2	Q0.3	Q0.7

6. 实验程序

按一下启动按钮，再按一下移位按钮，系统开始工作，按 D-E-F-G-A-B-C-H 的顺序模拟装配流水线；按一下复位按钮，则系统停止工作；再次启动系统，则先按启动按钮，再按移位按钮。

7. 实验设备

（1）安装了 STEP7-Micro/WIN32 编程软件的计算机 1 台。
（2）PC/PPI 编程电缆 1 根。
（3）导线若干。

8. 预习要求

阅读实验指导书，复习教材中有关的内容。

9. 报告要求

整理出运行和监视程序时出现的现象。

实训 6　自控成型机控制

1. 实验目的

用 PLC 构成自控成型机自动控制系统。

2. 实验内容

在自控成型机控制区完成本实验。当原料放入成型机时，各油缸为初始状态：YV1 = YV2 = YV4 = OFF，YV3 = ON，SQ1 = SQ3 = SQ5 = OFF，SQ2 = SQ4 = SQ6 = ON，10 s 以后，系统动作要求如下：

YV2 = ON，上面油缸的活塞向下运动，使 SQ4 = OFF。

当该油缸活塞下降到终点时，SQ3 = ON，此时，启动左油缸，A 的活塞向右边运动。右油缸 C 的活塞向左运动，YV1 = YV4 = ON 时，YV3 = OFF，使 SQ2 = SQ6 = OFF。

当油缸 A 的活塞运动到终点（SQ1 = ON），并且 C 缸活塞也到终点（SQ5 = ON）时，原料已成型，各油缸活塞开始退回原位，AC 油缸首先返回，YV1 = YV4 = OFF，YV3 = ON，使 SQ1 = SQ5 = OFF。

当 AC 油缸回到初始位置，SQ2 = SQ6 = ON，B 油缸返回，YV2 = OFF。

当 B 油缸返回初始状态，SQ4 = ON 时，系统回到初始状态，取出成品后，10 s 以后，开始下一工件的加工。

3. 输入输出接线列表

表 12-20　输入输出接线列表

输入接线	SQ1	SQ2	SQ3	SQ4	SQ5	SQ6
	I0.1	I0.2	I0.3	I0.4	I0.5	I0.6
输出接线	YV1	YV2	YV3	YV4		
	Q0.1	Q0.2	Q0.3	Q0.4		

4. 实验程序

略。

5. 实验设备

（1）安装了 STEP7-Micro/WIN32 编程软件的计算机 1 台。

（2）PC/PPI 编程电缆 1 根。

（3）锁紧导线若干。

6. 预习要求

阅读实验指导书，复习教材中有关的内容。

7. 报告要求

整理出运行和监视程序时出现的现象。

实训 7　全自动洗衣机控制

1. 实验目的

用 PLC 构成全自动洗衣机控制系统，熟练掌握 PLC 的编程和程序调试方法。

2. 输入输出接线列表

表 12-21　输入输出接线列表

输入接线	SD	ST	SP	SL1	SL2	
	I0.0	I0.1	I0.2	I0.3	I0.4	
输出接线	YV1	MZ	MF	YV2	TS	BJ
	Q0.0	Q0.1	Q0.2	Q0.3	Q0.4	Q0.5

3. 控制要求及说明

在全自动洗衣机系统模拟实验区完成本实验。全自动洗衣机的洗衣桶（外桶）和脱水桶（内桶）是以同一中心安放的。

外桶固定，作盛水用，内桶可以旋转，作脱水（甩干）用，内桶的四周有很多小孔，使内、外桶的水流相通。

该洗衣机的进水和排水分别由进水电磁阀和排水电磁阀来执行。进水时，通过电控系统使进水电磁阀打开，经进水管将水注入外桶，排水时，通过电控系统使用排水阀打开，将水由外桶排到机外。洗涤正转、反转由洗涤电动机驱动波盘正、反转来实现，此时脱水桶并不旋转。脱水时，通过电控系统将离合器合上，由洗涤电动机带动内桶正转并进行甩干，高低水位开关分别来检测高低水位。启动按钮用来启动洗衣机工作，停止按钮用来实现手动停止进水、排水、脱水及报警。排水按钮用来实现手动排水。

具体控制要求如下：

PLC 投入运行，系统处于初始状态，准备启动。

启动时，开始进水，水满时停止进水并开始洗涤正转。正洗 5 s 后暂停，暂停 1 s 后开始洗涤反转。反转 5 s 后暂停，暂停 1 s 后，若正、反转未满 3 次，则返回从正洗开始的动作，若正、反转满 3 次时，则开始排水。

水位下降到低水位时开始脱水并继续排水。脱水 10 s 即完成一次从进水到脱水的大循环，若未完成 3 次大循环，则返回从进水的开始全部过程，进行下一次大循环，若完成 3 次大循环，则进行洗完报警。报警 10 s 后结束全部过程，自动停机。

此外还要求可以按排水按钮来实现手动排水，按停止按钮以实现手动停止进行水、排水、脱水及报警。

4. 实验程序

略。

5. 实验设备

（1）安装了 STEP7-Micro/WIN32 编程软件的计算机 1 台。
（2）PC/PPI 编程电缆 1 根。
（3）锁紧导线若干。

6. 预习要求

阅读实验指导书，复习教材中有关的内容。

7. 报告要求

整理出运行和监视程序时出现的现象。

实训 8　自控轧钢机控制

1. 实验目的

用 PLC 构成轧钢机控制系统，熟练掌握 PLC 的编程和程序调试方法。

2. 控制要求

在轧钢机控制系统模拟实验区完成本实验。当启动按钮SD接通，电机M1、M2运行，传送钢板，检测传送带上有无钢板的传感器S1的信号，若有（即开关为ON），表示有钢板，电机M3正转（MZ灯亮）；S1的信号消失（为OFF），检测传送带上钢板到位后的传感器S2有信号（为ON），表示钢板到位，电磁阀动作（YU1灯亮），电机M3反转（MF灯亮）。SQ_1给一向下压下量，S2信号消失，S1有信号，电机M3正转……重复上述过程。

YU1第一次接通，发光管A亮，表示有一向下压下量，第二次接通时，A、B亮，表示有两个向下压下量，第三次接通时，A、B、C亮，表示有三个向下压下量，若此时S2有信号，则停机，须重新启动。

3. 输入输出接线列表

表12-22　输入输出接线列表

输入接线	SD	S1	S2					
	I0.0	I0.1	I0.2					
输出接线	M1	M2	MZ	MF	A	B	C	SQ_1
	Q0.0	Q0.1	Q0.2	Q0.3	Q0.4	Q0.5	Q0.6	Q0.7

4. 梯形图参考程序

略。

5. 实验设备

（1）安装了STEP7-Micro/WIN32编程软件的计算机1台。
（2）PC/PPI编程电缆1根。
（3）锁紧导线若干。

6. 预习要求

阅读实验指导书，复习教材中有关的内容。

7. 报告要求

整理出运行和监视程序时出现的现象。

实训9　邮件分拣机控制

1. 实验目的

用PLC构成邮件分拣控制系统，熟练掌握PLC编程和程序调试方法。

2. 控制要求

在邮件分拣系统模拟实验区完成本实验。启动后绿灯 L1 亮表示可以进邮件，S1 为 ON 表示模拟检测邮件的光信号检测到了邮件，拨码器模拟邮件的邮码，从拨码器读到的邮码的正常值为 1、2、3、4、5，若是此 5 个数中的任一个，则灯 L2 亮，电机 M5 运行，将邮件分拣至邮箱内，完后 L2 灭，L1 亮，表示可以继续分拣邮件。若读到的邮码不是该 5 个数，则红灯 L2 闪烁，表示出错，电机 M5 停止，重新启动后，能重新运行。

3. 输入输出接线列表

表 12-23　输入输出接线列表

输入接线	SD	S1	A	B	C	D	FW	
	I0.0	I0.1	I0.2	I0.3	I0.4	I0.5	I0.6	
输出接线	L1	L2	M5	M1	M2	M3	M4	5
	Q0.0	Q0.1	Q0.2	Q0.3	Q0.4	Q0.5	Q0.6	Q0.7

4. 梯形参考程序

略。

5. 实验设备

（1）安装了 STEP7-Micro/WIN32 编程软件的计算机 1 台。
（2）PC/PPI 编程电缆 1 根。
（3）锁紧导线若干。

6. 预习要求

阅读实验指导书，复习教材中有关的内容。

7. 报告要求

整理出运行和监视程序时出现的现象。

实训 10　自动售货机控制

1. 实验目的

通过使用各基本指令，进一步熟悉掌握 PLC 的编程和程序调试。

2. 控制要求

该实验在自动售货机的模拟区来完成，售货机内的物品用发光二极管来模拟，取物时用组子开关来模拟，在投币口用纽子开关来模拟每次投币的金额，货物出口用二极管来模拟物品。每次购物时，先选择所需的物品再投币。A类、B类、C类分别为五角、一元及一元五角所对应的物品。如果要取出A类物品时，拨动其所对应的纽子开关，再用五角所对应的纽子开关来模拟其对应的金额，同时在货物出口处A类物品所对应的指示灯亮，若用一元所对应的纽子开关，那么找零指示灯同时会亮。其他物品的取出类似。若取出的物品其所对应的金额不足时，在货物出口没有指示灯会亮。

3. 输入输出接线列表

表 12-24 输入输出接线列表

输入接线	S1	S2	A	B	C	FW
	I0.0	I0.1	I0.2	I0.3	I0.4	I0.5
输出接线	Y0	Y1	Y2	Z		
	Q0.0	Q0.1	Q0.2	Q0.3		

4. 梯形参考程序

略。

5. 实验设备

（1）安装了STEP7-Micro/WIN32编程软件的计算机1台。
（2）PC/PPI编程电缆1根。
（3）锁紧导线若干。

6. 预习要求

阅读实验指导书，复习教材中有关的内容。

7. 报告要求

整理出运行和监视程序时出现的现象。

实训 11 机械手控制

1. 实验目的

用数据移位指令来实现机械手动作的模拟。

2. 机械结构和控制要求

在机械手动作的模拟实验区完成本实验。本实验为一个将工件由A处传送到B处的机械手，上升/下降和左移/右移的执行用双线圈二位电磁阀推动气缸完成。当某个电磁阀线圈通电，就一直保持现有的机械动作，例如一旦下降的电磁阀线圈通电，机械手下降，即使线圈再断电，仍会保持现有的下降动作状态，直到相反方向的线圈通电为止。另外，夹紧/放松由单线圈二位电磁阀推动气缸完成，线圈通电执行夹紧动作，线圈断电时执行放松动作。设备装有上、下限位和左、右限位开关，它的工作过程如下所示，有八个动作，即为：

原位→ 下降→ 夹紧→上升→ 右移

↑ ↓

左移 ← 上升 ← 放松 ← 下降

3. 输入输出接线列表

表 12-25 输入输出接线列表

输入接线	SB1	SQ1	SQ2	SQ3	SQ4	
	I0.0	I0.1	I0.2	I0.3	I0.4	
输出接线	YV1	YV2	YV3	YV4	YV5	HL
	Q0.0	Q0.1	Q0.2	Q0.3	Q0.4	Q0.5

4. 实验程序

略。

5. 工作过程分析

当机械手处于原位时，上升限位开关 I0.2、左限位开关 I0. 4 均处于接通状态（“1”状态），移位寄存器数据输入端接通，使 M10.0 置“1”，Q0.5 线圈接通，原位指示灯亮。

按下启动按钮，I0.0 置“1”，产生移位信号，M10.0 的“1”态移至 M10.1，下降阀输出继电器 Q0.0 接通，执行下降动作，由于上升限位开关 I0.2 断开，M10.0 置“0”，原位指示灯灭。

当下降到位时，下限位开关 I0.1 接通，产生移位信号，M10.0 的“0”态移位到 M10.1，下降阀 Q0.0 断开，机械手停止下降，M10.1 的“1”态移到 M10.2，M20.0 线圈接通，M20.0 动合触点闭合，夹紧电磁阀 Q0.1 接通，执行夹紧动作，同时启动定时器 T37，延时 1.7 s。

机械手夹紧工件后，T37 动合触点接通，产生移位信号，使 M10.3 置“1”，“0”态移位至 M10.2，上升电磁阀 I0.2 接通，I0.1 断开，执行上升动作。由于使用 S 指令，M20.0 线圈具有自保持功能，Q0.1 保持接通，机械手继续夹紧工作。

当上升到位时，上限位开关 I0.2 接通，产生移位信号，“0”态移位至 M10.3，Q0.2 线圈断开，不再上升，同时移位信号使 M10.4 置“1”态，I0.4 断开，右移阀继电器 Q0.3 接通，执行右移动作。

待移至右限位开关动作位置，I0.3 动合触点接通，产生移位信号，使 M10.3 的“0”态移位到 M10.4，Q0.3 线圈断开，停止右移，同时 M10.4 的“1”态已移到 M10.5，Q0.0 线圈再次接通，执行下降动作。

当下降到使 I0.1 动合触点接通位置，产生移位信号，“0”态移至 M10.5，“1”态移至 M10.6，Q0.0 线圈断开，停止下降，R 指令使 M20.0 复位，Q0.1 线圈断开，机械手松开工作；同时 T38 启动延时 1.5 s，T38 动合触点接通，产生移位信号，使 M10.6 变为“0”态，M10.7 为“1”态，Q0.2 线圈再度接通，I0.1 断开，机械手又上升，行至上限位置，I0.2 触点接通，M0.7 变为“0”态，M11.0 为“1”态，Q0.2 开，停止上升，Q0.4 线圈接通，I0.3 断开，左移。

到达左限位开关位置，I0.4 触点接通，M11.0 为“0”态，M11.1 为“1”态，移位寄存器全部复位，Q0.4 线圈断开，机械手回到原位，由于 I0.2、I0.4 均接通，M10.0 被置“1”，完成一个工作周期。

再次按下启动按钮，将重复上述动作。

6. 实验设备

（1）安装了 STEP7-Micro/WIN32 编程软件的计算机 1 台。
（2）PC/PPI 编程电缆 1 根。
（3）锁紧导线若干。

7. 预习要求

阅读实验指导书，复习教材中有关的内容。

8. 报告要求

整理出运行和监视程序时出现的现象。

实训 12　四层电梯控制

1. 实验目的

（1）工程实例的模拟，熟练地掌握 PLC 的编程和程序调试方法。
（2）进一步熟悉 PLC 的 I/O 连接。
（3）熟悉四层楼电梯采用轿厢外按钮控制的编程方法。

2. 控制要求

在四层电梯控制系统的模拟实验区完成本实验。电梯由安装在楼层厅门口的上升和下降呼叫按钮进行呼叫操纵，其操纵内容为电梯运行方向。电梯轿厢内设有楼层内选按钮 S1 ~ S3，用以选择需停靠的楼层。L1 为一层指示，L2 为二层指示，L3 为三层指示，SQ1 ~ SQ3 为到位行程开关。电梯上升途中只响应上升呼叫，下降途中只响应下降呼叫，任何反方向的呼叫均无效。例如，电梯停在一层，在三层轿厢外呼叫时，必须按三层上升呼叫按钮，电梯才响应呼叫（从一层运行到三层），按三层上升呼叫按钮无效，依此类推。

3. 输入/输出的分配

1）输　入

表 12-26　输入点分配

序号	名　称	输入点	序号	名　称	输入点
0	三层内选按钮 S3	I0.1	7	一层行程开关 SQ1	I1.2
1	二层内选按钮 S2	I0.2	8	二层行程开关 SQ2	I1.3
2	一层内选按钮 S1	I0.3	9	三层行程开关 SQ3	I1.4
3	二层下呼按钮 D2	I0.6	10		
4	一层上呼按钮 U1	I0.7	11		
5	二层上呼按钮 U2	I1.0	12		
6	三层下呼按钮 D3	I1.1	13		

2）输　出

表 12-27　输出点分配

序号	名　称	输入点	序号	名　称	输入点
0	三层指示 L3	Q0.1	5	二层上呼指示 UP2	Q1.0
1	二层指示 L2	Q0.2	6	轿厢上升指示 UP	Q0.5
2	一层指示 L1	Q0.3	7	二层下呼指示 DN2	Q0.0
3	轿厢下降指示 DOWN	Q0.4	8	三层下呼指示 DN3	Q0.6
4	一层上呼指示 UP1	Q0.7	9		

4. 编程梯形图并写出实验程序

略。

5. 过程分析

例如，接通 I1.2 即接通 SQ1，表示轿厢原停楼层一，按 S3，即 I0.1 接通一下，表示呼叫楼层三，则 Q0.7 接通，三层内选指示灯 SL3 亮，Q0.5 接通，表示电梯上升，手动（表示轿厢离开底层，释放行程开关）SQ1 断开。电梯在底层与二层之间运行指示灯 L1 亮，2 s 后一层指示灯 L1 灭、二层指示灯 L2 亮，2 s 后二层指示灯 L2 灭、三层指示灯 L3 亮，直至 SQ3 接通，Q0.7 断开（三层内选指示灯 SL3 灭），Q0.5 断开（表示电梯上升停止），三层指示灯 L3 灭，电梯到达三层。

电梯在一、二、三层楼分别设置一个行程开关，在轿厢内设置三个楼层内选按钮。在行程开关 SQ1、SQ2、SQ3 都断开的情况下，呼叫不起作用。

用指示灯来模拟电梯的运行过程。

（1）从一层到二层：接通 I1.2 即接通 SQ1，表示轿厢原停楼层一，按 S2，即 I0.2 接通一下，表示呼叫楼层二，则 Q1.0 接通，二层内选指示灯 SL2 亮，Q0.5 接通，表示电梯上升。

断开 SQ1，一层指示灯 L1 亮，2 s 后，一层指示灯 L1 灭、二层指示灯 L2 亮。直至 SQ2 接通，Q1.0 断开（二层内选指示灯 SL2 灭），Q0.5 断开（表示电梯上升停止），二层指示灯 L2 灭，电梯到达二层。

在轿厢原停楼层为一时，按 U2，电梯运行过程同上。

（2）从一层到三层：接通 I1.2 即接通 SQ1，表示轿厢原停楼层一，按 S3，即 I0.1 接通一下，表示呼叫楼层三，则 Q0.7 接通，三层内选指示灯 SL3 亮，Q0.5 接通，表示电梯上升。断开 SQ1，一层指示灯 L1 亮，2 s 后，一层指示灯 L1 灭、二层指示灯 L2 亮，2 s 后，二层指示灯 L2 灭、三层指示灯 L3 亮。直至 SQ3 接通，Q0.7 断开（三层内选指示灯 SL3 灭），Q0.5 断开（表示电梯上升停止），三层指示灯 L3 灭，电梯到达三层。

在轿厢原停楼层为一时，按 U3，电梯运行过程同上。

（3）从二层到三层：接通 I1.3 即接通 SQ2，表示轿厢原停楼层二，按 S3，即 I0.1 接通一下，表示呼叫楼层三，则 Q0.7 接通，三层内选指示灯 SL3 亮，Q0.5 接通，表示电梯上升。断开 SQ2，二层指示灯 L2 亮，2 s 后，二层指示灯 L2 灭、三层指示灯 L3 亮，直至 SQ3 接通，Q0.7 断开（四层内选指示灯 HL4 灭），Q0.5 断开（表示电梯上升停止），三层指示灯 L3 灭，电梯到达三层。

在轿厢原停楼层为二时，按 U3，电梯运行过程同上。

（4）从三层到二层：接通 I1.4 即接通 SQ3，表示轿厢原停楼层三，按 S2，即 I0.2 接通一下，表示呼叫楼层二，则 Q1.0 接通，二层内选指示灯 SL2 亮，Q0.4 接通，表示电梯下降。断开 SQ3，三层指示灯 L3 亮，2 s 后，三层指示灯 L3 灭、二层指示灯 L2 亮，直至 SQ2 接通，Q1.0 断开（二层内选指示灯 SL2 灭），Q0.4 断开（表示电梯下降停止），二层指示灯 L2 灭，电梯到达二层。

在轿厢原停楼层为三时，按 D2，电梯运行过程同上。

（5）从三层到一层：接通 I1.4 即接通 SQ3，表示轿厢原停楼层三，按 S1，即 I0.3 接通一下，表示呼叫楼层一，则 Q1.1 接通，一层内选指示灯 SL1 亮，Q0.4 接通，表示电梯下降。断开 SQ3，三层指示灯 L3 亮，2 s 后，三层指示灯 L3 灭、二层指示灯 L2 亮，2 s 后，二层指示灯 L2 灭、一层指示灯 L1 亮。直至 SQ1 接通，Q1.1 断开（一层内选指示灯 SL1 灭），Q0.4 断开（表示电梯下降停止），一层指示灯 L1 灭，电梯到达一层。

在轿厢原停楼层为三时，按 U1，电梯运行过程同上。

（6）从二层到一层：接通 I1.3 即接通 SQ2，表示轿厢原停楼层二，按 S1，即 I0.3 接通一下，表示呼叫楼层一，则 Q1.1 接通，一层内选指示灯 SL1 亮，Q0.4 接通，表示电梯下降。断开 SQ2，二层指示灯 L2 亮，2 s 后，二层指示灯 L2 灭、一层指示灯 L1 亮，直至 SQ1 接通，Q1.1 断开（一层内选指示灯 SL1 灭），Q0.4 断开（表示电梯下降停止），一层指示灯 L1 灭，电梯到达一层。

在轿厢原停楼层为二时，按 U1，电梯运行过程同上。

（7）从一层到二、三层：接通 I1.2 即接通 SQ1，表示轿厢原停楼层一，按 S2、S3，即 I0.1、I0.2 接通一下，表示呼叫楼层二、三，则 Q1.0、Q0.7 接通，二层内选指示灯 SL2 亮、三层内选指示灯 SL3 亮，Q0.5 接通，表示电梯上升。断开 SQ1，一层指示灯 L1 亮，2 s 后，一层指示灯 L1 灭、二层指示灯 L2 亮。SQ2 闭合后，二层指示灯 L2 灭、二层内选指示灯 SLE2 灭，SQ2 断开后，二层指示灯 L2 亮，2 s 后，二层指示灯 L2 灭、三层指示灯 L3 亮。直至 SQ3 接通，Q0.7 断开（三层内选指示灯 SL3 灭），Q0.5 断开（表示电梯上升停止），三层指示灯 L3 灭，电梯到达三层。

在轿厢原停楼层为一时，按 U2、U3，电梯运行过程同上。

（8）从三层到二、一层：接通 I1.4 即接通 SQ3，表示轿厢原停楼层三，按 S2、S1，即 I0.2、I0.3 接通一下，表示呼叫楼层二、一，则 Q1.0、Q1.1 接通，二层内选指示灯 SL2 亮、一层内选指示灯 SL1 亮，Q0.4 接通，表示电梯下降。断开 SQ3，三层指示灯 L3 亮，2 s 后，三层指示灯 L3 灭、二层指示灯 L2 亮。SQ2 闭合后，二层指示灯 L2 灭、二层内选指示灯 SLE2 灭，SQ2 断开后，二层指示灯 L2 亮，2 s 后，二层指示灯 L2 灭、一层指示灯 L1 亮，直至 SQ1 接通，Q1.1 断开（一层内选指示灯 SL1 灭），Q0.4 断开（表示电梯下降停止），一层指示灯 L1 灭，电梯到达一层。

在轿厢原停楼层为三时，按 D2、U1，电梯运行过程同上。

备注：现有的四层电梯由于 PLC 点数受限，只能实现三层电梯自由控制如需四层可增加一个数字量模块来实现四层电梯功能。

实训 13　加工中心管理控制

1. 实验目的

（1）通过对加工中心实验的模拟，掌握运用 PLC 解决实际问题的方法。

（2）熟练掌握 PLC 的编程和调试方法。

2. 控制要求

在加工中心模拟实验区完成本实验。T1 为钻头，用其实现钻功能；T2、T3、T4 为铣刀，用其实现铣刀功能。*X* 轴、*Y* 轴、*Z* 轴模拟加工中心三坐标的六个方向上的运动。围绕 T1 ~ T4 刀具，分别运用 *X* 轴的左右运动、*Y* 轴的前后运动、*Z* 轴的上下运动实现整个加工过程的演示。

3. 输入输出接线列表

表 12-28　输入输出接线列表

输入接线	SD	DECX	DECY	DECZ	*X* 左	*X* 右	*Y* 前	*Y* 后	*Z* 上	*Z* 下
	I0.0	I0.1	I0.2	I0.3	I0.4	I0.5	I0.6	I0.7	I1.0	I1.1
输出接线	RUN	T1	T2	T3	T4	*X*	*Y*	*Z*		
	Q0.0	Q0.3	Q0.4	Q0.5	Q0.6	Q0.7	Q1.0	Q1.1		

4. 工作过程分析

1）自动演示循环工作过程分析

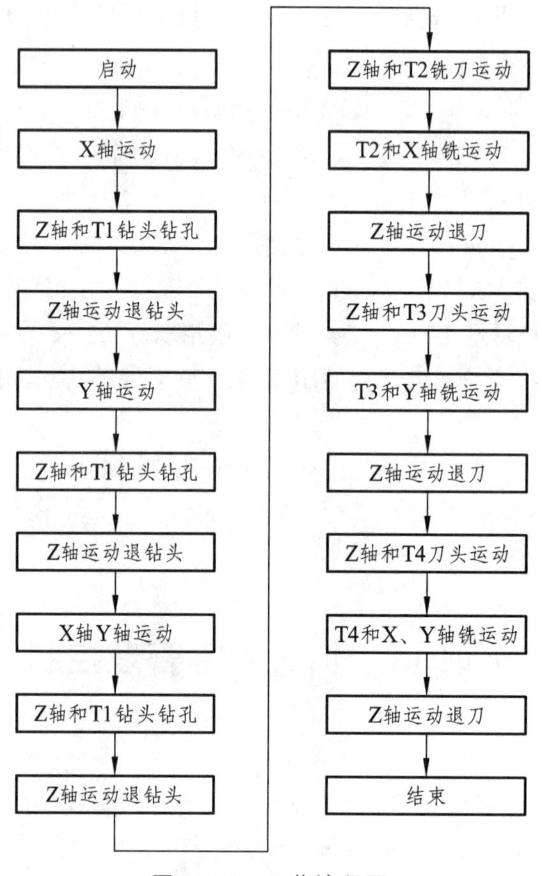

图 12-31　工作流程图

2）现场模拟工作过程分析

（1）拨动“运行控制”开关，启动系统，“*X* 轴运行指示灯”亮，模拟工件正沿 *X* 轴向左运行。

（2）触动“DECX”按钮 3 次，模拟工件沿 X 轴向左运行 3 步，拨动“X 左”限位开关，模拟工件已到指定位置。此时 T1 钻头沿 Z 轴向下运动（Z 灯、T1 灯亮）。

（3）触动“DECZ”按钮 3 次，模拟 T1 转头向下运行 3 步，对工件进行钻孔。拨动“Z 下”限位开关置 ON，模拟钻头已对工件加工完毕；继续触动“DECZ”按钮 3 次，模拟 T1 钻头返回刀库，复位“Z 下”限位开关后，使“Z 上”限位开关置 ON，系统将自动取铣刀 T3，准备对工件进行铣加工。

（4）同上，触动“DECZ”按钮 3 次，复位“Z 上”限位开关后，置“Z 下”限位开关为 ON，“Y 轴运行指示灯”亮，模拟对工件的铣加工。

（5）触动“DECY”按钮 4 次后，拨动“Y 前”限位开关置 ON，模拟铣刀已对工件加工完毕，系统进入退刀状态（Z 轴运行指示灯亮）。

（6）再次触动“DECZ”按钮 3 次，复位“Z 下”限位开关后，置位“Z 上”限位开关，模拟铣刀已回刀库，“X 灯”亮，将“X 左”“Y 前”和“Z 上”复位，进入下一轮加工循环。

5. 思考题

上述现场模拟工作过程只是示例运用了 T1 钻头和 T3 铣刀，试着编制新程序，加上其他的钻头和铣刀对工件进行不同角度的加工。

6. 实验参考梯形图

略。

7. 实验设备

（1）安装了 STEP7-Micro/WIN32 编程软件的计算机 1 台。
（2）PC/PPI 编程电缆 1 根。
（3）锁紧导线若干。

8. 预习要求

阅读实验指导书，复习教材中有关的内容。

9. 报告要求

整理出运行和监视程序时出现的现象。

实训 14　直线运动位置控制

1. 实验目的

了解 PLC 在直线运动控制中的应用，掌握 PLC 编程的思想和方法。

2. 控制要求

该实验在直线运动的控制区来完成。按下启动按钮 SD，I0.0 的动合触点闭合。先 Q0.1 闭合，电动机做反转运动，当到达限位开关 B1，I0.1 闭合，Q0.1 断开，Q0.2 闭合做正转运动；当到达限位开关 B2，I0.2 闭合，Q0.2 断开，Q0.1 闭合做反转运动。如此循环。
停车断开 SD 按钮。I0.0 的动合触点断开，电机做自由停车运行。

3. 直线运动模拟接线

表 12-29　直线运动模拟接线

输入	I0.0	I0.1	I0.2
	SD	B1	B3
输出	M1	M2	
	Q0.1	Q0.2	
	FZ	ZZ	

4. 编制梯形图并写出实验程序

略。

5. 实验设备

（1）安装了 STEP7-Micro/WIN32 编程软件的计算机 1 台。
（2）PC/PPI 编程电缆 1 根。
（3）锁紧导线若干。

6. 预习要求

阅读实验指导书，复习教材中有关的内容。

7. 报告要求

整理出运行和监视程序时出现的现象。

参考文献

[1] 薛岩. 电气控制与 PLC 技术[M]. 北京：北京航空航天大学出版社，2010.
[2] 刘永华，姜秀玲. 电气控制与 PIX 应用技术[M]. 北京：北京航空航天大学出版社，2010.
[3] 王永华. 现代电气控制与 PLC 应用技术[M]. 2 版. 北京:北京航空航天大学出版社，2008.
[4] 廖常初. S^7-300/400 PLC 应用技术[M]. 3 版. 北京：机械工业出版社，2012.
[5] 刘美俊. 西门子 S7-300/400 PIX 应用案例解析[M]. 北京：电子工业出版社，2009.
[6] 郑凤翼，张继研. 图解西门子 S7-300/400 系列 PLC 入门[M]. 北京：电子工业出版社，2009.
[7] 马宁. 孔红. S7-300 PLC 和 MM440 变频器的原理与应用[M]. 北京：机械工业出版社，2006.
[8] 龚仲华. S7-200/300/400 PIX 应用技术通用篇[M]. 北京：人民邮电出版社，2007.
[9] 阳宪惠. T. 业数据通信与控制网络[M]. 北京：清华大学出版社，2003.
[10] 廖常初. 大中型 PLC 应用教程[M]. 北京：机械 T 业出版社，2008.
[11] 陈海霞，柴瑞娟. 西门子 PLC 编程技术及工程应用[M]. 北京：机械工业出版社，2006.
[12] 崔坚. 西门子 S7 可编程序控制器— STEP 7 编程指南[M]. 北京：机械工业出版社，2007.
[13] 胡健. 西门子 S7-300 PIX'应用教程[M]. 北京：机械 T. 业出版社，2007.
[14] 刘锴，周海. 深入浅出西门子 S7-300 PLC[M]. 北京：北京航空航天大学出版社，2004.
[15] 曹辉. 霍罡. 可编程序控制器系统原理及应用[M]. 北京：电子工业出版社，2003.
[16] 何建平. 可编程序控制器及其应用[M]. 重庆：重庆大学出版社，2004.
[17] 李道霖. 电气控制与 PLC 原理及应用（西门子系列）[M]. 北京：电子工业出版社，2004.
[18] 许缪，王淑英. 电气控制与 PLC 应用[M]. 3 版. 北京：机械工业出版社，2005.
[19] 赵承荻. 电机与电气控制技术[M]. 北京：高等教育出版社，2002.
[20] 股洪义. 可编程序控制器选择设计与维护[M]. 北京：机械工业出版社，2003.

[21] 吕景泉. 可编程控制器技术编程[M]. 北京：高等教育出版社，2006.
[22] 柳春生. 电器控制与 PLC'[M]. 北京：机械工业出版社，2010.
[23] 郑凤翼. 例说西门子 S7-300/400 系列 PLC_[M]. 北京：机械工业出版社，2011.
[24] 张华龙. 图解 PIX 与电气控制入门[M]. 北京：人民邮电出版社，2008.
[25] 郑阿奇. PLC（西门子）实用教程[M]. 北京：电子工业出版社，2009.
[26] 廖常初. 跟我动手学 S7-300/400 PLC[M]. 北京：机械工业出版社，2010.
[27] 胡学林. 可编程控制器原理及应用[M]. 北京：电子工业出版社，2007.
[28] 任宏彪,张大志,张勇军. 基于 S7-300 型 PLC 的变频自动送钻系统模糊控制[J]. 石油矿场机 2010，39（4）：24-27.
[29] 南新元，陈志军. 高丙朋. S7-300 PIX 在番茄酱杀菌自动控制系统中的应用[J]. 自动化仪表，2010，31（5）：34-39.
[30] 张卫国. S7-P1. CSIM 在西门子 S7-300/400 PLC 程序调试中的应用[J]. 现代电子技术，2008，31（12）：192-194.
[31] 李其中. 苏明. 李军. S7-300 PI-C 串行通信及应用[J]. 机械与电子，2009（7）：55-58.